浙江省普通高校"十三五"新形态教材

概率统计应用与实验

（第二版）

主　编　黄龙生　张洪涛　黄　敏
副主编　宋红凤　许芳忠　夏慧珠

中国水利水电出版社
www.waterpub.com.cn
·北京·

内 容 提 要

  本书内容包括随机事件及其概率、随机变量及其分布、多维随机变量及其分布、随机变量的数字特征、常用分布与极限理论、数理统计基础、参数估计、假设检验、方差分析和回归分析。每章后面有选择题和填空题以及适量的应用计算题，且在数理统计部分（第六至第十章）每章配有案例分析，基于 Excel 环境设置了常用随机变量分布、参数的区间估计、假设检验、方差分析和回归分析的实验。

  本书可作为普通高等学校本科非数学类应用型专业"概率论与数理统计"课程的教材或参考书，也可用作专科或高职院校相关专业"概率论与数理统计"课程的教材或参考书，同时也可作为工程技术人员和科技工作者的参考书。

图书在版编目（CIP）数据

  概率统计应用与实验 / 黄龙生，张洪涛，黄敏主编
. -- 2版. -- 北京：中国水利水电出版社，2020.12
 浙江省普通高校"十三五"新形态教材
 ISBN 978-7-5170-9006-9

  Ⅰ. ①概… Ⅱ. ①黄… ②张… ③黄… Ⅲ. ①概率统
计－高等学校－教材 Ⅳ. ①O211

  中国版本图书馆CIP数据核字（2020）第206360号

书　名	浙江省普通高校"十三五"新形态教材 **概率统计应用与实验（第二版）** GAILÜ TONGJI YINGYONG YU SHIYAN
作　者	主　编　黄龙生　张洪涛　黄　敏 副主编　宋红凤　许芳忠　夏慧珠
出版发行	中国水利水电出版社 （北京市海淀区玉渊潭南路1号D座　100038） 网址：www. waterpub. com. cn E - mail：sales@waterpub. com. cn 电话：（010）68367658（营销中心）
经　售	北京科水图书销售中心（零售） 电话：（010）88383994、63202643、68545874 全国各地新华书店和相关出版物销售网点
排　版	中国水利水电出版社微机排版中心
印　刷	清淞永业（天津）印刷有限公司
规　格	184mm×260mm　16开本　21.5印张　496千字
版　次	2018年1月第1版第1次印刷 2020年12月第2版　2020年12月第1次印刷
印　数	0001—4000册
定　价	**58.00元**

第二版前言

"概率论与数理统计"是研究随机现象及其统计规律性的一门学科，在各行各业中有大量的实际应用。普通高校中很多应用型专业，要求学生在掌握概率论与数理统计的基本理论、基本方法和基本技能的基础上，还应加强概率论与数理统计的应用技能，为了适应这种需要，我们编写了这本《概率统计应用与实验（第二版）》教材。本书由中国水利水电出版社出版的《概率统计应用与实验》改版而成。与已出版的《概率论与数理统计》教材相比，本教材省略了不必要理论推导过程，强化了概率论与数理统计的应用，以求随机事件的概率及随机变量的数字特征为主线编排概率论部分的内容；并以扩展内容的形式，增加了部分实用的统计工具与方法的介绍。本书可作为高校非数学类专业的教材或参考书，也可供相关科技工作者参考。

全书力求突出概率论与数理统计的基本思想和方法。本书用"引例（日常生产生活中的问题）"的方式导入新的概念、思想和方法，力求通俗易懂；对专业术语给出了相应的英语译文，为学生阅读外文资料提供便利；在例题和习题的选取上注重应用性和趣味性，以达到提高学生分析解决实际问题的能力。在教材的编写中，主要概念以定义的形式给出，主要结论以定理的形式给出，帮助学生抓住重点。每章的习题中编排了较多的选择题和填空题，希望学生通过做这些题目，加深对概率论与数理统计的基本概念理解，掌握概率论与数理统计的基本方法和基本技能，提高学生的动手能力。在数理统计部分，扩展内容用"＊"标注，可供学生自学或选学，相应的习题也用"＊"标注。第六章到第十章的每章最后配了一个案例分析，以一篇小论文的形式呈现，供学生阅读，借以帮助学生提高分析解决实际问题的能力。

"概率论与数理统计"是一门实践性很强的学科，本书基于 Excel 环境分别安排了常用随机变量分布（包括二项分布、泊松分布、指数分布、正态分布、卡方分布、t 分布和 F 分布）、参数的区间估计、假设检验、方差分析和回归分析实验。其目的是要求学生能在 Excel 环境下，正确选用相应统计工具进行实验，能够正确解读实验结果，提高学生解决实际问题的能力，并为学习应用其他统计软件打下基础。

　　本书共十章，其中第一章随机事件及其概率由张洪涛编写，第二章随机变量及其分布、第三章多维随机变量及其分布、第四章随机变量的数字特征、第五章常用分布与极限理论、第六章数理统计基础和第七章至第十章的实验由黄龙生编写，第七章参数估计由黄敏编写，第八章假设检验由宋红凤编写，第九章方差分析由许芳忠编写，第十章回归分析由夏慧珠编写，全书由黄龙生统稿。

　　第一章至五章的知识点由黄敏主讲，第六章至七章的知识点及第六章至十章的实验由黄龙生主讲，第八章至十章的知识点由张洪涛主讲。

　　本书与改版前相比，一是内容编排次序上作了些调整，并增加了少量习题；二是增加了以下数字资源：①知识点教学视频；②习题解答；③模拟试题解答；④实验活动表；⑤实验报告模板。

　　本书在编写的过程中参考了大量文献，参考文献中未能尽数列出，在此谨向所有参考文献的编著者表示感谢和敬意。由于编者水平有限，书中不妥之处在所难免，恳请读者批评指正。

编　者

2020 年 4 月

第一版前言

"概率论与数理统计"是研究随机现象及其统计规律性的一门学科，在各行各业中有大量的实际应用。普通高校中很多应用型专业，要求学生在掌握概率论与数理统计的基本理论、基本方法和基本技能的基础上，还应加强概率论与数理统计的应用技能，为了适应这种需要，我们编写了这本《概率统计应用与实验》教材。本书强化了概率论与数理统计的应用，以求随机事件的概率及随机变量的数字特征为主线编排概率论部分的内容；在数理统计部分，以扩展内容的形式，增加了部分实用的统计工具与方法的介绍。本书可作为高校非数学类专业的教材或参考书，也可供相关科技工作者参考。

全书力求突出概率论与数理统计的基本思想和方法。本书第一部分用"引例（日常生产生活中的问题）"的方式导入新的概念、思想和方法，力求通俗易懂；对专业术语给出了相应的英语译文，为学生阅读外文资料提供便利；在例题和习题的选取上注重应用性和趣味性，以达到提高学生分析解决实际问题的能力。在教材的编写中，主要概念以定义的形式给出，主要结论以定理的形式给出，帮助学生抓住重点。每章的习题中编排了较多的选择题和填空题，希望学生通过做这些题目，加深对概率论与数理统计的基本概念理解，掌握概率论与数理统计的基本方法和基本技能，提高学生的动手能力。在数理统计部分，扩展内容用"＊"标注，可供学生自学或选学，相应的习题也用"＊"标注。数理统计部分每章最后配了一个案例分析，以一篇小论文的形式呈现，供学生阅读，借以帮助学生提高分析解决实际问题的能力。

本书第三部分基于 Excel 环境安排了常用随机变量分布（包括二项分布、泊松分布、指数分布、正态分布、卡方分布、t 分布和 F 分布）、参数的区间估计、假设检验、方差分析和回归分析实验。其目的是要求学生能在 Excel 环境下，正确选用相应统计工具进行实验，能够正确解读实验结果，提高学生解决实际问题的能力，并为学习应用其他统计软件打下基础。

本书共十五章，其中第一章随机事件及其概率、第二章随机变量及其分布、第三章多维随机变量及其分布、第四章随机变量的数字特征、第五章常用分布与极限理论、第六章数理统计基础和第三部分基于 EXCEL 的概率统计实验由黄龙生编写，第七章参数估计由黄敏编写，第八章假设检验由宋红凤编写，第九章方差分析由许芳忠编写，第十章回归分析由夏慧珠编写，全书由黄龙生统稿。

　　本书在编写的过程中参考了大量文献，参考文献中未能尽数列出，在此谨向所有参考文献的编著者表示感谢和敬意。由于编者水平有限，书中不妥之处在所难免，恳请读者批评指正。

编　者

2017 年 10 月

"行水云课"数字教材使用说明

  "行水云课"水利职业教育服务平台是中国水利水电出版社立足水电、整合行业优质资源全力打造的"内容"＋"平台"的一体化数字教学产品。平台包含高等教育、职业教育、职工教育、专题培训、行水讲堂五大版块，旨在提供一套与传统教学紧密衔接、可扩展、智能化的学习教育解决方案。

  本套教材是整合传统纸质教材内容和富媒体数字资源的新型教材，将大量图片、音频、视频、3D动画等教学素材与纸质教材内容相结合，用以辅助教学。读者可通过扫描纸质教材二维码查看与纸质内容相对应的知识点多媒体资源，完整数字教材及其配套数字资源可通过移动终端 APP、"行水云课"微信公众号或中国水利水电出版社"行水云课"平台查看。

  内页二维码具体标识如下：

- ▶为知识点视频
- Ⓦ为试题答案及实验模板
- ⑰为课件
- Ⓔ为 Excel 表

多 媒 体 知 识 点 索 引

序号	资源号	资 源 名 称	类型	页码
1	1-1	随机事件与概率	⑩	1
2	1-2	随机事件	▶	1
3	1-3	随机事件的概率	▶	6
4	1-4	概率的计算	⑩	8
5	1-5	古典概率	▶	9
6	1-6	几何概型	▶	10
7	1-7	条件概率	⑩	12
8	1-8	条件概率	▶	12
9	1-9	乘法公式	▶	14
10	1-10	全概率公式	▶	15
11	1-11	贝叶斯公式	▶	17
12	1-12	随机事件的独立性	⑩	19
13	1-13	两个事件的独立性	▶	19
14	1-14	多个事件的独立性	▶	21
15	1-15	试验的独立性与 n 重伯努利试验	▶	22
16	1-16	重要知识点与典型例题	⑩	23
17	1-17	习题一答案	Ⓦ	23
18	2-1	随机变量及其分布函数	⑩	28
19	2-2	随机变量及其分布函数	▶	28
20	2-3	离散型随机变量及其分布	⑩	30
21	2-4	离散型随机变量及其分布	▶	30
22	2-5	连续型随机变量及其分布	⑩	32
23	2-6	连续型随机变量及其分布	▶	32
24	2-7	随机变量函数的分布	⑩	36
25	2-8	随机变量函数的分布	▶	36
26	2-9	重要知识点与典型例题	⑩	38
27	2-10	习题二答案	Ⓦ	38

序号	资源号	资 源 名 称	类型	页码
28	3-1	多维随机变量及其联合分布	📖	43
29	3-2	多维随机变量及其联合分布	▶	43
30	3-3	二维离散型随机变量	📖	44
31	3-4	二维离散型随机变量	▶	44
32	3-5	二维连续型随机变量	📖	47
33	3-6	二维连续型随机变量	▶	47
34	3-7	随机变量的独立性	📖	49
35	3-8	随机变量的独立性	▶	49
36	3-9	二维随机变量函数的分布	📖	52
37	3-10	二维离散型随机变量函数的分布	▶	52
38	3-11	二维连续型随机变量函数的分布	▶	53
39	3-12	条件分布	📖	55
40	3-13	离散型随机变量的条件分布律	▶	55
41	3-14	重要知识点与典型例题	📖	58
42	3-15	习题三答案	▶	58
43	4-1	随机变量的数学期望	📖	66
44	4-2	随机变量的数学期望	▶	66
45	4-3	随机变量函数的数学期望	▶	68
46	4-4	随机变量的方差	📖	71
47	4-5	随机变量的方差	▶	71
48	4-6	协方差与相关系数	📖	73
49	4-7	协方差与相关系数	▶	73
50	4-8	重要知识点与典型例题	📖	81
51	4-9	习题四答案	▶	81
52	5-1	常用离散型随机变量的分布	📖	85
53	5-2	二项分布	▶	85
54	5-3	泊松分布	▶	86
55	5-4	常用连续型随机变量的分布	📖	89
56	5-5	均匀分布	▶	89

序号	资源号	资 源 名 称	类型	页码
57	5-6	指数分布	▶	90
58	5-7	标准正态分布	▶	91
59	5-8	正态分布	▶	93
60	5-9	极限理论	㎝	98
61	5-10	大数定律	▶	98
62	5-11	中心极限定理	▶	101
63	5-12	重要知识点与典型例题	㎝	103
64	5-13	习题五答案	Ⓦ	103
65	6-1	数理统计的基本概念	㎝	110
66	6-2	样本的概念	▶	111
67	6-3	样本分布	▶	112
68	6-4	统计量与常用统计量	▶	114
69	6-5	数理统计中常用的三大分布	㎝	115
70	6-6	卡方分布	▶	115
71	6-7	t 分布	▶	117
72	6-8	F 分布	▶	118
73	6-9	抽样分布	㎝	120
74	6-10	正态总体下的抽样分布	▶	120
75	6-11	两个正态总体下的抽样分布	▶	121
76	6-12	常用随机变量的分布实验	Ⓔ	129
77	6-13	常用分布实验报告模板	Ⓦ	129
78	6-14	统计分析工具	▶	130
79	6-15	二项分布与泊松分布实验	▶	131
80	6-16	指数分布实验	▶	133
81	6-17	正态分布实验	▶	134
82	6-18	卡方分布实验	▶	136
83	6-19	t-分布实验	▶	138
84	6-20	F-分布实验	▶	139
85	6-21	重要知识点与典型例题	㎝	146

序号	资源号	资 源 名 称	类型	页码
86	6－22	习题六答案	Ⓦ	146
87	7－1	参数的点估计	⑰	154
88	7－2	参数的矩估计	▶	155
89	7－3	参数的最大似然估计	▶	157
90	7－4	点估计效果的评价标准	⑰	161
91	7－5	无偏性	▶	161
92	7－6	有效性	▶	163
93	7－7	一致性	▶	164
94	7－8	参数的区间估计	⑰	165
95	7－9	区间估计的概念	▶	165
96	7－10	正态总体参数的区间估计	▶	167
97	7－11	两个正态总体参数的区间估计	▶	172
98	7－12	参数的区间估计实验	Ⓔ	175
99	7－13	参数的区间估计实验报告模板	Ⓦ	175
100	7－14	参数的区间估计实验活动表	Ⓔ	175
101	7－15	正态分布均值区间估计实验	▶	175
102	7－16	正态分布方差区间估计实验	▶	177
103	7－17	两个正态分布均值差区间估计	▶	178
104	7－18	两个正态分布方差比区间估计	▶	179
105	7－19	重要知识点与典型例题	⑰	183
106	7－20	习题七答案	Ⓦ	183
107	8－1	假设检验的基本概念	⑰	191
108	8－2	假设检验的原理	▶	191
109	8－3	假设检验的基本概念	▶	191
110	8－4	参数的假设检验	⑰	197
111	8－5	正态总体参数的假设检验	▶	197
112	8－6	两个正态总体参数的假设检验	▶	202
113	8－7	假设检验问题的 P-值	⑰	207
114	8－8	假设检验问题的 P-值	▶	207

序号	资源号	资 源 名 称	类型	页码
115	8-9	参数的假设检验实验	Ⓔ	218
116	8-10	参数的假设检验实验活动模板	Ⓦ	218
117	8-11	参数的假设检验实验活动表	Ⓔ	218
118	8-12	正态总体均值检验实验	▶	218
119	8-13	正态总体方差检验实验	▶	220
120	8-14	两个正态总体 z-检验实验	▶	221
121	8-15	两个正态总体 F-检验实验	▶	223
122	8-16	双样本等方差 t-检验实验	▶	224
123	8-17	平均值的成对二样本分析实验	▶	226
124	8-18	双样本异方差 t-检验实验	▶	227
125	8-19	重要知识点与典型例题	ⓜ	232
126	8-20	习题八答案	Ⓦ	232
127	9-1	单因素方差分析	ⓜ	242
128	9-2	单因素方差分析	▶	242
129	9-3	双因素方差分析	ⓜ	247
130	9-4	双因素方差分析	▶	247
131	9-5	方差分析实验	Ⓔ	257
132	9-6	方差分析实验报告模板	Ⓦ	257
133	9-7	单因素方差分析	▶	258
134	9-8	无重复双因素方差分析实验	▶	259
135	9-9	可重复双因素方差分析实验	▶	260
136	9-10	重要知识点与典型例题	ⓜ	264
137	9-11	习题九答案	Ⓦ	264
138	10-1	一元线性回归方程	ⓜ	272
139	10-2	总体回归函数	▶	273
140	10-3	回归系数的最小二乘估计	▶	276
141	10-4	一元线性回归方程的显著性检验	▶	278
142	10-5	一元回归方程的应用	ⓜ	283
143	10-6	一元回归方程的应用	▶	283

序号	资源号	资源名称	类型	页码
144	10-7	可线性化的一元非线性回归	⏵	287
145	10-8	回归分析实验	Ⓔ	290
146	10-9	回归分析实验报告模板	Ⓦ	290
147	10-10	一元回归实验	⏵	290
148	10-11	多元回归实验	⏵	292
149	10-12	重要知识点与典型例题	ⓜ	301
150	10-13	习题十答案	Ⓦ	301
151	11-1	模拟试题一答案	Ⓦ	307
152	11-2	模拟试题二答案	Ⓦ	310

目录

第二版前言

第一版前言

"行水云课"数字教材使用说明

多媒体知识点索引

第一章 随机事件及其概率 ··· 1
第一节 随机事件与概率的基本概念 ··· 1
第二节 概率的计算 ··· 8
第三节 条件概率 ··· 12
第四节 随机事件的独立性 ·· 19
习题 ·· 23

第二章 随机变量及其分布 ·· 28
第一节 随机变量及其分布函数 ··· 28
第二节 离散型随机变量及其分布 ·· 30
第三节 连续型随机变量及其分布 ·· 32
第四节 随机变量函数的分布 ·· 36
习题 ·· 38

第三章 多维随机变量及其分布 ··· 43
第一节 多维随机变量及其联合分布 ··· 43
第二节 二维离散型随机变量 ·· 44
第三节 二维连续型随机变量 ·· 47
第四节 随机变量的独立性 ·· 49
第五节 二维随机变量函数的分布 ·· 52
第六节 条件分布 ··· 55
习题 ·· 58

第四章 随机变量的数字特征 ··· 66
第一节 随机变量的数学期望 ·· 66
第二节 随机变量的方差 ··· 71
第三节 协方差与相关系数 ·· 73

习题 ……………………………………………………………………… 81

第五章　常用分布与极限理论 …………………………………………… 85
　第一节　常用离散型随机变量的分布 ………………………………… 85
　第二节　常用连续型随机变量的分布 ………………………………… 89
　第三节　极限理论 …………………………………………………… 98
　习题 ……………………………………………………………………… 103

第六章　数理统计基础 …………………………………………………… 110
　第一节　数理统计的基本概念 ……………………………………… 110
　第二节　数理统计中常用的三大分布 ……………………………… 115
　第三节　抽样分布 …………………………………………………… 120
　*第四节　数据整理 …………………………………………………… 124
　第五节　常用随机变量的分布实验 ………………………………… 129
　*案例：全国各地区生产总值的描述性分析 ………………………… 141
　习题 ……………………………………………………………………… 146

第七章　参数估计 ………………………………………………………… 154
　第一节　参数的点估计 ……………………………………………… 154
　第二节　点估计效果的评价标准 …………………………………… 161
　第三节　参数的区间估计 …………………………………………… 165
　第四节　参数的区间估计实验 ……………………………………… 174
　*案例：有重大科学突破时科学家年龄的估计 …………………… 180
　习题 ……………………………………………………………………… 183

第八章　假设检验 ………………………………………………………… 191
　第一节　假设检验的基本概念 ……………………………………… 191
　第二节　参数的假设检验 …………………………………………… 197
　第三节　假设检验问题的 P – 值 …………………………………… 207
　*第四节　正态性检验 ……………………………………………… 210
　*第五节　独立性的列联表检验 …………………………………… 214
　*第六节　大样本检验 ……………………………………………… 216
　第七节　参数的假设检验实验 ……………………………………… 218
　*案例：大西洋两岸过关机场等级测评 …………………………… 229
　习题 ……………………………………………………………………… 232

第九章　方差分析 ………………………………………………………… 242
　第一节　单因素方差分析 …………………………………………… 242
　第二节　双因素方差分析 …………………………………………… 247
　第三节　方差分析实验 ……………………………………………… 257
　*案例：全国各地区农村居民恩格尔系数差异分析 ……………… 262

习题·· 264

第十章　回归分析·· 272

第一节　一元线性回归方程·· 272

第二节　一元回归方程的应用·· 283

第三节　回归分析实验··· 290

*案例：用工业品出厂价格指数（PPI）预测居民消费价格指数（CPI） ············ 295

习题·· 301

附录·· 307

附录一　模拟试题·· 307

附录二　检验表··· 314

参考文献·· 324

第一章 随机事件及其概率

概率论与数理统计是研究和揭示随机现象统计规律性的一门学科. 概率论与数理统计的理论和方法，在工业、农业、军事、天文、医学、金融、保险、试验设计等人类活动的各个领域，产生着越来越重要的作用. 在理论联系实际方面，可以说概率论与数理统计是当今世界上发展最为迅速也是最为活跃的数学分支之一. 概率论是研究随机现象中数量规律的数学分支，是数理统计的理论基础.

1-1
随机事件
与概率

1-2
随机事件

第一节 随机事件与概率的基本概念

一、随机试验与随机事件

（一）随机现象

在自然界和人类社会活动中，人们所观察到的现象大致可分为必然现象和随机现象两类.

定义 在一定条件下，必然出现的现象，即只有一个结果，因而可以事先准确预知的现象，称为**必然现象**或**确定性现象**（Certain phenomenon）.

例如：

◆ 每天早晨太阳从东方升起.

◆ 同性电荷相互排斥，异性电荷相互吸引.

◆ 在自然状态下，水从高处流向低处.

定义 在一定条件下，人们不能事先准确预知其结果的现象，即在一定条件下可能出现也可能不出现的现象，称为**随机现象**（Random phenomenon）.

随机现象在日常生活中也是广泛存在的. 例如：

◆ 向上抛一枚硬币，落地后可能正面朝上也可能反面朝上，就是说，"正面朝上"这个结果可能出现也可能不出现；

◆ 掷一枚骰子，可能出现 1，2，3，4，5，6 点，至于将掷出哪一点，也是不能事先准确预知的；

◆ 在股市交易中，某只股票的价格受到国家金融政策、上市公司业绩、股民的炒作行为及其他国家股市的涨跌等许多不确定因素影响，下一个交易日该股票的股价可能上升也可能下跌，而且这只股票的最高价和最低价也不能事先确定；

◆ 在射击比赛中，运动员用同一支步枪向一个靶子射击，打出的环数可能不同；

◆ 在某一条生产线上，使用相同的工艺生产出来的产品寿命也可能会有较大差异等.

虽然随机现象在相同的条件下可能的结果不止一个，且不能事先准确预知将会出现什么样的结果，但是经过长期的、反复的观察和实验，人们逐渐发现了所谓结果"不能事先准确预知"只是对一次或几次观察或试验而言，在相同条件下进行大量重复观察或试验时，试验的结果就会呈现出某种规律性，这就是所谓的统计规律性.

（二）随机试验

为了研究随机现象的数量规律，需要对随机现象进行一些重复观察或试验. 在这里，试验作为一个含义广泛的术语，它可以是各种各样的科学**实验**，也可以是对自然现象或社会现象进行的观察. 例如：

◆ 在一批笔记本电脑中任意抽取一台，检测它的寿命.

◆ 向上抛一枚硬币三次，观察其落地后出现正面的次数.

◆ 记录某市火车站售票处一天内售出的车票数等都是试验.

定义 具有下述三个特点的试验称为**随机试验**（Random experiment），简称为试验，用大写英文字母 E 表示.

（1）可重复性：试验可以在相同的条件下重复进行.

（2）可观察性：每次试验的可能结果不止一个，但事先可以明确知道试验的所有可能结果.

（3）不确定性：进行一次试验之前不能确定哪一个结果会出现.

以后本书中所提到的试验均指随机试验.

（三）样本空间

由于随机试验具有可观察性，因此，虽然事先不能确定试验将会出现哪一个结果，但试验的所有可能的基本结果所构成的集合却是已知的.

定义 将随机试验 E 的每个可能的基本结果称为一个**样本点**（Sampling point），全体样本点组成的集合称为 E 的**样本空间**（Sampling space），记为 $\Omega = \{\omega\}$，其中 ω 表示试验的样本点.

【例 1 - 1】 设 E_1：向上抛掷一枚硬币，观察其落地后正面朝上还是反面朝上，则 $\Omega_1 = \{$正面，反面$\}$；

E_2：将一枚硬币连续向上抛掷两次，依次观察其落地后正面朝上还是反面朝上，则 $\Omega_2 = \{$正正，正反，反正，反反$\}$；

E_3：将一枚硬币连续向上抛掷两次，观察其反面朝上的次数，则 $\Omega_3 = \{0, 1, 2\}$；

E_4：记录某市火车站售票处一天内售出的车票数，则 $\Omega_4 = \{0, 1, 2, \cdots\}$；

E_5：在某型号电脑中任取一台检测其使用寿命，则 $\Omega_5 = \{t \mid t \geq 0\}$；

写出试验的样本空间，是描述随机现象的基础. 值得注意的是：即使是相同的试验，由于研究目的的不同，其样本空间也可能不同，如 Ω_2 和 Ω_3. 也就是说，样本空间的样本点取决于随机试验和它的研究目的.

（四）随机事件

定义 随机试验 E 的样本空间 Ω 的子集称为 E 的**随机事件**（Random event），简称事件（Event）. 常用大写英文字母 A、B、C 等表示事件.

◆ 随机现象中的某些基本结果组成的集合就是随机事件.

◆ 任何一个样本点 ω 构成的单点集 $\{\omega\}$ 也都是随机事件，称为**基本事件**（Basic events）.

◆ 任何事件可看成是由基本事件复合而成.

◆ 样本空间 Ω，称为**必然事件**（Certain event）. 因为 Ω 本身也是 Ω 的一个子集，故也是事件，在每次试验中必然会出现 Ω 中的某一样本点，所以在任何一次试验中 Ω 必然会发生，故称其为必然事件.

◆ 空集 $\varnothing$，称为**不可能事件**（Impossible event）. 空集 $\varnothing$ 也是 Ω 的子集，故也是事件. 因为空集不包含任何样本点，在任何一次试验中 $\varnothing$ 都不可能发生，所以称其为不可能事件.

◆ 在一次随机试验中，事件 A 发生，是指当且仅当 A 所包含的某一样本点出现.

二、随机事件间的关系与运算

因为样本空间 Ω 就是全体样本点所组成的集合，随机事件是 Ω 的子集，所以事件之间的关系和运算也可按集合间的关系和运算来处理. 为了简化以后的概率计算，下面的讨论总是假定在同一个样本空间 Ω（即同一个随机现象）中进行，下面来了解事件之间关系和运算所代表的概率意义.

（一）包含关系

定义　若事件 A 发生必然导致事件 B 发生，则称事件 B **包含**（Inclusion relation）事件 A，或事件 A 包含于事件 B，记为 $B \supseteq A$ 或 $A \subseteq B$. 包含关系维恩（Venn）图见图 1-1.

◆ $A \subseteq B$，也就是事件 A 中的每一个样本点都是事件 B 的样本点.

◆ 对于任意事件 A，必有：$\varnothing \subseteq A \subseteq \Omega$.

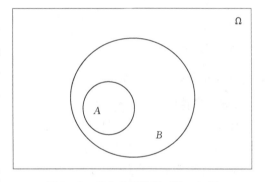

图 1-1　包含关系维恩（Venn）图

（二）相等关系

定义　若事件 A 发生必然导致事件 B 发生，同时事件 B 发生必然导致事件 A 发生，则称事件 A 与 B **相等**（Equivalent relation），记为 $A = B$.

◆ $A = B$，也就是事件 A 中的样本点与事件 B 的样本点完全相同，即 $A \subseteq B$ 和 $B \subseteq A$ 同时成立.

（三）互不相容（互斥）事件

定义　若事件 A 与 B 不可能同时发生时，则称事件 A 与事件 B **互不相容**（或互斥）（Incompatible events）. 互斥关系维恩图见图 1-2.

◆ 事件 A 与事件 B 互斥，即 $A \bigcap B = \varnothing$，事件 A 与 B 没有相同的样本点.

◆ 任意两个不同的基本事件是互不相容的.

◆ 当 $i \neq j (i,j=1,2,\cdots)$ 时，$A_i A_j = \varnothing$，即事件组 $A_1, A_2, \cdots, A_n, \cdots$ 中任意两个不同事件都互不相容，则称事件 $A_1, A_2, \cdots, A_n, \cdots$ **两两互不相容**.

（四）事件的并（和）

定义 "事件 A 与 B 中至少有一个发生"这一事件称为事件 A 与事件 B 的**并**（或和）（Union of events），记为 $A \bigcup B$. 并运算维恩（Venn）图见图 1-3.

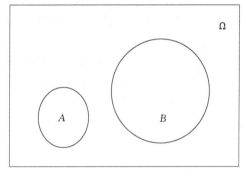

图 1-2　互斥关系维恩（Venn）图

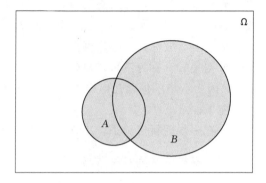

图 1-3　并运算维恩（Venn）图

◆ $A \bigcup B$ 就是由事件 A 和 B 的所有样本点（相同的只计入一次）所组成的新事件，即 $A \bigcup B = \{\omega \mid \omega \in A$ 或 $\omega \in B\}$.

◆ "事件 $A_1, A_2, \cdots, A_n$ 中至少有一个发生"这一事件称为事件 $A_1, A_2, \cdots, A_n$ 的并（和），记为 $A_1 \bigcup A_2 \bigcup \cdots \bigcup A_n$，也可简记为 $\bigcup\limits_{i=1}^{n} A_i$.

◆ "可列个事件 $A_1, A_2, \cdots, A_n, \cdots$ 中至少有一个发生"这一事件称为事件 $A_1, A_2, \cdots, A_n, \cdots$ 的可列并（和），记为 $\bigcup\limits_{i=1}^{\infty} A_i$.

（五）事件的交（积）

定义 "事件 A 与 B 同时发生"，这一事件称为事件 A 与事件 B 的**交**（或**积**）（Product of events），记为 $A \bigcap B$，或简记为 AB，交运算维恩（Venn）图见图 1-4.

◆ $A \bigcap B$ 就是由事件 A 与 B 中公共的样本点组成的新事件，这与集合的交集定义完全相同，即 $A \bigcap B = \{\omega \mid \omega \in A$ 且 $\omega \in B\}$.

◆ "事件 $A_1, A_2, \cdots, A_n$ 同时发生"这一事件称为事件 $A_1, A_2, \cdots, A_n$ 的交（积），记为 $A_1 \bigcap A_2 \bigcap \cdots \bigcap A_n$，或 $A_1 A_2 \cdots A_n$，也可简记为 $\bigcap\limits_{i=1}^{n} A_i$.

◆ "可列个事件 $A_1, A_2, \cdots, A_n, \cdots$ 同时发生"这一事件称为事件 $A_1, A_2, \cdots, A_n, \cdots$ 的可列交（积），记为 $\bigcap\limits_{i=1}^{\infty} A_i$.

（六）差事件

定义 "事件 A 发生但 B 不发生"，这一事件称为事件 A 与事件 B 的**差事件**（Difference of events），记为 $A - B$，差运算维恩（Venn）图见图 1-5.

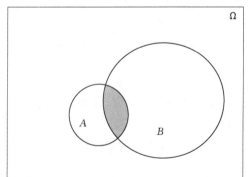

图 1-4　交运算维恩（Venn）图

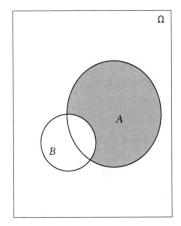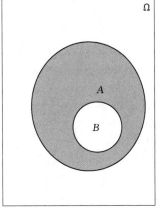

图 1-5 差运算维恩（Venn）图

◆ $A-B$ 就是由事件 A 中不属于 B 的样本点组成的新事件，即

$$A-B=\{\omega \mid \omega \in A \text{ 且 } \omega \notin B\}$$

例如，掷一枚骰子，$A=\{$出现偶数点$\}$，$B=\{$出现点数不超过 4$\}$，则 $A-B=\{6\}$.

（七）对立事件

定义 "事件 A 不发生"这一事件称为事件 A 的**对立事件**（Opposite events），记为 $\overline{A}$. 对立事件维恩（Venn）图见图 1-6.

◆ $\overline{A}$ 就是由所有 Ω 中不属于事件 A 的样本点组成的新事件.

对立事件也可采用如下定义：若事件 A 与 B 满足

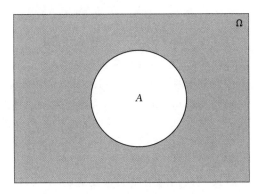

图 1-6 对立事件维恩（Venn）图

$$A\cap B=\varnothing, \quad A\cup B=\Omega$$

则称事件 A 与事件 B 互为对立事件，记为 $\overline{A}=B$，$\overline{B}=A$.

◆ $\overline{A}=\Omega-A$，$\overline{\Omega}=\varnothing$，$\overline{\varnothing}=\Omega$.

◆ $A\cap\overline{A}=\varnothing$，$A\cup\overline{A}=\Omega$，$\overline{\overline{A}}=A$.

（八）事件的运算律

与集合运算一样，事件的运算也满足下列运算规律：

(1) 交换律：$A\cup B=B\cup A$，$A\cap B=B\cap A$.

(2) 结合律：$(A\cup B)\cup C=A\cup(B\cup C)$，$(A\cap B)\cap C=A\cap(B\cap C)$.

(3) 分配律：$(A\cup B)\cap C=(A\cap C)\cup(B\cap C)$，$(A\cap B)\cup C=(A\cup C)\cap(B\cup C)$.

(4) 对偶律（De Morgan 公式）：

$$\overline{A \cup B} = \overline{A} \cap \overline{B}, \qquad \overline{A \cap B} = \overline{A} \cup \overline{B}.$$

（5）若 $A \subseteq B$，则 $A \cup B = B$，$A \cap B = A$.

（6）事件 A 与 B 的差：$A - B = A \cap \overline{B}$.

上面的运算律对有限个或可列个事件的情况也同样成立.

三、随机事件的概率

1-3

随机事件的
概率

（一）概率的统计定义

在同一个试验中不同随机事件发生的可能性也可能不同. 例如，在掷骰子的例子中，显然"出现 6 点"发生的可能性小于"出现偶数点". 为了度量事件在一次试验中发生的可能性大小，引入**频率**的概念，它描述了事件发生的频繁程度.

定义 在相同条件下重复进行 n 次试验，在这 n 次试验中，事件 A 出现的次数 n_A 称为事件 A 发生的**频数**，比值 $\dfrac{n_A}{n}$ 称为事件 A 发生的**频率**（Frequency），记为 $f_n(A)$，即

$$f_n(A) = \frac{n_A}{n}$$

容易证明频率具有下述基本性质：

（1）非负性：$0 \leqslant f_n(A) \leqslant 1$.

（2）规范性：$f_n(\Omega) = 1$.

（3）有限可加性：若 $A_1, A_2, \cdots, A_n$ 是两两互不相容的事件，则

$$f_n\left(\bigcup_{i=1}^{n} A_i\right) = \sum_{i=1}^{n} f_n(A_i)$$

定义 在相同条件下重复进行 n 次试验，若事件 A 发生的频率随着试验次数 n 的增大而稳定到某个常数 $p(0 \leqslant p \leqslant 1)$，则称数值 p 为事件 A 的**概率**（Probability），记作 $P(A) = p$.

（二）概率的公理化定义

根据概率的统计定义，可以用试验次数很大时的频率来估计事件的概率. 但是，在现实生活中某些试验由于成本太高或具有破坏性等原因而不能大量重复进行，这时不能利用频率来估计概率. 由于概率的统计定义只是一个模糊定义，不能作为严格的数学定义，因而存在严重的不足.

历史上还出现过概率的古典定义、概率的几何定义和概率的主观定义，这些定义只能适应某一类随机现象，因而不能作为概率的一般定义.

人们通过对概率论中的事件与集合、概率与测度之间联系的研究，再加上十九世纪末以来，数学的各个分支广泛流行着一股公理化潮流，即把最基本的事实假定为公理，其他结论均由公理经过演绎导出. 在这种背景下，1933 年，苏联数学家柯尔莫哥洛夫（Kolmogorov）提出了概率论公理化定义. 这个定义概括了前人所定义的各种概率的共同特征，又避免了各自的局限性和含糊不清之处，使概率论成为一门严谨的数

学分支，对概率论的迅速发展起到了积极的作用．建立在严密的逻辑基础上的概率公理化定义如下．

定义　设 Ω 是随机试验 E 的样本空间，对于 E 的每一个事件 A，将其对应于一个实数 $P(A)$，如果 $P(A)$ 满足下列三个条件，则称 $P(A)$ 为事件 A 的**概率**（Probability）．

（1）非负性：对任意事件 A，有 $P(A) \geqslant 0$．

（2）规范性：$P(\Omega) = 1$．

（3）可列可加性：若 $A_1, A_2, \cdots, A_n, \cdots$ 是两两互不相容的事件，则

$$P\left(\bigcup_{n=1}^{\infty} A_n\right) = \sum_{n=1}^{\infty} P(A_n)$$

（三）概率的性质

利用概率定义的三条公理，可以推出概率的另外一些重要性质：

性质 1　$P(\varnothing) = 0$．

性质 2　（有限可加性）若 $A_1, A_2, \cdots, A_n$ 是两两互不相容的事件，则

$$P\left(\bigcup_{k=1}^{n} A_k\right) = \sum_{k=1}^{n} P(A_k)$$

性质 3　对任何事件 A，有 $P(\overline{A}) = 1 - P(A)$．

性质 4　对任意两个事件 A，B 有，$P(A-B) = P(A) - P(AB)$．

◆ 若 $A \supseteq B$，则 $P(A-B) = P(A) - P(B)$，$P(A) \geqslant P(B)$．

性质 5　对任意事件 A，有 $0 \leqslant P(A) \leqslant 1$．

性质 6　（加法公式）对任意事件 A，B，C 有

$$P(A \cup B) = P(A) + P(B) - P(AB)$$

$$P(A \cup B \cup C) = P(A) + P(B) + P(C) - P(AB) - P(AC) - P(BC) + P(ABC)$$

【例 1-2】 设 $P(A) = \dfrac{1}{4}$，$P(B) = \dfrac{1}{2}$，就下列三种情况求 $P(B-A)$：

（1）A 与 B 互不相容．

（2）$A \subseteq B$．

（3）$P(AB) = \dfrac{1}{8}$．

解　（1）由于 A 与 B 互不相容，即 $AB = \varnothing$，所以 $P(B-A) = P(B) - P(AB) = P(B) = \dfrac{1}{2}$．

（2）$A \subseteq B$，则有 $P(B-A) = P(B) - P(A) = \dfrac{1}{4}$．

（3）$P(B-A) = P(B) - P(AB) = \dfrac{3}{8}$．

第二节 概率的计算

一、古典概率

概率论起源于赌博游戏，因此最先的求概率的问题满足"各个可能结果具有相等或同等可能性"这一假设. 例如，在游戏中使用的硬币是均匀的，以保证出现正面和反面的可能性相同；游戏中使用的骰子是均匀的正方体，这样可使得掷出 1 至 6 各个点数的可能性相同，从而保证游戏的公平性；一副扑克牌中每一张牌的形状、大小和背面的图案都完全相同，而且在发牌前还要充分地将牌洗匀，使拿到其中每张牌的可能性都相同.

定义 具有以下两条性质的随机试验的概率模型称为**古典概型**.

(1) 有限性：样本空间只含有有限多个样本点；

(2) 等可能性：每个基本事件出现的可能性相同.

由于古典概型在产品质量抽样检查等实际问题中有着重要的应用，并且它是最简单的一类随机试验，对它的讨论和研究有助于直观地理解许多概率论中的基本概念，因此在概率论中古典概型占有相当重要的地位.

定理 如果古典概型的样本空间 Ω 包含 n_Ω 个样本点，当某个随机事件 A 中所包含的样本点个数为 n_A 时，事件 A 发生的概率就是

$$P(A) = \frac{n_A}{n_\Omega} = \frac{A \text{ 包含的样本点数}}{\Omega \text{ 中的样本点总数}}$$

证明 设 $\Omega = \{\omega_i | i = 1, 2, \cdots, n_\Omega\}$，又记每个基本事件 $A_i = \{\omega_i\}$，$i = 1, 2, \cdots, n_\Omega$，由古典概型的等可能性易知：$P(A_i) = \frac{1}{n_\Omega}$；又设 $A = \bigcup_{i=1}^{n_A} A_i$，则

$$P(A) = P(\bigcup_{i=1}^{n_A} A_i) = \sum_{i=1}^{n_A} P(A_i) = \frac{n_A}{n_\Omega}$$

以上确定事件概率的方法称为**古典方法**，这种确定事件概率的方法曾是概率论发展初期的主要方法，故所求的概率又称为**古典概率**（Classical probability）.

【例 1-3】 在 1 至 2000 的整数中随机地取一个数，问取到的整数既不能被 6 整除，又不能被 8 整除的概率是多少？

解 设 $A = \{$取到的数能被 6 整除$\}$，$B = \{$取到的数能被 8 整除$\}$. 由于 $333 < \frac{2000}{6} < 334$，$\frac{2000}{8} = 250$，故得

$$P(A) = \frac{333}{2000}, \quad P(B) = \frac{250}{2000}$$

又由于一个数同时能被 6 与 8 整除，就相当于能被 24 整除，因此由 $83 < \frac{2000}{24} < 84$ 得

$$P(AB) = \frac{83}{2000}$$

因而所求的概率为

$$P(\overline{A}\,\overline{B}) = P(\overline{A \cup B}) = 1 - P(A \cup B) = 1 - P(A) - P(B) + P(AB)$$

$$= 1 - \frac{333}{2000} - \frac{250}{2000} + \frac{83}{2000} = \frac{3}{4}$$

【例 1-4】 某机构发售 1 万张即开型福利彩票，其中有 5 张是一等奖，假如你买了 10 张彩票，问你能中一等奖的概率有多大？

解 记 $A = \{$能中一等奖$\}$，$A_i = \{$第 i 张能中一等奖$\}$，显然，$A = A_1 \cup A_2 \cup \cdots \cup A_{10}$. 直接计算 $P(A)$ 比较麻烦，但 $\overline{A} = \{$没有中一等奖$\}$，$P(\overline{A})$ 的计算则比较简单. 由古典概率计算公式有 $P(\overline{A}) = \frac{C_{9995}^{10}}{C_{10000}^{10}}$，于是

$$P(A) = 1 - P(\overline{A}) = 1 - \frac{C_{9995}^{10}}{C_{10000}^{10}} \approx 0.00499$$

（一）计数原理

(1) 加法原理：若完成某件事有 m 类不同方式，第一类方式有 n_1 种完成方法，第二类方式有 n_2 种完成方法，$\cdots$，第 m 类方式有 n_m 种完成方法，则完成这件事共有 $n_1 + n_2 + \cdots + n_m$ 种方法.

(2) 乘法原理：若完成某件事必须经过 m 个不同步骤，第一个步骤有 n_1 种完成方法，第二个步骤有 n_2 种完成方法，$\cdots$，第 m 个步骤有 n_m 种完成方法，则完成这件事共有 $n_1 \times n_2 \times \cdots \times n_m$ 种方法.

(3) 组合：从 n 个不同元素中任意取出 $r(1 \leqslant r \leqslant n)$ 个元素并成一组，叫做从 n 个不同元素中取 r 个元素的组合. 这时只考虑取出的元素，不管取出元素的先后次序.

组合数：从 n 个不同元素中取 $r(1 \leqslant r \leqslant n)$ 个元素的所有组合的个数，叫做从 n 个不同元素中取 r 个元素的组合数，记为 C_n^r.

$$C_n^r = \frac{n!}{r!(n-r)!}$$

（二）利用计数原理计算古典概率

【例 1-5】 用 0，1，2，3，4，5 这六个数字排成三位数，求：

(1) 没有相同数字的三位数的概率；

(2) 没有相同数字的三位偶数的概率.

解 设 $A = \{$没有相同数字的三位数$\}$，$B = \{$表示没有相同数字的三位偶数$\}$，则样本点总数 $n_\Omega = 5 \times 6 \times 6 = 180$.

(1) 事件 A 包含的样本点数为 $n_A = 5 \times 5 \times 4$，所以

$$P(A) = \frac{5 \times 5 \times 4}{5 \times 6 \times 6} = \frac{5}{9}$$

(2) 事件 B 包含的样本点数为 $n_B = 4 \times 4 \times 2 + 5 \times 4 = 52$，则

$$P(B) = \frac{52}{5 \times 6 \times 6} = \frac{13}{45}$$

1-5

古典概率

【例 1-6】（抽签的公平性）口袋中有 a 只黑球，b 只白球。从袋中不放回地一只一只取球，直到取完袋中的球为止，求第 k 次（$1 \leqslant k \leqslant a+b$）取到黑球的概率.

解法 1 设 $A_k = \{$第 k 次取到黑球$\}$. 将球编上了不同的号码，是可分辨的. 从袋中依次取出 $a+b$ 个不同的球的试验结果可以看成是对 $a+b$ 个不同的球的一个排列，因而基本事件总数为 $(a+b)!$.

A_k 可分两个步骤实现，首先从袋中 a 个黑球里任取一个放在第 k 个位置上，有 a 种取法. 再将剩下的 $a+b-1$ 个球放在其余的位置上任意排列，有 $(a+b-1)!$ 种方法，因此，由乘法原理知 A_k 中包含的基本事件数为 $a(a+b-1)!$. 于是

$$P(A_k) = \frac{a(a+b-1)!}{(a+b)!} = \frac{a}{a+b}$$

解法 2 若同色球是不可分辨的. 这时基本事件取决于在 $a+b$ 个位置中哪个位置是放黑球的，显然，基本事件总数为 C_{a+b}^a. 要实现事件 A_k，第 k 个位置上必须要放上一个黑球. 于是，只要在余下的 $a+b-1$ 个位置中选 $a-1$ 个位置来放剩下的黑球即可，即 A_k 中包含的基本事件数为 C_{a+b-1}^{a-1}. 于是

$$P(A_k) = \frac{C_{a+b-1}^{a-1}}{C_{a+b}^a} = \frac{a}{a+b}$$

本例说明取到黑球的概率与取球的先后顺序没有关系，这也证明了抽签的公平性.

二、几何概型

前面几道计算概率的例题，利用了古典概型的有限性和等可能性. 客观世界是非常复杂和多变的，虽然许多随机现象具有等可能性，但试验结果却有无穷多种可能性. 这无穷多个等可能发生的结果可以用直线上的一条线段、平面上的一个区域或是空间中的一个立体来表示. 这类试验，一般可以通过计算线段的长度、平面图形的面积或空间立体的体积，进而求出事件发生的概率. 具有这样性质的试验模型称为**几何概型**（Geometric probability）.

设随机试验的所有可能结果可以表示为 R^n 中的某一区域 Ω，样本点就是区域 Ω 中的一个点，并且在这个区域内等可能出现. 设事件 A 可以用 Ω 中的子区域 A 来表示，用 S_A 和 S_Ω 分别表示区域 A 和 Ω 的度量（即线段的长度、平面的面积、立体的体积等），则事件 A 发生的概率：

$$P(A) = \frac{A \text{ 的度量}}{\Omega \text{ 的度量}} = \frac{S_A}{S_\Omega}$$

下面利用这个公式来计算日常生活中一些事件发生的概率.

【例 1-7】 **等待问题** 某城市某地铁站每隔 10 分钟有一列车通过，一位外地乘客对列车通过该站的时刻完全不知情，求他等待列车的时间不超过 3 分钟的概率.

解 令 $A = \{$等待的时间不超过 3 分钟$\}$，可以认为这位外地乘客到某地铁站的时间处于两辆列车到达时刻之间，而且处在这 10 分钟之间的任意时刻，即在这 10 分钟内的每一时刻到站的机会都是相等的. 因而这个问题可看成是几何概型，可以用数轴上区间 $[0,10]$ 来表示样本空间. 要使等车的时间不超过 3 分钟，只有当他到站的时间

正好处于区间[7,10]之间才有可能. 于是,利用几何概型的概率计算公式有

$$P(A)=\frac{3}{10}=0.3$$

【例 1-8】 **会面问题** 甲、乙二人都要在明日上午 6 点到 7 点之间到达某处,每人都只在该处停留 10 分钟,试求他们能够在该处会面的概率(图 1-7).

解 设 6 点为计算时刻的 0 时,x,y 分别表示甲、乙两人到达某处的时刻(以分钟为单位),则可设样本空间

$$\Omega=\{(x,y)\,|\,0\leqslant x\leqslant 60,0\leqslant y\leqslant 60\}$$

而两人会面的充要条件是

$$|x-y|\leqslant 10$$

若 $A=\{$两人能在该处会面$\}$,则有

$$A=\{(x,y)\,|\,(x,y)\in\Omega,|x-y|\leqslant 10\}$$

$$P(A)=\frac{A\ 的面积}{\Omega\ 的面积}=\frac{60^2-(60-10)^2}{60^2}=1-\left(\frac{5}{6}\right)^2=\frac{11}{36}$$

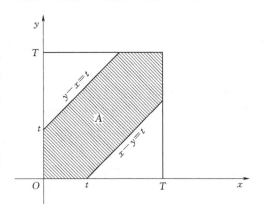

图 1-7 会面问题示意图

*三、蒙特卡罗(Monte-Carlo)法

【例 1-9】 **Buffon 投针问题** 1777 年法国科学家 Buffon 提出了下列著名问题(图1-8):平面上画着一些平行线,它们之间的距离都等于 a,向此平面任投一长度为 $l(l<a)$ 的针,试求此针与任一平行线相交的概率,并由此估计圆周率 π 的值.

解 以 x 表示针的中点与最近一条平行线间的距离,又以 φ 表示针与此直线间的交角.

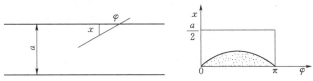

图 1-8 Buffon 投针问题示意图

(1)易知样本空间满足:

$$0\leqslant x\leqslant\frac{a}{2},\quad 0\leqslant\varphi\leqslant\pi$$

它是平面上一个矩形.

(2)针与平行线相交的充要条件是

$$x\leqslant\frac{l}{2}\sin\varphi$$

满足这个不等式的区域为图中的阴影部分.

（3）故所求的概率为

$$p = \frac{\dfrac{1}{2}\displaystyle\int_0^\pi l\sin\varphi\,\mathrm{d}\varphi}{\dfrac{1}{2}a\pi} = \frac{2l}{\pi a}$$

（4）设共向此平面投针 N 次，其中有 n 次针与平行线相交，由概率的统计定义可知，当试验的次数 N 很大时，则有

$$p = \frac{2l}{a\pi} \approx \frac{n}{N}$$

由此得到圆周率 π 的估计值为

$$\pi \approx \frac{2lN}{an}$$

定义　在某个随机试验中，事件 A 的概率 $P(A)$ 是关于某个未知数 θ 的函数，即 $P(A) = f(\theta)$. 若在 N 次试验中（N 很大），事件 A 发生了 n_A 次，则可由 $f(\theta) = \dfrac{n_A}{N}$ 得到 θ 的估计值. 这种得到未知数 θ 估计值的方法，称为**蒙特卡罗（Monte - Carlo）法**.

*四、主观概率

定义　人们概据经验对某个事件发生的可能性大小所给出的个人信念，常称作**主观概率**.

如一位高三班主任认为某学生考上大学的概率为 0.96，这里的 0.96 就是他根据多年的教学经验以及该学生高中 3 年的学习情况、几次高考模拟考试成绩和在全年级中的排名等综合而成的个人信念，是主观概率.

一位脑外科大夫认为下一个脑外科手术成功的概率为 0.6，这是他根据多年的手术经验和该手术的难易程度等因素综合而成的个人信念，也是主观概率.

第三节　条　件　概　率

一、条件概率的概念与性质

（一）条件概率的概念

在实际问题中，常常会遇到这样的问题：在得到某个信息 A 以后（即在已知事件 A 发生的条件下），求事件 B 发生的概率. 这时，因为是在已知 A 发生的条件下求 B 的概率，所以称为在事件 A 发生的条件下事件 B 发生的条件概率. 记为 $P(B|A)$. 条件概率是概率论中一个非常重要的概念，同时条件概率又具有广泛的实际应用.

【引例】　若某厂生产的50件产品中有一等品 20 件、二等品 20 件，剩下的 10 件为不合格品. 现从这批产品中随机抽取一件，求：

(1) 抽到一等品的概率.

(2) 若已知抽到的产品是合格品, 求该产品是一等品的概率.

解 记 $A=\{$抽到合格品$\}$; $B=\{$抽到一等品$\}$.

(1) 由于 50 件产品中有一等品 20 件, 利用古典概率计算公式, 有

$$P(B)=\frac{20}{50}=0.4$$

(2) 现在来计算: 已知事件 A 发生的条件下, 事件 B 发生的概率是多少?

事件 A 发生以后, 给人们带来新的信息: 因为抽出的产品是合格品, 所以这些产品不可能是从 10 件不合格品中抽出来的, 于是可能的基本结果仅限于合格品中的 40 个. 这意味着事件 A 的发生改变了样本空间, 从含有 50 个样本点的原样本空间 Ω 缩减为含有 40 个样本点的新样本空间 $\Omega_A=A$. 这时在事件 A 发生的条件下, 事件 B 发生的概率:

$$P(B\,|A)=\frac{20}{40}=0.5$$

继续分析引例, 条件概率 $P(B\,|A)=\dfrac{20}{40}$ 中的分母 40 是事件 A 中所含样本点数 n_A, 分子则是交事件 AB 中所含样本点数 n_{AB}, 若分母与分子同时除以原样本空间 Ω 中的样本点总数 $n(n=50)$, 则有

$$P(B\,|A)=\frac{20}{40}=\frac{\dfrac{20}{50}}{\dfrac{40}{50}}=\frac{\dfrac{n_{AB}}{n}}{\dfrac{n_A}{n}}=\frac{P(AB)}{P(A)}$$

这表明: 条件概率可用无条件概率之商来表示. 下面给出条件概率的定义.

定义 设 A 与 B 为随机试验 E 的两个事件, 且 $P(A)>0$, 则

$$P(B\,|A)=\frac{P(AB)}{P(A)}$$

称为在事件 A 发生的条件下事件 B 发生的**条件概率** (Conditional probability).

◆ 条件概率 $P(B\,|A)$ 意思指在事件 A 发生的条件下, 另一事件 B 发生的概率.

◆ $P(A\,|\Omega)=\dfrac{P(A\Omega)}{P(\Omega)}=P(A)$, 即无条件概率可看成条件概率.

【例 1-10】 设 100 件产品中有 5 件次品, 从中任取两次, 每次取一件, 作不放回抽样. 设 $A=\{$第一次抽到合格品$\}$, $B=\{$第二次抽到次品$\}$, 求 $P(B\,|A)$.

解法 1 在 A 已发生的条件下, 产品数变为 99 件, 其中次品数仍为 5 件, 所以

$$P(B\,|A)=\frac{5}{99}$$

解法 2 易知 $P(A)=\dfrac{95}{100}$. 从 100 件产品中连续抽取 2 件 (抽后不放回), 其样本空间 Ω 有样本点 100×99 个, 使 AB 发生的样本点基本事件数为 95×5. 于是

$$P(AB)=\frac{95\times5}{100\times99}$$

故有
$$P(B|A)=\frac{P(AB)}{P(A)}=\frac{5}{99}$$

（二）条件概率的性质

由概率的公理化定义和条件概率的定义，容易证明得到：条件概率也满足概率的三条基本公理，即

（1）非负性：$P(B|A)\geqslant 0$.

（2）规范性：$P(\Omega|A)=1$.

（3）可列可加性：若事件 $B_1,B_2,\cdots,B_n,\cdots$ 两两互不相容，则有

$$P(\bigcup_{n=1}^{\infty}B_n|A)=\sum_{n=1}^{\infty}P(B_n|A)$$

与概率的性质类似，条件概率具有下列性质：

（1）$P(\varnothing|A)=0$.

（2）有限可加性：若事件 $B_1,B_2,\cdots,B_n$ 两两互不相容，则有

$$P(\bigcup_{k=1}^{n}B_k|A)=\sum_{k=1}^{n}P(B_k|A)$$

（3）$P(\overline{B}|A)=1-P(B|A)$.

（4）若 B_1,B_2 是两个事件，且 $B_1\subseteq B_2$，则 $P((B_2-B_1)|A)=P(B_2|A)-P(B_1|A)$.

（5）若 B_1,B_2 是两个事件，则 $P(B_1\bigcup B_2|A)=P(B_1|A)+P(B_2|A)-P(B_1B_2|A)$.

二、乘法公式

1-9

乘法公式

若 $P(A)>0$，由条件概率的定义有 $P(B|A)=\dfrac{P(AB)}{P(A)}$，两边同乘 $P(A)$ 可得

$$P(AB)=P(A)P(B|A)$$

同理，当 $P(B)>0$ 时，有

$$P(AB)=P(B)P(A|B)$$

上面的两个等式被称为乘法公式，利用它们可简便地计算出两个事件同时发生的概率. 乘法公式可以推广到有限个事件的情形.

乘法定理 设 $A_k(k=1,2,\cdots,n)$ 是 $n(n\geqslant 2)$ 个事件，若 $P(\bigcap_{k=1}^{n-1}A_k)>0$，则有

$$P(\bigcap_{k=1}^{n}A_k)=P(A_1)P(A_2|A_1)P(A_3|A_1A_2)\cdots P(A_n|A_1A_2\cdots A_{n-1})$$

此式称为**乘法公式**（Multiplication formula）.

证明 因为 $P(A_1)\geqslant P(A_1A_2)\geqslant\cdots\geqslant P(A_1A_2\cdots A_{n-1})>0$，所以等式右边定义的条件概率都有意义. 反复利用两个事件的乘法公式，有

$$P(\bigcap_{k=1}^{n}A_k)=P(A_1A_2\cdots A_n)=P(A_1A_2\cdots A_{n-1})P(A_n|A_1A_2\cdots A_{n-1})$$

$$=P(A_1A_2\cdots A_{n-2})P(A_{n-1}|A_1A_2\cdots A_{n-2})P(A_n|A_1A_2\cdots A_{n-1})$$

$$=\cdots=P(A_1)P(A_2|A_1)P(A_3|A_1A_2)\cdots P(A_n|A_1A_2\cdots A_{n-1})$$

【例 1-11】 一个盒子中有 6 只白球，4 只黑球，从中无放回地每次任取 1 只，连取 3 次，求第三次才取得白球的概率.

解 设事件 $A_i=\{$第 i 次取得白球$\}$，$i=1$，2，3. 则所求的第三次才取得白球的概率为

$$P(\overline{A_1}\,\overline{A_2}A_3)=P(\overline{A_1})P(\overline{A_2}\,|\,\overline{A_1})P(A_3\,|\,\overline{A_1}\,\overline{A_2})=\frac{4}{10}\times\frac{3}{9}\times\frac{6}{8}=\frac{1}{10}$$

三、全概率公式

1-10

全概率公式

将复杂问题适当地分解为若干个简单问题而逐一解决，是人们常用的工作方法. 对于复杂事件概率的计算也是这样，将复杂事件划分成若干个互不相容的简单事件，然后利用条件概率和乘法公式将这些简单事件的概率分别算出，最后利用加法公式把这些简单事件的概率相加，即可求出复杂事件的概率. 下面来看一个例子.

【引例】 袋中有 5 个红球，4 个白球. 每次从中任取 2 个球（取后不放回），求第二次取到一个红球一个白球的概率.

分析 题中对第一次取的球没有任何要求. 如果知道第一次取了哪些球，则第二次取到一个红球一个白球的概率就容易计算了. 为此，要考虑第一次取球的所有可能情形.

解 设 $A_i=\{$第一次取到 i 个红球$\}$，$i=0$，1，2. 显然 A_i 两两互斥，且 $A_0\bigcup A_1\bigcup A_2=\Omega$. 令 $B=\{$第二次取到一个红球一个白球$\}$，于是有

$$\begin{aligned}P(B)&=P(B\Omega)=P[B(A_0\bigcup A_1\bigcup A_2)]\\&=P(BA_0)+P(BA_1)+P(BA_2)\\&=P(A_0)P(B\,|\,A_0)+P(A_1)P(B\,|\,A_1)+P(A_2)P(B\,|\,A_2)\\&=\frac{C_4^2}{C_9^2}\cdot\frac{C_5^1C_2^1}{C_7^2}+\frac{C_4^1C_5^1}{C_9^2}\cdot\frac{C_4^1C_3^1}{C_7^2}+\frac{C_5^2}{C_9^2}\cdot\frac{C_3^1C_4^1}{C_7^2}=\frac{5}{9}\end{aligned}$$

把上述计算方法总结成一个公式，即全概率公式. 全概率公式是概率论中的一个非常重要且实用的公式. 为了给出全概率公式，先介绍样本空间划分的概念.

定义 设 Ω 为随机试验 E 的样本空间，$A_1,A_2,\cdots,A_n$ 为 E 的一组事件. 如果

(1) $A_iA_j=\varnothing$，$i\neq j,i,j=1,2,\cdots,n$；

(2) $\bigcup\limits_{i=1}^{n}A_i=\Omega$；

则称事件组 $A_1,A_2,\cdots,A_n$ 为样本空间 Ω 的一个**划分**.

定理 设 Ω 为随机试验 E 的样本空间，$A_1,A_2,\cdots,A_n$ 为 Ω 的一个划分，且 $P(A_i)>0(i=1,2,\cdots,n)$，则对任一事件 B，有

$$P(B)=\sum_{i=1}^{n}P(A_i)P(B\,|\,A_i)$$

此式称为**全概率公式**（Complete probability formula）.

证明 因为 $B=B\Omega=B(A_1\bigcup A_2\bigcup\cdots\bigcup A_n)=BA_1\bigcup BA_2\bigcup\cdots\bigcup BA_n$，由假设 $(BA_i)(BA_j)\subset A_iA_j=\varnothing(i\neq j)$，利用加法公式和乘法公式，得

$$P(B) = \sum_{i=1}^{n} P(BA_i) = \sum_{i=1}^{n} P(A_i)P(B|A_i)$$

【例 1 - 12】 某工厂生产的产品以 100 个为一批,进行抽样检查时,只从每批中抽取 10 个来检查,如果发现其中有次品,则认为这批产品是不合格的,假定每一批产品中的次品最多不超过 4 个,并且其中恰有 i 个次品的概率如下:

一批产品中有次品数	0	1	2	3	4
概率	0.1	0.2	0.4	0.2	0.1

求各批产品通过检查的概率.

解 设事件 $B_i = \{$一批产品中有 i 个次品$\}$,$i = 0,1,2,3,4$,$A = \{$这批产品通过检查$\}$,即抽样检查的 10 个产品都是合格品,则

$$P(B_0) = 0.1, \quad P(B_1) = 0.2, \quad P(B_2) = 0.4, \quad P(B_3) = 0.2, \quad P(B_4) = 0.1$$

$$P(A|B_0) = 1, \quad P(A|B_1) = \frac{C_{99}^{10}}{C_{100}^{10}} = 0.900, \quad P(A|B_2) = \frac{C_{98}^{10}}{C_{100}^{10}} = 0.809$$

$$P(A|B_3) = \frac{C_{97}^{10}}{C_{100}^{10}} = 0.727, \quad P(A|B_4) = \frac{C_{96}^{10}}{C_{100}^{10}} = 0.652$$

按全概率公式,即得所求的概率为

$$P(A) = \sum_{i=0}^{4} P(B_i)P(A|B_i) = 0.8142$$

【例 1 - 13】 (敏感性问题调查) 对敏感性问题的调查方案,关键是要使被调查者愿作出真实回答,又能保守个人秘密. 有一个调查方案如下:在没有旁观者的情况下,请你从口袋中摸出一球,若取得红色球,则请你回答问题 A;若取得白色球,则请你回答问题 B.

问题 A:你的生日是否在 7 月 1 日之前?

问题 B:你是否看过黄色书刊或黄色影像?

你对问题的回答是:□是;□否

现有 n 张有效答卷,其中 k 张回答"是",且已知口袋中红色球占比为 a,求学生中阅读黄色书刊和观看黄色影像的比例 p.

解 设 $Y = \{$回答"是"$\}$,$R = \{$取到红色球$\}$,则 $P(R) = a$,$P(Y) = \frac{k}{n}$,$p = P(Y|\bar{R})$,且由实际可假设 $P(Y|R) = 0.5$,因此由 $P(Y) = P(R)P(Y|R) + P(\bar{R})P(Y|\bar{R})$ 可得

$$\frac{k}{n} = 0.5a + (1-a)p$$

$$p = \frac{\frac{k}{n} - 0.5a}{1-a}$$

如口袋中有红色球 20,白色球 30 个,有效答卷 1583 张,其中 389 张回答"是",则算得

$$p = \frac{\frac{k}{n} - 0.5a}{1-a} = \frac{\frac{389}{1583} - 0.5 \times 0.4}{0.6} = 0.0762$$

四、贝叶斯（Bayes）公式

1-11 ▶

贝叶斯公式

【引例】 有三个形状相同的箱子，在第一个箱中有两个正品，一个次品；在第二个箱中有三个正品，一个次品；在第三个箱中有两个正品，两个次品。现从任何一个箱子中，任取一件产品。

（1）求取得正品的概率；

（2）若已知取得一个正品，求这个正品是从第一个箱中取出的概率。

解 设 $A_i = \{$第 i 个箱子中的产品$\}$，$i = 1, 2, 3$，$B = \{$取得正品$\}$。

（1）由全概率公式可知，取得正品的概率为

$$P(B) = P(A_1)P(B|A_1) + P(A_2)P(B|A_2) + P(A_3)P(B|A_3)$$

$$= \frac{1}{3} \times \frac{2}{3} + \frac{1}{3} \times \frac{3}{4} + \frac{1}{3} \times \frac{2}{4} = \frac{23}{36}$$

（2）若已知取得一个正品，则这个正品是从第一个箱中取出的概率为

$$P(A_1|B) = \frac{P(A_1B)}{P(B)} = \frac{P(A_1)P(B|A_1)}{P(B)} = \frac{\frac{1}{3} \times \frac{2}{3}}{\frac{23}{36}} = \frac{8}{23}$$

利用全概率公式，可通过综合分析某事件发生的不同原因及其可能性，而求得该事件发生的概率。而贝叶斯公式考虑与之相反的问题，即某事件已经发生，要考察引发该事件的各种原因的可能性大小，在决策中具有重要作用。

定理 （贝叶斯公式）设 Ω 为随机试验 E 的样本空间，$A_1, A_2, \cdots, A_n$ 为 Ω 的一个划分，B 为 E 的事件，且 $P(A_i) > 0(i = 1, 2, \cdots, n)$，$P(B) > 0$，则

$$P(A_i|B) = \frac{P(A_i)P(B|A_i)}{\sum_{j=1}^{n} P(A_j)P(B|A_j)}, \quad i = 1, 2, \cdots, n$$

此式称为**贝叶斯公式**（Bayesian formula）。

证明 由条件概率的定义、乘法公式和全概率公式可得

$$P(A_i|B) = \frac{P(A_iB)}{P(B)} = \frac{P(A_i)P(B|A_i)}{\sum_{j=1}^{n} P(A_j)P(B|A_j)}, \quad i = 1, 2, \cdots, n$$

在公式中，如果把 A_i 看成是造成结果 B 发生的各种原因（或条件），则贝叶斯公式的实际含义是：要找出各个原因（或条件）A_i 出现后导致结果 B 发生的可能性大小。$P(A_i)$ 和 $P(A_i|B)$ 分别称为原因的先验概率和后验概率。$P(A_i)$ 是在没有进一步信息（不知道事件 B 是否发生）的情况下各事件发生的概率。当获得新的信息（知道 B 发生）后，人们对各事件发生的概率 $P(A_i|B)$ 有了新的估计，贝叶斯公式正是从数量上刻画了这种变化。

贝叶斯公式以及由此发展起来的一整套理论与方法，在概率统计中被称为"贝叶斯"学派，在自然科学及国民经济等许多领域中有着广泛应用.

【例 1-14】 根据对以往考试结果的统计分析，努力学习的学生中有 98% 的人考试及格，不努力学习的学生有 98% 的人考试不及格. 据调查了解，学生中有 90% 的人是努力学习的，求考试及格的学生有多大可能是不努力学习的人？

解 设 $A=\{$被调查的学生努力学习$\}$，$B=\{$被调查的学生考试及格$\}$，则 $\overline{A}=\{$被调查的学生不努力学习$\}$，$\overline{B}=\{$被调查的学生考试不及格$\}$. 由题意有

$$P(A)=0.9,\ P(B|A)=0.98,\ P(\overline{B}|\overline{A})=0.98$$

于是，$P(\overline{A})=1-P(A)=0.1$，$P(B|\overline{A})=1-P(\overline{B}|\overline{A})=0.02$.

因 A 和 $\overline{A}$ 为样本空间 Ω 的一个划分，故由贝叶斯公式有

$$P(\overline{A}|B)=\frac{P(\overline{A})P(B|\overline{A})}{P(A)P(B|A)+P(\overline{A})P(B|\overline{A})}=\frac{0.1\times0.02}{0.9\times0.98+0.1\times0.02}\approx0.0023$$

下面以疾病诊断为例，介绍贝叶斯决策的基本思想. 由病历统计可得到某地区在指定时间内患感冒 A_1、患结核 A_2 及患风湿 A_3 等疾病的概率，就是先验概率 $P(A_i)$. 再根据病理学及病历资料，可以确定患有上述疾病的患者出现"发烧"B 这一症状的概率 $P(B|A_i)$. 于是，利用贝叶斯公式，可很快地算出各种病因 A_i 的后验概率 $P(A_i|B)$. 这样，当医生面对一个有症状 B（发烧）的病人时，就可以根据已经算出的 $P(A_i|B)$，选择其中较大者做出判断引起发烧的原因，进而进行诊治.

【例 1-15】 据调查某地区居民某重大疾病的发病率为 0.0003，有一种非常有效的检验法可检查出该疾病，具体数据如下：95% 的患病者检验结果为阳性，96% 的未患病者检验结果为阴性. 今有一人检查结果为"阳性"，问他确实患有这种重大疾病的可能性有多大？

解 记 $A=\{$居民患某重大疾病$\}$，$B=\{$检查呈阳性$\}$，由题意有

$$P(A)=0.0003,\ P(B|A)=0.95,\ P(\overline{B}|\overline{A})=0.96.$$

因所求概率为 $P(A|B)$，故由贝叶斯公式得

$$P(A|B)=\frac{P(A)P(B|A)}{P(A)P(B|A)+P(\overline{A})P(B|\overline{A})}$$

$$=\frac{0.0003\times0.95}{0.0003\times0.95+(1-0.0003)\times(1-0.96)}\approx0.00708$$

这表明在检查出呈阳性的人中真患重病的人只有 0.708%，还不到 1%. 为什么检验法的准确率非常高，失误的概率也很小，可检验结果却非常值得怀疑呢？事实上，由于在人群中未患这种病的人占 99.97%，因此，检验为阳性者中还是未患这种病的人居多. 在实际生活中，一般是先用一些简单易行的辅助方法进行排查，排除大量明显不是患者的人，当医生怀疑某人有可能是病患者时，才建议用这种检验法. 这时在被怀疑的对象中，患这种重大疾病的概率已大幅度提高了，比如 $P(A)=0.3$，这时再用贝叶斯公式计算，可得 $P(A|B)\approx0.91$. 这样就大大提高了检验法的准确率.

【例 1-16】 某计算机制造商所用的显示器分别由甲、乙、丙三个厂家提供，所

占份额分别为 25%，15%，60%，次品率依次为 2%，3%，1%．若三家工厂的产品在仓库里是均匀混合的，并且没有区分标志，现从仓库里随机地抽取一台显示器，如果取到的是次品，你认为是哪家工厂生产的？

解 用 A_1, A_2, A_3 分别表示显示器取自甲厂、取自乙厂、取自丙厂，那么显然 A_1, A_2, A_3 为样本空间 Ω 的一个划分，若 $B=\{$取到的显示器是次品$\}$，则由贝叶斯公式得

$$P(A_1|B)=\frac{P(A_1)P(B|A_1)}{\sum\limits_{i=1}^{3}P(A_i)P(B|A_i)}=\frac{25\%\times 2\%}{25\%\times 2\%+15\%\times 3\%+60\%\times 1\%}=\frac{10}{31}$$

$$P(A_2|B)=\frac{P(A_2)P(B|A_2)}{\sum\limits_{i=1}^{3}P(A_i)P(B|A_i)}=\frac{15\%\times 3\%}{25\%\times 2\%+15\%\times 3\%+60\%\times 1\%}=\frac{9}{31}$$

$$P(A_3|B)=\frac{P(A_3)P(B|A_3)}{\sum\limits_{i=1}^{3}P(A_i)P(B|A_i)}=\frac{60\%\times 1\%}{25\%\times 2\%+15\%\times 3\%+60\%\times 1\%}=\frac{12}{31}$$

因为，$P(A_3|B)>P(A_1|B)>P(A_2|B)$，所以认为是丙厂生产的产品．

第四节 随机事件的独立性

在一个随机试验中，各个事件之间一般会有些联系，即一个事件的发生会影响到另一个事件发生的概率，但也有可能它们会互不影响．若事件之间互不影响，则说他们相互独立．

独立性是概率论中一个非常重要的概念．在独立的情况下，一些很复杂的事件概率的计算会变得很简单．下面先讨论两个事件的独立性，再讨论三个事件的独立性，然后进一步讨论多个事件的独立性，最后给出试验独立的概念．

1-12

随机事件的
独立性

1-13

两个事件的
独立性

一、两个事件的独立性

【引例】 一个袋子中装有 6 只黑球，4 只白球，采用有放回的方式摸球，求：

（1）第一次摸到黑球的条件下，第二次摸到黑球的概率；

（2）第二次摸到黑球的概率．

解 设 $A=\{$第一次摸到黑球$\}$，$B=\{$第二次摸黑球$\}$，则

（1）$P(A)=\dfrac{6}{10}$，$P(AB)=P(A)P(B|A)=\dfrac{6}{10}\times\dfrac{6}{10}$，所以 $P(B|A)=\dfrac{\frac{6^2}{10^2}}{\frac{6}{10}}=\dfrac{6}{10}$．

（2）$P(B)=P(A)P(B|A)+P(\overline{A})P(B|\overline{A})=\dfrac{6}{10}\times\dfrac{6}{10}+\dfrac{4}{10}\times\dfrac{6}{10}=\dfrac{6}{10}$．

注意到 $P(B|A)=P(B)$，即事件 A 发生与否对事件 B 发生的概率没有影响，从直观上看，这是很自然的，因为采用的是有放回的摸球，第二次摸球时袋中球的构成

与第一次摸球时完全相同，因此，第一次摸球的结果当然不会影响第二次摸球，在这种场合下就说事件 A 与事件 B 相互独立.

由 $P(A)=P(A|B)$ 可推出 $P(A)=P(A|\bar{B})$. 因此若 $P(A)=P(A|B)$，即事件 B 是否发生都不会影响 A 发生的概率. 由乘法公式即得，$P(AB)=P(A)P(B)$. 于是，可以得到两个事件独立的如下定义.

定义 若事件 A、B 满足

$$P(AB)=P(A)P(B)$$

则称事件 A 与 B **相互独立**（Mutual independence），简称 A 与 B **独立**（Independence）.

◆ "两个事件相互独立"与"两个事件互不相容"是两个不同的概念. "独立"是用概率表达式 $P(AB)=P(A)P(B)$ 来判别，而"互不相容"则是用事件表达式 $AB=\varnothing$ 来判定.

定理 当 $P(A)>0,P(B)>0$ 时，若 A 与 B 相互独立，则 A 与 B 相容；若 A 与 B 互不相容，则 A 与 B 不相互独立.

证明 （1）若 A 与 B 相互独立，则 $P(AB)=P(A)P(B)\neq 0$，即 A 与 B 是相容的.

（2）若 A 与 B 互不相容，则 $AB=\varnothing$，$P(AB)=0$. 因此 $0=P(AB)\neq P(A)P(B)>0$，即 A 与 B 是不相互独立.

◆ 零概率事件与任何事件都是互相独立的.

◆ 概率为 1 的事件与任何事件都是互相独立的.

◆ $\varnothing$ 与 Ω 既相互独立又互不相容.

定理 设 A 与 B 是两事件，且 $P(A)>0$，则 A，B 相互独立的充分必要条件是

$$P(B|A)=P(B)$$

定理 若事件 A 与 B 相互独立，则事件 A 与 $\bar{B}$，$\bar{A}$ 与 B，$\bar{A}$ 与 $\bar{B}$ 也独立.

证明 只证 A 与 $\bar{B}$ 独立（其余两对类似可证）：

$$P(A\bar{B})=P(A)-P(AB)=P(A)-P(A)P(B)$$
$$=P(A)[1-P(B)]=P(A)P(\bar{B})$$

因此，A 与 $\bar{B}$ 相互独立.

用上面类似方法可证：若四对事件 A 与 B，A 与 $\bar{B}$，$\bar{A}$ 与 B，$\bar{A}$ 与 $\bar{B}$ 中，只要有一对相互独立，则其余三对也相互独立.

在实际问题中，一般不用定义来判断两事件 A 与 B 是否相互独立，而是根据事件的实际意义去判断事件的独立性. 一般地，若由实际情况分析，两事件 A 与 B 之间没有关联或关联很微弱，就认为 A 与 B 相互独立，从而可以用定义中的公式来计算积事件的概率 $P(AB)=P(A)P(B)$.

【例 1-17】 一台自动报警器由雷达和计算机两部分组成，两部分如有任何一个出现故障，报警器就失灵. 若使用一年后，雷达出故障的概率为 0.2，计算机出故障的概率为 0.1，求这个报警器使用一年后失灵的概率.

解 因为雷达和计算机是两个不同的系统，因此它们是否出故障是不会相互影响

的，于是，雷达与计算机工作情况是相互独立的.

设 $A=\{$雷达出故障$\}$，$B=\{$计算机出故障$\}$，则由题意有：$P(A)=0.2$，$P(B)=0.1$，所求事件的概率

$$P(A \bigcup B)=P(A)+P(B)-P(AB)$$
$$=P(A)+P(B)-P(A)P(B)=0.2+0.1-0.2\times0.1=0.28$$

二、三个事件的独立性

定义 对事件 A、B、C，如果满足下面 3 个等式：
$$P(AB)=P(A)P(B)$$
$$P(AC)=P(A)P(C)$$
$$P(BC)=P(B)P(C)$$
则称 A、B、C **两两独立**（pairwise independence）.

定义 对事件 A、B、C，如果满足下面 4 个等式：
$$P(AB)=P(A)P(B)$$
$$P(AC)=P(A)P(C)$$
$$P(BC)=P(B)P(C)$$
$$P(ABC)=P(A)P(B)P(C)$$
则称事件 A、B、C **相互独立**（mutual independence）.

由定义可知，三个事件相互独立一定是两两独立的，但两两独立未必是相互独立. 例如，将一个均匀正四面体的第一个面涂成红色，第二面涂成黄色、第三面涂成蓝色，第四面则同时涂上红黄蓝三种颜色，若用 A、B 和 C 分别表示掷一次正四面体且底面出现红色、黄色和蓝色的事件，则由古典概率的定义易知：

$$P(A)=P(B)=P(C)=\frac{2}{4}=\frac{1}{2}$$

$$P(AB)=P(AC)=P(BC)=P(ABC)=\frac{1}{4}$$

于是，由定义知 A、B、C 两两独立. 但因为 $P(ABC)\neq P(A)P(B)P(C)$，所以 A、B、C 不相互独立.

三、多个事件的独立性

定义 设 $A_1,A_2,\cdots,A_n$ 是 $n(n\geqslant2)$ 个事件，若其中任意两个事件都相互独立，则称 $A_1,A_2,\cdots,A_n$ **两两独立**（pairwise independence）.

定义 设 $A_1,A_2,\cdots,A_n$ 是 $n(n\geqslant2)$ 个事件，若对任意 $k(2\leqslant k\leqslant n)$ 个事件 A_{i_1}，$A_{i_2},\cdots,A_{i_k}(1\leqslant i_1<i_2<\cdots<i_k\leqslant n)$ 都有

$$P(A_{i_1}A_{i_2}\cdots A_{i_k})=P(A_{i_1})P(A_{i_2})\cdots P(A_{i_k})$$

则称事件 $A_1,A_2,\cdots,A_n$ **相互独立**（mutual independence）.

1-14

多个事件的独立性

由上述定义和定理知，若 n 个事件相互独立，则其中任意 $k(2\leqslant k<n)$ 个事件也相互独立，并且将 n 个相互独立事件中的任一部分换为其对立事件，所得的 n 个事件仍为相互独立事件.

当 n 个事件 $A_1, A_2, \cdots, A_n$ 相互独立时，乘法公式和加法公式非常简单，即

$$P(A_1 A_2 \cdots A_n) = P(A_1)P(A_2) \cdots P(A_n)$$

$$P(A_1 \bigcup A_2 \bigcup \cdots \bigcup A_n) = 1 - P(\overline{A_1 \bigcup A_2 \bigcup \cdots \bigcup A_n}) = 1 - P(\overline{A_1}\ \overline{A_2} \cdots \overline{A_n})$$

$$= 1 - P(\overline{A_1})P(\overline{A_2}) \cdots P(\overline{A_n}) = 1 - \prod_{i=1}^{n}[1 - P(A_i)]$$

【例 1-18】 已知每个人血清中含肝炎病毒的概率为 0.4%，且他们是否含有此病毒是相互独立的，若混合 100 人的血清，试求混合后血清中含病毒的概率.

解 令 $A_i = \{$第 i 个人血清中含肝炎病毒$\}$，$i = 1, 2, \cdots, 100$，因事件 $A_1, A_2, \cdots,$ A_{100} 相互独立，故所求概率

$$P(A_1 \bigcup A_2 \bigcup \cdots \bigcup A_{100}) = 1 - P(\overline{A_1})P(\overline{A_2}) \cdots P(\overline{A_{100}}) = 1 - (1 - 0.004)^{100} \approx 0.33$$

该例表明，小概率事件有时会产生大效应，在实际工作中对此要有足够的重视.

四、试验的独立性

试验相互独立，就是其中某试验所得到的结果，对其他各试验取得的其他可能结果发生的概率没有影响. 可以利用事件的独立性来定义两个或多个试验的独立性.

定义 设 E_1 和 E_2 是两个随机试验，如果 E_1 中的任何一个事件与 E_2 中的任何一个事件都相互独立，则称这两个试验**相互独立**.

如掷一枚硬币两次；掷一枚硬币和掷一颗骰子，都是两个独立试验.

定义 对 n 个试验 $E_1, E_2, \cdots, E_n$，如果 E_1 中的任一事件、E_2 中的任一事件、$\cdots$、E_n 中的任一事件都相互独立，则称这 n 个试验相互独立. 如果这 n 个独立试验完全相同，则其为 n **重独立重复试验**.

【例 1-19】 某彩票每周开奖一次，每次提供十万分之一的中大奖机会，若每周买一张彩票，坚持了十年（每年 52 周），从未中过一次大奖的概率是多少？

解 因为一年 52 周，十年就是 520 周，于是，有 520 次抽奖机会.

设 $A_i = \{$在第 i 次抽奖中没有中大奖$\}$ $(i = 1, 2, \cdots, 520)$，依题意有

$$P(\overline{A_i}) = 10^{-5}, \quad P(A_i) = 1 - P(\overline{A_i}) = 1 - 10^{-5}$$

又每周彩票开奖都是在做独立重复试验，故 $A_1, A_2, \cdots, A_{520}$ 相互独立，利用乘法公式得，十年从未中大奖的概率

$$P(A_1 A_2 \cdots A_{520}) = (1 - 10^{-5})^{520} \approx 0.9948$$

这个概率很大，说明十年从未中过一次大奖是很正常的事情.

五、n 重伯努利试验

【引例】 将一枚均匀的骰子连续抛掷 3 次，考察六点出现的次数及相应的概率.

解 设 $A_i = \{$第 i 次抛掷中出现六点$\}$，$i = 1, 2, 3$，3 次出现六点 k 次记为 $P_3(k)$，则

$$P_3(0) = P(\overline{A_1}\ \overline{A_2}\ \overline{A_3}) = \left(\frac{5}{6}\right)^3 = C_3^0 \left(\frac{1}{6}\right)^0 \left(\frac{5}{6}\right)^3 = 0.578704$$

试验的独立性
与 n 重伯努
利试验

$$P_3(1)=P(A_1\overline{A}_2\overline{A}_3\bigcup\overline{A}_1A_2\overline{A}_3\bigcup\overline{A}_1\overline{A}_2A_3)=C_3^1\left(\frac{1}{6}\right)^1\left(\frac{5}{6}\right)^2=0.347222$$

$$P_3(2)=P(A_1A_2\overline{A}_3\bigcup A_1\overline{A}_2A_3\bigcup\overline{A}_1A_2A_3)=C_3^2\left(\frac{1}{6}\right)^2\left(\frac{5}{6}\right)^1=0.069444$$

$$P_3(3)=P(A_1A_2A_3)=\left(\frac{1}{6}\right)^3=C_3^3\left(\frac{1}{6}\right)^3\left(\frac{5}{6}\right)^0=0.004630$$

定义 如果试验 E 只有两个事件 A 和 $\overline{A}$，它们发生的概率分别为

$$P(A)=p(0<p<1),\quad P(\overline{A})=1-p$$

则称试验 E 为**伯努利（Bernoulli）试验**. 这样的 n 重独立重复试验称为 n 重伯努利试验.

n 重伯努利试验是一种很重要的随机模型，它有广泛的应用，是研究最多的模型之一.

定理 （伯努利定理）在 n 重伯努利试验中，若每次试验中事件 A 发生的概率为 $p(0<p<1)$，则在这 n 次试验中事件 A 恰好出现 $k(0\leqslant k\leqslant n)$ 次的概率为

$$P_n(k)=C_n^kp^kq^{n-k},\quad q=1-p,k=0,1,2,\cdots,n$$

证明 设 $A_i=\{$第 i 次试验中事件 A 发生$\}$，$1\leqslant i\leqslant n$；$B_k=\{n$ 次试验中事件 A 恰好出现 k 次$\}$，$0\leqslant k\leqslant n$，则

$$B_k=A_1A_2\cdots A_k\overline{A}_{k+1}\cdots\overline{A}_n\bigcup\cdots\bigcup\overline{A}_1\overline{A}_2\cdots\overline{A}_{n-k}A_{n-k+1}\cdots A_n$$

由于

$$P(A_1A_2\cdots A_k\overline{A}_{k+1}\cdots\overline{A}_n)=P(A_1)P(A_2)\cdots P(A_k)P(\overline{A}_{k+1})\cdots P(\overline{A}_n)=p^k(1-p)^{n-k}$$

在 n 次试验中，事件 A 恰好出现 k 次，即是在 n 个位置中选择 k 个位置让事件 A 发生，有 C_n^k 种不同的组合方式，B_k 包含了 C_n^k 个事件，且任一事件发生的概率相等，都是 $p^k(1-p)^{n-k}$，故由概率的有限可加性有

$$P_n(k)=C_n^kp^kq^{n-k},\quad q=1-p,k=0,1,2,\cdots,n$$

【例 1-20】 若某人投篮球的命中率为 0.8，现在连续投篮 5 次，求他至少投中 3 次的概率.

解 令 $A=\{$某人一次投篮命中$\}$，$B=\{5$ 次投篮至少投中 3 次$\}$，因为投篮只有投中、投不中两种结果，由题意知，5 次连续投篮可看成 5 重伯努利试验. 又 $p=P(A)=0.8$，$q=1-0.8=0.2$，$n=5$，利用伯努利定理，有

$$P(B)=P_5(3)+P_5(4)+P_5(5)=C_5^3 0.8^3\times0.2^2+C_5^4 0.8^4\times0.2+C_5^5 0.8^5=0.94208$$

1-16

重要知识点与
典型例题

1-17

习题一答案

> **习题**

一、选择题

1. 下列关系正确的是（　　）.

A.$0\in\varnothing$ 　　　B.$\varnothing\in\{0\}$ 　　　C.$\varnothing\subset\{0\}$ 　　　D.$\varnothing=\{0\}$

2. 随机试验 E 为：统计某路段一个月中的重大交通事故的次数，$A=\{$无重大交通事故$\}$；$B=\{$至少有一次重大交通事故$\}$；$C=\{$重大交通事故的次数大于 1$\}$；$D=$

{重大交通事故的次数小于 2},则互不相容的事件是（　　）.

    A. B 与 C B. A 与 D C. B 与 D D. C 与 D

3. 设 $P=\{(x,y)\,|\,x^2+y^2=1\}$，$Q=\{(x,y)\,|\,x^2+y^2=4\}$，则（　　）.

    A. $P\subset Q$ B. $P<Q$

    C. $P\subset Q$ 与 $P\supset Q$ 都不对   D. $4P=Q$

4. 打靶 3 发，事件 $A_i=\{$击中 i 发$\}$，$i=0$，1，2，3. 那么事件 $A=A_1\cup A_2\cup A_3$ 表示（　　）.

    A. 全部击中   B. 至少有一发击中

    C. 必然击中   D. 击中不少于 3 发

5. 设 A，B，C 为随机试验中的三个事件，则 $\overline{A\cup B\cup C}$ 等于（　　）.

    A. $\overline{A}\cup\overline{B}\cup\overline{C}$ B. $\overline{A}\cap\overline{B}\cap\overline{C}$ C. $A\cap B\cap C$ D. $A\cup B\cup C$

6. 设 A 与 B 互斥（互不相容），则下列结论肯定正确的是（　　）.

    A. $\overline{A}$ 与 $\overline{B}$ 不相容   B. $\overline{A}$ 与 $\overline{B}$ 必相容

    C. $P(AB)=P(A)P(B)$ D. $P(A-B)=P(A)$

7. 设随机事件 A 与 B 互斥，$P(A)=p$，$P(B)=q$，则 $P(\overline{A}\cup B)=$（　　）.

    A. q B. $1-q$ C. p D. $1-p$

8. 设随机事件 A 与 B 互斥，$P(A)=p$，$P(B)=q$，则 $P(A\cap\overline{B})=$（　　）.

    A. p B. $1-p$ C. q D. $1-q$

9. 设事件 A 与事件 B 互不相容，则（　　）.

    A. $P(\overline{A}\overline{B})=0$ B. $P(AB)=P(A)P(B)$

    C. $P(A)=1-P(B)$ D. $P(\overline{A}\cup\overline{B})=1$

10. 设有 10 个人抓阄抽取两张戏票，则第三个人抓到戏票的概率等于（　　）.

    A. 0   B. $\dfrac{1}{4}$ C. $\dfrac{1}{8}$ D. $\dfrac{1}{5}$

11. 设 $P(A)>0$，$P(B)>0$，则下列公式正确的是（　　）.

    A. $P(A-B)=P(A)[1-P(B)]$ B. $P(AB)=P(A)P(B)$

    C. $P(AB|A)=P(B|A)$ D. $P(A|B)=P(B|A)$

12. 随机事件 A、B 适合 $B\subset A$，则以下各式错误的是（　　）.

    A. $P(A\cup B)=P(A)$ B. $P(B|A)=P(B)$

    C. $P(\overline{A}\overline{B})=P(\overline{A})$ D. $P(B)\leqslant P(A)$

13. 设 A、B 为任意两个事件并适合 $A\subset B$，$P(B)>0$，则以下结论必然成立的是（　　）.

    A. $P(A)<P(A|B)$ B. $P(A)\leqslant P(A|B)$

    C. $P(A)>P(A|B)$ D. $P(A)\geqslant P(A|B)$

14. 已知 $P(A)=0.8$，$P(B)=0.6$，$P(A\cup B)=0.96$，则 $P(B|A)=$（　　）.

    A. 0.44   B. 0.55   C. $\dfrac{11}{15}$ D. 0.48

15. 设 A 与 B 相互独立，$P(A)=0.75$，$P(B)=0.8$，则 $P(\overline{A}\cup\overline{B})=$（　　）.

A. 0.45 　　　 B. 0.4 　　　 C. 0.6 　　　 D. 0.55

16. 某类灯泡使用时数在 500 小时以上的概率为 0.5，从中任取 3 个灯泡使用，则在使用 500 小时之后无一损坏的概率为（　　）.

A. $\dfrac{1}{8}$ 　　　 B. $\dfrac{2}{8}$ 　　　 C. $\dfrac{3}{8}$ 　　　 D. $\dfrac{4}{8}$

17. 一批产品，优质品占 20%，进行重复抽样检查，共取 5 件产品进行检查，则恰有三件是优质品的概率等于（　　）.

A. 0.2^3 　　　 B. $0.2^3 \times 0.8^2$ 　　　 C. $0.2^3 \times 10$ 　　　 D. $10 \times 0.2^3 \times 0.8^2$

18. 若 A 与 B 相互独立，$P(B)=0.3$，$P(A)=0.6$，则 $P(B|A)$ 等于（　　）.

A. 0.6 　　　 B. 0.3 　　　 C. 0.5 　　　 D. 0.18

19. 设 A 与 B 相互独立且 $P(A \cup B)=0.7$，$P(A)=0.4$，则 $P(B)=$（　　）.

A. 0.5 　　　 B. 0.3 　　　 C. 0.75 　　　 D. 0.42

20. 设随机事件 A 与 B 相互独立，且 $P(B)=0.5$，$P(A-B)=0.3$，则 $P(B-A)=$（　　）.

A. 0.1 　　　 B. 0.2 　　　 C. 0.3 　　　 D. 0.4

21. 将一枚硬币独立地掷两次，引进事件：$A_1=\{$第一次为正面$\}$，$A_2=\{$第二次为正面$\}$，$A_3=\{$正反面各出现一次$\}$，$A_4=\{$正面出现两次$\}$，则事件（　　）.

A. A_1，A_2，A_3 相互独立 　　　　　　 B. A_2，A_3，A_4 相互独立

C. A_1，A_2，A_3 两两独立 　　　　　　 D. A_2，A_3，A_4 两两独立

22. 一批产品的废品率为 0.01，从中随机抽取 10 件，则 10 件中废品数是 2 件的概率为（　　）.

A. $C_{10}^2 (0.01)^2$ 　　　　　　　　 B. $C_{10}^2 (0.01)^8 (0.99)^2$

C. $C_{10}^8 (0.01)^2 (0.99)^8$ 　　　　　　 D. $C_{10}^8 (0.01)^8 (0.99)^2$

23. 每次试验的成功率为 $p(0<p<1)$，则在三次独立重复试验中，至少失败一次的概率为（　　）.

A. $(1-p)^3$ 　　　　　　　　　　 B. $1-p^3$

C. $3(1-p)$ 　　　　　　　　　　 D. $(1-p)+(1-p)^2+(1-p)^3$

二、填空题

24. 设 $A=\{$掷一颗骰子出现偶数点$\}$，$B=\{$掷一颗骰子出现 2 点$\}$，则 A 与 B 有关系 _____.

25. 如果 $A \cup B=A$，且 $AB=A$，则事件 A 与 B 满足的关系是 _____.

26. 对目标进行射击，设 A_i 表示恰好射中 i 次的事件，$(i=0,1,2,3,4)$. 那么 $A=A_2 \cup A_3 \cup A_4$ 表示事件"射中次数 _____".

27. 设样本空间 $\Omega=\{1,2,\cdots,10\}$，$A=\{2,3,4\}$，$B=\{3,4,5\}$，$C=\{5,6,7\}$，则 $\overline{A(B \cup C)}=$ _____.

28. 已知 $P(AB)=0.72$，$P(A\overline{B})=0.18$，则 $P(A)=$ _____.

29. 设 A，B 是两个互不相容的随机事件，且知 $P(A)=\dfrac{1}{4}$，$P(B)=\dfrac{1}{2}$ 则 $P(A \cup$

$\overline{B}) = $ _____.

30. 一批产品 1000 件，其中有 10 件次品，每次任取一件，取出后不放回去，连取二次，则取得的都是正品的概率等于_____.

31. 已知 $P(A) = 0.4$，$P(B) = 0.3$，$P(A-B) = 0.3$，则 $P(A \cup B) = $_____.

32. 已知 $P(A)$ 和 $P(AB)$，则 $P(\overline{A} \cup B) = $_____.

33. 已知 $P(A) = P(B) = P(C) = \dfrac{1}{4}$，$P(AB) = P(BC) = \dfrac{1}{16}$，$P(AC) = 0$.
则 $P(\overline{A} \cap \overline{B} \cap \overline{C}) = $_____.

34. 已知 $P(A) = 0.5$，$P(B) = 0.4$，$P(A \cup B) = 0.7$，则 $P(A-B) = $_____.

35. 已知 $P(A) = 0.1$，$P(B) = 0.3$，$P(A|B) = 0.2$，则 $P(A|\overline{B}) = $_____.

36. 已知 $P(A) = \dfrac{1}{2}$，$P(B|A) = \dfrac{1}{4}$，则 $P(A\overline{B}) = $_____.

37. 已知 $P(A) = \dfrac{1}{3}$，$P(B|A) = \dfrac{3}{5}$，$P(B|\overline{A}) = \dfrac{3}{4}$，则 $P(A|B) = $_____.

38. 已知 $P(A) = \dfrac{1}{2}$，$P(B) = \dfrac{2}{5}$，$P(B|A) = \dfrac{2}{3}$，则 $P(A \cup B) = $_____.

39. 设 A，B，C 是随机事件，A 与 C 互不相容，$P(AB) = \dfrac{1}{2}$，$P(C) = \dfrac{1}{3}$，则 $P(AB|\overline{C}) = $_____.

40. 设 A_1，A_2，A_3 是随机试验 E 的三个相互独立的事件，已知 $P(A_1) = \alpha$，$P(A_2) = \beta$，$P(A_3) = \gamma$，则 A_1，A_2，A_3 至少有一个发生的概率是_____.

41. 事件 A 与 B 相互独立，且 $P(A) = p$，$(0 < p < 1)$，$P(B) = q (0 < q < 1)$，则 $P\{\overline{A} \cup \overline{B}\} = $_____.

42. 设 A 与 B 相互独立，且知 $P(A) = \dfrac{1}{2}$，$P(B) = \dfrac{1}{3}$，则 $P(A \cup B) = $_____.

43. 从含有 6 个红球，4 个白球和 5 个篮球的盒中随机地摸取一个球，则取到的不是红球的事件的概率等于_____.

44. 某车间有 5 台机器，每天每台需要维修的概率为 0.2，则同一天恰好有一台需要维修的概率为_____.

45. 一只袋中有 4 只白球和 2 只黑球，另一只袋中有 3 只白球和 5 只黑球，如果从每只袋中独立地各摸 1 只球，则事件"两只球都是白球"的概率等于_____.

46. 设袋中有 2 个白球和 3 个黑球，从袋中依次取出 1 个球，有放回地连续取两次，则取得 2 个白球的事件的概率是_____.

47. 某产品的次品率为 0.002，现对其进行重复抽样检查，共取 200 件样品，则查得其中有 4 件次品的概率 p 的计算式是_____.

48. 设在一次试验中事件 A 发生的概率为 p，则在 5 次重复独立试验中，A 至少发生一次的概率是_____.

三、应用计算题

49. 已知 $P(\overline{A}) = 0.3$，$P(A\overline{B}) = 0.4$，$P(B) = 0.5$，求：

(1) $P(AB)$；(2)$P(B-A)$；   (3)$P(A\bigcup B)$；   (4)$P(\overline{A}\overline{B})$.

50. 已知 $P(\overline{A})=0.3$，$P(B)=0.4$，$P(A\overline{B})=0.5$，求 $P(B|A\bigcup\overline{B})$.

51. 已知 $P(A)=\dfrac{1}{4}$，$P(B|A)=\dfrac{1}{3}$，$P(A|B)=\dfrac{1}{2}$，求 $P(A\bigcup B)$.

52. 某门课只有通过口试及笔试两种考试才能结业. 某学员通过口试的概率为 80%，通过笔试的概率为 65%，至少通过两者之一的概率为 85%. 问这名学生能完成这门课程结业的概率是多少？

53. 一批产品总数为 100 件，其中有 2 件为不合格品，现从中随机抽取 5 件，问其中有不合格品的概率是多少？

54. 在区间 （0，1） 中随机地取两个数，求这两个数之差的绝对值小于 $\dfrac{1}{2}$ 的概率.

55. 设某种动物由出生算起活 20 年以上的概率为 0.8，活 25 年以上的概率为 0.4. 如果现在有一只 20 岁的这种动物，问它能活到 25 岁以上的概率是多少？

56. 设有 100 件产品，其中有次品 10 件，现依次从中取 3 件产品，求第 3 次才取到合格品的概率.

57. 有两个口袋，甲袋中盛有 2 个白球，1 个黑球；乙袋中盛有 1 个白球，2 个黑球. 由甲袋中任取一球放入乙袋，再从乙袋任取一球，问从乙袋取得白球的概率是多少？

58. 设男女两性人口之比为 51：49. 又设男人色盲率为 2%，女人色盲率为 0.25%. 现随机抽到一个人为色盲，问该人是男人的概率是多少？

59. 做一系列独立的试验，每次试验中成功的概率为 p，求在成功 n 次之前已经失败 m 次的概率.

60. 加工某一零件共需经过四道工序，设各道工序的次品率分别是 2%、3%、5%、3%，假定各道工序是互不影响的，求加工出来的零件的次品率.

第二章　随机变量及其分布

在第一章里，介绍了随机事件及其概率，建立了随机试验的数学模型．为了更方便地从数量方面研究随机现象的统计规律，本章将进一步引进随机变量的概念．通过随机变量，搭起随机现象与数学其他分支的桥梁，使概率论成为一门真正的数学学科．

第一节　随机变量及其分布函数

随机变量及其分布函数

随机变量及其分布函数

一、随机变量的概念

很多随机试验样本空间的样本点与实数对应，而有一些结果虽然不能直接与实数对应，但是可以将其用数量标识．

【例 2 - 1】　投掷一枚硬币，只有两种可能的结果：正面朝上或反面朝上．若用 ω_1 表示"正面朝上"，ω_2 表示"反面朝上"，则其样本空间为：$\Omega = \{\omega_1, \omega_2\}$，定义函数

$$X(\omega) = \begin{cases} 1, & \omega = \omega_1 \\ 0, & \omega = \omega_2 \end{cases}$$

这样，每个样本点就与实数"正面朝上的个数"对应了．

下面给出随机变量的一般定义．

定义　设随机试验 E 的样本空间为 Ω，如果对每一样本点 $\omega \in \Omega$ 都有唯一的一个实数 $X(\omega)$ 与之对应，得到一个从样本空间 Ω 到实数域 R 上的映射 $X = X(\omega)$，这样的映射称之为定义在 Ω 上的一个**随机变量**（Random variable）．

随机变量通常用大写字母 $X(\omega)$，$Y(\omega)$，$Z(\omega)$ 等表示，简写为 X，Y，Z；随机变量所取的值一般用小写字母 x，y，z 等表示．

随机变量作为样本点的函数，有两个基本特点：

◆ 变异性：对于不同的试验结果，它可能取不同的值，因此是变量而不是常量；

◆ 随机性：试验中究竟出现哪种结果是随机的，在试验之前只知道随机变量的取值范围，该变量究竟取何值是不能事先确定的．从直观上讲，随机变量就是取值具有随机性的变量．

【例 2 - 2】　掷一颗骰子，令 X 表示出现的点数，则 X 就是一个随机变量．它的所有可能取值为 1，2，3，4，5，6．

◆ $\{X \leqslant 3\}$ 表示随机事件"掷出的点数不超过 3"；

◆ $\{X > 2\}$ 表示随机事件"掷出的点数大于 2"．

【例 2-3】 上午 8：00～9：00 在某路口观察，令 X 为该时间段内通过的汽车数，则 X 就是一个随机变量. 它的取值为 0，1，….

◆ $\{X<1000\}$ 表示随机事件"通过的汽车数小于 1000 辆"；

◆ $\{X\geqslant 500\}$ 表示随机事件"通过的汽车数大于等于 500 辆".

【例 2-4】 一个公交车站，每隔 10min 有一辆公共汽车通过，一位乘客在任一随机时刻到达该站，则乘客等车时间 X 为一随机变量，它的取值为：$0\leqslant X\leqslant 10$.

◆ $\{X\leqslant 5\}$ 表示随机事件"等车时间不超过 5min"；

◆ $\{2\leqslant X\leqslant 8\}$ 表示随机事件"等车时间超过 2min 而不超过 8min".

在同一样本空间上可以定义不同的随机变量.

【例 2-5】 掷一颗骰子，可以定义多个不同的随机变量，例如定义：

$$Y=\begin{cases}1, & x>2 \\ 0, & x\leqslant 2\end{cases}, \quad Z=\begin{cases}1, & x=6 \\ 0, & x\neq 6\end{cases} \quad \text{等等.}$$

随机变量概念的产生是概率论发展史上的重大事件，通过它能够利用已有的高等数学工具来研究随机现象的统计规律.

二、随机变量的分类

随机变量的取值各种各样，有的只能取有限个数值. 有的则可以取可列无数个数值，还有的是在某个区间内取值. 因此，根据随机变量的取值情况将其分为两大类：离散型和非离散型.

定义 若随机变量 X 只可能取有限个值或可列无限个值（即取值能够一一列举出来），则称 X 为**离散型随机变量**（Discrete random variable），否则称为**非离散型随机变量**. 若随机变量 X 可能取值充满数轴上的一个区间，则随机变量 X 称为**连续型随机变量**（Continuous random variable）.

非离散型随机变量的情况比较复杂，其中最常见、最重要的一类是连续型随机变量，其值域为有限区间或无限区间. 今后只研究离散型和连续型两类随机变量.

三、分布函数

定义 设 X 是样本空间 Ω 上的随机变量，x 为任意实数，函数

$$F(x)=P\{X\leqslant x\}$$

称为随机变量 X 的**分布函数**（Distribution function）.

下面不加证明地介绍随机变量 X 的分布函数 $F(x)$ 的几个性质.

性质 1（单调性） $F(x)$ 是单调不减函数，即当 $x_1<x_2$ 时，有 $F(x_1)\leqslant F(x_2)$.

性质 2（有界性） 对任意实数 x，有 $0\leqslant F(x)\leqslant 1$，且

$$F(-\infty)=\lim_{x\to-\infty}F(x)=0, \quad F(+\infty)=\lim_{x\to+\infty}F(x)=1$$

性质 3（右连续性） $F(x)$ 是右连续的函数，即对任意实数 x，有 $F(x+0)=F(x)$.

性质 4 对任意实数 x_1，$x_2(x_1<x_2)$，有

$$P\{x_1<X\leqslant x_2\}=F(x_2)-F(x_1)$$

◆ 由此可见，只要给定了分布函数就能算出各种事件的概率. 因此，引进分布函数之后，许多概率论问题便简化或归结为函数的运算，这样就能利用微积分等数学工

具来处理概率论问题，这是引进随机变量的好处之一.

第二节　离散型随机变量及其分布

离散型随机变量及其分布

离散型随机变量及其分布

一、离散型随机变量的概率分布

定义　设离散型随机变量 X 的一切可能取值为 $x_1,x_2,\cdots,x_n,\cdots$，又已知 X 取值 x_i 的概率为 $p_i(i=1,2,\cdots)$，即

$$P\{X=x_i\}=p_i,\quad i=1,2,\cdots$$

上述这组概率称为离散型随机变量 X 的**概率分布**（Probability distribution）或**分布律**（Law of distribution），也称**概率函数**.

◆ 离散型随机变量 X 的概率分布也可用如下表格来表示：

X	x_1	x_2	$\cdots$	x_i	$\cdots$
P	p_1	p_2	$\cdots$	p_i	$\cdots$

二、概率分布的性质

离散型随机变量的概率分布具有以下性质：

性质 1（非负性）　$p_i \geqslant 0$，$i=1,2,\cdots$.

性质 2（规范性）　$\sum\limits_{i=1}^{\infty} p_i = 1$.

◆ 满足非负性和规范性的数组 $p_i(i=1,2,\cdots)$，一定是某个离散型随机变量的概率分布.

性质 3　对任意的区间 D，$P\{X \in D\}=\sum\limits_{x_i \in D} p_i$.

性质 4　$F(x)=\sum\limits_{x_i \leqslant x} p_i$.

【例 2-6】　袋中有 5 只分别编号为 1，2，3，4，5 的球，从袋中同时随机地抽取 3 只，以 X 表示取出的球中的最大号码，试求随机变量 X 的分布律.

解　由题意可知，X 只能取值 3，4，5. 事件 $\{X=3\}$ 即取到编号为 1，2，3 的三只球，因此

$$P\{X=3\}=\frac{1}{C_5^3}=0.1$$

同理有

$$P\{X=4\}=\frac{C_3^2}{C_5^3}=0.3,\ P\{X=5\}=\frac{C_4^2}{C_5^3}=0.6$$

即 X 的概率分布如下：

X	3	4	5
P	0.1	0.3	0.6

【例 2-7】 设随机变量 X 具有分布律

$$P\{X=k\}=ak, \quad k=1,2,3,4,5$$

(1) 确定常数 a；(2) 计算 $P\left\{\dfrac{1}{2}<X<\dfrac{5}{2}\right\}$ 和 $P\{1\leqslant X\leqslant 2\}$.

解 (1) 由分布律的性质，得

$$\sum_{k=1}^{5}P\{X=k\}=\sum_{k=1}^{5}ak=a\frac{5\times 6}{2}=1, \text{ 从而 } a=\frac{1}{15}$$

(2) $P\left\{\dfrac{1}{2}<X<\dfrac{5}{2}\right\}=P\{X=1\}+P\{X=2\}=\dfrac{1}{15}+\dfrac{2}{15}=\dfrac{1}{5}$,

$P\{1\leqslant X\leqslant 2\}=P\{X=1\}+P\{X=2\}=\dfrac{1}{15}+\dfrac{2}{15}=\dfrac{1}{5}$.

【例 2-8】 设随机变量 X 的概率分布为

X	1	2	3
P	$\dfrac{2}{9}$	$2\theta(1-\theta)$	$1-2\theta$

(1) 确定常数 θ 的值；(2) 求 X 的分布函数 $F(x)$.

解 (1) 由概率分布的非负性知 $0\leqslant\theta\leqslant\dfrac{1}{2}$；再利用概率分布的规范性可得：

$\dfrac{2}{9}+2\theta(1-\theta)+1-2\theta=1$；从中解得 $\theta=\dfrac{1}{3}$，$\theta=-\dfrac{1}{3}$(舍).

(2) 当 $x<1$ 时，$\{X\leqslant x\}$ 是不可能事件，故 $F(x)=P(X\leqslant x)=0$；

当 $1\leqslant x<2$ 时，$F(x)=P(X\leqslant x)=P(X=1)=\dfrac{2}{9}$；

当 $2\leqslant x<3$ 时，$F(x)=P(X\leqslant x)=P(X=1)+P(X=2)=\dfrac{2}{3}$；

当 $x\geqslant 3$ 时，事件 $\{X\leqslant x\}$ 为必然事件，故 $F(x)=P\{X\leqslant x\}=1$.

从而随机变量 X 的分布函数为

$$F(x)=\begin{cases}0, & x<1 \\ \dfrac{2}{9}, & 1\leqslant x<2 \\ \dfrac{2}{3}, & 2\leqslant x<3 \\ 1, & x\geqslant 3\end{cases}$$

【例 2-9】 设随机变量 X 的分布函数为

$$F(x)=\begin{cases}0, & x<-1 \\ 0.2, & -1\leqslant x<2 \\ 0.7, & 2\leqslant x<4 \\ 1, & x\geqslant 4\end{cases}$$

(1) 求 $P\left\{\dfrac{1}{2}<X\leqslant 3\right\}$；(2) 求 X 的分布律.

解 （1）$P\left\{\dfrac{1}{2}<X\leqslant 3\right\}=F(3)-F\left(\dfrac{1}{2}\right)=0.7-0.2=0.5$

（2）由于 $P\{X=X_0\}=F(x_0)-F(x_0-0)$，可得

$P\{X=-1\}=0.2-0=0.2$，$P\{X=2\}=0.7-0.2=0.5$，$P\{X=4\}=1-0.7=0.3$，故 X 的分布律为

X	-1	2	4
P	0.2	0.5	0.3

2-5 ▱

连续型随机变量及其分布

2-6 ▶

连续型随机变量及其分布

第三节　连续型随机变量及其分布

对于连续型随机变量，由于其值为有限区间或无限区间，不可能像离散型随机变量一样将其所有可能取值一一列出. 分布函数尽管能描述随机变量的概率分布，但是它用起来不太方便，希望有一种比分布函数能更直观地描述连续型随机变量的方式. 为此，引入概率密度的概念.

一、连续型随机变量的密度函数

定义　设随机变量 X 的分布函数为 $F(x)$，若存在非负可积函数 $p(x)$，使得对于任意实数 x，有

$$F(x)=\int_{-\infty}^{x}p(t)\mathrm{d}t$$

则称 X 为连续型随机变量，称 $p(x)$ 为 X 的**分布密度函数**（Distribution density function）或 **概率密度函数**（Probability density function），简称 **概率密度**（Probability density）或**密度函数**（Density function），也称**概率函数**.

显然，连续型随机变量的分布函数 $F(x)$ 为连续函数（图 2-1），$F(x)$ 的值就是密度函数曲线 $y=p(t)$，从 $-\infty$ 到 x 与 t 轴所围成的面积.

要注意的是，$p(x)$ 不是 X 取 x 值的概率，而是 X 在 x 点附近概率分布的密集程度的度量，$p(x)$ 值的大小能反映出 X 在 x 附近取值的概率大小. 因此，对于连续型随机变量，概率密度能很直观地描述它的分布.

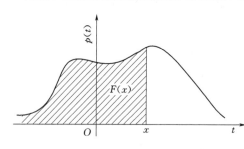

图 2-1　密度函数与分布函数的关系

二、密度函数的性质

连续型随机变量的概率密度 $p(x)$ 具有以下性质：

性质 1（非负性）　$p(x)\geqslant 0$.

性质 2（规范性）　$\int_{-\infty}^{+\infty}p(x)\mathrm{d}x=1$.

◆ 密度函数非负性与规范性参见图 2-2. 一个满足非负性和规范性的函数 $p(x)$, 一定可以作为某个连续型随机变量的概率密度.

性质 3 若 $p(x)$ 在 x 点连续, 则 $F'(x) = p(x)$.

性质 4 对任意的实数 $a, b (a < b)$ 有, $P\{a < X \leqslant b\} = \int_a^b p(x)\mathrm{d}x$.

◆ 性质 4 的几何意义如图 2-3 所示, 概率 $P\{a < X \leqslant b\}$ 的值等于在区间 $(a, b]$ 上以曲线 $p(x)$ 为曲边的曲边梯形的面积.

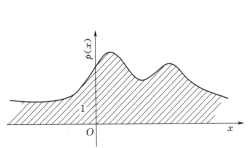
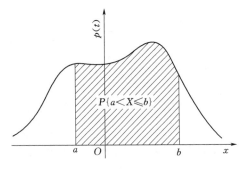

图 2-2 密度函数非负性与规范性　　　　图 2-3 $P\{a < X \leqslant b\}$ 的几何意义

性质 5 若 X 为连续型随机变量, 则对于任意实数 a 有, $P\{X = a\} = 0$. 因此, 对于连续型随机变量 X 有

$$P\{a < X < b\} = P\{a < X \leqslant b\} = P\{a \leqslant X \leqslant b\} = P\{a \leqslant X < b\}$$

◆ 概率等于零的事件不一定是不可能事件; 同样的, 概率为 1 的事件也未必是必然事件.

【例 2-10】 设随机变量 X 的密度函数为

$$p(x) = \begin{cases} cx^3, & 0 < x < 1 \\ 0, & \text{其他} \end{cases}$$

(1) 确定常数 c;　(2) 计算概率 $P\left\{-1 < X < \dfrac{1}{2}\right\}$.

解　(1) 由密度函数性质可知, $1 = \int_{-\infty}^{\infty} p(x)\mathrm{d}x = \int_0^1 cx^3 \mathrm{d}x$,　故 $c = 4$.

(2) $P\left\{-1 < X < \dfrac{1}{2}\right\} = \int_{-1}^{1/2} p(x)\mathrm{d}x = \int_0^{1/2} 4x^3 \mathrm{d}x = \dfrac{1}{16}$.

【例 2-11】 设连续型随机变量 X 的分布函数为

$$F(x) = \begin{cases} A\mathrm{e}^x, & x < 0 \\ B, & 0 \leqslant x < 1 \\ 1 - A\mathrm{e}^{-(x-1)}, & x \geqslant 1 \end{cases}$$

(1) 试确定参数 A 与 B;　(2) 求 X 的概率密度 $p(x)$;　(3) 计算 $P\left\{X > \dfrac{1}{3}\right\}$.

解　(1) 因为 X 是连续型随机变量, 故其分布函数 $F(x)$ 也是连续函数, 从而在任意点连续, 故有 $F(0-0) = F(0)$; $F(1-0) = F(1)$, 即有

$$\begin{cases} A = B \\ B = 1 - A \end{cases}$$

求解上面的二元一次方程组，可得 $A = \dfrac{1}{2}$，$B = \dfrac{1}{2}$.

（2）因为 X 是连续型随机变量，故概率密度是分布函数的导数，从而有

$$p(x) = F'(x) = \begin{cases} \dfrac{1}{2}\mathrm{e}^{x}, & x < 0 \\[2mm] \dfrac{1}{2}\mathrm{e}^{-(x-1)}, & x \geqslant 1 \\[2mm] 0, & \text{其他} \end{cases}$$

（3）$\qquad P\left\{X > \dfrac{1}{3}\right\} = 1 - p\left\{X \leqslant \dfrac{1}{3}\right\} = 1 - F\left(\dfrac{1}{3}\right) = 1 - \dfrac{1}{2} = \dfrac{1}{2}$

或者

$$P\left\{X > \dfrac{1}{3}\right\} = \int_{1/3}^{\infty} p(x)\,\mathrm{d}x = \int_{1}^{\infty} \dfrac{1}{2}\mathrm{e}^{-(x-1)}\,\mathrm{d}x = \dfrac{1}{2}$$

【例 2-12】 设随机变量 X 的密度函数为

$$p(x) = \begin{cases} 2x, & 0 \leqslant x < \dfrac{1}{2} \\[2mm] 6 - 6x, & \dfrac{1}{2} \leqslant x \leqslant 1 \\[2mm] 0, & \text{其他} \end{cases}$$

求 X 的分布函数 $F(x)$.

解 $p(x)$ 的图形如图 2-4 所示.

（1）当 $x < 0$ 时，$F(x) = \displaystyle\int_{-\infty}^{x} 0\,\mathrm{d}t = 0$.

（2）如图 2-5 所示，当 $0 \leqslant x < \dfrac{1}{2}$ 时，$F(x) = \displaystyle\int_{-\infty}^{0} 0\,\mathrm{d}t + \int_{0}^{x} 2t\,\mathrm{d}t = x^{2}$.

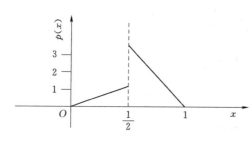

图 2-4　密度函数曲线图

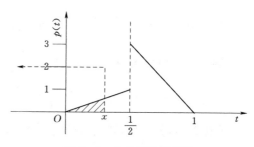

图 2-5　分布函数示意图

（3）如图 2-6 所示，当 $\dfrac{1}{2} \leqslant x \leqslant 1$ 时，

$$F(x) = \int_{-\infty}^{0} 0\,\mathrm{d}t + \int_{0}^{1/2} 2t\,\mathrm{d}t + \int_{1/2}^{x} (6 - 6t)\,\mathrm{d}t = 6x - 3x^{2} - 2.$$

（4）如图 2-7 所示，当 $x > 1$ 时，$F(x) = \displaystyle\int_{-\infty}^{0} 0\,\mathrm{d}t + \int_{0}^{1/2} 2t\,\mathrm{d}t + \int_{1/2}^{1} (6 - 6t)\,\mathrm{d}t + \int_{1}^{x} 0\,\mathrm{d}t = 1$.

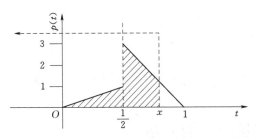

图 2-6 分布函数示意图

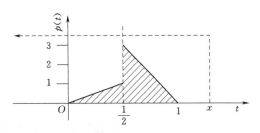

图 2-7 分布函数示意图

从而得 X 的分布函数 $F(x)$：

$$F(x)=\begin{cases}0, & x<0 \\ x^2, & 0\leqslant x<\dfrac{1}{2} \\ 6x-3x^2-2, & \dfrac{1}{2}\leqslant x\leqslant1 \\ 1, & x>1\end{cases}$$

$F(x)$ 的图形如图 2-8 所示.

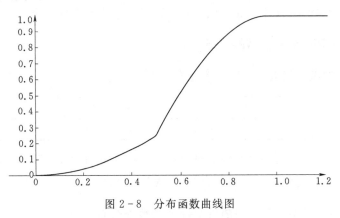

图 2-8 分布函数曲线图

【例 2-13】 某批晶体管的使用寿命 X（单位：h）具有密度函数

$$p(x)=\begin{cases}\dfrac{100}{x^2}, & x\geqslant100 \\ 0, & x<100\end{cases}$$

任取其中 5 只，求：

(1) 使用最初 150h 内，无一晶体管损坏的概率；

(2) 使用最初 150h 内，至多有一只晶体管损坏的概率.

解 任一晶体管使用寿命超过 150h 的概率为

$$p=P\{X>150\}=\int_{150}^{+\infty}p(x)\mathrm{d}x=\int_{150}^{+\infty}\frac{100}{x^2}\mathrm{d}x=-\frac{100}{x}\Big|_{150}^{+\infty}=\frac{2}{3}$$

设 Y 为任取的 5 只晶体管中使用寿命超过 150h 的晶体管数，则 $Y\sim B\left(5,\dfrac{2}{3}\right)$.

故有

(1) $P\{Y=5\}=C_5^5\left(\dfrac{2}{3}\right)^5\left(\dfrac{1}{3}\right)^0=0.1317.$

(2) $P\{Y\geqslant4\}=P\{Y=4\}+P\{Y=5\}=C_5^4\left(\dfrac{2}{3}\right)^4\times\dfrac{1}{3}+C_5^5\left(\dfrac{2}{3}\right)^5\left(\dfrac{1}{3}\right)^0=0.4609.$

第四节　随机变量函数的分布

2-7

随机变量函数的分布

2-8

随机变量函数的分布

在实际问题中，有时仅需考虑随机变量及其分布，有时对随机变量的函数更感兴趣. 例如，在一些试验中，所关心的随机变量（如滚珠的体积 V）不能直接测量得到，而它却是某个能直接测量的随机变量（如滚珠直径 D）的函数（$V=\dfrac{1}{6}\pi D^3$）. 为此，引入随机变量的函数这一概念.

定义　设 X 是随机变量，$g(x)$ 是一实值连续函数，则 $Y=g(X)$ 称为**随机变量 X 的函数**.

可以证明 Y 也是一个随机变量. 本节将讨论：当随机变量 X 的分布已知时，求随机变量 $Y=g(X)$ 的概率分布方法. 下面分不同的情形进行讨论.

一、离散型随机变量函数的分布

设 X 为离散型随机变量，其概率分布如下：

X	x_1	x_2	$\cdots$	x_i	$\cdots$
$P\{X=x_i\}$	p_1	p_2	$\cdots$	p_i	$\cdots$

则随机变量 $Y=g(X)$ 也是离散型随机变量，其可能取值为 $y_k=g(x_i),k=1,2,\cdots$.

$$P(Y=y_k)=\sum_{y_k=g(x_i)}P(X=x_i),k=1,2,\cdots$$

（1）如 $g(x_i)$ 各不相等，则随机变量 Y 的概率分布如下：

Y	y_1	y_2	$\cdots$	y_i	$\cdots$
$P\{Y=y_i\}$	p_1	p_2	$\cdots$	p_i	$\cdots$

（2）如 $g(x_i)$ 有若干个函数值相等，即存在 $x_i\neq x_j$，有 $g(x_i)=g(x_j)=y_k$，那么必须把相应的概率 p_i 与 p_j 相加后合并成一项. 即有

$$P\{Y=y_k\}=\sum_{g(x_i)=y_k}P\{X=x_i\}$$

【例 2-14】　设 X 是离散型随机变量，其概率分布为

X	-1	0	1
P	0.2	0.5	0.3

试求 (1) $Y=-2X+3$；(2) $Z=X^2$ 的分布律.

解 可列表求解如下：

X	-1	0	1
$Y=-2X+3$	5	3	1
$Z=X^2$	1	0	1
P	0.2	0.5	0.3

从而得到：

(1) Y 的概率分布为

Y	1	3	5
P	0.3	0.5	0.2

(2) Z 的概率分布为

Z	0	1
P	0.5	0.5

二、连续型随机变量函数的分布

连续型随机变量的函数不一定都是连续型随机变量，在此只讨论连续型随机变量的函数还是连续型随机变量的情形.

下面给出求 $Y=g(X)$ 的分布函数与密度函数的一般步骤：

(1) 对任意一个实数 y，将 $F_Y(y)=P\{Y\leqslant y\}=P\{g(X)\leqslant y\}$ 通过事件的恒等变换表示为 $P\{X\in D_y\}=\displaystyle\int_{D_y}p_X(x)\mathrm{d}x$，求出相应 $F_Y(y)$，$y\in R$. 其中 $D_y=\{x\,|\,g(x)\leqslant y\}$ 是一个或若干个区间的并集.

(2) 对得到的分布函数 $F_Y(y)$ 两边关于 y 求导，即可得密度函数 $p_Y(y)$.

◆ 上述推导随机变量的函数的分布的步骤具有普遍意义，称之为"分布函数法"，它的关键是设法从 $g(x)\leqslant y$ 解出 x.

【例 2-15】 设随机变量 X 具有概率密度

$$p_X(x)=\begin{cases}\dfrac{x}{8}, & 0<x<4 \\ 0, & \text{其他}\end{cases}$$

求随机变量 $Y=2X+8$ 的概率密度.

解法 1 用 X 的概率密度函数 $p_X(x)$ 表达 $Y=2X+8$ 的分布函数 $F_Y(y)$.

$$F_Y(y)=P\{Y\leqslant y\}=P\{2X+8\leqslant y\}=P\left\{X\leqslant\frac{y-8}{2}\right\}=\int_{-\infty}^{\frac{y-8}{2}}p_X(x)\mathrm{d}x$$

于是得 $Y=2X+8$ 的概率密度为

$$p_Y(y) = p_x\left(\frac{y-8}{2}\right)\left(\frac{y-8}{2}\right)' = \begin{cases} \frac{1}{8} \times \left(\frac{y-8}{2}\right) \times \frac{1}{2}, & 0 < \frac{y-8}{2} < 4 \\ 0, & \text{其他} \end{cases}$$

$$= \begin{cases} \frac{y-8}{32}, & 8 < y < 16 \\ 0, & \text{其他} \end{cases}$$

解法 2　用 X 的分布函数 $F_X(x)$ 表达 $Y = 2X + 8$ 的分布函数 $F_Y(y)$.

$$F_Y(y) = P\{Y \leqslant y\} = P\{2X + 8 \leqslant y\} = P\left\{X \leqslant \frac{y-8}{2}\right\} = F_X\left(\frac{y-8}{2}\right)$$

于是得 $Y = 2X + 8$ 的概率密度为

$$p_Y(y) = \frac{\mathrm{d}F_Y(y)}{\mathrm{d}y} = \frac{\mathrm{d}F_X(u)}{\mathrm{d}u}\frac{\mathrm{d}u}{\mathrm{d}y} = p_x\left(\frac{y-8}{2}\right)\left(\frac{y-8}{2}\right)'$$

$$= \begin{cases} \frac{1}{8} \times \left(\frac{y-8}{2}\right) \times \frac{1}{2}, & 0 < \frac{y-8}{2} < 4 \\ 0, & \text{其他} \end{cases} = \begin{cases} \frac{y-8}{32}, & 8 < y < 16 \\ 0, & \text{其他} \end{cases}$$

其中 $u = \dfrac{y-8}{2}$.

➢　习题

2-9

重要知识点与
典型例题

2-10

习题二答案

一、选择题

1. 若定义分布函数 $F(x) = P\{X \leqslant x\}$，则函数 $F(x)$ 是某一随机变量 X 的分布函数的充要条件是（　　）.

A. $0 \leqslant F(x) \leqslant 1$

B. $0 \leqslant F(x) \leqslant 1$，且 $F(-\infty) = 0$，$F(+\infty) = 1$

C. $F(x)$ 单调不减，且 $F(-\infty) = 0$，$F(+\infty) = 1$

D. $F(x)$ 单调不减，函数 $F(x)$ 右连续，且 $F(-\infty) = 0$，$F(+\infty) = 1$

2. 函数 $F(x) = \begin{cases} 0, & x < -2 \\ \frac{1}{2}, & -2 \leqslant x < 0 \\ 1, & x \geqslant 0 \end{cases}$　是（　　）.

A. 某一离散型随机变量 X 的分布函数

B. 某一连续型随机变量 X 的分布函数

C. 既不是连续型也不是离散型随机变量的分布函数

D. 不可能为某一随机变量的分布函数

3. 函数 $F(x) = \begin{cases} 0, & x < 0 \\ \sin x, & 0 \leqslant x < \pi \\ 1, & x \geqslant \pi \end{cases}$　（　　）.

A. 是某一离散型随机变量的分布函数

B. 是某一连续型随机变量的分布函数

C. 既不是连续型也不是离散型随机变量的分布函数

D. 不可能为某一随机变量的分布函数

4. 设随机变量 X 的分布函数 $F(x)=\begin{cases} 0 & x<0 \\ \dfrac{1}{2} & 0\leqslant x<1 \\ 1-\mathrm{e}^{-x} & x\geqslant 1 \end{cases}$，则 $P\{X=1\}=($　　$)$.

A. 0　　　　　　　B. $\dfrac{1}{2}$　　　　　　C. $\dfrac{1}{2}-\mathrm{e}^{-1}$　　　　D. $1-\mathrm{e}^{-1}$

5. 设 X 的分布函数为 $F_1(x)$，Y 的分布函数为 $F_2(x)$，而 $F(x)=aF_1(x)-bF_2(x)$ 是某随机变量 Z 的分布函数，则 a，b 可取（　　）.

A. $a=\dfrac{3}{5}$，$b=-\dfrac{2}{5}$　　　　　　　B. $a=b=\dfrac{2}{3}$

C. $a=-\dfrac{1}{2}$，$b=\dfrac{3}{2}$　　　　　　　D. $a=\dfrac{1}{2}$，$b=-\dfrac{3}{2}$

6. 设 X 的分布律为

X	0	1	2
P	0.25	0.35	0.4

而 $F(x)=P\{X\leqslant x\}$，则 $F(\sqrt{2})=($　　$)$.

A. 0.6　　　　　B. 0.35　　　　　C. 0.25　　　　D. 0

7. 设连续型变量 X 的概率密度为 $p(x)$，分布函数为 $F(x)$，则对于任意 x 值有（　　）.

A. $P(X=0)=0$　　　　　　　B. $F'(x)=p(x)$

C. $P(X=x)=p(x)$　　　　　　D. $P(X=x)=F(x)$

8. 任一个连续型的随机变量 X 的概率密度为 $p(x)$，则 $p(x)$ 必满足（　　）.

A. $0\leqslant p(x)\leqslant 1$　　　　　　　　B. 单调不减

C. $\displaystyle\int_{-\infty}^{+\infty} p(x)\mathrm{d}x=1$　　　　　　D. $\displaystyle\lim_{x\to+\infty} p(x)=1$

9. 为使 $p(x)=\begin{cases} \dfrac{c}{\sqrt{1-x^2}} & |x|<1 \\ 0 & |x|\geqslant 1 \end{cases}$ 成为某个随机变量 X 的概率密度，则 c 应满足（　　）.

A. $\displaystyle\int_{-\infty}^{+\infty} \dfrac{c}{\sqrt{1-x^2}}\mathrm{d}x=1$　　　　　　B. $\displaystyle\int_{-1}^{1} \dfrac{c}{\sqrt{1-x^2}}\mathrm{d}x=1$

C. $\displaystyle\int_{0}^{1} \dfrac{c}{\sqrt{1-x^2}}\mathrm{d}x=1$　　　　　　D. $\displaystyle\int_{-1}^{+\infty} \dfrac{c}{\sqrt{1-x^2}}\mathrm{d}x=1$

10. 设随机变量 X 的概率密度为 $p(x)=A\mathrm{e}^{-\frac{|x|}{2}}$，则 $A=($　　$)$.

A. 2   B. 1   C. $\dfrac{1}{2}$ D. $\dfrac{1}{4}$

11. 设 X 的概率密度函数为 $p(x)=\dfrac{1}{2}\mathrm{e}^{-|x|}$，$-\infty<x<+\infty$，又 $F(x)=P\{X\leqslant x\}$，则 $x<0$ 时，$F(x)=$（　　）.

     A. $1-\dfrac{1}{2}\mathrm{e}^{x}$ B. $1-\dfrac{1}{2}\mathrm{e}^{-x}$

     C. $\dfrac{1}{2}\mathrm{e}^{-x}$ D. $\dfrac{1}{2}\mathrm{e}^{x}$

12. 设 $p(x)=\begin{cases}\dfrac{x}{c}\mathrm{e}^{-\frac{x^{2}}{2c}}, & x>0 \\ 0, & x\leqslant 0\end{cases}$ 是随机变量 X 的概率密度，则常数 c（　　）.

     A. 可以是任意非零常数   B. 只能是任意正常数

     C. 仅取 1   D. 仅取 -1

13. 设连续型随机变量 X 的分布函数为 $F(x)$，则 $Y=1-\dfrac{1}{2}X$ 分布函数为（　　）.

     A. $F(2-2y)$ B. $\dfrac{1}{2}F\left(1-\dfrac{y}{2}\right)$

     C. $2F(2-2y)$ D. $1-F(2-2y)$

14. 设随机变量 X 的概率密度为 $p(x)$，$Y=1-2X$，则 Y 的分布密度为（　　）.

     A. $\dfrac{1}{2}p\left(\dfrac{1-y}{2}\right)$ B. $1-p\left(\dfrac{1-y}{2}\right)$

     C. $-p\left(\dfrac{y-1}{2}\right)$ D. $2p(1-2y)$

15. 设随机变量 X 的密度函数 $p(x)$ 是连续的偶函数（即 $p(x)=p(-x)$），而 $F(x)$ 是 X 的分布函数，则对任意实数 a 有（　　）.

     A. $F(a)=F(-a)$ B. $F(-a)=1-\displaystyle\int_{0}^{a}p(x)\mathrm{d}x$

     C. $F(-a)=\dfrac{1}{2}-\displaystyle\int_{0}^{a}p(x)\mathrm{d}x$ D. $F(-a)=F(a)$

二、填空题

16. 欲使 $F(x)=\begin{cases}\dfrac{1}{3}\mathrm{e}^{x}, & x<0 \\ A-\dfrac{1}{3}\mathrm{e}^{-2x}, & x\geqslant 0\end{cases}$ 为某随机变量的分布函数，则要求 $A=$ _____.

17. 若随机变量 X 的分布函数 $F(x)=\begin{cases}0, & x<0 \\ Ax^{2}, & 0\leqslant x<6 \\ 1, & x\geqslant 6\end{cases}$，则必有 $A=$ _____.

18. 从装有 4 件合格品及 1 件次品的口袋中连取两次，每次取一件，取出后不放回，求取出次品数 X 的分布律为_____．

19．独立重复地掷一枚均匀硬币，直到出现正面为止，设 X 表示首次出现正面的试验次数，则 X 的分布列 $P\{X=k\}=$_____．

20．设某离散型随机变量 X 的分布列是 $P\{X=k\}=\dfrac{k}{C}$，$k=1,2,\cdots,10$，则

$C=$_____．

21．设离散型随机变量 X 的分布函数是 $F(x)=P\{X\leqslant x\}$，用 $F(x)$ 表示概率 $P\{X=x_0\}=$_____．

22．设 X 是连续型随机变量，则 $P\{X=3\}=$_____．

23．设随机变量 X 的分布函数为 $F(x)=\begin{cases}0, & x<2 \\ (x-2)^2, & 2\leqslant x<3 \\ 1, & x\geqslant3\end{cases}$，则 $P(2.5<X\leqslant4)$

$=$_____．

24．设随机变量 X 的分布函数 $F(x)=\begin{cases}\dfrac{1}{2}e^x, & x\leqslant0 \\ 1-\dfrac{1}{2}e^{-x}, & x>0\end{cases}$，则 $P\{|X|<1\}=$_____．

25．设连续型随机变量 X 的分布函数为 $F(x)=\begin{cases}0, & x<0 \\ \dfrac{x^2}{2}, & 0\leqslant x<\sqrt{2} \\ 1, & x\geqslant\sqrt{2}\end{cases}$，则 X 的概率

密度 $p(x)=$_____．

26．设随机变量 X 的分布密度为 $p(x)=\begin{cases}Ax(1-x)^2, & x\in(0,1) \\ 0, & x\notin(0,1)\end{cases}$，则常数

$A=$_____．

27．若 X 的概率密度为 $p(x)$，则 $Y=3X+1$ 的概率密度 $p_Y(y)=$_____．

28．设电子管使用寿命的密度函数 $p(x)=\begin{cases}\dfrac{100}{x^2}, & x>100 \\ 0, & x\leqslant100\end{cases}$（单位：小时），则在

150 小时内独立使用的三只管子中恰有一个损坏的概率为_____．

29．从数 1，2，3，4 中任取一个数，记为 X，再从 $1,2,\cdots,X$ 中任取一个数，记为 Y，则 $P\{Y=2\}=$_____．

三、应用计算题

30．设随机变量 X 的分布律为

X	0	1	2	3	4
P	0.1	0.2	0.3	0.3	0.1

求 （1）$P\{1<X\leqslant4\}$；（2）X 的分布函数 $F(x)$．

31. 设连续随机变量 X 的概率密度

$$p(x) = \begin{cases} c+x, & -1 \leqslant x < 0 \\ c-x, & 0 \leqslant x \leqslant 1 \\ 0, & |x| > 1 \end{cases}$$

试求：(1) 常数 c；(2) 概率 $P\{|X| \leqslant 0.5\}$；(3) X 的分布函数 $F(x)$.

32. 设顾客到某银行窗口等待服务的时间 X（单位：min）的概率密度函数为

$$p(x) = \begin{cases} \dfrac{1}{5} e^{-\frac{x}{5}}, & x > 0 \\ 0, & x \leqslant 0 \end{cases}$$

某顾客在窗口等待，如超过 10 分钟，他就离开，求他离开的概率.

33. 已知随机变量 X 的分布函数为 $F(x) = \begin{cases} \dfrac{1}{2} e^x, & x < 0 \\ \dfrac{1}{2} + \dfrac{1}{4} x, & 0 \leqslant x < 2 \\ 1, & x \geqslant 2 \end{cases}$，求其分布密度 $p(x)$.

34. 设 X 是离散型随机变量，其分布律为

X	-1	0	1	2	3
P	0.3	$3a$	a	0.1	0.2

(1) 求常数 a；(2) $Y = 2X + 3$ 的分布律.

35. 设随机变量 X 的密度函数为 $p_X(x) = \begin{cases} \lambda e^{-\lambda x}, & x > 0 \\ 0, & x \leqslant 0 \end{cases}$，$\lambda > 0$，求 $Y = e^X$ 的密度函数 $p_Y(y)$.

36. 已知 X 的分布律如下，求 $Y = \sin\left(\dfrac{\pi}{2} X\right)$ 的分布律.

X	1	2	3	…	n	…
P_i	$1/2$	$1/2^2$	$1/2^3$	…	$1/2^n$	…

37. 假设随机变量 X 的绝对值不大于 1；$P\{X = -1\} = \dfrac{1}{8}$，$P\{X = 1\} = \dfrac{1}{4}$；在事件 $\{-1 < X < 1\}$ 出现的条件下，X 在 $(-1, 1)$ 内任一子区间上取值的条件概率与该子区间的长度成正比. 试求：

(1) X 的分布函数 $F(x) = P\{X \leqslant x\}$；

(2) X 取负值的概率 p.

第三章　多维随机变量及其分布

随机变量是研究随机现象及其规律性的有力工具. 第二章主要探讨了单一的随机变量，但在实际问题中，对于某些随机试验的结果需要同时用两个或两个以上的随机变量来描述和表达. 例如研究市场供给模型时，需要同时考虑商品供给量、消费者收入和市场价格等多个指标，这些随机变量之间会存在着某种联系，需要把它们作为一个整体（即向量）来研究. 为此，我们在本章中，引入多维随机变量的概念，由于二维随机变量与更高维随机变量没有本质上的差异，为了叙述方便，本章着重讨论二维随机变量，其结果可以平行推广到更高维随机变量的情形. 在学习时要多与前一章的相关内容进行比较，认真分析其中的异同点，这样可以事半功倍.

第一节　多维随机变量及其联合分布

3-1
多维随机变量
及其联合分布

3-2
多维随机变量
及其联合分布

一、多维随机变量的联合分布函数

定义　若 $X_1, X_2, \cdots, X_n$ 是定义在同一个样本空间 Ω 上的 n 个随机变量，则称 $(X_1, X_2, \cdots, X_n)$ 为 Ω 上的一个 n 维随机变量，或称 n 维随机向量. 随机变量可称为一维随机变量.

本章主要介绍**二维随机变量**（Two-dimension random variable），二维随机变量 (X, Y) 的取值规律称为**二维分布**（Two-dimension distribution）.

定义　设 (X, Y) 是二维随机变量，对于任意实数 x，y，称二元函数 $F(x, y) = P(X \leqslant x, Y \leqslant y)$ 为二维随机变量 (X, Y) 的**分布函数**（Distribution function），或称为 (X, Y) 的**联合分布函数**（Unity distribution function）.

对于二维随机变量 (X, Y)，联合分布函数 $F(x, y) = P\{X \leqslant x, Y \leqslant y\}$ 表示事件 $\{\omega | X(\omega) \leqslant x, Y(\omega) \leqslant y\}$ 的概率. 从几何上讲，$F(x, y)$ 就是二维随机变量 (X, Y) 落在 XOY 平面上，以 (x, y) 为顶点的左下方（包括边界）的无穷区域内的概率，如图3-1中的阴影部分.

二、二维随机变量分布函数的性质

任何二维联合分布函数 $F(x, y)$ 都具有以下四条基本性质.

性质1（单调性）　$F(x, y)$ 对 x 或 y 都是单调不减函数，即

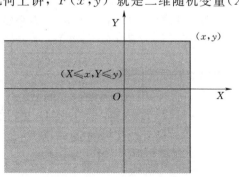

图3-1　联合分布函数随机变量取值区域

当 $x_1 < x_2$ 时，有 $F(x_1, y) \leqslant F(x_2, y)$；当 $y_1 < y_2$ 时，有 $F(x, y_1) \leqslant F(x, y_2)$.

性质 2（有界性） 对任意的 x 和 y，有 $0 \leqslant F(x, y) \leqslant 1$，并且

$$F(x, -\infty) = \lim_{y \to -\infty} F(x, y) = 0$$

$$F(-\infty, y) = \lim_{x \to -\infty} F(x, y) = 0$$

$$F(-\infty, -\infty) = \lim_{(x,y) \to (-\infty, -\infty)} F(x, y) = 0$$

$$F(+\infty, +\infty) = \lim_{(x,y) \to (+\infty, +\infty)} F(x, y) = 1$$

性质 3（右连续性） $F(x, y)$ 分别对 x，y 右连续，即

$$F(x+0, y) = \lim_{\varepsilon \to 0^+} F(x+\varepsilon, y) = F(x, y)$$

$$F(x, y+0) = \lim_{\varepsilon \to 0^+} F(x, y+\varepsilon) = F(x, y)$$

性质 4（非负性） 对于任意的实数 $x_1 < x_2$，$y_1 < y_2$，有

$$P\{x_1 < X \leqslant x_2, y_1 < Y \leqslant y_2\} = F(x_2, y_2) - F(x_2, y_1) - F(x_1, y_2) + F(x_1, y_1)$$

◆ 非负性可参见图 3-2. 可以证明，具有上述四条性质的二元函数 $F(x, y)$ 必为某个二维随机变量的联合分布函数.

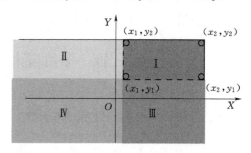

图 3-2 非负性示意图

三、边缘分布函数

二维随机变量 (X, Y) 中的每一个分量 X 和 Y，各自都是一个随机变量，因此都有各自的分布.

定义 设 (X, Y) 是定义在样本空间 Ω 上的随机变量，$F(x, y)$ 为其联合分布函数，则 X 的分布函数 $F_X(x)$ 称为 $F(x, y)$ 关于 X 的**边缘分布函数**；Y 的分布函数 $F_Y(y)$ 称为 $F(x, y)$ 关于 Y 的**边缘分布函数**. 边缘分布函数简称为**边缘分布**（Marginal distribution）.

定理 设 $F(x, y)$ 为随机变量 (X, Y) 的联合分布函数，$F_X(x)$ 是 $F(x, y)$ 关于 X 的边缘分布函数，$F_Y(y)$ 是 $F(x, y)$ 关于 Y 的边缘分布函数，则

$$F_X(x) = F(x, +\infty) = \lim_{y \to +\infty} F(x, y)$$

$$F_Y(y) = F(+\infty, y) = \lim_{x \to +\infty} F(x, y)$$

证明 注意到事件 $\{Y < +\infty\}$ 为必然事件 Ω，由分布函数定义有

$$F_X(x) = P\{X \leqslant x\} = P\{(X \leqslant x) \bigcap \Omega\} = P\{X \leqslant x, Y < +\infty\} = \lim_{y \to +\infty} F(x, y) = F(x, +\infty)$$

类似地可证 $F_Y(y) = F(+\infty, y)$.

3-3

二维离散型
随机变量

3-4 ▶

二维离散型
随机变量

第二节 二维离散型随机变量

一、二维离散型随机变量

定义 如果二维随机变量 (X, Y) 的所有可能取值为有限或无限可列个数对，则

称（X,Y）为**二维离散型随机变量**（Two-dimension discrete random variable）.

◆ （X,Y）为二维离散型随机变量，当且仅当 X 和 Y 均为离散型随机变量.

定义 设二维离散型随机变量（X,Y）的所有可能取值为（x_i,y_j），$i,j=1,2,\cdots$，则

$$P\{X=x_i,Y=y_j\}=p_{ij}, \quad i,j=1,2,\cdots$$

称为二维离散型随机变量（X,Y）的**联合概率分布**（联合分布律），简称为**概率分布**（Probability distribution）（分布律）.

（X,Y）的概率分布也可以用表格的形式来表示：

X＼Y	y_1	y_2	$\cdots$	y_j	$\cdots$
x_1	p_{11}	p_{12}	$\cdots$	p_{1j}	$\cdots$
x_2	p_{21}	p_{22}	$\cdots$	p_{2j}	$\cdots$
$\vdots$	$\vdots$	$\vdots$	$\cdots$	$\vdots$	
x_i	p_{i1}	p_{i2}	$\cdots$	p_{ij}	$\cdots$
$\vdots$	$\vdots$	$\vdots$	$\cdots$	$\vdots$	

二维离散型随机变量（X,Y）的概率分布为 $p_{ij}(i,j=1,2,\cdots,n,\cdots)$ 具有以下性质：

性质 1（非负性） $p_{ij}\geqslant 0$.

性质 2（规范性） $\sum\limits_{i=1}^{\infty}\sum\limits_{j=1}^{\infty}p_{ij}=1$.

性质 3 设 D 是一平面区域，则

$$P\{(X,Y)\in D\}=\sum_{(x_i,y_j)\in D}p_{ij}$$

即随机点（X,Y）落在区域 D 上的概率是（X,Y）在 D 上取值所对应的概率之和.

性质 4 （X,Y）的联合分布函数为

$$F(x,y)=P\{X\leqslant x,Y\leqslant y\}=\sum_{x_i\leqslant x}\sum_{y_j\leqslant y}p_{ij}, \quad -\infty<x,y<+\infty$$

【例 3-1】 1 个口袋中有大小形状相同的 4 个黑球、2 个白球，从袋中不放回地取两次球. 设随机变量

$$X=\begin{cases}1,第一次取到黑球\\0,第一次取到白球\end{cases}, \quad Y=\begin{cases}1,第二次取到黑球\\0,第二次取到白球\end{cases}$$

（1）求（X,Y）的分布律；

（2）求 $P\left\{\dfrac{1}{2}<X\leqslant 2,-2<Y\leqslant 2\right\}$；

（3）求 $F(0.5,1)$.

解 （1）利用概率的乘法公式及条件概率定义，可得二维随机变量（X,Y）的联合分布律

$$P\{X=0,Y=0\}=P\{X=0\}P\{Y=0\mid X=0\}=\frac{2}{6}\times\frac{1}{5}=\frac{1}{15}$$

$$P\{X=0,Y=1\}=P\{X=0\}P\{Y=1\,|\,X=0\}=\frac{2}{6}\times\frac{4}{5}=\frac{4}{15}$$

$$P\{X=1,Y=0\}=P\{X=1\}P\{Y=0\,|\,X=1\}=\frac{4}{6}\times\frac{2}{5}=\frac{4}{15}$$

$$P\{X=1,Y=1\}=P\{X=1\}P\{Y=1\,|\,X=1\}=\frac{4}{6}\times\frac{3}{5}=\frac{2}{5}$$

把 (X,Y) 的联合分布律写成表格的形式：

X \ Y	0	1
0	$\frac{1}{15}$	$\frac{4}{15}$
1	$\frac{4}{15}$	$\frac{2}{5}$

(2) $P\left\{\frac{1}{2}<X\leqslant 2,-2<Y\leqslant 2\right\}$

$=P\{X=1,Y=0\}+P\{X=1,Y=1\}=\frac{4}{15}+\frac{2}{5}=\frac{2}{3}.$

(3) $F(0.5,1)=P\{X=0,Y=0\}+P\{X=0,Y=1\}=\frac{1}{15}+\frac{4}{15}=\frac{1}{3}.$

二、二维离散型随机变量边缘分布律

定义　设 (X,Y) 是定义在样本空间 Ω 上的二维离散型随机变量，则 X 的分布律 $P\{X=x_i\}=p_i.\ (i=1,2,\cdots)$，称为 (X,Y) 关于 X 的**边缘分布律**；Y 的分布律 $P\{Y=y_j\}=p._j(i=1,2,\cdots)$，称为 $F(x,y)$ 关于 Y 的**边缘分布律**.

定理　设二维离散型随机变量 (X,Y) 的联合概率分布为

$$P\{X=x_i,Y=y_j\}=p_{ij},\ i,j=1,2,\cdots$$

则 X 与 Y 的边缘分布律分别为

$$p_i.=P\{X=x_i\}=\sum_{j=1}^{\infty}p_{ij},\ i=1,2,\cdots$$

$$p._j=P\{Y=y_j\}=\sum_{i=1}^{\infty}p_{ij},\ j=1,2,\cdots$$

证明　为讨论随机变量 X 的分布，注意到事件 $\{Y=y_j\}$，$j=1,2,\cdots$，为样本空间 Ω 的一个划分，于是我们有

$$p_i.=P\{X=x_i\}=P(\{X=x_i\}\bigcap\Omega)=P(\{X=x_i\}\bigcap[\bigcup_{j=1}^{\infty}\{Y=y_j\}])$$

$$=P(\bigcup_{j=1}^{\infty}[\{X=x_i\}\bigcap\{Y=y_j\}])=\sum_{j=1}^{\infty}P\{X=x_i,Y=y_j\}=\sum_{j=1}^{\infty}p_{ij},\ i=1,2,\cdots$$

类似可证得

$$p._j=P\{Y=y_j\}=\sum_{i=1}^{\infty}p_{ij},\ j=1,2,\cdots$$

【注】　边缘分布律可由联合分布律表所决定，如下：

X \ Y	y_1	y_2	...	y_j	...	$P\{X=x_i\}$
x_1	p_{11}	p_{12}	...	p_{1j}	...	$p_1\cdot$
x_2	p_{21}	p_{22}	...	p_{2j}	...	$p_2\cdot$
⋮	⋮	⋮		⋮		⋮
x_i	p_{i1}	p_{i2}	...	p_{ij}	...	$p_i\cdot$
⋮	⋮	⋮		⋮		⋮
$P\{Y=y_j\}$	$p\cdot_1$	$p\cdot_2$	...	$p\cdot_j$	...	1

【例 3-2】 设二维随机变量 (X,Y) 的联合概率分布为

X \ Y	0	1	2	3
0	0.2	0.12	0.08	0.02
1	0.18	0.2	0.06	0
2	0.1	0.04	0	0

求概率 $P\{|X-Y|=1\}$ 及随机变量 X 与 Y 的边缘分布律.

解 $P\{|X-Y|=1\}=p_{12}+p_{21}+p_{23}+p_{32}+p_{34}$
$$=0.12+0.18+0.06+0.04+0=0.4.$$

X 与 Y 的边缘分布律如下表（表中最后一列及最后一行）：

X \ Y	0	1	2	3	$P(X=x_i)$
0	0.2	0.12	0.08	0.02	0.42
1	0.18	0.2	0.06	0	0.44
2	0.1	0.04	0	0	0.14
$P(Y=y_j)$	0.48	0.36	0.14	0.02	

第三节 二维连续型随机变量

一、二维连续型随机变量

定义 设 $F(x,y)$ 为二维随机变量 (X,Y) 的分布函数，若存在非负可积函数 $p(x,y)$，使得对于任意的 x，$y\in R$ 有

$$F(x,y)=\int_{-\infty}^{x}\int_{-\infty}^{y}p(u,v)\mathrm{d}u\,\mathrm{d}v$$

则称 (X,Y) 为**二维连续型随机变量**（Two - dimension continuous random variable），函数 $p(x,y)$ 称为二维连续型随机变量 (X,Y) 的联合概率密度函数，简称为**联合概率密度**.

3-5

二维连续型
随机变量

3-6

二维连续型
随机变量

二元函数 $z = p(x, y)$ 在几何上表示一个曲面，通常称这个曲面为**分布曲面**（Distribution curved surface）.

二维连续型随机变量 (X, Y) 的联合概率密度 $p(x, y)$ 具有以下性质.

性质 1（非负性）　$p(x, y) \geqslant 0$.

性质 2（规范性）　$\iint\limits_{R^2} p(x, y) \mathrm{d}x \mathrm{d}y = 1$.

◆ 规范性的几何意义为：介于分布曲面和 XOY 平面之间的空间区域的全部体积等于 1.

◆ 若二元函数 $p(x, y)$ 具有非负性和规范性，则 $p(x, y)$ 一定是某个二维连续型随机变量的联合概率密度函数.

性质 3　若 $p(x, y)$ 在点 (x, y) 连续，则有 $\dfrac{\partial^2 F(x, y)}{\partial x \partial y} = p(x, y)$.

性质 4　设 D 为平面上的一个区域，点 (X, Y) 落在 D 内的概率为

$$P\{(X, Y) \in D\} = \iint\limits_{D} p(x, y) \mathrm{d}x \mathrm{d}y$$

◆ 从几何上讲，概率 $P\{(X, Y) \in D\}$ 等于以 D 为底，以分布曲面 $z = p(x, y)$ 为顶的曲顶柱体的体积.

◆ 若 $F(x, y)$ 为二维连续型随机变量的联合分布函数，则 $F(x, y)$ 处处连续.

【例 3-3】　设随机变量 (X, Y) 概率密度为

$$p(x, y) = \begin{cases} k(6 - x - y), & 0 < x < 2, 2 < y < 4 \\ 0, & \text{其他} \end{cases}$$

(1) 确定常数 k；(2) 求 $P\{X < 1, Y < 3\}$；(3) 求 $P\{X \leqslant 1.5\}$；(4) 求 $P\{X + Y < 4\}$.

解　(1) 由 $1 = \iint\limits_{R^2} p(x, y) \mathrm{d}x \mathrm{d}y = \int_0^2 \int_2^4 k(6 - x - y) \mathrm{d}y \mathrm{d}x$，有 $k = \dfrac{1}{8}$；

(2) $P\{X < 1, Y < 3\} = \int_0^1 \left[\int_2^3 \dfrac{1}{8}(6 - x - y) \mathrm{d}y \right] \mathrm{d}x = \dfrac{3}{8}$；

(3) $P\{X \leqslant 1.5\} = P\{X \leqslant 1.5, Y < \infty\} = \int_0^{1.5} \mathrm{d}x \int_2^4 \dfrac{1}{8}(6 - x - y) \mathrm{d}y = \dfrac{27}{32}$；

(4) $P(X + Y < 4) = \int_0^2 \left[\int_2^{4-x} \dfrac{1}{8}(6 - x - y) \mathrm{d}y \right] \mathrm{d}x = \dfrac{2}{3}$.

二、二维连续型随机变量边缘概率密度

定义　设 (X, Y) 是定义在样本空间 Ω 上的二维连续型随机变量，则 X 的概率密度函数 $p_X(x)$，称为 (X, Y) 关于 X 的**边缘概率密度**；Y 的概率密度函数 $p_Y(y)$，称为 $F(x, y)$ 关于 Y 的**边缘概率密度**.

定理　设二维连续型随机变量 (X, Y) 的联合概率分布为 $p(x, y)$，则 X 与 Y 的边缘概率密度分别为：

$$p_X(x) = \int_{-\infty}^{+\infty} p(x, y) \mathrm{d}y, \quad p_Y(y) = \int_{-\infty}^{+\infty} p(x, y) \mathrm{d}x$$

证明　设 $p(x,y)$ 为二维连续型随机变量的联合概率密度，则 X 的边缘分布函数为

$$F_X(x)=P\{X\leqslant x\}=F(x,+\infty)=\int_{-\infty}^{x}\left(\int_{-\infty}^{+\infty}p(x,y)\mathrm{d}y\right)\mathrm{d}x$$

从而 X 的边缘概率密度函数为

$$p_X(x)=\int_{-\infty}^{+\infty}p(x,y)\mathrm{d}y$$

同理得 Y 的边缘概率密度函数为

$$p_Y(y)=\int_{-\infty}^{+\infty}p(x,y)\mathrm{d}x$$

【例 3-4】　设 (X,Y) 的概率密度为

$$p(x,y)=\begin{cases}ax^2+2xy^2, & 0\leqslant x<1,0\leqslant y<1\\0, & \text{其他}\end{cases}$$

试求 (1) 常数 a；(2) 边缘概率密度 $p_X(x)$，$p_Y(y)$；(3) 求 (X,Y) 落在区域 $D=\{(x,y)\,|\,x+y<1\}$ 内的概率.

解　(1) 由规范性有：$1=\iint\limits_{R^2}p(x,\ y)\mathrm{d}x\mathrm{d}y=\int_0^1\int_0^1(ax^2+2xy^2)\mathrm{d}x\mathrm{d}y=\dfrac{1}{3}a+\dfrac{1}{3}$，

解得 $a=2$.

(2) $p_X(x)=\displaystyle\int_{-\infty}^{\infty}p(x,y)\mathrm{d}y=\begin{cases}\displaystyle\int_0^1 2(x^2+xy^2)\mathrm{d}y, & 0\leqslant x<1\\0, & \text{其他}\end{cases}$

$$=\begin{cases}2x^2+\dfrac{2}{3}x, & 0\leqslant x\leqslant 1\\0, & \text{其他}\end{cases}$$

类似地，可得

$$p_Y(x)=\begin{cases}y^2+\dfrac{2}{3}, & 0\leqslant y\leqslant 1\\0, & \text{其他}\end{cases}$$

(3) $P\{(x,y)\in D\}=\displaystyle\iint\limits_{x+y<1}p(x,y)\mathrm{d}x\mathrm{d}y=\int_0^1\left[\int_0^{1-x}2(x^2+xy^2)\mathrm{d}y\right]\mathrm{d}x=\dfrac{1}{5}$.

第四节　随机变量的独立性

一、随机变量的独立性

在多维随机变量中，各分量的取值有时会相互影响，有时则毫不相干. 例如一个学生的身高和体重会相互影响，但一般来说它们对该学生的学习成绩是没有什么影响的. 这种相互之间没有影响的随机变量被称为相互独立的随机变量.

随机事件 A 与 B 相互独立的充要条件为 $P(AB)=P(A)P(B)$，下面由两个事件相互独立的概念引出二维随机变量相互独立的概念.

3-7

随机变量的
独立性

3-8

随机变量的
独立性

设有一个二维随机变量 (X, Y)，如果对于任意实数 x, y，事件 $\{X \leqslant x\}$、$\{Y \leqslant y\}$ 总是相互独立，即有 $P\{X \leqslant x, Y \leqslant y\} = P\{X \leqslant x\} \cdot P\{Y \leqslant y\}$，则称这个二维随机变量是相互独立的，因此，有如下的定义：

定义 若二维随机变量 (X, Y) 的分布函数为 $F(x, y)$，X 和 Y 的边缘分布分别为 $F_X(x)$ 和 $F_Y(y)$. 若对任意的实数 x, y 有

$$F(x, y) = F_X(x) F_Y(y)$$

则称随机变量 X 与 Y 相互独立.

二、随机变量独立性的判断

定理 （1）对于二维离散型随机变量 (X, Y)，X 与 Y 相互独立的充要条件为：对于一切 (x_i, y_j)，$i, j = 1, 2, \cdots$，有

$$P\{X = x_i, Y = y_j\} = P\{X = x_i\} P\{Y = y_j\}$$

（2）设 $p(x, y)$ 及 $p_X(x)$，$p_Y(y)$ 分别为 (X, Y) 的联合概率密度及边缘概率密度. 则 X 与 Y 相互独立的充要条件为：对任意实数 x, y，有

$$p(x, y) = p_X(x) p_Y(y)$$

更一般的结论：

（1）X 与 Y 相互独立的充分必要条件是对任意的 x, y，有

$$p(x, y) = g_X(x) h_Y(y)$$

即 (X, Y) 的联合密度函数 $p(x, y)$ 等于 x 的函数与 y 的函数的乘积.

（2）若 $X_1, \cdots, X_m, X_{m+1}, \cdots, X_n$ 相互独立，则 $f(X_1, \cdots, X_m)$ 与 $g(X_{m+1}, \cdots, X_n)$ 相互独立.

【例 3-5】 设随机变量 (X, Y) 的分布律为

X \ Y	0	1
0	$\frac{3}{10}$	$\frac{3}{10}$
1	$\frac{3}{10}$	$\frac{1}{10}$

证明 X 与 Y 不相互独立.

证明 易得边缘分布律如下表所示：

X \ Y	0	1	$P\{X = i\}$
0	$\frac{3}{10}$	$\frac{3}{10}$	$\frac{6}{10}$
1	$\frac{3}{10}$	$\frac{1}{10}$	$\frac{4}{10}$
$P\{Y = j\}$	$\frac{6}{10}$	$\frac{4}{10}$	

由于 $P\{X = 0, Y = 0\} \neq P\{X = 0\} P\{Y = 0\}$，因此，$X$ 与 Y 不相互独立.

【例 3-6】 设两个独立的随机变量 X 和 Y 的分布律为

X	1	3	Y	2	4
P_X	0.3	0.7	P_Y	0.6	0.4

求随机变量 (X,Y) 的分布律.

解　因为 X 与 Y 相互独立，所以 $P\{X=x_i,Y=y_j\}=P\{X=x_i\}P\{Y=y_j\}$，从而

$$P\{X=1,Y=2\}=P\{X=1\}P\{Y=2\}=0.3\times0.6=0.18$$
$$P\{X=1,Y=4\}=P\{X=1\}P\{Y=4\}=0.3\times0.4=0.12$$
$$P\{X=3,Y=2\}=P\{X=3\}P\{Y=2\}=0.7\times0.6=0.42$$
$$P\{X=3,Y=4\}=P\{X=3\}P\{Y=4\}=0.7\times0.4=0.28$$

因此，随机变量 (X,Y) 的分布律为

X ＼ Y	2	4	$P\{X=i\}$
1	0.18	0.12	0.3
3	0.42	0.28	0.7
$P\{Y=j\}$	0.6	0.4	

【例 3-7】　设 X 与 Y 相互独立，它们的概率密度分别为

$$p_X(x)=\begin{cases}\lambda\mathrm{e}^{-\lambda x}, & x\geqslant0 \\ 0, & x<0\end{cases}, \quad p_Y(y)=\begin{cases}\lambda\mathrm{e}^{-\lambda y}, & y\geqslant0 \\ 0, & y<0\end{cases}$$

求 (X,Y) 的概率密度.

解　由 X 与 Y 相互独立，知 (X,Y) 的概率密度为

$$p(x,y)=p_X(x)p_Y(y)=\begin{cases}\lambda^2\mathrm{e}^{-\lambda(x+y)}, & x\geqslant0,y\geqslant0 \\ 0, & \text{其他}\end{cases}$$

【例 3-8】　设随机变量 (X,Y) 的概率密度为 $p(x,y)$，问 X 与 Y 是否相互独立.

$$p(x,y)=\begin{cases}x\mathrm{e}^{-y}, & 0<x<y<+\infty \\ 0, & \text{其他}\end{cases}$$

解　$p_X(x)=\displaystyle\int_{-\infty}^{+\infty}p(x,y)\mathrm{d}y=\begin{cases}\displaystyle\int_x^{+\infty}x\mathrm{e}^{-y}\mathrm{d}y, & x>0 \\ 0, & x\leqslant0\end{cases}=\begin{cases}x\mathrm{e}^{-x}, & x>0 \\ 0, & x\leqslant0\end{cases}$

$p_Y(y)=\displaystyle\int_{-\infty}^{+\infty}p(x,y)\mathrm{d}x=\begin{cases}\displaystyle\int_0^y x\mathrm{e}^{-y}\mathrm{d}x, & y>0 \\ 0, & y\leqslant0\end{cases}=\begin{cases}\dfrac{1}{2}y^2\mathrm{e}^{-y}, & y>0 \\ 0, & y\leqslant0\end{cases}$

由于 $p(x,y)\neq p_X(x)p_Y(y)$，故 X 与 Y 不相互独立.

◆ 在实际问题中，随机变量的独立性往往不是从其数学定义验证出来的，而是从随机变量产生的实际背景判断它们的独立性，即由随机试验的独立性来判断随机变量的独立性.

3-9 🖥

二维随机变量
函数的分布

3-10 ▶

二维离散型
随机变量函
数的分布

第五节　二维随机变量函数的分布

二维随机变量 (X,Y) 构成的函数 $Z=g(X,Y)$ 是一个随机变量．在已知 (X,Y) 的分布的情况下，解决 $Z=g(X,Y)$ 的分布问题，在概率论的理论和应用中都非常重要．

一、二维离散型随机变量函数的分布

设二维离散型随机变量 (X,Y) 的联合分布律为

$$P\{X_i=x_i,Y_j=y_j\}=p_{ij}，i,j=1,2,\cdots$$

则 $Z=g(X,Y)$ 也是离散型随机变量，且 Z 的概率分布为

$$P\{Z=z_k\}=P\{g(X,Y)=z_k\}=\sum_{g(x_i,y_j)=z_k}p_{ij}，k=1,2,\cdots$$

其中 $\sum\limits_{g(x_i,y_j)=z_k}p_{ij}$ 是指对满足 $g(x_i,y_j)=z_k$ 的那些 (x_i,y_j) 所对应的概率来求和．

【例 3-9】 设二维离散型随机变量 (X,Y) 的分布律为

X ＼ Y	-1	0	1
0	$\frac{1}{12}$	$\frac{1}{6}$	$\frac{1}{6}$
1	$\frac{1}{12}$	$\frac{1}{12}$	0
2	$\frac{1}{6}$	$\frac{1}{12}$	$\frac{1}{6}$

试求 $Z_1=X+Y$，$Z_2=X-Y$，$Z_3=XY$，$Z_4=\max\{X,Y\}$，$Z_5=\min\{X,Y\}$ 的分布律．

解 将 (X,Y) 的分布律表现形式改为如下：

(X,Y)	$(0,-1)$	$(0,0)$	$(0,1)$	$(1,-1)$	$(1,0)$	$(1,1)$	$(2,-1)$	$(2,0)$	$(2,1)$
P	$\frac{1}{12}$	$\frac{1}{6}$	$\frac{1}{6}$	$\frac{1}{12}$	$\frac{1}{12}$	0	$\frac{1}{6}$	$\frac{1}{12}$	$\frac{1}{6}$

根据所求问题列出下表：

P	$\frac{1}{12}$	$\frac{1}{6}$	$\frac{1}{6}$	$\frac{1}{12}$	$\frac{1}{12}$	0	$\frac{1}{6}$	$\frac{1}{12}$	$\frac{1}{6}$
(X,Y)	$(0,-1)$	$(0,0)$	$(0,1)$	$(1,-1)$	$(1,0)$	$(1,1)$	$(2,-1)$	$(2,0)$	$(2,1)$
Z_1	-1	0	1	0	1	2	1	2	3
Z_2	1	0	-1	2	1	0	3	2	1
Z_3	0	0	0	-1	0	1	-2	0	2
Z_4	0	0	1	1	1	1	2	2	2
Z_5	-1	0	0	-1	0	1	-1	0	1

因此，得到 $Z_1 = X + Y$ 的分布律为

Z_1	-1	0	1	2	3
P	$\frac{1}{12}$	$\frac{3}{12}$	$\frac{5}{12}$	$\frac{1}{12}$	$\frac{2}{12}$

$Z_2 = X - Y$ 的分布律为

Z_2	-1	0	1	2	3
P	$\frac{2}{12}$	$\frac{2}{12}$	$\frac{4}{12}$	$\frac{2}{12}$	$\frac{2}{12}$

$Z_3 = XY$ 的分布律为

Z_3	-2	-1	0	1	2
P	$\frac{2}{12}$	$\frac{1}{12}$	$\frac{7}{12}$	0	$\frac{2}{12}$

$Z_4 = \max\{X, Y\}$ 的分布律为

Z_4	0	1	2
P	$\frac{3}{12}$	$\frac{4}{12}$	$\frac{5}{12}$

$Z_5 = \min\{X, Y\}$ 的分布律为

Z_5	-1	0	1
P	$\frac{4}{12}$	$\frac{6}{12}$	$\frac{2}{12}$

二、二维连续型随机变量函数的分布

设二维连续型随机变量 (X, Y) 的联合密度函数为 $p(x, y)$，类似于求一维随机变量函数的分布，求 $Z = g(X, Y)$ 密度函数的一般方法为：

(1) 求 $Z = g(X, Y)$ 分布函数

$$F_Z(z) = P\{Z \leqslant z\} = P\{g(X, Y) \leqslant z\} = \iint\limits_{g(x, y) \leqslant z} p(x, y) \mathrm{d}x \mathrm{d}y$$

(2) 根据 $p(z) = F_Z'(z)$，求出 Z 的密度函数.

3-11

二维连续型随机变量函数的分布

【例 3-10】 设随机变量 X 与 Y 相互独立，其概率密度函数分别为

$$p_X(x) = \begin{cases} 1, & 0 \leqslant x \leqslant 1 \\ 0, & \text{其他} \end{cases}, \qquad p_Y(y) = \begin{cases} \mathrm{e}^{-y}, & y > 0 \\ 0, & y \leqslant 0 \end{cases}$$

求随机变量 $Z = 2X + Y$ 的概率密度函数.

解 由题设知 (X, Y) 的联合密度函数为

$$p(x, y) = \begin{cases} \mathrm{e}^{-y}, & 0 \leqslant x \leqslant 1, y > 0 \\ 0, & \text{其他} \end{cases}$$

先求随机变量 $Z = 2X + Y$ 的分布函数：

(1) 当 $z < 0$ 时，$F_Z(z) = P\{Z \leqslant z\} = \iint\limits_{2x+y \leqslant z} p(x, y) \mathrm{d}x \mathrm{d}y = 0$

(2) 当 $0 \leqslant z < 2$ 时，$F_Z(z) = P\{Z \leqslant z\} = P\{2X + Y \leqslant z\} = \int_0^{\frac{z}{2}} \mathrm{d}x \int_0^{z-2x} \mathrm{e}^{-y} \mathrm{d}y$

$$= \int_0^{\frac{z}{2}} (1 - \mathrm{e}^{2x-z}) \mathrm{d}x = \frac{1}{2}(z + \mathrm{e}^{-z} - 1)$$

(3) 当 $z \geqslant 2$ 时，$F_Z(z) = P\{Z \leqslant z\} = P\{2X + Y \leqslant z\}$

$$= \int_0^1 \mathrm{d}x \int_0^{z-2x} \mathrm{e}^{-y} \mathrm{d}y = 1 - \frac{1}{2} \mathrm{e}^{-z}(\mathrm{e}^2 - 1)$$

因此 $Z = 2X + Y$ 的分布函数为

$$F_Z(z) = \begin{cases} 0, & z < 0 \\ (z + \mathrm{e}^{-z} - 1)/2, & 0 \leqslant z < 2 \\ 1 - \mathrm{e}^{-z}(\mathrm{e}^2 - 1)/2, & z \geqslant 2 \end{cases}$$

由 $p(x) = F'(x)$，故 $Z = 2X + Y$ 的概率密度为

$$p_Z(z) = \begin{cases} 0, & z < 0 \\ (1 - \mathrm{e}^{-z})/2, & 0 \leqslant z < 2 \\ \mathrm{e}^{-z}(\mathrm{e}^2 - 1)/2, & z \geqslant 2 \end{cases}$$

定理 （最值函数的分布）设 X，Y 是相互独立的随机变量，分布函数分别为 $F_X(x)$，$F_Y(y)$，则 $U = \max\{X, Y\}$ 和 $V = \min\{X, Y\}$ 的分布函数分别为

$$F_U(z) = F_X(z)F_Y(z)$$

$$F_V(z) = 1 - [1 - F_X(z)][1 - F_Y(z)]$$

证明 $F_U(z) = P\{U \leqslant z\} = P\{X \leqslant z, Y \leqslant z\} = P\{X \leqslant z\}P\{Y \leqslant z\} = F_X(z)F_Y(z)$.

$$F_V(z) = P\{V \leqslant z\} = 1 - P\{Z > z\} = 1 - P\{X > z, Y > z\}$$

$$= 1 - P\{X > z\}P\{Y > z\} = 1 - [1 - P\{X \leqslant z\}][1 - P\{Y \leqslant z\}]$$

$$= 1 - [1 - F_X(z)][1 - F_Y(z)].$$

一般地，若 $X_1, X_2, \cdots, X_n$ 为 n 个相互独立的随机变量，它们的分布函数分别为 $F_i(x)$，$i = 1, 2, \cdots, n$，则 $\max\{X_1, \cdots, X_n\}$ 和 $\min\{X_1, \cdots, X_n\}$ 的分布函数分别为

$$F_{\max}(z) = \prod_{i=1}^n F_i(z); \quad F_{\min}(z) = 1 - \prod_{i=1}^n [1 - F_i(z)]$$

若 n 个随机变量 $X_1, X_2, \cdots, X_n$ 相互独立同分布，设分布函数为 $F(x)$，密度函数为 $p(x)$，则

$$F_{\max}(z) = [F(z)]^n, \quad F_{\min}(z) = 1 - [1 - F(z)]^n$$

相应地概率密度函数分别为

$$p_{\max}(z) = n[F(z)]^{n-1} p(z)$$

$$p_{\min}(z) = n[1 - F(z)]^{n-1} p(z)$$

【例 3-11】 设随机变量 $X_1, X_2, \cdots, X_5$ 相互独立且同分布，其概率密度为

$$p(x) = \frac{1}{\pi(1 + x^2)}, \quad -\infty < x < +\infty$$

试求 $U = \max\{X_1, X_2, \cdots, X_5\}$ 及 $V = \min\{X_1, X_2, \cdots, X_5\}$ 的分布函数与概率密度.

解 $X_i(i = 1, \cdots, 5)$ 的分布函数为

$$F(x) = \int_{-\infty}^{x} \frac{1}{\pi(1+x^2)} \mathrm{d}x = \frac{1}{2} + \frac{1}{\pi} \arctan x$$

(1) $U = \max\{X_1, X_2, \cdots, X_5\}$ 的分布函数为

$$F_U(z) = P\{U \leqslant z\} = P\left\{\max_{1 \leqslant i \leqslant 5}\{X_i\} \leqslant z\right\} = P\left\{\bigcap_{1 \leqslant i \leqslant 5}(X_i \leqslant z)\right\} = [F(z)]^5$$

$$= \left(\frac{1}{2} + \frac{1}{\pi} \arctan z\right)^5, \quad -\infty < z < +\infty$$

故 U 的概率密度为

$$p_U(z) = \frac{5}{\pi(1+z^2)} \left(\frac{1}{2} + \frac{1}{\pi} \arctan z\right)^4, \quad -\infty < z < +\infty$$

(2) $V = \min\{X_1, X_2, \cdots, X_5\}$ 的分布函数为

$$F_V(z) = P\{V \leqslant z\} = P\left\{\min_{1 \leqslant i \leqslant 5}\{X_i\} \leqslant z\right\} = 1 - P\left\{\min_{1 \leqslant i \leqslant 5}\{X_i\} > z\right\}$$

$$= 1 - P\left\{\bigcap_{1 \leqslant i \leqslant 5}(X_i > z)\right\} = 1 - [1 - F(z)]^5 = 1 - \left(\frac{1}{2} - \frac{1}{\pi} \arctan z\right)^5$$

故 V 的概率密度为

$$p_V(z) = \frac{5}{\pi(1+z^2)} \left(\frac{1}{2} - \frac{1}{\pi} \arctan z\right)^4$$

第六节 条 件 分 布

3-12
条件分布

3-13
离散型随机变量的条件分布律

一、离散型随机变量的条件分布律

定义 设 (X, Y) 是二维离散型随机变量,对于固定的 i,若 $P\{X = x_i\} = p_{i\cdot} > 0$,概率分布

$$P\{Y = y_j \mid X = x_i\} = \frac{P\{X = x_i, Y = y_j\}}{P\{X = x_i\}} = \frac{p_{ij}}{p_{i\cdot}}, \quad j = 1, 2, \cdots$$

称为在 $X = x_i$ 条件下 Y 的**条件分布律**.

对固定的 j,若 $P\{Y = y_j\} > 0$,概率分布

$$P\{X = x_i \mid Y = y_j\} = \frac{P\{X = x_i, Y = y_j\}}{P\{Y = y_j\}} = \frac{p_{ij}}{p_{\cdot j}}, \quad i = 1, 2, \cdots$$

称为在 $Y = y_j$ 条件下 X 的**条件分布律**.

显然有 $P\{Y = y_j \mid X = x_i\} \geqslant 0$,且 $\sum_{j=1}^{\infty} P\{Y = y_j \mid X = x_i\} = \sum_{j=1}^{\infty} \frac{p_{ij}}{p_{i\cdot}} = \frac{p_{i\cdot}}{p_{i\cdot}} = 1$.

有了条件分布律,可以给出离散型随机变量的条件分布函数.

定义 设 (X, Y) 是二维离散型随机变量,对于固定的 i,给定 $X = x_i$ 条件下 Y 的**条件分布函数**为

$$F(y \mid x_i) = \sum_{y_j \leqslant y} P\{Y = y_j \mid X = x_i\}$$

对固定的 j，给定 $Y=y_j$ 条件下 X 的**条件分布函数**为

$$F(x\mid y_i) = \sum_{x_i \leqslant x} P\{X=x_i \mid Y=y_j\}$$

【例 3 – 12】 (X,Y) 的联合分布律见下表. 求：在 $X=3$ 的条件下 Y 的条件分布律.

X \ Y	1	2	3	4
1	$\frac{1}{4}$	0	0	0
2	$\frac{1}{8}$	$\frac{1}{8}$	0	0
3	$\frac{1}{12}$	$\frac{1}{12}$	$\frac{1}{12}$	0
4	$\frac{1}{16}$	$\frac{1}{16}$	$\frac{1}{16}$	$\frac{1}{16}$

解 (X,Y) 关于 X 的边缘分布律如表所示：

X \ Y	1	2	3	4	$P(X=i)$
1	$\frac{1}{4}$	0	0	0	$\frac{1}{4}$
2	$\frac{1}{8}$	$\frac{1}{8}$	0	0	$\frac{1}{4}$
3	$\frac{1}{12}$	$\frac{1}{12}$	$\frac{1}{12}$	0	$\frac{1}{4}$
4	$\frac{1}{16}$	$\frac{1}{16}$	$\frac{1}{16}$	$\frac{1}{16}$	$\frac{1}{4}$

计算得 $P(Y=1\mid X=3) = \dfrac{P\{X=3, Y=1\}}{P\{X=3\}} = \dfrac{p_{31}}{p_{3\cdot}} = \dfrac{\frac{1}{12}}{\frac{1}{4}} = \dfrac{1}{3}$，其他类似计算，可得在

$X=3$ 的条件下 Y 的条件分布律：

Y	1	2	3	4
$P(Y=y_j \mid X=3)$	$\frac{1}{3}$	$\frac{1}{3}$	$\frac{1}{3}$	0

*二、连续型随机变量的条件概率密度

因为连续型随机变量取某具体数值的概率为零，即 $P\{X=x\}=0$，$\forall x \in R$，所以无法像离散型随机变量那样用条件概率直接计算 $P\{Y \leqslant y \mid X=x\}$. 通常采用极限形式来处理.

$$\begin{aligned} P\{Y \leqslant y \mid X=x\} &= \lim_{\varepsilon \to 0^+} P\{Y \leqslant y \mid x \leqslant X < x+\varepsilon\} \\ &= \lim_{\varepsilon \to 0^+} \frac{P\{x \leqslant X < x+\varepsilon, Y \leqslant y\}}{P\{x \leqslant X < x+\varepsilon\}} = \lim_{\varepsilon \to 0^+} \frac{F(x+\varepsilon, y) - F(x,y)}{F_X(x+\varepsilon) - F_X(x)} \end{aligned}$$

定义 设 (X,Y) 是二维连续型随机变量，给定 x，若 $\forall\varepsilon>0$，恒有 $P\{x\leqslant X<x+\varepsilon\}>0$，且对任意实数 y，若极限 $\lim\limits_{\varepsilon\to 0}P\{Y\leqslant y\,|\,x\leqslant X<x+\varepsilon\}$ 存在，则称此极限为在条件 $X=x$ 下，随机变量 Y 的**条件分布函数**，记作 $F_{Y|X}(y\,|\,x)$ 或简记作 $F(y\,|\,x)$. 相应的密度函数 $p_{Y|X}(y\,|\,x)$，称为在条件 $X=x$ 下，随机变量 Y 的**条件概率密度函数**，简记作 $p(y\,|\,x)$. 类似地，可定义在 $Y=y$ 下，随机变量 X 的**条件分布函数** $F_{X|Y}(x\,|\,y)$ 和**条件概率密度函数** $p_{X|Y}(x\,|\,y)$.

定理 设二维连续型随机变量 (X,Y) 的概率密度 $p(x,y)$ 连续，边缘概率密度分别为 $p_X(x)$，$p_Y(y)$.

（1）对一切使 $p_Y(y)>0$ 成立的 y，在条件 $Y=y$ 下，X 的条件分布函数和条件概率密度分别为

$$F_{X|Y}(x\,|\,y)=\int_{-\infty}^{x}\frac{p(u,y)}{p_Y(y)}\mathrm{d}u \text{ 和 } p_{X|Y}(x\,|\,y)=\frac{p(x,y)}{p_Y(y)}$$

（2）对一切使 $p_X(x)>0$ 成立的 x，在条件 $X=x$ 下，Y 的条件分布函数和条件概率密度分别为

$$F_{Y|X}(y\,|\,x)=\int_{-\infty}^{y}\frac{p(x,v)}{p_X(x)}\mathrm{d}v \text{ 和 } p_{Y|X}(y\,|\,x)=\frac{p(x,y)}{p_X(x)}$$

证明 设只证（1），（2）类似可证.

$$F_{X|Y}(x\,|\,y)=\lim_{\varepsilon\to 0}\frac{P\{X\leqslant x,y\leqslant Y<y+\varepsilon\}}{P\{y\leqslant Y<y+\varepsilon\}}=\lim_{\varepsilon\to 0}\frac{\int_{-\infty}^{x}\int_{y}^{y+\varepsilon}p(u,v)\mathrm{d}v\mathrm{d}u}{\int_{y}^{y+\varepsilon}p_Y(v)\mathrm{d}v}$$

由积分中值定理有：$\int_{y}^{y+\varepsilon}p(u,v)\mathrm{d}v=p(u,v_1)\varepsilon$，$\int_{y}^{y+\varepsilon}p_Y(v)\mathrm{d}v=p_Y(v_2)\varepsilon$，其中 $y\leqslant v_1<y+\varepsilon$，$y\leqslant v_2<y+\varepsilon$，并且有 $\lim\limits_{\varepsilon\to 0}p(u,v_1)=p(u,y)$ 和 $\lim\limits_{\varepsilon\to 0}p_Y(v_2)=p_Y(y)$. 故

$$F_{X|Y}(x\,|\,y)=\lim_{\varepsilon\to 0}\frac{\int_{-\infty}^{x}p(u,v_1)\mathrm{d}u}{p_Y(v_2)}=\int_{-\infty}^{x}\frac{p(u,y)}{p_Y(y)}\mathrm{d}u$$

上式表明，二维连续型随机变量的条件分布仍是连续型分布，且在条件 $Y=y$ 下，随机变量 X 的条件概率密度为

$$p_{X|Y}(x\,|\,y)=\frac{p(x,y)}{p_Y(y)}$$

【例 3-13】 设随机变量 (X,Y) 的概率密度为 $p(x,y)$，求条件概率密度 $p(x\,|\,y)$.

$$p(x,y)=\begin{cases}1, & |y|<x, \quad 0<x<1 \\ 0, & \text{其他}\end{cases}$$

解 （1）$p_Y(y)=\int_{-\infty}^{\infty}p(x,y)\mathrm{d}x=\begin{cases}\int_{y}^{1}1\mathrm{d}x, & 0<y<1 \\ \int_{-y}^{1}1\mathrm{d}x, & -1<y\leqslant 0 \\ 0, & \text{其他}\end{cases}$

$$=\begin{cases}1-y, & 0<y<1 \\ 1+y, & -1<y\leqslant 0 \\ 0, & 其他\end{cases}=\begin{cases}1-|y|, & |y|<1 \\ 0, & 其他\end{cases}$$

（2）于是，当 $|y|<1$ 时，$p(x|y)=\dfrac{p(x,y)}{p_Y(y)}=\begin{cases}\dfrac{1}{1-|y|}, & |y|<x<1 \\ 0, & 其他\end{cases}$.

【例 3 - 14】 设二维随机变量 (X,Y) 的联合密度为 $p(x,y)$，求 $P\left\{Y\leqslant \dfrac{1}{8}\,\middle|\,X=\dfrac{1}{4}\right\}$.

$$p(x,y)=\begin{cases}3x, & 0\leqslant x\leqslant 1, \ 0\leqslant y\leqslant x \\ 0, & 其他\end{cases}$$

解 $p_X(x)=\displaystyle\int_{-\infty}^{+\infty}p(x,\ y)\mathrm{d}y=\begin{cases}\displaystyle\int_0^x 3x\,\mathrm{d}y, & 0\leqslant x\leqslant 1 \\ 0, & 其他\end{cases}=\begin{cases}3x^2, & 0\leqslant x\leqslant 1 \\ 0, & 其他\end{cases}$.

从而有 $p(y|x)=\dfrac{p(x,y)}{p_X(x)}=\begin{cases}\dfrac{1}{x}, & 0\leqslant y\leqslant x\leqslant 1 \\ 0, & 其他\end{cases}$

于是有 $p(y|x=1/4)=\begin{cases}4, & 0\leqslant y<\dfrac{1}{4} \\ 0, & 其他\end{cases}$

所以 $P\left\{Y\leqslant \dfrac{1}{8}\,\middle|\,X=\dfrac{1}{4}\right\}=\displaystyle\int_{-\infty}^{\frac{1}{8}}p(y|x=1/4)\mathrm{d}y=\int_0^{\frac{1}{8}}4\mathrm{d}y=\dfrac{1}{2}$.

➢ 习题

3-14

重要知识点
与典型例题

3-15

习题三答案

一、选择题

1. 设随机变量 (X,Y) 的联合分布函数为 $F(x,y)$，则以下结论中错误的是（　　）.

A. $F(-\infty,+\infty)=0$ B. $F(+\infty,y)=0$

C. $F(-\infty,-\infty)=0$ D. $F(+\infty,+\infty)=1$

2. 已知二维随机变量 (X,Y) 的联合分布函数 $F(x,y)=P(X\leqslant x,Y\leqslant y)$，则事件 $P\{X>2,Y>3\}=$（　　）.

A. $F(2,3)$ B. $F(2,+\infty)-F(2,3)$

C. $1-F(2,3)$ D. $1-F(2,+\infty)-F(+\infty,3)+F(2,3)$

3. 设 (X,Y) 的联合分布函数 $F(x,y)$，其联合分布列如下表，则 $F(1,1)=$（　　）.

X \ Y	0	1	2
−1	0.2	0	0.1
0	0	0.4	0
1	0.1	0	0.2

A. 0. 2 　　　　　 B. 0. 3 　　　　　 C. 0. 6 　　　　　 D. 0. 7

4. 设二维连续型随机变量的联合分布函数为 $F(x,y)$，概率密度 $p(x,y)$，则以下结论中错误的是（　　）．

A. $F(x,y) = \int_{-\infty}^{+\infty} \mathrm{d}x \int_{-\infty}^{+\infty} p(x,y)\mathrm{d}y$ 　　　　 B. $F(x,y) = \int_{-\infty}^{x} \mathrm{d}x \int_{-\infty}^{y} p(x,y)\mathrm{d}y$

C. $F(-\infty,-\infty) = 0$ 　　　　　　 D. $F(+\infty,+\infty) = 1$

5. 设 $F_X(x)$ 与 $F_Y(y)$ 分别为随机变量 X 和 Y 的分布函数，为使 $F(x) = aF_X(x) - bF_Y(x)$ 为某一随机变量的分布函数，在下列给定的各组数值中应取（　　）．

A. $a = \dfrac{3}{5}$，$b = -\dfrac{2}{5}$ 　　　　　　 B. $a = \dfrac{2}{3}$，$b = \dfrac{2}{3}$

C. $a = -\dfrac{1}{2}$，$b = \dfrac{3}{2}$ 　　　　　　 D. $a = \dfrac{1}{2}$，$b = -\dfrac{3}{2}$

6. 设二维随机变量 (X,Y) 的联合概率分布见下表，则 $c = $（　　）．

X \ Y	0	1	2
1	1/6	1/4	1/12
2	1/12	c	1/4

A. $\dfrac{1}{12}$ 　　　　 B. $\dfrac{1}{6}$ 　　　　 C. $\dfrac{1}{4}$ 　　　　 D. $\dfrac{1}{3}$

7. 设二维随机向量 (X,Y) 的联合分布律见下表，则 $P(X=0) = $（　　）．

X \ Y	0	1	2
0	1/12	2/12	2/12
1	1/12	1/12	0
2	2/12	1/12	2/12

A. $\dfrac{1}{12}$ 　　　　 B. $\dfrac{2}{12}$ 　　　　 C. $\dfrac{4}{12}$ 　　　　 D. $\dfrac{5}{12}$

8. 设二维随机变量 (X,Y) 的分布律见下表，则 $P(XY=2) = $（　　）．

X \ Y	1	2	3
1	1/10	2/10	2/10
2	3/10	1/10	1/10

A. $\dfrac{1}{5}$ 　　　　 B. $\dfrac{3}{10}$ 　　　　 C. $\dfrac{1}{2}$ 　　　　 D. $\dfrac{3}{5}$

9. 设二维随机变量 (X,Y) 的概率密度为 $p(x,y) = \begin{cases} c, & 0 \leqslant x \leqslant 2, \quad 0 \leqslant y \leqslant 2, \\ 0, & \text{其他,} \end{cases}$

则 $c = $（　　）．

A. $\dfrac{1}{4}$ B. $\dfrac{1}{2}$ C. 2   D. 4

10. 设 (X,Y) 的联合概率密度为 $p(x,y)=\begin{cases} k(x+y), & 0\leqslant x\leqslant 2,\ 0\leqslant y\leqslant 1 \\ 0, & \text{其他} \end{cases}$,

则 $k=($).

A. $\dfrac{1}{3}$ B. $\dfrac{1}{2}$ C. 1   D. 3

11. 设随机向量 (X,Y) 的联合概率密度为 $p(x,y)=\begin{cases} \dfrac{1}{8}(6-x-y), & 0<x<2,2<y<4 \\ 0, & \text{其他} \end{cases}$,

则 $P(X<1,Y<3)=($).

A. $\dfrac{3}{8}$ B. $\dfrac{4}{8}$ C. $\dfrac{5}{8}$ D. $\dfrac{7}{8}$

12. 设二维随机向量 (X,Y) 的概率密度为 $p(x,y)$,则 $P(X>1)=($).

A. $\displaystyle\int_{-\infty}^{1}\mathrm{d}x\int_{-\infty}^{\infty}p(x,\ y)\mathrm{d}y$ B. $\displaystyle\int_{1}^{\infty}\mathrm{d}x\int_{-\infty}^{\infty}p(x,\ y)\mathrm{d}y$

C. $\displaystyle\int_{-\infty}^{1}p(x,\ y)\mathrm{d}x$ D. $\displaystyle\int_{1}^{\infty}p(x,\ y)\mathrm{d}x$

13. 设任意二维随机变量 (X,Y) 的联合概率密度函数 $p(x,y)$,两个边缘概率密度函数分别为 $p_X(x)$ 和 $p_Y(y)$,则以下结论正确的是 (   ).

A. $p(x,y)=p_X(x)p_Y(y)$ B. $p(x,y)=p_X(x)+p_Y(y)$

C. $\displaystyle\int_{-\infty}^{\infty}p_X(x)\mathrm{d}x=1$ D. $\displaystyle\int_{-\infty}^{\infty}p(x,\ y)\mathrm{d}x=1$

14. 设二维随机变量 (X,Y) 的概率密度为 $p(x,y)$,则 $P(X<Y)=($).

A. $\displaystyle\int_{y}^{\infty}\mathrm{d}x\int_{x}^{\infty}p(x,\ y)\mathrm{d}y$ B. $\displaystyle\int_{-\infty}^{\infty}\mathrm{d}x\int_{x}^{\infty}p(x,\ y)\mathrm{d}y$

C. $\displaystyle\int_{x}^{y}p(x,\ y)\mathrm{d}y$ D. $\displaystyle\int_{x}^{y}p(x,\ y)\mathrm{d}x$

15. 设二维随机变量 (X,Y) 的联合概率密度为

$$p(x,y)=\begin{cases} \mathrm{e}^{-(x+y)}, & x>0,\ y>0 \\ 0, & \text{其他} \end{cases}$$

则 $P(X\geqslant Y)=($).

A. $\dfrac{1}{4}$ B. $\dfrac{1}{2}$ C. $\dfrac{2}{3}$ D. $\dfrac{3}{4}$

16. 设二维随机变量 (X,Y) 的概率密度为

$$p(x,y)=\begin{cases} 4xy, & 0\leqslant x\leqslant 1,\ 0\leqslant y\leqslant 1 \\ 0, & \text{其他} \end{cases}$$

则当 $0\leqslant x\leqslant 1$ 时,(X,Y) 关于 X 的边缘概率密度为 $p_X(x)=($).

A. $\dfrac{1}{2x}$ B. $2x$ C. $\dfrac{1}{2y}$ D. $2y$

17. 设随机变量 X 与 Y 相互独立，它们的分布律分别如下表，则 $P(X=Y)=$（ ）.

X	0	1		Y	0	1
P	0.5	0.5		P	0.5	0.5

A. 0   B. 0.25   C. 0.5   D. 1

18. 设 (X,Y) 的概率分布如下表所示，当 X 与 Y 相互独立时，$(\alpha,\beta)=$（ ）.

X \ Y	0	1	2
-1	1/15	β	1/5
1	α	1/5	3/10

A. $\left(\dfrac{1}{5},\dfrac{1}{15}\right)$ B. $\left(\dfrac{1}{15},\dfrac{1}{5}\right)$ C. $\left(\dfrac{1}{10},\dfrac{2}{15}\right)$ D. $\left(\dfrac{2}{15},\dfrac{1}{10}\right)$

19. 设随机变量 X 与 Y 相互独立，其分布律如下表，则下列各式正确的是（ ）.

X	0	2		Y	0	2
P	0.5	0.5		P	0.5	0.5

A. $X=Y$ B. $X+Y=2X$ C. $X-Y=0$ D. $P\{X=Y\}=\dfrac{1}{2}$

20. 设随机变量 X 与 Y 相互独立，其分布律为：

X	-1	1		Y	-1	1
P	0.5	0.5		P	0.5	0.5

则下列各式正确的是（ ）.

A. $P\{X=Y\}=1$ B. $P\{X=Y\}=\dfrac{1}{4}$

C. $P\{X=Y\}=\dfrac{1}{2}$ D. $P\{X=Y\}=0$

21. 设随机变量 X 与 Y 相互独立，它们的概率密度分别为 $p_X(x)$ 和 $p_Y(y)$，则 (X,Y) 的概率密度为（ ）.

A. $\dfrac{1}{2}\left[p_X(x)+p_Y(y)\right]$ B. $p_X(x)+p_Y(y)$

C. $\dfrac{1}{2}p_X(x)p_Y(y)$ D. $p_X(x)p_Y(y)$

22. 设随机变量 X 与 Y 独立，分布函数分别为 $F(x)$，$G(y)$，$Z=\max\{X,Y\}$，则 Z 的分布函数是（ ）.

A. $\max\{F(z),G(z)\}$ B. $F(z)G(z)$

C. $F(z)+G(z)$ D. $[1-F(z)][1-G(z)]$

23. 设随机变量 X 与 Y 独立同分布，且 X 的分布函数为 $F(x)$，则 $Z=\max\{X,$

$Y\}$的分布函数为（　　）.

  A. $F^2(x)$ B. $F(x)F(y)$

  C. $1-[1-F(x)]^2$ D. $[1-F(x)][1-F(y)]$

24. 设 $P\{X\leqslant1,Y\leqslant1\}=\dfrac{4}{9}$，$P\{X\leqslant1\}=P\{Y\leqslant1\}=\dfrac{5}{9}$，则 $P\{\min\{X,Y\}\leqslant1\}=$

（　　）.

  A. $\dfrac{2}{3}$ B. $\dfrac{20}{81}$ C. $\dfrac{4}{9}$ D. $\dfrac{1}{3}$

25. 设 $P\{X\geqslant0,Y\geqslant0\}=\dfrac{3}{7}$，$P\{X\geqslant0\}=P\{Y\geqslant0\}=\dfrac{4}{7}$，则 $P\{\max\{X,Y\}\geqslant0\}=$

（　　）.

  A. $\dfrac{3}{7}$ B. $\dfrac{4}{7}$ C. $\dfrac{5}{7}$ D. $\dfrac{6}{7}$

26. 设二维随机变量 (X,Y) 的概率分布为

X＼Y	0	1
0	0.4	a
1	b	0.1

已知随机事件 $\{X=0\}$ 与 $\{X+Y=1\}$ 相互独立，则（　　）

  A. $a=0.2$，$b=0.3$ B. $a=0.4$，$b=0.1$

  C. $a=0.3$，$b=0.2$ D. $a=0.1$，$b=0.4$

二、填空题

27. 设 (X,Y) 的联合分布律为

X＼Y	0	1	2
0	1/20	2/20	1/20
1	3/20	6/20	3/20
2	1/20	2/20	1/20

则 $P\{X=Y\}=$＿＿＿＿＿＿＿.

28. 设 (X,Y) 的联合分布律为

X＼Y	－1	0	1
－1	1/8	1/8	1/8
0	1/8	0	1/8
1	1/8	1/8	1/8

则 $P\{XY=0\}=$＿＿＿＿＿＿＿.

29. 掷两颗均匀骰子，X 与 Y 分别表示第一和第二颗骰子所出现点数，则 $P\{X=$

$Y\} =$ _____.

30. 二维随机变量 (X,Y) 的联合分布函数 $F(x,y)$ 的定义是对任意实数 x,y，$F(x,y) =$ _____.

31. 设 (X,Y) 的联合分布函数为 $F(x,y) = \begin{cases} 1-e^{-x^2}-e^{-2y^2}+e^{-x^2-2y^2}, & x \geqslant 0, \ y \geqslant 0 \\ 0, & \text{其他} \end{cases}$，则 $P\{X>\sqrt{2}\} =$ _____.

32. 设二维随机变量 (X,Y) 的联合分布函数是 $F(x,y)$，则关于 X 的边缘分布函数 $F_X(x) =$ _____.

33. 设 (X,Y) 的概率密度为 $p(x,y) = \begin{cases} kxye^{-(x^2+y^2)}, & x \geqslant 0, \ y \geqslant 0 \\ 0, & \text{其他} \end{cases}$，则常数 $k =$ _____.

34. 设二维随机变量变 (X,Y) 的联合概率密度函数是 $p(x,y)$，则关于 X 的边缘分布密度 $p_X(x) =$ _____.

35. 二维离散型随机变量 (X,Y) 的联合分布律为 $P(X=x_i,Y=y_j)=p_{ij}(i,j=1,2,\cdots)$，关于 X 及关于 Y 的边缘分布律为 $p_{i\cdot}$ 及 $p_{\cdot j}(i,j=1,2,\cdots)$，则 X 与 Y 相互独立的充要条件是_____.

36. 设 X 与 Y 相互独立，分布函数分别为 $F_X(x) = \begin{cases} 1-e^{-x^2}, & x \geqslant 0 \\ 0, & x<0 \end{cases}$，$F_Y(y) = \begin{cases} 1-e^{-2y^2}, & y \geqslant 0 \\ 0, & y<0 \end{cases}$，则 (X,Y) 的联合分布函数为_____.

37. 设 (X,Y) 的联合分布密度 $p(x,y) = \begin{cases} 2e^{-(2x+y)}, & x>0, \ y>0 \\ 0, & \text{其他} \end{cases}$，则 $P\{X>1,Y>2\} =$ _____.

38. 设 X_1,X_2,X_3 相互独立，且 $P\{X_i>x\} = \dfrac{1}{\left(1+\dfrac{x}{2}\right)^2}$，$0 \leqslant x < +\infty, i=1,2,3$，则 $P\{X_1>4,X_2>4,X_3>4\} =$ _____.

39. 设 X 与 Y 相互独立，且 $P\{X=0\}=P\{Y=0\}=\dfrac{1}{3}$，$P\{X=1\}=P\{Y=1\}=\dfrac{2}{3}$，$Z = \begin{cases} 1, & X+Y \neq 1 \\ 0, & X+Y=1 \end{cases}$，则 Z 的分布律为_____.

40. 设随机变量 X 与 Y 相互独立，且 X 的分布函数为 $F_X(x)$，Y 的分布函数为 $F_Y(y)$，则随机变量 $Z=\min\{X,Y\}$ 的分布函数为 $F(z) =$ _____.

41. 二维离散型随机变量 (X,Y) 的联合分布律为 $P(X=x_i,Y=y_j)=p_{ij}(i,j=1,2,\cdots)$，关于 X 及关于 Y 的边缘分布律为 $p_{i\cdot}$ 及 $p_{\cdot j}(i,j=1,2,\cdots)$，若 $p_{\cdot j}>0$ 则在 $Y=y_j$ 的条件下，关于 X 的条件分布律 $P\{X=x_i|Y=y_j\} =$ _____.

42. 在整数 0 至 9 中先取一数 X 后不放回再取一数 Y，则在 $Y=k(0 \leqslant k \leqslant 9)$ 的条件下 X 的分布律为_____.

三、应用计算题

43. 现有 10 件产品，其中 6 件正品，4 件次品. 从中随机抽取 2 次，每次抽取 1 件，取后不放回. 定义两个随机变量 X，Y 如下：

$$X=\begin{cases} 1, & \text{第 1 次抽到正品} \\ 0, & \text{第 1 次抽到次品} \end{cases}, \quad Y=\begin{cases} 1, & \text{第 2 次抽到正品} \\ 0, & \text{第 2 次抽到次品} \end{cases}$$

试求 (X,Y) 的联合概率分布和边缘概率分布.

44. 设二维随机变量 (X,Y) 的概率分布为

Y \ X	−1	0	1
0	0.07	0.18	0.15
1	0.08	0.32	0.2

（1）求 X 与 Y 的边缘分布律；（2）判断 X 与 Y 是否独立，说明理由.

45. 设两个独立的随机变量 X 和 Y 的分布律如下表：

X	1	2	Y	1	2
P_X	0.3	0.7	P_Y	0.6	0.4

（1）求随机变量 (X,Y) 的分布律；（2）求 $P\{X=Y\}$；（3）求 XY 的分布律.

46. 设 (X,Y) 的联合分布律如下表，问 α 与 β 取什么值时，X 与 Y 相互独立？

X \ Y	1	2	3
1	1/6	1/9	1/18
2	1/3	α	β

47. 设 (X,Y) 的联合密度函数为 $p(x,y)=\begin{cases} \dfrac{1}{2}, & 0\leqslant x\leqslant 1, 0\leqslant y\leqslant 2 \\ 0, & \text{其他} \end{cases}$，求 X

与 Y 中至少有一个小于 $\dfrac{1}{2}$ 的概率.

48. 设 (X,Y) 的联合概率密度为 $p(x,y)=\begin{cases} A\mathrm{e}^{-(x+2y)}, & x>0, y>0 \\ 0, & \text{其他} \end{cases}$，

（1）求常数 A；

（2）求 $P\{X+2Y\leqslant 1\}$.

49. 设 X 与 Y 相互独立，X 与 Y 的概率密度分别为

$$p_X(x)=\begin{cases} 1, & 0\leqslant x\leqslant 1 \\ 0, & \text{其他} \end{cases}, \quad p_Y(y)=\begin{cases} 8y, & 0<y<1/2 \\ 0, & \text{其他} \end{cases}$$

（1）(X,Y) 的联合概率密度 $p(x,y)$；（2）求 $P\{X>Y\}$.

50. 设二维随机变量 (X,Y) 的联合密度函数为

$$p(x,y)=\begin{cases} Ay^2, & 0\leqslant y\leqslant x\leqslant 1 \\ 0, & \text{其他} \end{cases}$$

(1) 求常数 A；(2) 求概率 $P\{X\leqslant 1/2\}$；(3) 求关于 X 的边缘概率密度 $p_X(x)$；(4) 判断 X 与 Y 是否独立，给出理由.

51. 设随机变量 X 与 Y 相互独立，其中 X 的分布律如下表，而 Y 的概率密度 $p_Y(y)$ 为已知，求 $U=XY$ 的概率密度 $p_U(u)$.

X	2	3
P	0.2	0.8

52. 设随机变量 X 与 Y 相互独立，它们的联合概率密度为

$$p(x,y)=\begin{cases} \dfrac{3}{2}e^{-3x}, & x>0, 0\leqslant y\leqslant 2 \\ 0, & \text{其他} \end{cases}$$

(1) 求边缘概率密度 $p_X(x)$，$p_Y(y)$；(2) 求 $Z=\max\{X,Y\}$ 的分布函数；(3) 求概率 $P\{1/2<Z\leqslant 1\}$.

53. 袋中有 1 个红色球，2 个黑色球与 3 个白球，现有放回地从袋中取两次，每次取一球，以 X，Y，Z 分别表示两次取球所取得的红球、黑球与白球的个数.

(1) 求 $P\{X=1\mid Z=0\}$；

(2) 求二维随机变量 $(X，Y)$ 的概率分布.

54. 设二维随机变量 $(X，Y)$ 的概率密度为

$$p(x，y)=\begin{cases} e^{-x}, & 0<y<x \\ 0, & \text{其他.} \end{cases}$$

(1) 求条件概率密度 $p_{Y\mid X}(y\mid x)$；

(2) 求条件概率 $P\{X\leqslant 1\mid Y\leqslant 1\}$.

55. 设二维随机变量 $(X，Y)$ 的概率密度为

$$f(x，y)=\begin{cases} 2-x-y, & 0<x<1, 0<y<1 \\ 0, & \text{其他.} \end{cases}$$

(1) 求 $P\{X>2Y\}$；

(2) 求 $Z=X+Y$ 的概率密度 $f_z(z)$.

56. 设随机变量 X 与 Y 相互独立，X 的概率密度为 $P(X=i)=\dfrac{1}{3}(i=-1，0，1)$，$Y$ 的概率密度为

$$f_Y(y)=\begin{cases} 1, & 0\leqslant y<1 \\ 0, & \text{其他.} \end{cases}$$

记 $Z=X，Y$.

(1) 求 $P\left(Z\leqslant\dfrac{1}{2}\Big|X=0\right)$；

(2) 求 Z 的概率密度 $f_z(z)$.

第四章　随机变量的数字特征

　　每个随机变量都有一个概率分布，不同的随机变量其概率分布可能相同，也可能不同. 概率分布是对随机变量的统计特性的完整描述，由概率分布可得出具体随机事件的概率或随机变量落入某个区间的概率. 但在许多实际问题中，人们并不需要知道关于随机变量完整的分布情况，而只需要知道随机变量某一个侧面直观的统计特征. 比如，在考察灯泡的质量时，人们关心的只是灯泡的平均寿命，以及灯泡寿命关于其平均寿命的偏离程度.

　　可见，与随机变量的概率分布有关的某些数字特征，虽然不能完整地描述随机变量的概率分布，但可以概括地描述随机变量在某些方面的特征，这些数字特征具有重要的理论和实际意义. 这一节将介绍随机变量的常用数字特征，包括数学期望、方差、协方差和相关系数等.

第一节　随机变量的数学期望

一、离散型随机变量的数学期望

　　在现实问题中，人们常常很关注随机变量的平均取值. 例如，某班级有 50 名同学，现要考察他们的平均年龄，如果这 50 人中，17 岁和 18 岁的各有 20 人，19 岁的有 10 人，则他们的平均年龄为

$$(17 \times 20 + 18 \times 20 + 19 \times 10) \times \frac{1}{50} = 17 \times \frac{20}{50} + 18 \times \frac{20}{50} + 19 \times \frac{10}{50} = 17.8$$

由上式知，平均年龄是以取这些年龄的频率为权重的加权平均.

　　平均值就是数学期望形象的别称. 在概率论中，数学期望源于历史上一个著名的分赌本问题，下面介绍一下分赌本问题的案例.

　　【引例】（分赌本问题）1654 年，法国有个职业赌徒向数学家帕斯卡提出了一个使他苦恼长久的问题：甲乙两人各出赌注 50 法郎进行赌博，约定谁先赢 3 局，就赢得全部的 100 法郎. 假定两人赌技相当，且每局均不会出现平局. 当甲赢了两局、乙赢了一局时，因故要终止赌博，问这 100 法郎该如何分才公平？

　　这个问题引起了很多人的兴趣. 大家都意识到平均分对甲不公平，全部归甲对乙又不公平；合理的分法是，按一定比例，甲多分点，乙少分点. 因此，问题的关键在于：按怎样的比例来分. 以下有两种分法：

　　分法 1：甲得 100 法郎中的三分之二，乙得剩下的三分之一. 这是基于已赌局数：甲赢了两局，乙赢了一局.

　　分法 2：帕斯卡提出如下分法：设想再赌下去，则甲最终所得 X 为一随机变量，

其可能取值为两个, 即 0 或 100. 再赌两局必可结束, 其结果为以下情况之一:

$$甲甲、甲乙、乙甲、乙乙$$

其中"甲乙"表示第一局甲胜第二局乙胜, 其他的依此类推. 因为赌技相当, 在这四种情况中有三种可使甲获得 100 法郎, 只有一种情况 (即"乙乙") 下甲获得 0 法郎. 所以甲获得 100 法郎的可能性为 $\frac{3}{4}$, 获得 0 法郎的可能性为 $\frac{1}{4}$, 即 X 的概率分布为

X	0	100
P	0.25	0.75

综上所述, 甲的"期望"所得应为: $0 \times 0.25 + 100 \times 0.75 = 75$ 法郎. 那么同理乙所得应为 25 法郎. 如此分析不仅考虑了已赌局数, 而且还包括对再赌下去的一种"期望", 显然这要比分法 1 合理.

定义 设离散型随机变量 X 的概率分布为

$$P\{X = x_i\} = p_i, \quad i = 1, 2, \cdots$$

若 $\sum_i |x_i| p_i$ 收敛, 则 $\sum_i x_i p_i$ 称为随机变量 X 的**数学期望** (Mathematical expectation), 简称期望或**均值** (Average), 记为 $E(X)$. 即

$$E(X) = \sum_i x_i p_i$$

若 $\sum_i |x_i| p_i$ 不收敛, 则称随机变量 X 的数学期望不存在.

◆ 数学期望由随机变量 X 的概率分布唯一确定, 所以 $E(X)$ 是一个常量, 而非变量.

【例 4-1】 某工人工作水平为: 全天不出废品的日子占 30%, 出一个废品的日子占 40%, 出两个废品占 20%, 出三个废品占 10%. (1) 设 X 为一天中的废品数, 求 X 的分布律; (2) 这个工人平均每天出几个废品?

解 (1) 分布律为

X	0	1	2	3
P	0.3	0.4	0.2	0.1

(2) 平均废品数为

$$E(X) = 0 \times 0.3 + 1 \times 0.4 + 2 \times 0.2 + 3 \times 0.1 = 1.1 (个/天)$$

【例 4-2】 设随机变量 X 具有如下的分布, 求 $E(X)$.

$$P\left\{X = (-1)^k \frac{2^k}{k}\right\} = \frac{1}{2^k}, \quad k = 1, 2, \cdots$$

解 虽然有

$$\sum_{k=1}^{\infty} x_k P\{X = x_k\} = \sum_{k=1}^{\infty} (-1)^k \frac{2^k}{k} \frac{1}{2^k} = \sum_{k=1}^{\infty} (-1)^k \frac{1}{k} = -\ln 2$$

但是 $\sum_{k=1}^{\infty}|x_k|p_k=\sum_{k=1}^{\infty}\dfrac{1}{k}=+\infty$ ，因此 $E(X)$ 不存在．

二、连续型随机变量的数学期望

定义 设连续型随机变量 X 的概率密度为 $p(x)$，如果 $\displaystyle\int_{-\infty}^{+\infty}|x|p(x)\mathrm{d}x$ 收敛，则称 $\displaystyle\int_{-\infty}^{+\infty}xp(x)\mathrm{d}x$ 的值为随机变量 X 的**数学期望**或均值，简称期望，记为 $E(X)$．即

$$E(X)=\int_{-\infty}^{+\infty}xp(x)\mathrm{d}x$$

若 $\displaystyle\int_{-\infty}^{+\infty}|x|p(x)\mathrm{d}x$ 不收敛，则称随机变量 X 的数学期望不存在．

【例 4-3】 设随机变量 X 的概率密度函数为

$$p(x)=\begin{cases}2x, & 0\leqslant x\leqslant 1\\ 0, & 其他\end{cases}$$

试求 X 的数学期望．

解 $E(X)=\displaystyle\int_{-\infty}^{+\infty}xp(x)\mathrm{d}x=\int_{-\infty}^{0}xp(x)\mathrm{d}x+\int_{0}^{1}xp(x)\mathrm{d}x+\int_{1}^{+\infty}xp(x)\mathrm{d}x$

$=\displaystyle\int_{-\infty}^{0}x\cdot0\mathrm{d}x+\int_{0}^{1}x\cdot2x\mathrm{d}x+\int_{1}^{+\infty}x\cdot0\mathrm{d}x=\int_{0}^{1}x\cdot2x\mathrm{d}x$

$=\displaystyle\int_{0}^{1}2x^2\mathrm{d}x=\dfrac{2}{3}x^3\big|_{0}^{1}=\dfrac{2}{3}$

【例 4-4】 如果随机变量 X 具有概率密度

$$p(x)=\dfrac{1}{\pi}\dfrac{1}{1+x^2}$$

则称 X 服从柯西（Cauchy）分布．试证明柯西分布的期望不存在．

证明 因为 $\displaystyle\int_{-\infty}^{+\infty}|x|p(x)\mathrm{d}x=\int_{-\infty}^{+\infty}|x|\dfrac{1}{\pi(1+x^2)}\mathrm{d}x=2\int_{0}^{+\infty}\dfrac{x}{\pi(1+x^2)}\mathrm{d}x=\infty$．

所以柯西分布的期望不存在．

三、随机变量函数的数学期望

4-3
随机变量函数
的数学期望

在现实问题中，常需要求随机变量的函数的数学期望，例如一辆汽车运动中的动量 $Y=mV$（V 是速度为随机变量，m 是质量为常数），需要求 Y 的数学期望，而 Y 是随机变量 V 的函数．可以先求出 Y 的分布律，再求它的数学期望．其实在多数的情况下，不必求随机变量函数的分布，而直接求随机变量函数的期望．这里不加证明地给出下面计算公式．

定理 （1）设离散型随机变量 X 的概率分布为 $P\{X=x_i\}=p_i$，$i=1$，2，…．若级数 $\sum_{i}|g(x_i)|p_i$ 收敛，则有

$$E[g(X)]=\sum_{i}g(x_i)p_i$$

（2）设连续型随机变量 X 的概率密度为 $p(x)$，若积分 $\int_{-\infty}^{+\infty}|g(x)|p(x)\mathrm{d}x$ 收敛，则有

$$E[g(X)]=\int_{-\infty}^{+\infty}g(x)p(x)\mathrm{d}x$$

（3）设二维离散型随机变量 (X,Y) 的联合分布律为 $P\{X=x_i,Y=y_j\}=p_{ij},i,j=1,2,\cdots$，若 $\sum_j\sum_i|g(x_i,y_j)|p_{ij}$ 收敛，则有

$$E[g(X,Y)]=\sum_i\sum_j g(x_i,y_j)p_{ij}$$

（4）设二维连续型随机变量 (X,Y) 的联合概率密度为 $p(x,y)$，若

$\iint\limits_{R^2}|g(x,y)|p(x,y)\mathrm{d}x\mathrm{d}y$ 收敛，则有

$$E[g(X,Y)]=\iint\limits_{R^2}g(x,y)p(x,y)\mathrm{d}x\mathrm{d}y$$

【例 4-5】 设随机变量 X 的分布律为

X	-2	0	1	2
P	0.1	0.3	0.4	0.2

且 $Y=3X+2$，$Z=X^2$. 求 $E(Y)$ 和 $E(Z)$.

    解 $E(Y)=E(3X+2)=[3\times(-2)+2]\times0.1+(3\times0+2)\times0.3$
        $+(3\times1+2)\times0.4+(3\times2+2)\times0.2=3.8$
        $E(Z)=E(X^2)=(-2)^2\times0.1+0^2\times0.3+1^2\times0.4+2^2\times0.2=1.6$

【例 4-6】 一冷饮店有三种不同价格的饮料出售，价格分别为 2 元、4 元、5 元. 随机抽取一对前来消费的夫妇，以 X 表示丈夫所选饮料的价格，以 Y 表示妻子所选饮料的价格，又已知 (X,Y) 的联合分布律为

X \ Y	2	4	5
2	0.05	0.05	0.1
4	0.05	0.1	0.35
5	0	0.2	0.1

求 $X+Y$ 的数学期望.

    解 $E(X+Y)=\sum_{i=1}^3\sum_{j=1}^3(x_i+y_j)p_{ij}=4\times0.05+6\times0.05+7\times0.1$
        $+6\times0.05+8\times0.1+9\times0.35+7\times0+9\times0.2+10\times0.1$
        $=8.25$

【例 4-7】 设二维随机变量 (X,Y) 的概率密度为

$$p(x,y)=\begin{cases}x+y,&0\leqslant x\leqslant1,0\leqslant y\leqslant1\\0,&\text{其他}\end{cases}$$

试求 XY 的数学期望.

解
$$E(XY) = \iint\limits_{R^2} xyp(x,y)\mathrm{d}x\mathrm{d}y = \int_0^1 \int_0^1 xy(x+y)\mathrm{d}x\mathrm{d}y = \frac{1}{3}$$

四、数学期望的性质

下面给出随机变量的数学期望的性质. 仅就连续型的情形加以证明, 只要将积分改为求和, 离散型可类似证明.

性质 1 若 $a \leqslant X \leqslant b$, 则 $E(X)$ 存在, 且 $a \leqslant E(X) \leqslant b$; 特别对 C 是常数, 有 $E(C) = C$.

证明 (1) 设 X 的密度函数为 $p(x)$, 则

$$a = a\int_{-\infty}^{\infty} p(x)\mathrm{d}x = \int_{-\infty}^{\infty} ap(x)\mathrm{d}x \leqslant \int_{-\infty}^{\infty} xp(x)\mathrm{d}x$$

$$= E(X) \leqslant \int_{-\infty}^{\infty} bp(x)\mathrm{d}x = b\int_{-\infty}^{\infty} p(x)\mathrm{d}x = b$$

(2) 常数 C 为一个退化的分布, 即 $P\{X = C\} = 1$, 于是 $E(C) = C \times 1 = C$.

性质 2 设 X, Y 是两个随机变量, $E(X)$ 与 $E(Y)$ 存在, 则对任意实数 a 和 b 有

$$E(aX + bY + c) = aE(X) + bE(Y) + c$$

证明 设 (X, Y) 为连续型二维随机变量, 其概率密度为 $p(x,y)$, 有

$$E(aX + bY + c) = \iint\limits_{R^2}(ax + by + c)p(x,y)\mathrm{d}x\mathrm{d}y$$

$$= a\iint\limits_{R^2} xp(x,y)\mathrm{d}x\mathrm{d}y + b\iint\limits_{R^2} yp(x,y)\mathrm{d}x\mathrm{d}y + c\iint\limits_{R^2} p(x,y)\mathrm{d}x\mathrm{d}y$$

$$= aE(X) + bE(Y) + c$$

这一性质可以推广到任意有限个随机变量的情形.

推论 1 设 $X_1, X_2, \cdots, X_n$ 是 n 个随机变量, 对任意实数 $a_1, a_2, \cdots, a_n$ 与 b, 有
$$E(a_1X_1 + a_2X_2 + \cdots + a_nX_n + b) = a_1E(X_1) + a_2E(X_2) + \cdots + a_nE(X_n) + b$$

性质 3 设 X, Y 是两个相互独立的随机变量, 则
$$E(XY) = E(X)E(Y)$$

证明 设连续型二维随机变量 (X, Y) 的概率密度为 $p(x,y)$, $p_X(x)$, $p_Y(y)$ 分别为 X 和 Y 的边缘概率密度, 若 X, Y 相互独立, 则 $p(x,y) = p_X(x)p_Y(y)$, 故有

$$E(XY) = \iint\limits_{R^2} xyp(x,y)\mathrm{d}x\mathrm{d}y = \iint\limits_{R^2} xyp_X(x)p_Y(y)\mathrm{d}x\mathrm{d}y$$

$$= \left[\int_{-\infty}^{+\infty} xp_X(x)\mathrm{d}x\right]\left[\int_{-\infty}^{+\infty} yp_Y(y)\mathrm{d}y\right] = E(X)E(Y)$$

这一性质可以推广到任意有限个相互独立的随机变量之积的情形.

推论 2 设 $X_1, X_2, \cdots, X_n$ 是 n 个相互独立的随机变量, 则有

$$E(X_1 X_2 \cdots X_n) = E(X_1) E(X_2) \cdots E(X_n)$$

【例 4-8】 抛掷 6 颗骰子，X 表示出现的点数之和，求 $E(X)$.

解 设随机变量 $X_i(i=1,2,\cdots,6)$ 表示第 i 颗骰子出现的点数，则 $X = \sum\limits_{i=1}^{6} X_i$，且 X_i 的分布律为：

X_i	1	2	3	4	5	6
P	$\frac{1}{6}$	$\frac{1}{6}$	$\frac{1}{6}$	$\frac{1}{6}$	$\frac{1}{6}$	$\frac{1}{6}$

$$E(X_i) = \frac{1}{6}(1+2+\cdots+6) = \frac{21}{6}$$

从而由期望的性质可得

$$E(X) = E\left(\sum_{i=1}^{6} X_i\right) = \sum_{i=1}^{6} E(X_i) = 6 \times \frac{1}{6}(1+2+\cdots+6) = 6 \times \frac{21}{6} = 21$$

【例 4-9】 设二维随机变量 (X,Y) 的联合密度函数为

$$p(x,y) = \begin{cases} \dfrac{1}{\pi}, & x^2 + y^2 \leqslant 1 \\ 0, & \text{其他} \end{cases}$$

试验证 $E(XY) = E(X)E(Y)$，但 X 与 Y 不相互独立.

解 $$E(XY) = \iint\limits_{x^2+y^2 \leqslant 1} xy \frac{1}{\pi} \mathrm{d}x\,\mathrm{d}y = \frac{1}{\pi} \int_{-1}^{1} x \left(\int_{-\sqrt{1-x^2}}^{\sqrt{1-x^2}} y\,\mathrm{d}y \right) \mathrm{d}x = 0$$

$$E(X) = \iint\limits_{x^2+y^2 \leqslant 1} x \frac{1}{\pi} \mathrm{d}x\,\mathrm{d}y = 0, \quad E(Y) = \iint\limits_{x^2+y^2 \leqslant 1} y \frac{1}{\pi} \mathrm{d}x\,\mathrm{d}y = 0$$

因此，有 $E(XY) = E(X)E(Y)$

但是 $p_X(x) = \begin{cases} \displaystyle\int_{-\sqrt{1-x^2}}^{\sqrt{1-x^2}} \frac{1}{\pi}\mathrm{d}y, & -1 \leqslant x \leqslant 1 \\ 0, & \text{其他} \end{cases} = \begin{cases} \dfrac{2}{\pi}\sqrt{1-x^2}, & -1 \leqslant x \leqslant 1 \\ 0, & \text{其他} \end{cases}$

同理可得 $p_Y(y) = \begin{cases} \dfrac{2}{\pi}\sqrt{1-y^2}, & -1 \leqslant y \leqslant 1 \\ 0, & \text{其他} \end{cases}$

由于 $p(x,y) \neq p_X(x)p_Y(y)$，所以 X 与 Y 不相互独立.

第二节 随机变量的方差

上一节所学的数学期望是随机变量的一种位置特征，随机变量的取值总在其数学期望值的周围波动. 但是波动程度如何并没有给出，方差则正是这个波动程度的衡量指标. 先看下面两个随机变量的 X 和 Y 分布律：

X	8	10	12	Y	0	10	20
P	0.1	0.8	0.1	P	0.4	0.2	0.4

4-4
随机变量的
方差

4-5
随机变量的
方差

容易求得数学期望 $E(X)=E(Y)=10$，随机变量 X 取值围绕 10 的波动程度，明显小于 Y 取值围绕 10 的波动程度．为了度量一个随机变量取值偏离其数学期望的程度，本节引入方差和标准差的概念．

一、方差的概念

定义 设 X 是一个随机变量，若 $E\{[X-E(X)]^2\}$ 存在，则 $E\{[X-E(X)]^2\}$ 称为 X 的 **方差**（Variance），记为 $D(X)$ 或 $Var(X)$，即
$$D(X)=Var(X)=E\{[X-E(X)]^2\}$$

◆ 方差实际上就是随机变量 X 的函数 $g(X)=[X-E(X)]^2$ 的数学期望．

在实际应用中，常常还引入 $\sqrt{D(X)}$，称为 X 的 **标准差**（Standard variance），记为 $\sigma(X)$．

由定义可知，若 $D(X)$ 较小，则 X 的取值在 $E(X)$ 附近比较集中；反之，若 $D(X)$ 较大，则 X 的取值比较分散．因此，$D(X)$ 或 $\sqrt{D(X)}$ 刻画随机变量 X 取值分散程度．

定理 $D(X)=E(X^2)-[E(X)]^2$．

证明 $E\{[X-E(X)]^2\}=E\{X^2-2XE(X)+[E(X)]^2\}=E(X^2)-[E(X)]^2$．

◆ 经常利用这个公式来计算随机变量 X 的方差．

【例 4-10】 设随机变量 X 概率密度为 $p(x)$，求 X 的方差 $D(X)$．
$$p(x)=\begin{cases}1+x, & -1\leqslant x<0 \\ 1-x, & 0\leqslant x<1 \\ 0, & 其他\end{cases}$$

解
$$E(X)=\int_{-\infty}^{\infty}xp(x)\mathrm{d}x=\int_{-1}^{0}x(1+x)\mathrm{d}x+\int_{0}^{1}x(1-x)\mathrm{d}x=0$$
$$E(X^2)=\int_{-\infty}^{\infty}x^2p(x)\mathrm{d}x=\int_{-1}^{0}x^2(1+x)\mathrm{d}x+\int_{0}^{1}x^2(1-x)\mathrm{d}x=\frac{1}{6}$$

于是
$$D(X)=E(X^2)-E^2(X)=\frac{1}{6}$$

【例 4-11】 设二维随机变量 (X,Y) 的联合密度函数是 $p(x,y)$，求 $D(X)$．
$$p(x,y)=\begin{cases}1, & 0<x<1, |y|<x \\ 0, & 其他\end{cases}$$

解法 1 X 的边缘密度函数是 $p_X(x)=\int_{-\infty}^{+\infty}p(x,y)\mathrm{d}y=\begin{cases}2x, & 0<x<1 \\ 0, & 其他\end{cases}$

故
$$E(X)=\int_{-\infty}^{+\infty}xp_X(x)\mathrm{d}x=\int_{0}^{1}x\cdot 2x\mathrm{d}x=\frac{2}{3}x^3\big|_0^1=\frac{2}{3}$$
$$E(X^2)=\int_{-\infty}^{+\infty}x^2p_X(x)\mathrm{d}x=\int_{0}^{1}x^2\cdot 2x\mathrm{d}x=\frac{1}{2}x^4\big|_0^1=\frac{1}{2}$$
$$D(X)=E(X^2)-[E(X)]^2=\frac{1}{2}-\frac{4}{9}=\frac{1}{18}$$

解法2　$E(X)=\iint\limits_{R^2}xp(x,y)\mathrm{d}x\mathrm{d}y=\int_0^1\left[\int_{-x}^x x\mathrm{d}y\right]\mathrm{d}x=\int_0^1 x\cdot2x\mathrm{d}x=\dfrac{2}{3}x^3\mid_0^1=\dfrac{2}{3}$

$E(X^2)=\iint\limits_{R^2}x^2p(x,y)\mathrm{d}x\mathrm{d}y=\int_0^1\left[\int_{-x}^x x^2\mathrm{d}y\right]\mathrm{d}x=\int_0^1 x^2\cdot2x\mathrm{d}x=\dfrac{1}{2}x^3\mid_0^1=\dfrac{1}{2}$

于是　　　　　　$D(X)=E(X^2)-[E(X)]^2=\dfrac{1}{2}-\dfrac{4}{9}=\dfrac{1}{18}$

二、方差的性质

性质1　设 X 是一个随机变量，a，b 是常数，则 $D(aX+b)=a^2D(X)$.

证明　由方差的定义，可得

$D(aX+b)=E\{[(aX+b)-E(aX+b)]^2\}=a^2E\{[X-E(X)]^2\}=a^2D(X)$

性质2　设 X，Y 是两个相互独立的随机变量，则

$$D(X+Y)=D(X)+D(Y)$$

证明　$D(X+Y)=E\{[(X+Y)-E(X+Y)]^2\}=E\{[X-E(X)+Y-E(Y)]^2\}$

$\qquad\qquad=E\{[X-E(X)]^2\}+E\{[Y-E(Y)]^2\}+2E\{[X-E(X)][Y-E(Y)]\}$

由于随机变量 X，Y 相互独立，由数学期望的性质可知

$E\{[X-E(X)][Y-E(Y)]\}=E(XY)-E(X)E(Y)=E(X)E(Y)-E(X)E(Y)=0$

所以 $D(X+Y)=D(X)+D(Y)$.

【例 4-12】　设 $X_1,X_2,\cdots,X_n$ 相互独立，且 $E(X_i)=\mu$，$D(X_i)=\sigma^2$，$i=1,2,\cdots,$ n，求 $\overline{X}=\dfrac{1}{n}\sum\limits_{i=1}^n X_i$ 的数学期望和方差.

解　$E(\overline{X})=E\left(\dfrac{1}{n}\sum\limits_{i=1}^n X_i\right)=\dfrac{1}{n}E\left(\sum\limits_{i=1}^n X_i\right)=\dfrac{1}{n}\sum\limits_{i=1}^n E(X_i)=\dfrac{1}{n}n\mu=\mu$

$D(\overline{X})=D\left(\dfrac{1}{n}\sum\limits_{i=1}^n X_i\right)=\dfrac{1}{n^2}D\left(\sum\limits_{i=1}^n X_i\right)=\dfrac{1}{n^2}\sum\limits_{i=1}^n D(X_i)=\dfrac{1}{n^2}n\sigma^2=\dfrac{1}{n}\sigma^2$

第三节　协方差与相关系数

由方差性质可知：若随机变量 X 和 Y 相互独立，则 $D(X+Y)=D(X)+D(Y)$，从而有 $E\{[X-E(X)]\cdot[Y-E(Y)]\}=0$ 成立，这意味着，当 $E\{[X-E(X)][Y-E(Y)]\}\neq0$ 时，随机变量 X 和 Y 不相互独立，而存在一定的关联. 这里，$E\{[X-E(X)][Y-E(Y)]\}$ 是刻画随机变量 X 和 Y 关联程度的数字特征.

4-6

协方差与相
关系数

4-7

协方差与相
关系数

一、协方差

定义　设 (X,Y) 是二维随机变量，若 $E\{[X-E(X)][Y-E(Y)]\}$ 存在，则称其为随机变量 X 和 Y 的**协方差**（Covariance），记为 $Cov(X,Y)$，即

$$Cov(X,Y)=E\{[X-E(X)][Y-E(Y)]\}$$

设 X,Y 和 Z 为随机变量，a,b 为任意常数. 由协方差的定义，容易证明协方差

具有下述性质.

性质1 $Cov(X,Y)=E(XY)-E(X)E(Y)$.

证明 由于 $E\{[X-E(X)][Y-E(Y)]\}=E[XY-XE(Y)-YE(X)+E(X)E(Y)]=E(XY)-E(X)E(Y)$，所以有

$$Cov(X,Y)=E(XY)-E(X)E(Y)$$

◆ 常利用这个公式来计算二维随机变量 (X,Y) 的协方差.

性质2 $Cov(X,Y)=Cov(Y,X)$.

证明
$$\begin{aligned}Cov(X,Y)&=E[(X-E(X))(Y-E(Y))]\\&=E[(Y-E(Y))(X-E(X))]\\&=Cov(Y,X)\end{aligned}$$

性质3 $Cov(aX,bY)=abCov(X,Y)$.

证明
$$\begin{aligned}Cov(aX,bY)&=E[(aX-E(aX))(bY-E(bY))]\\&=E[a(X-E(X))(b(Y-E(Y))]\\&=abE[(X-E(X))((Y-E(Y))]\\&=abCov(Y,X)\end{aligned}$$

性质4 $Cov(X+Y,Z)=Cov(X,Z)+Cov(Y,Z)$.

证明
$$\begin{aligned}Cov(X+Y,Z)&=E\{[(X+Y)-E(X+Y)][Z-E(Z)]\}\\&=E\{[(X-E(X)+(Y-E(Y)][Z-E(Z)]\}\\&=E\{[X-E(X)][Z-E(Z)]+[Y-E(Y)][Z-E(Z)]\}\\&=E\{[X-E(X)][Z-E(Z)]\}+E\{[Y-E(Y)][Z-E(Z)]\}\\&=Cov(X,Z)+Cov(Y,Z)\end{aligned}$$

性质5 $D(aX+bY+c)=a^2D(X)+b^2D(Y)+2abCov(X,Y)$.

证明 由方差、协方差的定义知
$$\begin{aligned}D(aX+bY+c)&=E\{[(aX+bY+c)-E(aX+bY+c)]^2\}\\&=E\{[(aX-aE(X))+(bY-bE(Y))]^2\}\\&=E[a^2(X-E(X))^2+b^2(Y-E(Y))^2+2ab(X-E(X))(Y-E(Y))]\\&=a^2D(X)+b^2D(Y)+2abCov(X,Y)\end{aligned}$$

◆ 这个性质表明，在 X 与 Y 相关的情形下，即 $Cov(X,Y)\neq0$ 时，随机变量和的方差不再等于方差的和.

◆ 这一性质还可以推多个随机变量的情形，即对任意 n 个随机变量 $X_1,X_2,\cdots,X_n$，有

$$D\left(\sum_{i=1}^{n}X_i\right)=\sum_{i=1}^{n}D(X_i)+2\sum_{i\neq j}Cov(X_i,X_j)$$

【例4-13】 设二维随机变量 (X,Y) 的联合概率密度为

$$p(x,y)=\begin{cases}\dfrac{6}{17}(4x+3),&0<y<x<1\\0,&\text{其他}\end{cases}$$

试求 $Cov(X,Y)$.

解 因 $E(X)=\dfrac{6}{17}\displaystyle\int_0^1\int_0^x x(4x+3)\mathrm{d}y\mathrm{d}x=\dfrac{6}{17}\int_0^1(4x^3+3x^2)\mathrm{d}x=\dfrac{12}{17}$

$$E(Y)=\dfrac{6}{17}\int_0^1\int_0^x y(4x+3)\mathrm{d}y\mathrm{d}x=\dfrac{6}{17}\int_0^1\left(2x^3+\dfrac{3}{2}x^2\right)\mathrm{d}x=\dfrac{6}{17}$$

$$E(XY)=\dfrac{6}{17}\int_0^1\int_0^x xy(4x+3)\mathrm{d}y\mathrm{d}x=\dfrac{6}{17}\int_0^1\left(2x^4+\dfrac{3}{2}x^3\right)\mathrm{d}x=\dfrac{93}{340}$$

故

$$Cov(X,Y)=E(XY)-E(X)E(Y)=\dfrac{93}{340}-\dfrac{12}{17}\times\dfrac{6}{17}=\dfrac{141}{5780}$$

二、相关系数

显然，上面所学习的协方差 $Cov(X,Y)$ 是有量纲的量，譬如 X 表示工人的工作时间，单位是小时，Y 表示工人的工资收入，单位是元，则 $Cov(X,Y)$ 带有量纲（小时·元）. 为了消除量纲的影响，现对协方差除以相同量纲的量，就得到一个新概念：相关系数，其定义如下.

定义 设随机变量 X 的 $D(X)>0$，则随机变量 X^* 称为随机变量 X 的**标准化**.

$$X^*=\dfrac{X-E(X)}{\sqrt{D(X)}}$$

相关系数实际上就是标准化了的 X 和 Y 的协方差，即

$$\rho_{XY}=Cov\left(\dfrac{X-E(X)}{\sqrt{D(X)}},\dfrac{Y-E(Y)}{\sqrt{D(Y)}}\right)$$

定义 设 (X,Y) 是二维随机变量，且 $D(X)>0$，$D(Y)>0$，则 ρ_{XY} 称为随机变量 X 和 Y 的**相关系数** (Correlation coefficient).

$$\rho_{XY}=\dfrac{Cov(X,Y)}{\sqrt{D(X)}\sqrt{D(Y)}}$$

ρ_{XY} 是一个无量纲的量. 下面来推导其重要性质，并说明 ρ_{XY} 的含义.

考虑以 X 的线性函数 $a+bX$ 来近似表示 Y. 可用 Y 与 $a+bX$ 之间的均方误差 $e=E[(Y-(a+bX))^2]$ 的大小衡量以 $a+bX$ 来近似表示 Y 的好坏程度：e 的值越小表示 $a+bX$ 与 Y 的近似程度越好. 由于

$$e=E[(Y-(a+bX))^2]=E(Y^2)+b^2E(X^2)+a^2-2aE(Y)-2bE(XY)+2abE(X)$$

找取 a，b 使 e 取最小值，是一个求多元函数的极值问题，因此，将 e 分别关于 a，b 求偏导数并令其等于零，得

$$\begin{cases}\dfrac{\partial e}{\partial a}=2a+2bE(X)-2E(Y)=0\\[2mm]\dfrac{\partial e}{\partial b}=2bE(X^2)-2E(XY)+2aE(X)=0\end{cases}$$

解方程组得：$b_0=\dfrac{Cov(X,Y)}{D(X)}$，$a_0=E(Y)-b_0E(X)=E(Y)-E(X)\dfrac{Cov(X,Y)}{D(X)}$.

把 a_0，b_0 代入均方误差的表达式得

$$\min_{a,b}E\{[Y-(a+bX)]^2\}=E\{[Y-(a_0+b_0X)]^2\}=(1-\rho_{XY}^2)D(Y)$$

由上式，易得相关系数 ρ_{XY} 有下述性质.

性质 1 $-1 \leqslant \rho_{XY} \leqslant 1$.

证明 由 $\min\limits_{a,b} E\{[Y-(a+bX)]^2\} = (1-\rho_{XY}^2)D(Y)$，以及 $E\{[Y-(a_0-b_0X)]^2\} \geqslant 0$ 和 $D(Y) \geqslant 0$，得

$$1-\rho_{XY}^2 \geqslant 0$$

即

$$-1 \leqslant \rho_{XY} \leqslant 1$$

性质 2 若 X 与 Y 相互独立，则 X 和 Y 的相关系数 $\rho_{XY}=0$.

证明 若 X 与 Y 相互独立，则 $E(XY)=E(X)E(Y)$，所以 $Cov(X,Y)=E(XY)-E(X)E(Y)=0$，从而

$$\rho_{XY} = \frac{Cov(X,Y)}{\sqrt{D(X)}\sqrt{D(Y)}} = 0$$

◆ X 和 Y 的相关系数 $\rho_{XY}=0$，X 和 Y 不一定就独立.

性质 3 $\rho_{XY}=\pm 1$ 的充要条件是存在常数 a_0，b_0 使得 $P\{Y=a_0+b_0X\}=1$，即 X 与 Y 之间几乎处处有线性关系.

证明 (1) 若 $\rho_{XY}=\pm 1$，则存在常数 a_0，b_0 使得

$$E\{[Y-(a_0+b_0X)]^2\} = (1-\rho_{XY}^2)D(Y) = 0$$

所以有 $0=E\{[Y-(a_0+b_0X)]^2\}=D[Y-(a_0+b_0X)]+[E(Y-(a_0+b_0X))]^2$.

从而可得

$$D[Y-(a_0+b_0X)]=0, \quad E[Y-(a_0+b_0X)]=0$$

进而有

$$P\{Y-(a_0+b_0X)=0\}=1$$

即

$$P\{Y=a_0+b_0X\}=1$$

(2) 如果存在常数 a^*，b^*，使

$$P\{Y=a^*+b^*X\}=1$$

即

$$P\{Y-(a^*+b^*X)=0\}=1$$

于是

$$P\{[Y-(a^*+b^*X)]^2=0\}=1$$

即得

$$E\{[Y-(a^*+b^*X)]^2\}=0$$

故

$$0 = E\{[Y-(a^*+b^*X)]^2\} \geqslant \min\limits_{a,b} E\{[Y-(a+bX)]^2\}$$
$$= E\{[Y-(a_0+b_0X)]^2\} = (1-\rho_{XY}^2)D(Y)$$

从而得 $\rho_{XY}=\pm 1$.

由 $\min\limits_{a,b} E\{[Y-(a+bX)]^2\} = (1-\rho_{XY}^2)D(Y)$ 可知，均方误差 e 是 $|\rho_{XY}|$ 的严格单

调减少函数，因此相关系数 ρ_{XY} 的含义就很明显了. 当 $|\rho_{XY}|$ 较大时 e 较小，说明 X，Y（就线性关系来说）联系较紧密. 特别当 $\rho_{XY}=\pm1$ 时，X，Y 之间以概率 1 存在着线性关系. 所以 ρ_{XY} 是一个可以用来表征 X，Y 之间线性关系紧密程度的量. 当 $|\rho_{XY}|$ 较大时，我们通常说 X，Y 线性相关的程度较好；当 $|\rho_{XY}|$ 较小时，我们说 X，Y 线性相关的程度较差.

定义　设 ρ_{XY} 是随机变量 (X,Y) 的相关系数.

（1）当 $\rho_{XY}=0$ 时，称 X 和 Y **不（线性）相关**（not correlational）；

（2）当 $\rho_{XY}=1$ 时，称 X 和 Y **正线性相关**（Positive linear correlation）；

（3）当 $\rho_{XY}=-1$ 时，称 X 和 Y **负线性相关**（Negative linear correlation）.

◆ X 和 Y 不相关是指 X 和 Y 之间没有线性关系，但 X 和 Y 之间可能存在其他函数关系，譬如平方关系、对数关系等. 因此不相关的两个随机变量不一定就独立.

【例 4-14】　设随机变量 Θ 的密度函数为 $p(x)=\begin{cases}\dfrac{1}{2\pi}, & -\pi\leqslant x\leqslant\pi \\ 0, & \text{其他}\end{cases}$，又 $X=\sin\Theta$，$Y=\cos\Theta$，试求 X 与 Y 的相关系数 ρ_{XY}.

解　因为有 $E(XY)=\dfrac{1}{2\pi}\displaystyle\int_{-\pi}^{\pi}\sin x\cos x\,\mathrm{d}x=0$

$$E(X)=\frac{1}{2\pi}\int_{-\pi}^{\pi}\sin x\,\mathrm{d}x=0 \qquad E(Y)=\frac{1}{2\pi}\int_{-\pi}^{\pi}\cos x\,\mathrm{d}x=0$$

所以有 $Cov(X,Y)=E(XY)-E(X)E(Y)=0$，即 $\rho_{XY}=0$. 从而 X 和 Y 不相关，没有线性关系；但是 X 和 Y 存在另一个函数关 $X^2+Y^2=1$，从而 X 与 Y 是不独立的.

性质 4　对随机变量 X，Y 而言，下列事实等价：

（1）$Cov(X,Y)=0$；

（2）X 和 Y 不相关；

（3）$E(XY)=E(X)E(Y)$；

（4）$D(X+Y)=D(X)+D(Y)$.

证明　因为　$Cov(X,Y)=E(XY)-E(X)E(Y)$，$\rho_{XY}=\dfrac{Cov(X,Y)}{\sqrt{D(X)}\sqrt{D(Y)}}$，

$$D(X+Y)=D(X)+D(Y)+2Cov(X,Y)$$

所以（1）成立，当且仅当（2）成立，当且仅当（3）成立，当且仅当（4）成立.

【例 4-15】　设二维随机变量 (X,Y) 的联合分布律如下表，求 (X,Y) 的相关系数 ρ_{XY}.

X＼Y	0	1
0	$\dfrac{1}{8}$	$\dfrac{1}{3}$
1	$\dfrac{1}{6}$	$\dfrac{3}{8}$

解　因　　$E(X)=0\times1/8+0\times1/3+1\times1/6+1\times3/8=13/24$

$$E(Y)=0\times1/8+0\times1/6+1\times1/3+1\times3/8=17/24$$

$$E(XY)=0\times0\times1/8+0\times1\times1/3+1\times0\times1/6+1\times1\times3/8=3/8$$

故　　　　　　　$$Cov(X,Y)=E(XY)-E(X)E(Y)=\frac{3}{8}-\frac{13}{24}\frac{17}{24}=-\frac{5}{24^2}$$

又　　　　　　　$$E(X^2)=0^2\times1/8+0^2\times1/3+1^2\times1/6+1^2\times3/8=13/24$$

$$E(Y^2)=0\times1/8+0^2\times1/6+1^2\times1/3+1^2\times3/8=17/24$$

故　　　　　　　$$D(X)=E(X^2)-E^2(X)=\frac{13}{24}-\left(\frac{13}{24}\right)^2=\frac{13\times11}{24^2}$$

$$D(Y)=E(Y^2)-E^2(Y)=\frac{17}{24}-\left(\frac{17}{24}\right)^2=\frac{17\times7}{24^2}$$

$$\rho_{XY}=\frac{Cov(X,Y)}{\sqrt{D(X)}\sqrt{D(Y)}}=-\frac{5}{\sqrt{17017}}$$

【例 4-16】　二维随机变量 (X,Y) 的联合分布律如下表，试求 $Cov(X,Y)$ 和 ρ_{XY}，并分析 X 与 Y 的相关性和独立性.

Y＼X	−1	0	1
−1	1/6	1/3	1/6
1	1/6	0	1/6

解　X 的分布律为

X	−1	0	1
P	1/3	1/3	1/3

Y 分布律为

Y	−1	1
P	2/3	1/3

则有 $E(X)=0$，$E(Y)=-\frac{1}{3}$，$E(XY)=0$，于是

$$Cov(X,Y)=E(XY)-E(X)E(Y)=0$$

即

$$\rho_{XY}=\frac{Cov(X,Y)}{\sqrt{D(X)D(Y)}}=0$$

亦即 X 与 Y 不相关. 而 $P(X=-1,Y=-1)=\frac{1}{6}\neq P(X=-1)P(Y=-1)=\frac{2}{9}$，故 X 与 Y 不相互独立.

【例 4-17】　设二维随机变量 (X,Y) 的联合密度函数 $p(x,y)$，试求 $Cov(X,Y)$，并分析 X 与 Y 的相关性和独立性.

$$p(x,y)=\begin{cases}\dfrac{1}{4}(1+xy), & |x|<1,|y|<1 \\ 0, & \text{其他}\end{cases}$$

解
$$E(XY)=\int_{-1}^{1}\mathrm{d}x\int_{-1}^{1}xy\,\frac{1}{4}(1+xy)\mathrm{d}y$$

$$=\int_{-1}^{1}\frac{1}{4}x\left[\int_{-1}^{1}y(1+xy)\mathrm{d}y\right]\mathrm{d}x=\int_{-1}^{1}\frac{1}{4}x\,\frac{2x}{3}\mathrm{d}x=\frac{1}{9}$$

$$E(X)=\int_{-1}^{1}\mathrm{d}x\int_{-1}^{1}x\,\frac{1}{4}(1+xy)\mathrm{d}y$$

$$=\int_{-1}^{1}\frac{1}{4}x\left[\int_{-1}^{1}(1+xy)\mathrm{d}y\right]\mathrm{d}x=\int_{-1}^{1}\frac{1}{2}x\mathrm{d}x=0$$

同理可得
$$E(Y)=0$$

于是
$$Cov(X,Y)=E(XY)-E(X)E(Y)=\frac{1}{9}\neq0$$

即 X 与 Y 相关，从而 X 与 Y 不独立.

三、矩与协方差矩阵

本节将介绍随机变量的除数学期望与方差的另外几个数字特征.

定义　设 (X,Y) 是二维随机变量.

(1) 如果 $E(X^k)$，$k=1,2,\cdots$存在，则称 $E(X^k)$ 为 X 的 k 阶**原点矩**（Origin moment），简称 k 阶矩，记 $E(X^k)=\mu_k$.

(2) 如果 $E\{[X-E(X)]^k\}$，$k=1,2,\cdots$存在，则称 $E\{[X-E(X)]^k\}$ 为 X 的 k 阶**中心矩**（Central moment）.

(3) 如果 $E(X^kY^l)$，$k,l=1,2,\cdots$存在，则称 $E(X^kY^l)$ 为 X 和 Y 的 $k+l$ 阶**混合矩**（Hybrid moment）.

(4) 如果 $E\{[X-E(X)]^k[Y-E(Y)]^l\}$，$k$，$l=1$，$2$，$\cdots$存在，则
$$E\{[X-E(X)]^k[Y-E(Y)]^l\}$$

称为 X 和 Y 的 $k+l$ 阶**混合中心矩**（Hybrid central moment）.

由上面的定义立即可知，X 的数学期望 $E(X)$ 是 X 的一阶原点矩，方差 $D(X)$ 是 X 的二阶中心矩，协方差 $Cov(X,Y)$ 是 X 和 Y 的二阶混合中心矩.

接下来，先介绍二维随机变量的协方差矩阵，再介绍 n 维随机变量的协方差矩阵.

定义　设二维随机变量 (X_1,X_2) 的四个二阶中心矩
$$c_{11}=E\{[X_1-E(X_1)]^2\},\ c_{12}=E\{[X_1-E(X_1)][X_2-E(X_2)]\},$$
$$c_{21}=E\{[X_2-E(X_2)][X_1-E(X_1)]\},c_{22}=E\{[X_2-E(X_2)]^2\}$$

都存在，则矩阵
$$\begin{pmatrix}c_{11} & c_{12} \\ c_{21} & c_{22}\end{pmatrix}$$

称为二维随机变量 (X_1,X_2) 的**协方差矩阵**.

定义 设 n 维随机变量 $(X_1, X_2, \cdots, X_n)$ 的二阶混合中心矩

$$c_{ij} = Cov(X_i, X_j) = E\{[X_i - E(X_i)][X_j - E(X_j)]\}, \quad i, j = 1, 2, \cdots, n$$

都存在，则矩阵

$$C = \begin{pmatrix} c_{11} & c_{12} & \cdots & c_{1n} \\ c_{21} & c_{22} & \cdots & c_{2n} \\ \cdots & \cdots & \cdots & \cdots \\ c_{n1} & c_{n2} & \cdots & c_{nn} \end{pmatrix}$$

称为 n 维随机变量 $(X_1, X_2, \cdots, X_n)$ 的**协方差矩阵**.

协方差矩阵具有如下性质：

性质 1 $c_{ij} = c_{ji} (i \neq j, i, j = 1, 2, \cdots, n)$，即故协方差矩阵 C 是一个对称矩阵.

性质 2 协方差矩阵 C 是一个非负定矩阵.

证明 （只证连续型）对于任何实数 $y_i (i = 1, 2, \cdots, n)$，有

$$\int_{-\infty}^{+\infty} \cdots \int_{-\infty}^{+\infty} \left[\sum_{i=1}^{n} y_i(x_i - E(X_i))\right]^2 p(x_1, x_2, \cdots, x_n)\mathrm{d}x_1 \mathrm{d}x_2 \cdots \mathrm{d}x_n =$$

$$\sum_{i, j=1}^{n} c_{ij} y_i y_j \geqslant 0,$$

故由二次型的理论可知 C 是一个非负定矩阵，也就是说，如果用 $|C|$ 表示 C 的行列式，则有 $|C| \geqslant 0$.

一般来说，n 维随机变量的分布是不知道的，或者是太复杂，以至于在数学上不易处理，因此在实际应用中协方差矩阵就显得非常重要.

【例 4-18】 设 (X, Y) 的联合分布列如下表所示，试求 X 和 Y 的协方差矩阵.

X＼Y	0	1
0	$1-p$	0
1	0	p

解 (X, Y) 的联合分布列，X 和 Y 的边缘分布列如下表：

X＼Y	0	1	$P\{X=i\}$
0	$1-p$	0	$1-p$
1	0	p	p
$P\{Y=j\}$	$1-p$	p	

易得

$$E(X) = p, \quad E(Y) = p, \quad E(XY) = p$$
$$c_{11} = D(X) = p(1-p), \quad c_{22} = D(Y) = p(1-p)$$
$$c_{12} = c_{21} = E(XY) - E(X)E(Y) = p(1-p)$$

故协方差矩阵为

$$C = \begin{pmatrix} p(1-p) & p(1-p) \\ p(1-p) & p(1-p) \end{pmatrix}$$

> **习题**

4-8

重要知识点与典型例题

4-9

习题四答案

一、选择题

1. 若随机变量 X 的概率密度为 $p(x)=\begin{cases}1-|x|, & |x|\leqslant1 \\ 0, & |x|>1\end{cases}$，则 X 的数学期望 $E(X)=(\quad)$.

A. 0　　　　　　　B. 1　　　　　　　C. $\dfrac{1}{2}$　　　　　　　D. $\dfrac{1}{4}$

2. 设 $F(x)=P\{X\leqslant x\}=\begin{cases}0, & x<0 \\ x^2, & 0\leqslant x\leqslant1,\text{则 } E(X)=(\quad). \\ 1, & x>1\end{cases}$

A. $\displaystyle\int_0^1 x^3\,\mathrm{d}x$　　　　B. $\displaystyle\int_0^1 2x^2\,\mathrm{d}x$　　　　C. $\displaystyle\int_0^1 x^2\,\mathrm{d}x$　　　　D. $\displaystyle\int_0^{+\infty} 2x^2\,\mathrm{d}x$

3. 若随机变量 X 与 Y 相互独立，且方差 $D(X)=2$，$D(Y)=1.5$，则 $D(3X-2Y-1)=(\quad)$.

A. 9　　　　　　　B. 24　　　　　　　C. 25　　　　　　　D. 2

4. $D(X)=4$，$D(Y)=1$，$\rho_{XY}=0.6$，则 $D(3X-2Y)=(\quad)$.

A. 40　　　　　　　B. 34　　　　　　　C. 25.6　　　　　　　D. 17.6

5. 相关系数 ρ 的取值范围是（　　）.

A. $[0,+\infty)$　　　B. $[-1,1]$　　　　C. $[0,1]$　　　　D. $(-\infty,+\infty)$

6. 设 X 是一随机变量 $E(X)=\mu$，$D(X)=\sigma^2(\sigma>0)$，C 是任意常数，则有（　　）.

A. $E(X-C)^2=E(X^2)-C^2$　　　　B. $E(X-C)^2=E(X-\mu)^2$

C. $E(X-C)^2<E(X-\mu)^2$　　　　D. $E(X-C)^2\geqslant E(X-\mu)^2$

7. 5 个灯泡的寿命 X_1，X_2，X_3，X_4，X_5 独立同分布且 $E(X_i)=\mu$，$D(X_i)=\sigma^2$ $(i=1,2,3,4,5)$，则 5 个灯泡的平均寿命 $Y=\dfrac{1}{5}(X_1+X_2+X_3+X_4+X_5)$ 的方差 $D(Y)=(\quad)$.

A. $5\sigma^2$　　　　　　　B. σ^2　　　　　　　C. $0.2\sigma^2$　　　　　　　D. $0.04\sigma^2$

8. 设随机变量 X，Y 独立同分布，记 $\xi=X+Y$，$\eta=X-Y$，则随机变量 ξ 与 η 之间的关系必然是（　　）.

A. 不独立　　　　　　　　　　B. 独立

C. 相关系数等于 0　　　　　　D. 相关系数不为 0

9. 对于任意两个随机变量 X 和 Y，若 $E(XY)=E(X)E(Y)$，则有（　　）.

A. $D(XY)=D(X)D(Y)$　　　　B. $D(X+Y)=D(X)+D(Y)$

C. X 和 Y 独立　　　　　　D. X 和 Y 不独立

10. 设随机变量 X，Y 不相关，且 $EX=2$，$EY=1$，$DX=3$，则 $E[X(X+Y-2)]=(\quad)$.

A. －3　　　　B. 3　　　　　　　　C. －5　　　　　　　D. 5

11. 将长度为 1m 的木棒随机地截成两段，则两段长度的相关系数为（　　）.

A. 1　　　　B. $\frac{1}{2}$　　　　　　C. $-\frac{1}{2}$　　　　　　D. －1

二、填空题

12. X 的分布律为

X	1	2	3
P	0.15	0.3	0.55

则 $E(X)=$ _____.

13. 设 X 的分布律为 $P\{X=k\}=\frac{1}{5}$，$k=1$，2，3，4，5，则 $E(X+2)^2=$
_____.

14. 设 X 的概率密度为 $p(x)=\begin{cases}e^{-x}, & x\geqslant 0\\ 0, & x<0\end{cases}$，则 $E(2X+1)=$ _____.

15. 设南方人的身高为随机变量 X，北方人的身高为随机变量 Y，通常说"北方人比南方人高"，这句话的含义是 _____.

16. 已知 (X,Y) 的联合分布为

X \ Y	0	1	2
0	0.1	0.05	0.25
1	0	0.1	0.2
2	0.2	0.1	0

则 $E(X)=$ _____；$E(Y)=$ _____.

17. 设 (X,Y) 的概率密度为 $p(x,y)=\begin{cases}x+y, & 0\leqslant x\leqslant 1, 0\leqslant y\leqslant 1\\ 0, & 其他\end{cases}$，则
$E(XY)=$ _____.

18. 设 (X,Y) 的分布律为

X \ Y	－1	1	2
－1	$\frac{5}{20}$	$\frac{2}{20}$	$\frac{6}{20}$
2	$\frac{3}{20}$	$\frac{3}{20}$	$\frac{1}{20}$

则 $E(X-Y)=$ _____.

19. 设 X 的概率密度为 $p(x)=\begin{cases}1-|x|, & |x|<1\\ 0, & 其他\end{cases}$，则 $D(X)=$ _____.

20. 设 (X,Y) 的联合分布律为

X＼Y	−1	1
−1	$\dfrac{1}{3}$	$\dfrac{1}{6}$
1	$\dfrac{1}{6}$	$\dfrac{1}{3}$

则 $Cov(X,Y)=$ ＿＿＿＿＿＿＿＿.

21. 若 $Cov(X_1,X_3)=2$，$Cov(X_2,X_3)=1$，则 $Cov(X_1+X_2,3X_3)=$ ＿＿＿＿＿＿＿＿.

22. 若随机变量 X 与 Y 相互独立，且方差 $D(X)=0.5$，$D(Y)=1$，则 $D(2X-3Y)=$ ＿＿＿＿＿＿＿＿.

23. 若 $D(X)=4$，$D(Y)=1$，$\rho_{XY}=\dfrac{1}{2}$，则 $D(X-Y)=$ ＿＿＿＿＿＿＿＿.

24. 若 (X,Y) 的相关系数 ρ_{XY} 存在，则 $|\rho_{XY}|$ 的可能的最大值等于 ＿＿＿＿＿＿＿＿.

25. 若随机变量 (X,Y) 的相关系数 ρ_{XY} 存在，则 $|\rho_{XY}|=1$ 的充要条件是 $P\{Y=a+bX\}=$ ＿＿＿＿＿＿＿＿（其中 a，b 是实数，且 $b\neq 0$）.

26. 人体的体重为随机变量 X，且 $E(X)=a$，10 个人的平均体重为 $Y=\dfrac{X_1+X_2+\cdots+X_{10}}{10}$（$X_1,X_2,\cdots,X_{10}$ 与 X 同分布），则 $E(Y)=$ ＿＿＿＿＿＿＿＿.

27. 对目标进行独立射击每次命中率均为 $p=0.25$，重复进行射击直至命中目标为止，设 X 表示射击次数，则 $E(X)=$ ＿＿＿＿＿＿＿＿.

三、应用计算题

28. 设随机变量 X 的分布律为

X	−2	0	2
P	0.4	0.3	0.3

求 $E(X)$，$E(X^2)$ 和 $E(3X+5)$.

29. 设随机变量 X 的分布函数为

$$F(x)=\begin{cases} 0.5e^x, & x<0 \\ 0.5, & 0\leqslant x<1 \\ 1-0.5e^{-0.5(x-1)}, & x\geqslant 1 \end{cases}$$

试求随机变量 X 的数学期望 $E(X)$ 与方差 $D(X)$.

30. 在制作某种食品时，面粉所占的比率 X 的概率密度函数为

$$p(x)=\begin{cases} 12x^2-kx+3, & 0\leqslant x\leqslant 1 \\ 0, & 其他 \end{cases}$$

求 X 的数学期望 $E(X)$ 和方差 $D(X)$.

31. 设随机变量 X 的概率密度为 $p(x)=\begin{cases} e^{-x}, & x>0 \\ 0, & x\leqslant 0 \end{cases}$，设 $Y=2X$，$Z=e^{-2X}$，求 $E(Y)$ 和 $E(Z)$.

32. 已知 $E(X)=5$，$E(Y)=3$，$D(X)=2$，$D(Y)=3$，且有 $E(XY)=0$，求 $D(2X-$

3Y).

33. 设随机变量 (X,Y) 的概率密度为

$$p(x,y)=\begin{cases}6xy, & 0<x<1,0<y<2(1-x)\\ 0, & \text{其他}\end{cases}$$

求 $D(Y)$，$E(X)$ 和 $E(XY)$

34. 已知随机变量 X 与 Y 不相关，且 $E(X)=E(Y)=0$，$D(X)=D(Y)=1$，令 $U=X$，$V=X+Y$，试求 U 与 V 的相关系数 ρ_{UV}.

35. 设二维随机变量 (X,Y) 的概率密度为

$$p(x,y)=\begin{cases}\dfrac{3}{4}x^2y, & 0\leqslant x\leqslant 2,0\leqslant y\leqslant 1\\ 0, & \text{其他}\end{cases}$$

求 $Cov(X,Y)$ 和 ρ_{XY}.

36. 设 (X,Y) 的联合分布密度为

$$p(x,y)=\begin{cases}1, & |y|<x,0<x<1\\ 0, & \text{其他}\end{cases}$$

求 X 与 Y 的协方差矩阵 $C=\begin{bmatrix}Cov(X,X) & Cov(X,Y)\\ Cov(Y,X) & Cov(Y,Y)\end{bmatrix}$.

37. 设二维离散型随机变量 X、Y 的概率分布为

X \ Y	0	1	2
0	$\dfrac{1}{4}$	0	$\dfrac{1}{4}$
1	0	$\dfrac{1}{3}$	0
2	$\dfrac{1}{12}$	0	$\dfrac{1}{12}$

（1）求 $P\{X=2Y\}$；

（2）求 $Cov(X-Y,Y)$ 和 ρ_{XY}.

第五章　常用分布与极限理论

本章将介绍几个在日常生活、社会经济活动和科学研究中常用的重要随机变量的分布. 要求掌握这些分布规律和数字特征（数学期望和方差等）以及其他特性.

第一节　常用离散型随机变量的分布

5-1

常用离散型
随机变量的
分布

5-2 ▶

二项分布

一、二项分布

定义　如果随机变量 X 的概率分布为

X	x_1	x_2
P	$1-p$	p

则称 X 服从**两点分布**（Two-point distribution），其中 $0<p<1$. 特别当 $x_1=0$，$x_2=1$ 时，称 X 服从 $0-1$ 分布，$P\{X=x\}=p^x(1-p)^{1-x}$，$x=0$，1.

【例 5-1】　一批种子的发芽率为 95%，从中任意抽取一粒进行实验，用随机变量 X 表示抽出的一粒种子发芽的个数，求 X 的分布律及分布函数.

解　显然 X 只取两个值 0 和 1，且概率分布为
$$P\{X=1\}=0.95，P\{X=0\}=1-0.95=0.05$$
于是 X 的分布函数为
$$F(x)=P\{X\leqslant x\}=\begin{cases}0, & x<0\\0.05, & 0\leqslant x<1\\1, & x\geqslant 1\end{cases}$$

定义　如果随机变量 X 的概率分布为
$$P\{X=k\}=C_n^k p^k(1-p)^{n-k}，k=0,1,2,\cdots,n$$
则称随机变量 X 服从参数为 n，p 的**二项分布**（Binomial distribution），记为 $X\sim B(n,p)$. 特别地，当 $n=1$ 时，二项分布就是参数为 p 的 $0-1$ 分布.

二项分布产生于 n 重伯努利（Bernoulli）试验. 事实上，设 X 表示 n 重伯努利试验中 A 发生次数，p 为 A 发生的概率，则 $X\sim B(n,p)$.

【例 5-2】　一办公室内有 8 台计算机，在任一时刻每台计算机被使用的概率为 0.6，计算机是否被使用相互独立，问在同一时刻至少有 2 台计算机被使用的概率是多少？

解　设 X 为在同一时刻 8 台计算机中被使用的台数，则 $X\sim B(8,0.6)$，于是
$$P(X\geqslant 2)=1-P(X=0)-P(X=1)=1-C_8^0 0.6^0\times 0.4^8-C_8^1 0.6\times 0.4^7=0.9915$$

（一）二项分布与 $0-1$ 分布之间的关系

在 n 重伯努利试验中，若每次试验中事件 A 发生的概率为 $p(0<p<1)$，设 X 表

示 n 重伯努利试验中 A 发生次数，则 $X \sim B(n, p)$. 如果令 X_i 为第 i 次试验中件 A 发生次数，则每一个 $X_i(i=1,2,\cdots,n)$ 都服从 $0-1$ 分布，且有相同的分布律：

X_i	0	1
P	$1-p$	p

易知随机变量 X 与 X_i 有如下关系：

$$X = X_1 + X_2 + \cdots + X_n$$

即二项分布的随机变量 $X \sim B(n, p)$，可以分解成 n 个 $0-1$ 分布随机变量 $X_i \sim B(1, p)$ 之和，而且这 n 个随机变量相互独立. 反之，n 个相互独立的 $0-1$ 分布随机变量 $X_i \sim B(1, p)$ 之和服从二项分布 $X \sim B(n, p)$.

（二）二项分布的数字特征

定理 若 $X \sim B(n, p)$，即 $P\{X=k\} = C_n^k p^k q^{n-k}$，$k = 0, 1, 2, \cdots, n$. 则

（1）X 的数学期望为 $E(X) = np$；

（2）X 的方差为 $D(X) = np(1-p)$.

证明 易证若 $X \sim B(1, p)$，则 $E(X) = p$，$D(X) = p(1-p)$.

设 $X_1, X_2, \cdots, X_n$ 为 n 个独立同分布的随机变量 $X_i \sim B(1, p)$，则有

$$X = X_1 + X_2 + \cdots + X_n$$

而且

$$E(X_i) = p, \quad D(X_i) = p(1-p), \quad i = 1, 2, \cdots, n$$

所以

$$E(X) = E(X_1) + E(X_2) + \cdots + E(X_n) = np$$

$$D(X) = D(X_1) + D(X_2) + \cdots + D(X_n) = np(1-p)$$

【例 5-3】 一载有 30 名乘客的机场班车自机场开出，途中有 8 个车站可以下车，如果到达一个车站没有人下车则不停车，用 X 表示班车的停车次数，假设每位乘客在每个车站下车是等可能的，且是否下车相互独立，求 X 的数学期望及方差.

解 依题意，每位乘客在第 $i(i=1,2,\cdots,8)$ 个车站下车的概率为 $1/8$，不下车的概率为 $7/8$，则班车在第 $i(i=1,2,\cdots,8)$ 个车站不停车的概率为 $(7/8)^{30}$，所以

$$X \sim B\left(8, 1 - \left(\frac{7}{8}\right)^{30}\right)$$

从而

$$E(X) = 8 \times \left(1 - \left(\frac{7}{8}\right)^{30}\right) \approx 7.854$$

$$D(X) = 8 \times \left(1 - \left(\frac{7}{8}\right)^{30}\right) \times \left(\frac{7}{8}\right)^{30} \approx 0.143$$

二、泊松（Poisson）分布

定义 如果随机变量 X 的概率分布为

$$P\{X=k\} = \frac{\lambda^k}{k!} e^{-\lambda}, \quad k = 0, 1, 2, \cdots$$

5-3 ▶

泊松分布

其中 $\lambda > 0$ 为常数，则称 X 服从参数为 λ 的**泊松分布**（Poisson distribution），记作 $X \sim P(\lambda)$.

泊松分布可描述客观世界中大量存在的类似稀疏流的随机现象，比如一段时间内，电话交换台收到的电话呼唤次数，售票口买票的人数，原子放射的粒子数，织布机上断头的次数，动物物种的数量等，它们都近似地服从泊松分布. 因此泊松分布在实际应用中占有很突出的地位.

【例 5 - 4】 某商店某种商品日销量 $X \sim P(5)$，试求以下事件的概率：

（1）日销 3 件的概率；

（2）在已售出 1 件的条件下，求当日至少售出 3 件的概率.

解 （1）$P\{X = 3\} = \dfrac{5^3}{3!} e^{-5} = \dfrac{125}{6} e^{-5}$

（2）$P\{X \geqslant 3 \mid X \geqslant 1\} = \dfrac{P\{(X \geqslant 3) \bigcap (X \geqslant 1)\}}{P\{X \geqslant 1\}} = \dfrac{P\{X \geqslant 3\}}{P\{X \geqslant 1\}}$

$$= \dfrac{1 - P\{X \leqslant 2\}}{1 - P\{X \leqslant 0\}} = \dfrac{1 - 18.5e^{-5}}{1 - e^{-5}}$$

（一）泊松分布的数字特征

定理 设随机变量 X 服从参数为 $\lambda(\lambda > 0)$ 的泊松分布 $X \sim P(\lambda)$，则 X 的数学期望 $E(X) = \lambda$，X 的方差 $D(X) = \lambda$.

证明 由于 $P\{X = k\} = \dfrac{\lambda^k}{k!} e^{-\lambda}$，$k = 0, 1, 2, \cdots$.

（1）因而 X 的数学期望为

$$E(X) = \sum_{k=1}^{\infty} k \frac{\lambda^k}{k!} e^{-\lambda} = \lambda e^{-\lambda} \sum_{k=1}^{\infty} \frac{\lambda^{k-1}}{(k-1)!} = \lambda e^{-\lambda} e^{\lambda} = \lambda$$

（2）由于

$$E(X^2) = \sum_{k=0}^{\infty} k^2 P\{X = k\} = \sum_{k=1}^{\infty} k^2 \frac{\lambda^k}{k!} e^{-\lambda} = e^{-\lambda} \sum_{k=1}^{\infty} k \cdot \frac{\lambda^k}{(k-1)!}$$

$$= \lambda e^{-\lambda} \sum_{k=0}^{\infty} (k+1) \frac{\lambda^k}{k!} = \lambda e^{-\lambda} \sum_{k=0}^{\infty} k \frac{\lambda^k}{k!} + \lambda e^{-\lambda} \sum_{k=0}^{\infty} \frac{\lambda^k}{k!}$$

$$= \lambda^2 e^{-\lambda} \sum_{k-1=0}^{\infty} \frac{\lambda^{k-1}}{(k-1)!} + \lambda e^{-\lambda} \sum_{k=0}^{\infty} \frac{\lambda^k}{k!} = \lambda^2 + \lambda$$

而 $E(X) = \lambda$，因此

$$D(X) = E(X^2) - (EX)^2 = \lambda^2 + \lambda - \lambda^2 = \lambda$$

（二）泊松定理

用二项分布 $B(n, p)$ 的分布律 $P\{X = k\} = C_n^k p^k q^{n-k}$ 计算概率时，只要 n 稍大，计算就显得十分困难，为了解决这个问题，下面给出了一个近似计算方法.

【例 5 - 5】 某人进行射击训练，每次射中的概率为 0.02，独立射击 400 次，求至少击中 1 次的概率.

解 将每次射击看作一次独立试验，则整个试验可看作一个 400 次的伯努利试验. 设击中的次数为 X，则 $X \sim B(400, 0.02)$，X 的概率分布为

$$P\{X=k\}=C_{400}^k(0.02)^k(0.98)^{400-k},k=0,1,2,\cdots,400$$

则所求概率为

$$P\{X\geqslant1\}=1-P\{X=0\}=1-(0.98)^{400}\approx0.9997$$

这个例子的实际意义十分有趣：（1）正常情况下计算$(0.98)^{400}$的近似值很不方便；（2）这个射手每次命中的概率只有0.02，绝对不是个天才，但他坚持射击400次，则击中目标的概率近似为1，几乎成为必然事件.这说明，由量的积累，会达到质的飞跃.因此，不要认为成功的希望小而放弃，只要锲而不舍地努力，就一定会达到理想的彼岸.

定理（泊松定理） 设随机变量X_n服从二项分布$B(n,p_n)$，$n=1,2,\cdots$，其中p_n与n有关，若数列$\{p_n\}$满足$\lim\limits_{n\to\infty}np_n=\lambda(\lambda>0$为常数)，则

$$\lim_{n\to\infty}P\{X_n=k\}=\lim_{n\to\infty}C_n^kp_n^k(1-p_n)^{n-k}=\frac{\lambda^k}{k!}e^{-\lambda},0\leqslant k\leqslant n$$

证明 记$\lambda_n=np_n$，则$\lim\limits_{n\to\infty}\lambda_n=\lambda$，$\lim\limits_{n\to\infty}p_n=\lim\limits_{n\to\infty}\frac{\lambda_n}{n}=0$.由于

$$C_n^kp_n^k(1-p_n)^{n-k}=\frac{n(n-1)\cdots(n-k+1)}{k!}\left(\frac{\lambda_n}{n}\right)^k\left(1-\frac{\lambda_n}{n}\right)^{n-k}$$
$$=\frac{\lambda_n^k}{k!}\left(1-\frac{1}{n}\right)\left(1-\frac{2}{n}\right)\cdots\left(1-\frac{k-1}{n}\right)\left(1-\frac{\lambda_n}{n}\right)^{n-k}$$

对固定的k，利用重要极限$\lim\limits_{x\to\infty}\left(1+\frac{1}{x}\right)^x=e$，有

$$\lim_{n\to\infty}\left(1-\frac{\lambda_n}{n}\right)^{n-k}=\lim_{n\to\infty}\left[\left(1-\frac{\lambda_n}{n}\right)^{-\frac{n}{\lambda_n}}\right]^{-\frac{n-k}{n}\lambda_n}=e^{-\lambda}$$

而

$$\lim_{n\to\infty}\left(1-\frac{i}{n}\right)=1,\ i=1,2,\cdots,k-1$$

因此

$$\lim_{n\to\infty}C_n^kp_n^k(1-p_n)^{n-k}=\frac{\lambda^k}{k!}e^{-\lambda}$$

◆ 泊松定理表明，若随机变量X服从二项分布$B(n,p)$，当n很大，p或$1-p$较小时（通常$n\geqslant20$，$p\leqslant0.1$），可直接利用下面的近似公式

$$C_n^kp^k(1-p)^{n-k}\approx\frac{(np)^k}{k!}e^{-np}$$

【例5-6】 用步枪射击飞机，每次击中的概率为0.001，今独立地射击6000次，试求击中不少于两弹的概率.

解 设X为击中的次数，则$X\sim B(6000,0.001)$，于是所求概率为
$$P\{X\geqslant2\}=1-P\{X<2\}=1-P\{X=0\}-P\{X=1\}$$
利用泊松定理计算结果如下：
因$np=6000\times0.001=6$，故所求概率为
$$P\{X\geqslant2\}=1-e^{-6}-6e^{-6}=1-7e^{-6}$$

【例 5 - 7】　设 X，Y 相互独立，$X \sim P(\lambda_1)$，$Y \sim P(\lambda_2)$，求 $Z = X + Y$ 的分布律.

解　由题意知，X 和 Y 的分布律分别为 $P\{X = k\} = \dfrac{\lambda_1^k}{k!} e^{-\lambda_1}$，$k = 0, 1, 2, \cdots$

及 $P\{Y = k\} = \dfrac{\lambda_2^k}{k!} e^{-\lambda_2}$，$k = 0, 1, 2 \cdots$，显然，随机变量 Z 可取一切非负整数.

$$P\{Z = n\} = P\{X + Y = n\} = \sum_{k=0}^{n} P\{X = k\} P\{Y = n - k\} = \sum_{k=0}^{n} \frac{\lambda_1^k}{k!} e^{-\lambda_1} \frac{\lambda_2^{n-k}}{(n-k)!} e^{-\lambda_2}$$

$$= \frac{1}{n!} e^{-(\lambda_1 + \lambda_2)} \sum_{k=0}^{n} \frac{n!}{k!(n-k)!} \lambda_1^k \lambda_2^{n-k} = \frac{(\lambda_1 + \lambda_2)^n}{n!} e^{-(\lambda_1 + \lambda_2)}, \quad n = 0, 1, 2, \cdots$$

即 $Z \sim P(\lambda_1 + \lambda_2)$.

第二节　常用连续型随机变量的分布

5 - 4

常用连续型
随机变量的
分布

5 - 5

均匀分布

一、均匀分布

定义　如果随机变量 X 的密度函数 $p(x)$ 为

$$p(x) = \begin{cases} \dfrac{1}{b-a}, & a \leqslant x \leqslant b \\ 0, & \text{其他} \end{cases}$$

则称随机变量 X 在区间 $[a, b]$ 上服从**均匀分布**（Uniform distribution），记为 $X \sim U(a, b)$. 均匀分布的密度函数 $p(x)$ 曲线如图 5 - 1 所示.

若随机变量 $X \sim U(a, b)$，则质点落在 $[a, b]$ 上任一等长度的子区间内的概率是相同的，且与这个子区间长度成正比，而与它落在区间 $[a, b]$ 内的具体位置无关. 事实上，对于任一长度为 l 的子区间 $(c, c+l)$，$a \leqslant c < c + l \leqslant b$，有

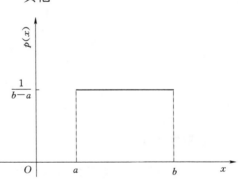

图 5 - 1　均匀分布的密度函数

$$P\{c < X \leqslant c + l\} = \int_c^{c+l} p(x) \mathrm{d}x = \int_c^{c+l} \frac{1}{b-a} \mathrm{d}x = \frac{l}{b-a}$$

可求随机变量 $X \sim U(a, b)$ 的分布函数为

$$F(x) = \begin{cases} 0, & x < a \\ \dfrac{1}{b-a}(x - a), & a \leqslant x < b \\ 1, & x \geqslant b \end{cases}$$

均匀分布的分布函数 $F(x)$ 曲线如图 5 - 2 所示.

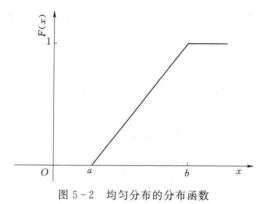

图 5-2 均匀分布的分布函数

【例 5-8】 设随机变量 $X \sim U(-2,3)$，求 X 的概率密度及 $P\{-1 < X \leqslant 4\}$ 的概率.

解 依题意知，X 的概率密度为

$$p(x) = \begin{cases} \dfrac{1}{5}, & -2 \leqslant x \leqslant 3 \\ 0, & \text{其他} \end{cases}$$

故有

$$P\{-1 < X \leqslant 4\} = \int_{-1}^{3} \frac{1}{5} \mathrm{d}x = \frac{4}{5} = 0.8$$

定理 设随机变量 X 服从区间 $[a,b]$ 上均匀分布 $X \sim U(a,b)$，则其数学期望为 $E(X) = \dfrac{a+b}{2}$，方差为 $D(X) = \dfrac{(b-a)^2}{12}$.

证明 由于均匀分布的概率密度为

$$p(x) = \begin{cases} \dfrac{1}{b-a}, & a \leqslant x \leqslant b \\ 0, & \text{其他} \end{cases}$$

（1）X 的数学期望为

$$E(X) = \int_{-\infty}^{+\infty} x f(x) \mathrm{d}x = \int_{a}^{b} x \frac{1}{b-a} \mathrm{d}x = \frac{a+b}{2}$$

（2）$E(X^2) = \displaystyle\int_{a}^{b} x^2 \frac{1}{b-a} \mathrm{d}x = \frac{b^2+ab+a^2}{3}$，而 $E(X) = \dfrac{a+b}{2}$，因此

$$D(X) = E(X^2) - (EX)^2 = \frac{b^2+ab+a^2}{3} - \left(\frac{b+a}{2}\right)^2 = \frac{(b-a)^2}{12}$$

二、指数分布

5-6 ▶

指数分布

定义 如果随机变量 X 的概率密度为

$$p(x) = \begin{cases} \lambda \mathrm{e}^{-\lambda x}, & x > 0 \\ 0, & x \leqslant 0 \end{cases}$$

其中 $\lambda > 0$ 是常数，则称随机变量 X 服从参数为 λ 的**指数分布**（Exponential distribution），记为 $X \sim E(\lambda)$. 指数分布的概率密度 $p(x)$ 曲线如图 5-3 所示.

易求得指数分布 $X \sim E(\lambda)$ 的分布函数为

$$F(x) = \begin{cases} 1 - \mathrm{e}^{-\lambda x}, & x > 0 \\ 0, & x \leqslant 0 \end{cases}$$

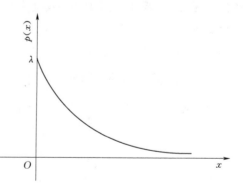

图 5-3 指数分布的概率密度

指数分布的分布函数 $F(x)$ 曲线如图 5-4 所示.

指数分布常用来做各种"寿命"分布的近似. 如随机服务系统中的服务时间、某些消耗性产品（如电子元件等）的寿命等等都常被假定服从指数分布.

【例 5-9】 某型号电子计数器，无故障地工作的总时间 X（单位：小时）服从参数为 $\lambda = \dfrac{1}{1000}$ 的指数分布，求一个元件已使用了 s 小时后能再用 t 小时的概率.

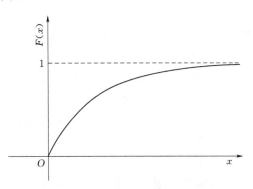

图 5-4 指数分布的分布函数

解 在元件已使用了 s 小时后再使用 t 小时的概率为

$$P\{X \geqslant s+t \mid X > s\} = \frac{P(X \geqslant s+t)}{P(X > s)} = \frac{e^{-\lambda(s+t)}}{e^{-\lambda s}}$$

$$= e^{-\lambda t} = P\{X > t\}$$

从上例结果可知，元件正常使用 s 小时没有损坏的条件下，总共能使用 $s+t$ 小时的条件概率与新元件至少能使用 t 小时的概率相等，即元件对它已使用过的 s 小时没有记忆，这就是指数分布的无记忆性.

定理 设随机变量 X 服从参数为 $\lambda(\lambda > 0)$ 的指数分布 $X \sim E(\lambda)$，则其数学期望 $E(X) = \dfrac{1}{\lambda}$，方差 $D(X) = \dfrac{1}{\lambda^2}$.

证明 由于指数分布的概率密度为

$$p(x) = \begin{cases} \lambda e^{-\lambda x}, & x \geqslant 0 \\ 0, & x < 0 \end{cases}$$

（1）X 的数学期望为

$$E(X) = \int_{-\infty}^{+\infty} x f(x) \, dx = \int_0^{+\infty} \lambda x e^{-\lambda x} \, dx = -\int_0^{+\infty} x \, de^{-\lambda x}$$

$$= -x e^{-\lambda x} \Big|_0^{+\infty} + \int_0^{+\infty} e^{-\lambda x} \, dx = -\frac{1}{\lambda} e^{-\lambda x} \Big|_0^{+\infty} = \frac{1}{\lambda}$$

（2）$E(X^2) = \displaystyle\int_{-\infty}^{+\infty} x^2 p(x) \, dx = \int_0^{+\infty} x^2 \lambda e^{-\lambda x} \, dx = \frac{2}{\lambda^2}$，而 $E(X) = \dfrac{1}{\lambda}$，因此

$$D(X) = E(X^2) - (EX)^2 = \frac{2}{\lambda^2} - \frac{1}{\lambda^2} = \frac{1}{\lambda^2}$$

三、正态分布

定义 如果随机变量 X 的概率密度为

5-7 ▶

标准正态分布

$$p(x) = \frac{1}{\sqrt{2\pi}\,\sigma} e^{-\frac{(x-\mu)^2}{2\sigma^2}}, \quad -\infty < x < +\infty$$

其中 μ 及 $\sigma(\sigma > 0)$ 都是常数，则称随机变量 X 服从参数为 μ 和 σ^2 的**正态分布**（Normal distribution），记为 $X \sim N(\mu, \sigma^2)$．正态分布的概率密度 $p(x)$ 的图形如图 5-5 所示，称该曲线为**正态曲线**，它是一条钟形曲线．

在自然现象和社会现象中，大量的随机变量都服从或近似服从正态分布．例如，人的身高、体重、血压；测量误差；产品的长度、宽度、高度；砖块的抗断

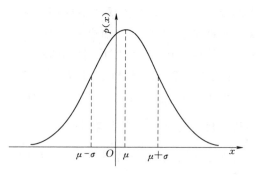

图 5-5　正态分布的概率密度函数

强度等等都服从正态分布．在概率论的发展历史上，标准正态分布是作为极限分布首先由法国数学家棣莫弗和拉普拉斯发现的．此外，德国数学家、天文学家高斯（Karl Frederick Guass，1777—1855 年）在研究误差理论时，也发现了正态分布的随机变量并详尽地研究了正态分布随机变量的性质．因此有时也称正态分布为高斯（Guass）分布．

先来验证 $p(x)$ 是一个概率密度函数．

显然 $p(x) > 0$，作积分变换 $\dfrac{x-\mu}{\sigma} = t$，有

$$\int_{-\infty}^{+\infty} p(x)\mathrm{d}x = \int_{-\infty}^{+\infty} \frac{1}{\sqrt{2\pi}\,\sigma} e^{-\frac{(x-\mu)^2}{2\sigma^2}} \mathrm{d}x = \frac{1}{\sqrt{2\pi}} \int_{-\infty}^{+\infty} e^{-\frac{t^2}{2}} \mathrm{d}t$$

而由

$$\int_{-\infty}^{+\infty} e^{-\frac{1}{2}y^2} \mathrm{d}y \int_{-\infty}^{+\infty} e^{-\frac{1}{2}z^2} \mathrm{d}z = \int_{-\infty}^{+\infty} \int_{-\infty}^{+\infty} e^{-\frac{1}{2}(y^2+z^2)} \mathrm{d}y\mathrm{d}z = \int_0^{2\pi} \int_0^{+\infty} e^{-\frac{1}{2}r^2} r\,\mathrm{d}r\mathrm{d}\theta = 2\pi$$

可知 $\displaystyle\int_{-\infty}^{+\infty} e^{-\frac{t^2}{2}} \mathrm{d}t = \sqrt{2\pi}$，从而 $\displaystyle\int_{-\infty}^{+\infty} p(x)\mathrm{d}x = 1$．

接下来来讨论正态分布的密度函数的性质．正态分布的密度函数图形具有以下特征：

（1）曲线 $p(x)$ 关于 $x = \mu$ 对称；

（2）当 $x = \mu$ 时，函数达到最大值 $p(\mu) = \dfrac{1}{\sqrt{2\pi}\sigma}$；

（3）x 轴是曲线 $p(x)$ 的渐近线；

（4）当 $x = \mu \pm \sigma$ 时曲线 $p(x)$ 上有拐点；

（5）如果固定参数 σ^2 的值不变，改变参数 μ 的值，则 $p(x)$ 的曲线沿着 x 轴平行移动而形状不改变（图 5-6）；故 μ 称之为**位参**；

（6）如果固定参数 μ 的值，改变参数 σ^2 的值，则 $p(x)$ 的形状会改变，故 σ^2 称之为**形参**；σ 的值越小，$\dfrac{1}{\sqrt{2\pi}\sigma}$ 值越大，$p(x)$ 的图形越尖峭，因而 X 的取值在点 $x=\mu$ 附近的概率越大，即 X 的分布越集中．反之，σ^2 的值越大，$p(x)$ 的图形越平坦，X 的分布越就越分散，如图 5-7 所示．

定义 当正态分布的参数 $\mu=0$，$\sigma=1$ 时，称为**标准正态分布**（Standard

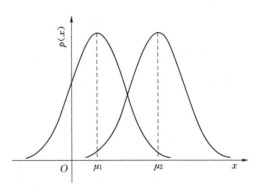

图 5-6 正态曲线位参作用示意图

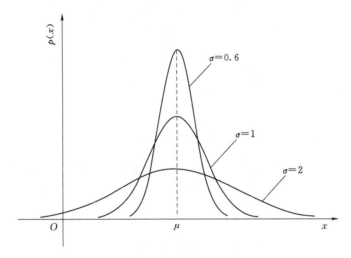

图 5-7 正态曲线形参作用示意图

normal distribution），记作 $X\sim N(0,1)$．其概率密度和分布函数通常分别用 $\varphi(x)$，$\Phi(x)$ 表示，即

$$\varphi(x)=\frac{1}{\sqrt{2\pi}}\mathrm{e}^{-\frac{x^2}{2}},\ -\infty<x<+\infty$$

$$\Phi(x)=\int_{-\infty}^{x}\varphi(t)\mathrm{d}t=\frac{1}{\sqrt{2\pi}}\int_{-\infty}^{x}\mathrm{e}^{-\frac{t^2}{2}}\mathrm{d}t,\ -\infty<x<+\infty$$

因为 $\varphi(x)$ 的曲线关于 y 轴对称，如图5-8所示，故有

$$\Phi(-x)=1-\Phi(x),\ P\{|X|\leqslant x\}=2\Phi(x)-1$$

对标准正态分布的分布函数 $\Phi(x)$，利用近似计算方法求出其近似值，并编制成表，称为**标准正态分布表**，供计算时查用．

（一）正态分布与标准正态分布的关系

定理 设 $X\sim N(\mu,\sigma^2)$，分布函数为 $F(x)$，则有

5-8

正态分布

$$F(x) = \Phi\left(\frac{x-\mu}{\sigma}\right)$$

其中 $\Phi(x)$ 是标准正态分布的分布函数.

证明 作变换 $y = \dfrac{t-\mu}{\sigma}$, 有

$$F(x) = \frac{1}{\sqrt{2\pi}\,\sigma}\int_{-\infty}^{x} \mathrm{e}^{\frac{-(t-\mu)^2}{2\sigma^2}}\,\mathrm{d}t$$

$$= \frac{1}{\sqrt{2\pi}}\int_{-\infty}^{\frac{x-\mu}{\sigma}} \mathrm{e}^{-\frac{y^2}{2}}\,\mathrm{d}y = \Phi\left(\frac{x-\mu}{\sigma}\right)$$

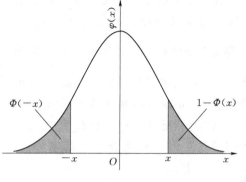

图 5-8　标准正态分布密度曲线

所以

$$F(x) = \Phi\left(\frac{x-\mu}{\sigma}\right)$$

推论 若 $X \sim N(\mu, \sigma^2)$, 则

(1) 设 $Y = \dfrac{X-\mu}{\sigma}$, 则 $Y \sim N(0,1)$;

(2) $P\{a < X \leqslant b\} = F(b) - F(a) = \Phi\left(\dfrac{b-\mu}{\sigma}\right) - \Phi\left(\dfrac{a-\mu}{\sigma}\right)$.

因此任何一个一般的正态分布都可通过线性变换转化为标准正态分布. 若 $X \sim N(\mu, \sigma^2)$, 则有

$$P\{\mu-\sigma < X \leqslant \mu+\sigma\} = 2\Phi(1)-1 = 0.6826$$

$$P\{\mu-2\sigma < X \leqslant \mu+2\sigma\} = 2\Phi(2)-1 = 0.9544$$

$$P\{\mu-3\sigma < X \leqslant \mu+3\sigma\} = 2\Phi(3)-1 = 0.9974$$

由此注意到, 对于正态随机变量来说, 它的值几乎全部落在区间 $[\mu-3\sigma, \mu+3\sigma]$ 内, 超出这个范围的可能性不到 0.3%, 这就是所谓的 "3σ 规则", 它在质量控制等领域有着十分广泛的应用.

【例 5-10】 设 $X \sim N(3.4, 2^2)$, 计算 $P\{X \leqslant 5.8\}, P\{0 < X \leqslant 6\}$.

解
$$P\{X \leqslant 5.8\} = \Phi\left(\frac{5.8-3.4}{2}\right) = \Phi(1.2) = 0.8849$$

$$P\{0 < X \leqslant 6\} = \Phi\left(\frac{6-3.4}{2}\right) - \Phi\left(\frac{0-3.4}{2}\right) = \Phi(1.3) - \Phi(-1.7)$$

$$= \Phi(1.3) - [1 - \Phi(1.7)] = 0.9032 - (1 - 0.9554) = 0.8586$$

【例 5-11】 设 $X \sim N(40, 36)$.

(1) 求 x_1, 使 $P\{X > x_1\} = 0.14$;

(2) 求 x_2, 使 $P\{X < x_2\} = 0.45$.

解 (1) 由 $P\{X > x_1\} = 1 - F(x_1) = 1 - \Phi\left(\dfrac{x_1-40}{6}\right) = 0.14$ 可知

$$\Phi\left(\frac{x_1-40}{6}\right)=0.86$$

查表得 $\frac{x_1-40}{6}=1.08$，从而得 $x_1=1.08\times6+40=46.48$.

（2）由 $P\{X<x_2\}=F(x_2)=\Phi\left(\frac{x_2-40}{6}\right)=0.45$，由标准正态分布的对称性知

$\Phi\left(-\frac{x_2-40}{6}\right)=0.55$，查表得，$-\frac{x_2-40}{6}=0.13$，所以 $x_2=-0.13\times6+40=39.22$.

由正态分布还可以引导出另外一些常用分布，如数理统计中最常用的三种分布：χ^2 分布、t 分布、F 分布. 因此，在概率论及数理统计理论研究和实际应用中，正态分布都起着特别重要的作用.

（二）正态分布的数字特征

【例 5-12】 设 $X\sim N(0,1)$，则 $E(X)=0$，$E(X^2)=1$.

证明 因为 $X\sim N(0,1)$，其密度函数 $p(x)=\frac{1}{\sqrt{2\pi}}e^{-\frac{x^2}{2}}$.

（1）
$$E(X)=\int_{-\infty}^{+\infty}x\frac{1}{\sqrt{2\pi}}e^{-\frac{x^2}{2}}dx=0$$

（2）
$$E(X^2)=\int_{-\infty}^{+\infty}x^2\frac{1}{\sqrt{2\pi}}e^{-\frac{x^2}{2}}dx=-\int_{-\infty}^{+\infty}x\frac{1}{\sqrt{2\pi}}d(e^{-\frac{x^2}{2}})$$
$$=-x\frac{1}{\sqrt{2\pi}}e^{-\frac{x^2}{2}}\Big|_{-\infty}^{+\infty}+\int_{-\infty}^{+\infty}\frac{1}{\sqrt{2\pi}}e^{-\frac{x^2}{2}}dx=1$$

定理 设随机变量 $X\sim N(\mu,\sigma^2)$，则其数学期望 $E(X)=\mu$，方差 $D(X)=\sigma^2$.

证明 令 $Z=\frac{X-\mu}{\sigma}$，则 $Z\sim N(0,1)$，$E(Z)=0$，$D(Z)=1$，$X=\sigma Z+\mu$，所以
$$E(X)=E(\sigma Z+\mu)=\sigma E(Z)+\mu=\mu$$
$$D(X)=D(\sigma Z+\mu)=\sigma^2 D(Z)=\sigma^2$$

由此可见，正态分布由它的数学期望和标准差完全确定.

【例 5-13】 设随机变量 $X\sim N(0,1)$，$Y=e^X$，求 Y 的概率密度函数.

解
$$F_Y(y)=P\{Y\leqslant y\}=P\{e^X\leqslant y\}$$
$$=\begin{cases}P\{X\leqslant \ln y\}, & y>0\\ 0, & y\leqslant 0\end{cases}=\begin{cases}\int_{-\infty}^{\ln y}\frac{1}{\sqrt{2\pi}}e^{-\frac{x^2}{2}}dx, & y>0\\ 0, & y\leqslant 0\end{cases}$$

由分布函数与密度函数的关系，可得 Y 的密度函数为

$$p_Y(y)=F'_Y(y)=\begin{cases}\dfrac{1}{\sqrt{2\pi}\,y}e^{-\frac{(\ln y)^2}{2}}, & y>0\\ 0, & y\leqslant 0\end{cases}$$

通常称此例中的 Y 服从对数正态分布，它也是一种常用的寿命分布.

（三）二维正态分布

定义 如果二维随机变量 (X,Y) 的联合概率密度为

$$p(x,y) = \frac{1}{2\pi\sigma_1\sigma_2\sqrt{1-\rho^2}}\exp\left\{-\frac{1}{2(1-\rho^2)}\left[\left(\frac{x-\mu_1}{\sigma_1}\right)^2 - 2\rho\frac{(x-\mu_1)(y-\mu_2)}{\sigma_1\sigma_2} + \left(\frac{y-\mu_2}{\sigma_2}\right)^2\right]\right\},$$

$-\infty < x, y < +\infty$，其中参数 μ_1，μ_2，$\sigma_1 > 0$，$\sigma_2 > 0$，$|\rho| < 1$ 为常数，则称 (X,Y) 服从参数为 μ_1，μ_2，σ_1，σ_2，ρ 的**二维正态分布**（Two - dimension normal distribution），记为 $(X,Y) \sim N(\mu_1, \mu_2, \sigma_1^2, \sigma_2^2, \rho)$.

这里 $\exp(x)$ 表示指数函数 e^x. 如图 5 - 9 所示，二维正态分布在中心（μ_1，μ_2）附近密度较高，离中心越远，密度越小.

【例 5 - 14】 设 $(X,Y) \sim N(\mu_1, \mu_2, \sigma_1^2, \sigma_2^2, \rho)$，求 (X,Y) 关于 X 和关于 Y 的边缘概率密度.

解 作变量代换 $t = \dfrac{y-\mu_2}{\sigma_2}$，得

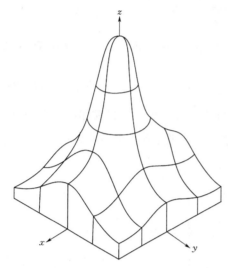

图 5 - 9　二维正态分布概率密度曲面图

$$
\begin{aligned}
p_X(x) &= \int_{-\infty}^{+\infty} p(x,y)\mathrm{d}y \\
&= \int_{-\infty}^{+\infty} \frac{1}{2\pi\sigma_1\sqrt{1-\rho^2}}\exp\left\{-\frac{1}{2(1-\rho^2)}\left[\frac{(x-\mu_1)^2}{\sigma_1^2} - \frac{2\rho(x-\mu_1)t}{\sigma_1} + t^2\right]\right\}\mathrm{d}t \\
&= \int_{-\infty}^{+\infty} \frac{1}{2\pi\sigma_1\sqrt{1-\rho^2}}\exp\left\{-\frac{1}{2(1-\rho^2)}\left[(1-\rho^2+\rho^2)\frac{(x-\mu_1)^2}{\sigma_1^2} - \frac{2\rho(x-\mu_1)t}{\sigma_1} + t^2\right]\right\}\mathrm{d}t \\
&= \frac{1}{\sqrt{2\pi}\sigma_1}e^{-\frac{(x-\mu_1)^2}{2\sigma_1^2}}\int_{-\infty}^{+\infty}\frac{1}{\sqrt{2\pi}\sqrt{1-\rho^2}}\exp\left\{-\frac{1}{2(1-\rho^2)}\left[t - \frac{\rho(x-\mu_1)}{\sigma_1}\right]^2\right\}\mathrm{d}t
\end{aligned}
$$

注意到上式积分号内的被积函数恰好是正态分布 $N\left(\dfrac{\rho(x-\mu_1)}{\sigma_1}, 1-\rho^2\right)$ 的概率密度，利用概率密度的规范性知该积分值为 1，于是有

$$p_X(x) = \frac{1}{\sqrt{2\pi}\,\sigma_1}e^{-\frac{(x-\mu_1)^2}{2\sigma_1^2}}$$

由对称性，可得 $p_Y(y) = \dfrac{1}{\sqrt{2\pi}\,\sigma_2}e^{-\frac{(y-\mu_2)^2}{2\sigma_2^2}}$，因此 $X \sim N(\mu_1, \sigma_1^2)$，$Y \sim N(\mu_2, \sigma_2^2)$.

这说明二维正态分布的边缘分布是一维正态分布. 由于这两个边缘概率密度中都不含参数 ρ，这就说明了：联合分布决定了边缘分布，但边缘分布一般不能决定联合分布. 同是以 $N(\mu_1, \sigma_1^2)$ 和 $N(\mu_2, \sigma_2^2)$ 作为边缘分布，参数 ρ 在区间 $(-1,1)$ 任意取一个值，就可得到一个不同的联合正态分布. 由下面的例题可知，参数 ρ 确实反映了两个分量 X 与 Y 的相依程度. 即联合概率密度所反映的信息，不仅包含了各自的特征，

还包含着二者之间某种关系的信息.

【例 5 - 15】 设 $(X,Y) \sim N(\mu_1,\mu_2,\sigma_1^2,\sigma_2^2,\rho)$，求 X 和 Y 的协方差和相关系数.

解 因为 $X \sim N(\mu_1,\sigma_1^2)$，$Y \sim N(\mu_2,\sigma_2^2)$. 所以，$E(X)=\mu_1$，$E(Y)=\mu_2$，$D(X)=\sigma_1^2$，$D(Y)=\sigma_2^2$. 而

$$Cov(X,Y)=\int_{-\infty}^{+\infty}\int_{-\infty}^{+\infty}(x-\mu_1)(y-\mu_2)p(x,y)\mathrm{d}x\mathrm{d}y$$

$$=\frac{1}{2\pi\sigma_1\sigma_2\sqrt{1-\rho^2}}\int_{-\infty}^{+\infty}\int_{-\infty}^{+\infty}(x-\mu_1)(y-\mu_2)$$

$$\times\exp\left\{-\frac{(x-\mu_1)^2}{2\sigma_1^2}\right\}\exp\left\{-\frac{1}{2(1-\rho^2)}\left(\frac{y-\mu_2}{\sigma_2}-\rho\frac{x-\mu_1}{\sigma_1}\right)^2\right\}\mathrm{d}y\mathrm{d}x$$

令 $t=\frac{1}{\sqrt{1-\rho^2}}\left(\frac{y-\mu_2}{\sigma_2}-\rho\frac{x-\mu_1}{\sigma_1}\right)$，$u=\frac{x-\mu_1}{\sigma_1}$，则有

$$Cov(X,Y)=\frac{1}{2\pi}\int_{-\infty}^{+\infty}\int_{-\infty}^{+\infty}(\sigma_1\sigma_2\sqrt{1-\rho^2}\,tu+\rho\,\sigma_1\sigma_2u^2)\mathrm{e}^{-\frac{u^2}{2}-\frac{t^2}{2}}\mathrm{d}t\mathrm{d}u$$

$$=\frac{\rho\,\sigma_1\sigma_2}{2\pi}\left(\int_{-\infty}^{+\infty}u^2\mathrm{e}^{\frac{u^2}{2}}\mathrm{d}u\right)\left(\int_{-\infty}^{+\infty}\mathrm{e}^{\frac{t^2}{2}}\mathrm{d}t\right)+\frac{\sigma_1\sigma_2\sqrt{1-\rho^2}}{2\pi}\left(\int_{-\infty}^{+\infty}u\mathrm{e}^{\frac{u^2}{2}}\mathrm{d}u\right)\left(\int_{-\infty}^{+\infty}t\mathrm{e}^{\frac{t^2}{2}}\mathrm{d}t\right)$$

$$=\rho\,\sigma_1\sigma_2$$

即

$$Cov(X,Y)=\rho\,\sigma_1\sigma_2$$

于是

$$\rho_{XY}=\frac{Cov(X,Y)}{\sqrt{D(X)}\sqrt{D(Y)}}=\rho$$

这就是说二维正态随机变量 (X,Y) 的概率密度的参数 ρ 就是 X 和 Y 的相关系数，因而二维正态随机变量的分布完全由 X 和 Y 的数学期望、方差以及它们的相关系数所确定.

【例 5 - 16】 设 $(X,Y) \sim N(\mu_1,\mu_2,\sigma_1^2,\sigma_2^2,\rho)$，证明 X，Y 的独立的充要条件是 $\rho=0$.

证明 （1）如果 X，Y 相互独立，有

$$p(x,y)=p_X(x)p_Y(y)=\frac{1}{2\pi\sigma_1\sigma_2}\exp\left\{-\frac{1}{2}\left[\left(\frac{x-\mu_1}{\sigma_1}\right)^2+\left(\frac{y-\mu_2}{\sigma_2}\right)^2\right]\right\}$$

而

$$p(x,y)=\frac{1}{2\pi\sigma_1\sigma_2\sqrt{1-\rho^2}}\exp\left\{-\frac{1}{2(1-\rho^2)}\left[\left(\frac{x-\mu_1}{\sigma_1}\right)^2-2\rho\frac{(x-\mu_1)(y-\mu_2)}{\sigma_1\sigma_2}+\left(\frac{y-\mu_2}{\sigma_2}\right)^2\right]\right\}$$

令 $x=\mu_1$，$y=\mu_2$，比较两式可得 $\sqrt{1-\rho^2}=1$，即 $\rho=0$.

（2）如果 $\rho=0$ 将它代入 $p(x,y)$ 的表达式，即得 $p(x,y)=p_X(x)p_Y(y)$.

综上所述，二维正态分布 (X,Y) 中 X，Y 相互独立的充要条件是 $\rho=0$. 因此，对于二维正态随机变量 (X,Y)，X 和 Y 不相关与 X 和 Y 相互独立是等价的.

【例 5 - 17】 设 X 与 Y 相互独立且都服从标准正态分布，求 $Z=X+Y$ 的分布.

解 (1) 求 Z 的分布函数 $F_Z(z)$

$$F_Z(z) = P\{Z \leqslant z\} = P\{X+Y \leqslant z\} = \iint\limits_{x+y \leqslant z} p_X(x) f_Y(y) \mathrm{d}x\mathrm{d}y = \int_{-\infty}^{+\infty} \mathrm{d}x \int_{-\infty}^{z-x} \frac{1}{2\pi} \mathrm{e}^{-\frac{x^2+y^2}{2}} \mathrm{d}y$$

(2) 求 Z 的密度函数 $p_Z(z)$

$$p_Z(z) = \frac{\mathrm{d}}{\mathrm{d}z}(F_Z(z)) = \frac{\mathrm{d}}{\mathrm{d}z}\left(\int_{-\infty}^{+\infty} \mathrm{d}x \int_{-\infty}^{z-x} \frac{1}{2\pi} \mathrm{e}^{-\frac{x^2+y^2}{2}} \mathrm{d}y \right) = \int_{-\infty}^{+\infty} \frac{1}{2\pi} \mathrm{e}^{-\frac{x^2+(z-x)^2}{2}} \mathrm{d}x$$

$$= \frac{1}{2\pi} \mathrm{e}^{-\frac{z^2}{4}} \int_{-\infty}^{+\infty} \mathrm{e}^{-\left(x-\frac{z}{2}\right)^2} \mathrm{d}x = \frac{1}{\sqrt{2\pi} \times \sqrt{2}} \ \mathrm{e}^{-\frac{z^2}{4}} \ \frac{1}{\sqrt{2\pi} \times \frac{1}{\sqrt{2}}} \int_{-\infty}^{+\infty} \mathrm{e}^{-\frac{1}{2}\left(\frac{x-z/2}{1/\sqrt{2}}\right)^2} \mathrm{d}x$$

$$= \frac{1}{\sqrt{2\pi}\sqrt{2}} \mathrm{e}^{-\frac{z^2}{4}}, \ -\infty < z < +\infty$$

$$\left(\text{如果 } X \sim N(\mu, \sigma^2), \text{ 则 } \frac{1}{\sqrt{2\pi}\sigma} \int_{-\infty}^{+\infty} \mathrm{e}^{-\frac{1}{2}\left(\frac{x-\mu}{\sigma}\right)^2} \mathrm{d}x = 1, \text{ 此处 } \mu = \frac{z}{2}, \quad \sigma^2 = \frac{1}{2} \right).$$

定理 设随机变量 $X_i \sim N(\mu_i, \sigma_i^2)$, $i=1,2,\cdots,n$, 且相互独立, $a_i(i=1,2,\cdots,n)$ 及 b 为任意常数, 则随机变量

$$a_1 X_1 + a_2 X_2 + \cdots + a_n X_n + b = \sum_{i=1}^{n} a_i X_i + b \sim N(\mu, \sigma^2)$$

其中

$$\mu = a_1 \mu_1 + a_2 \mu_2 + \cdots + a_n \mu_n + b = \sum_{i=1}^{n} a_i \mu_i + b$$

$$\sigma^2 = a_1^2 \sigma_1^2 + a_2^2 \sigma_1^2 + \cdots + a_n^2 \sigma_1^2 = \sum_{i=1}^{n} a_i^2 \sigma_i^2$$

定理不予证明. 定理表明, 相互独立且都服从正态分布的随机变量的线性组合也服从正态分布. 这是正态分布的又一优良特性. 此结论非常重要, 请大家牢记.

【**例 5 - 18**】 设 $X \sim N(3, 2^2)$ 与 $Y \sim N(1, 3^2)$ 相互独立, 求 $Z = X - 2Y + 1$ 的密度函数.

解 因为 $E(Z) = E(X) - 2E(Y) + 1 = 2$, $D(Z) = D(X) + 4D(Y) = 40$, 所以 $Z \sim N(2, 40)$, 从而 $Z = X - 2Y + 1$ 的密度函数为

$$p(z) = \frac{1}{\sqrt{2\pi}\sqrt{40}} \mathrm{e}^{-\frac{(z-2)^2}{2 \times 40}} = \frac{1}{\sqrt{80\pi}} \mathrm{e}^{-\frac{(z-2)^2}{80}}$$

第三节 极 限 理 论

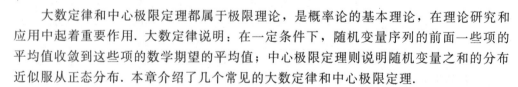

大数定律和中心极限定理都属于极限理论, 是概率论的基本理论, 在理论研究和应用中起着重要作用. 大数定律说明: 在一定条件下, 随机变量序列的前面一些项的平均值收敛到这些项的数学期望的平均值; 中心极限定理则说明随机变量之和的分布近似服从正态分布. 本章介绍了几个常见的大数定律和中心极限定理.

一、切比雪夫（Chebyshev）不等式

定理（切比雪夫不等式） 设随机变量 X 具有: ①数学期望 $E(X) = \mu$; ②方差

$D(X) = \sigma^2$，则对于任意常数 $\varepsilon > 0$，都有

$$P\{|X-\mu| \geqslant \varepsilon\} \leqslant \frac{\sigma^2}{\varepsilon^2}$$

证明　这里只证明 X 为连续型随机变量的情形. 设随机变量 X 的概率密度为 $p(x)$，则有

$$P\{|X-\mu| \geqslant \varepsilon\} = \int_{|x-\mu| \geqslant \varepsilon} p(x)\mathrm{d}x \leqslant \int_{|x-\mu| \geqslant \varepsilon} \frac{|x-\mu|^2}{\varepsilon^2} p(x)\mathrm{d}x$$

$$\leqslant \frac{1}{\varepsilon^2} \int_{-\infty}^{+\infty} (x-\mu)^2 p(x)\mathrm{d}x = \frac{\sigma^2}{\varepsilon^2}$$

◆ 切比雪夫不等式也可以写成 $P\{|X-\mu| < \varepsilon\} \geqslant 1 - \frac{\sigma^2}{\varepsilon^2}$.

◆ 切比雪夫不等式表明：随机变量 X 的方差越小，则事件 $\{|X-\mu| < \varepsilon\}$ 发生的概率越大，即 X 的取值基本上集中在它的期望 μ 附近.

【例 5-19】　根据过去统计资料知道，某产品的废品率为 0.01，现从该产品的某批中抽取 100 件检查，试用切比雪夫不等式估计这 100 件产品的废品率与 0.01 之差的绝对值小于 0.02 的概率.

解　设 X 表示 100 件产品中的废品数，由题意知，$X \sim B(100, 0.01)$，因为

$$E\left(\frac{X}{100}\right) = \frac{1}{100} \times 100 \times 0.01 = 0.01$$

$$D\left(\frac{X}{100}\right) = \frac{1}{10000} \times 100 \times 0.99 \times 0.01 = \frac{99}{1000000}$$

由切比雪夫不等式得

$$P\left\{\left|\frac{X}{100} - 0.01\right| < 0.02\right\} = P\left\{\left|\frac{X}{100} - E\left(\frac{X}{100}\right)\right| < 0.02\right\} \geqslant 1 - \frac{D\left(\frac{X}{100}\right)}{0.02^2} = 0.7525$$

二、大数定律

定义　设 $\{X_k\}$ 是随机变量序列，数学期望 $E(X_k)$，$k = 1, 2, \cdots$ 存在，若对于任意 $\varepsilon > 0$，有

$$\lim_{n \to \infty} P\left\{\left|\frac{1}{n} \sum_{k=1}^{n} X_k - \frac{1}{n} \sum_{k=1}^{n} E(X_k)\right| < \varepsilon\right\} = 1$$

则称随机变量序列 $\{X_k\}$ **服从大数定律**.

（一）切比雪夫大数定律

定理［切比雪夫（Chebyshev）大数定律］　设随机变量序列 $\{X_k\}$：①两两不相关；②方差有界，即存在常数 $C > 0$，使

$$D(X_i) \leqslant C, \ i = 1, 2, \cdots$$

则对任意 $\varepsilon > 0$，有

$$\lim_{n \to \infty} P\left\{\left|\frac{1}{n} \sum_{i=1}^{n} X_i - \frac{1}{n} \sum_{i=1}^{n} E(X_i)\right| < \varepsilon\right\} = 1$$

证明 记 $Y_n = \dfrac{1}{n}\sum_{k=1}^{n}X_k$，则 $E(Y_n)=E\left(\dfrac{1}{n}\sum_{k=1}^{n}X_k\right)=\dfrac{1}{n}\sum_{k=1}^{n}E(X_k)$，因为 X_1，X_2，$\cdots$，X_n，$\cdots$ 两两不相关，故

$$D(Y_n)=D\left(\frac{1}{n}\sum_{k=1}^{n}X_k\right)=\frac{1}{n^2}\sum_{k=1}^{n}D(X_k)\leqslant\frac{C}{n}$$

$$\lim_{n\to\infty}P\left\{\left|\frac{1}{n}\sum_{i=1}^{n}X_i-\frac{1}{n}\sum_{i=1}^{n}E(X_i)\right|<\varepsilon\right\}=\lim_{n\to\infty}P\{|Y_n-E(Y_n)|<\varepsilon\}$$

$$\geqslant\lim_{n\to\infty}\left(1-\frac{D(Y_n)}{\varepsilon^2}\right)\geqslant\lim_{n\to\infty}\left(1-\frac{C}{n\varepsilon^2}\right)=1$$

【例 5-20】 设 $X_1,X_2,\cdots,X_n,\cdots$ 是相互独立的随机变量序列，且

$$P(X_n=0)=1-\frac{2}{n^2},\quad P(X_n=n)=\frac{1}{n^2},\quad P(X_n=-n)=\frac{1}{n^2},\quad n=1,2,\cdots$$

问 $X_1,X_2,\cdots,X_n,\cdots$ 是否服从大数定律？

解 因 $E(X_n)=0\times\left(1-\dfrac{2}{n^2}\right)+n\times\dfrac{1}{n^2}+(-n)\times\dfrac{1}{n^2}=0$

$$E(X_n^2)=0^2\times\left(1-\frac{2}{n^2}\right)+n^2\times\frac{1}{n^2}+(-n)^2\times\frac{1}{n^2}=2$$

$$D(X_n)=E(X_n^2)-[E(X_n)]^2=2-0=2$$

故 $X_1,X_2,\cdots,X_n,\cdots$ 满足切比雪夫大数定律的条件，从而服从大数定律.

（二）伯努利大数定律

定理（伯努利大数定律） 设 n_A 是 n 重伯努利试验中事件 A 出现的次数，p 是事件 A 在每次试验中出现的概率，则对任意 $\varepsilon>0$，有

$$\lim_{n\to\infty}P\left\{\left|\frac{n_A}{n}-p\right|<\varepsilon\right\}=1$$

证明 令 $X_n=\begin{cases}1,&\text{在第 }n\text{ 次试验中 }A\text{ 出现}\\0,&\text{在第 }n\text{ 次试验中 }A\text{ 不出现}\end{cases}$，则 $X_1,X_2,\cdots,X_n,\cdots$ 是独立同分布随机变量序列，且

$$E(X_n)=p,D(X_n)=p(1-p)=\frac{1}{4}-\left(p-\frac{1}{2}\right)^2<\frac{1}{4}$$

又因为 $n_A=\sum_{i=1}^{n}X_i$，因此满足切比雪夫大数定律的条件，从而 $\lim_{n\to\infty}P\left\{\left|\dfrac{n_A}{n}-p\right|<\varepsilon\right\}=1$ 成立.

◆ 伯努利大数定律表明：当试验次数 n 趋于无穷大时，"事件出现的频率与事件出现的概率相等"这一事件成立的概率为 1. 也就是说，当 n 很大时，事件出现的频率与概率有较大偏差的可能性很小. 因此，在实际应用中，当试验次数很大时，常常以事件出现的频率来代替事件出现的概率.

（三）辛钦大数定律

切比雪夫大数定律中要求随机变量 $X_1,X_2,\cdots,X_n,\cdots$ 的方差存在. 但在这些随机变量服从相同分布的场合，并不需要这一要求，不加证明地给出以下的定理.

定理（辛钦大数定律） 设随机变量序列 $\{X_k\}$：①相互独立；②同分布；③数学期望 $E(X_i)=\mu(i=1,2,\cdots)$，则对任意 $\varepsilon>0$，有

$$\lim_{n\to\infty}P\left\{\left|\frac{1}{n}\sum_{i=1}^{n}X_i-\mu\right|<\varepsilon\right\}=1$$

◆ 伯努利大数定律是辛钦大数定律的特殊情况.

◆ 辛钦大数定律提供了求随机变量数学期望的近似值的方法，设想对随机变量 X 独立重复地观察 n 次，第 i 次的观察结果记为 X_i，则 $X_1,X_2,\cdots,X_n$ 相互独立，且每个 X_i 与 X 的分布相同. 若得到 $X_1,X_2,\cdots,X_n$ 的观察值 $x_1,x_2,\cdots,x_n$，在 $E(X)$ 存在的条件下，根据辛钦大数定律，当 n 足够大时，有 $E(X)\approx\dfrac{1}{n}\sum_{k=1}^{n}x_k$.

三、中心极限定理

在客观实际中有许多随机变量，它们是由大量相互独立的随机因素的综合影响所形成的. 而其中每一个因素在总的影响中所起的作用是微小的. 这类随机变量往往近似地服从正态分布. 这种现象就是中心极限定理的客观背景.

以一门大炮的射程为例，影响大炮的射程的随机因素包括：大炮炮身结构导致的误差，炮弹及炮弹内炸药质量导致的误差，瞄准时的误差，受风速、风向的干扰而造成的误差等. 其中每一种误差造成的影响在总的影响中所起的作用是微小的，并且可以看成是相互独立的，人们关心的是这众多误差因素对大炮射程所造成的总的影响. 因此，需要讨论大量独立随机变量和的问题.

中心极限定理是棣莫佛（De Moivre）在 18 世纪首先提出的. 该定理在很一般的条件下证明了无论随机变量 $X_i(i=1,2,\cdots)$ 服从什么分布，当 $n\to\infty$ 时，n 个随机变量的和 $\sum\limits_{i=1}^{n}X_i$ 的极限分布是正态分布. 利用这些结论，数理统计中许多复杂随机变量的分布都可以用正态分布近似，而正态分布有许多完美的结论，从而可以获得既实用又简单的统计分析结果.

在研究许多随机因素产生的总影响时，一般可以归结为研究相互独立的随机变量之和的分布问题，而通常这种随机变量之和的项数都很多. 因此，需要构造一个项数越来越多的随机变量之和的序列：

$$Y_n=\sum_{i=1}^{n}X_i,\ n=1,2,\cdots$$

现在关心的是当 $n\to\infty$ 时，随机变量和 $Y_n=\sum\limits_{i=1}^{n}X_i$ 的极限分布是什么？由于直接研究 $Y_n=\sum\limits_{i=1}^{n}X_i$ 的极限分布不方便，故先将其标准化为

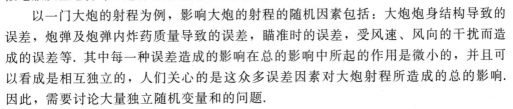

$$Y_n^*=\frac{Y_n-E(Y_n)}{\sqrt{D(Y_n)}}=\frac{\sum\limits_{i=1}^{n}X_i-\sum\limits_{i=1}^{n}E(X_i)}{\sqrt{D\left(\sum\limits_{i=1}^{n}X_i\right)}}$$

再来研究随机变量序列 $\{Y_n^*\}$ 的极限分布.

定义 设随机变量序列 $\{X_k\}$：①相互独立；②数学期望 $E(X_k)=\mu_k$；③方差 $D(X_k)=\sigma_k^2$. 令

$$Y_n^* = \frac{\sum\limits_{i=1}^{n} X_i - \sum\limits_{i=1}^{n} E(X_i)}{\sqrt{D\left(\sum\limits_{i=1}^{n} X_i\right)}}$$

若对于一切实数 x，有

$$\lim_{n \to \infty} P\{Y_n^* \leqslant x\} = \frac{1}{\sqrt{2\pi}} \int_{-\infty}^{x} e^{-\frac{t^2}{2}} dt = \Phi(x)$$

则称随机变量序列 $\{X_k\}$ 服从**中心极限定理**.

不加证明地给出下面的独立同分布的中心极限定理.

定理（独立同分布的中心极限定理） 设随机变量序列 $\{X_k\}$：①相互独立；②同分布；③$E(X_i)=\mu$；④$D(X_i)=\sigma^2>0$.若记

$$Y_n^* = \frac{\sum\limits_{i=1}^{n} X_i - E\left(\sum\limits_{i=1}^{n} X_i\right)}{\sqrt{D\left(\sum\limits_{i=1}^{n} X_i\right)}} = \frac{\sum\limits_{i=1}^{n} X_i - n\mu}{\sqrt{n}\,\sigma}$$

则对于任意实数 x 有

$$\lim_{n \to \infty} F_n(x) = \lim_{n \to \infty} P\{Y_n^* \leqslant x\} = \int_{-\infty}^{x} \frac{1}{\sqrt{2\pi}} e^{-\frac{t^2}{2}} dt = \Phi(x)$$

◆ 由定理可知：n 个独立同分布，数学期望和方差都存在的随机变量之和 $\sum\limits_{i=1}^{n} X_i$，不论 X_i 服从什么分布，当 n 足够大时，$\sum\limits_{i=1}^{n} X_i$ 近似地服从正态分布 $N(n\mu, n\sigma^2)$. 从而

$$P\left\{a < \sum_{i=1}^{n} X_i \leqslant b\right\} = P\left\{\frac{\sum\limits_{i=1}^{n} X_i - n\mu}{\sqrt{n}\,\sigma} \leqslant \frac{b-n\mu}{\sqrt{n}\,\sigma}\right\} \approx \Phi\left(\frac{b-n\mu}{\sqrt{n}\,\sigma}\right) - \Phi\left(\frac{a-n\mu}{\sqrt{n}\,\sigma}\right)$$

◆ 实际中，如果 $n \geqslant 30$，上面正态分布的近似效果一般是好的；如果 $n < 30$，只有 X_i 的分布不太异于正态分布的情况下才是好的. 如果 X_i 服从正态分布，则不论 n 多小，$\sum\limits_{i=1}^{n} X_i$ 都会精确地服从正态分布.

【例 5-21】 一保险公司有 1 万个投保人，每个投保人的索赔金额的数学期望为 250 元，标准差为 500 元，求索赔总金额不超过 260 万元概率.

解 设第 i 个投保人的索赔金额为 X_i $(i=1,2,\cdots,10000)$，则 $X_1,X_2,\cdots,X_{10000}$ 独立同分布；又设 X 为 1 万个投保人的索赔总金额，则有 $X = X_1 + X_2 + \cdots + X_{10000}$，且

$$E(X_i)=250, \quad D(X_i)=500^2, \quad i=1,2,\cdots,10000$$

$$E(X) = 10000 \times 250 = 2500000, \quad D(X) = 10000 \times 500^2 = 50000^2$$

由中心极限定理, 可得索赔总金额不超过 260 万元的概率为

$$P\{X \leqslant 2600000\} \approx \Phi\left(\frac{2600000 - 2500000}{50000}\right) = \Phi(2) = 0.9772$$

【例 5-22】 对于一个学校而言, 来参加家长会的家长人数是一个随机变量, 设一个学生无家长、1 名家长和 2 名家长来参加会议的概率分别 0.05、0.8 和 0.15. 假设学校共有 400 名学生, 各学生参加会议的家长数相互独立, 且服从同一分布. 求参加会议的家长数 X 超过 450 的概率.

解 用 $X_i (i=1,2,\cdots,400)$ 记第 i 个学生来参加会议的家长数, 则 X_i 的概率分布为

X_i	0	1	2
P	0.05	0.8	0.15

易知 $X_1, X_2, \cdots, X_{400}$ 相互独立, $E(X_i) = 1.1, D(X_i) = 0.19, i = 1,2,\cdots,400$, 参加会议的家长数 $X = \sum\limits_{i=1}^{400} X_i$, 由中心极限定理有

$$P\{X > 450\} = P\left\{\sum_{i=1}^{400} X_i > 450\right\} = 1 - P\left\{\sum_{i=1}^{400} X_i \leqslant 450\right\}$$

$$\approx 1 - \Phi\left(\frac{450 - 400 \times 1.1}{\sqrt{400}\sqrt{0.19}}\right) \approx 1 - \Phi(1.147) = 0.1257$$

【例 5-23】 某单位设置一电话总机, 共有 200 个电话分机, 若每个分机有 5% 的时间要使用外线通话, 假设每个分机是否使用外线通话是相互独立的. 问总机要有多少条外线才能保证每个分机正常使用外线的概率不小于 90%?

解 设 X 为 200 个电话分机中要使用外线通话的分机数, 则
$X \sim B(200, 0.05)$, 如果有外线 n 条, 则 $P\{X \leqslant n\} \geqslant 0.9$. 由中心极限定理得

$$P\{X \leqslant n\} \approx \Phi\left(\frac{n - 200 \times 0.05}{\sqrt{200 \times 0.05 \times 0.95}}\right) = \Phi\left(\frac{n-10}{\sqrt{9.5}}\right) \geqslant 0.90$$

查正态分布表, 知 $\Phi(1.28) \geqslant 0.90$, 所以 $\dfrac{n-10}{\sqrt{9.5}} \geqslant 1.28$, 解得 $n \geqslant 13.945$. 因此总机应备 14 条外线才能保证各分机正常使用外线的概率不小于 90%.

➤ 习题

一、选择题

1. 设随机变量 $X \sim B(2, p)$, $Y \sim B(4, p)$, 已知 $P\{X \geqslant 1\} = \dfrac{5}{9}$, 则 $P\{Y \geqslant 1\} = $ (   ).

A. $\dfrac{65}{81}$ 　　　　 B. $\dfrac{56}{81}$ 　　　　 C. $\dfrac{80}{81}$ 　　　　 D. 1

5-12

重要知识点与典型例题

5-13

习题五答案

2. 设 $X \sim B(n,p)$，且 $E(X)=2.4, D(X)=1.2^2$，则参数 n 与 p 之值为（　　）.

A. $n=4$，$p=0.6$　　　　　　　B. $n=6$，$p=0.4$

C. $n=25$，$p=0.096$　　　　　D. $n=3$，$p=0.8$

3. 随机变量 X 服从参数 $\lambda=4$ 的泊松分布，则 $E(X^2)=$（　　）.

A. 16　　　　B. 20　　　　C. 4　　　　D. 12

4. 设随机变量 X 服从 $\lambda=2$ 的泊松分布. 则 $D(2X)=$（　　）.

A. 8　　　　B. 4　　　　C. 2　　　　D. 16

5. 设 X 与 Y 都服从区间 $[0,2]$ 上的均匀分布，则 $E(X+Y)=$（　　）.

A. 1　　　　B. 2　　　　C. 0.5　　　　D. 4

6. 随机变量 X 服从 $[-3,3]$ 上的均匀分布，则 $E(X^2)=$（　　）.

A. 3　　　　B. $\dfrac{9}{2}$　　　　C. 9　　　　D. 18

7. 随机变量 X 服从指数分布，参数 $\lambda=$（　　）时，$E(X^2)=18$.

A. 3　　　　B. 6　　　　C. $\dfrac{1}{6}$　　　　D. $\dfrac{1}{3}$

8. 设 X 服从参数为 λ 的指数分布. 且 $D(X)=4$，则 $\lambda=$（　　）.

A. 4　　　　B. 2　　　　C. $\dfrac{1}{2}$　　　　D. $\dfrac{1}{4}$

9. 已知随机变量 X 的分布函数 $\Phi(x)=\dfrac{1}{\sqrt{2\pi}}\displaystyle\int_{-\infty}^{x} e^{-\frac{t^2}{2}}\,dt$，则 $\Phi(-x)=$（　　）.

A. $\Phi(x)$　　　　B. $1-\Phi(x)$　　　　C. $-\Phi(x)$　　　　D. $\dfrac{1}{2}+\Phi(x)$

10. 设 $X \sim N(0,1)$，$Y=2X-1$，则 $Y \sim$（　　）.

A. $N(0,1)$　　　B. $N(-1,4)$　　　C. $N(-1,2)$　　　D. $N(-1,3)$

11. 若 X 的概率密度函数为 $p(x)=\dfrac{1}{\sqrt{\pi}}e^{-x^2+4x-4}$，则有（　　）.

A. $X \sim N(0,1)$　　　　　　　　B. $X \sim N\left(2,\dfrac{1}{2}\right)$

C. $X \sim N\left(4,\dfrac{1}{4}\right)$　　　　　　　D. $X \sim N(2,1)$

12. 设随机变量 X 的概率密度为 $p(x)=\dfrac{1}{\sqrt{2\pi}\sqrt{3}}e^{-\frac{(x-2)^2}{6}}$，则 $D(X)=$（　　）.

A. $\sqrt{3}$　　　B. $\sqrt{6}$　　　C. 3　　　D. 6

13. 设 $X \sim B(25,0.2)$，$Y \sim N(a,\sigma^2)$，且 $E(X)=E(Y)$，$D(X)=D(Y)$，则 Y 的密度函数 $p(y)=$（　　）.

A. $\dfrac{1}{\sqrt{2\pi}}e^{-\frac{y^2}{2}}$　　　　　　　　B. $\dfrac{1}{2\sqrt{2\pi}}e^{-\frac{y^2}{8}}$

C. $\dfrac{1}{2\sqrt{2\pi}}e^{-\frac{(y-5)^2}{8}}$　　　　　　D. $\dfrac{1}{4\sqrt{2\pi}}e^{-\frac{(y-5)^2}{32}}$

14. 随机变量 $X \sim N(a, \sigma^2)$，记 $g(\sigma) = P\{|X - a| < \sigma\}$，则随着 σ 的增大，$g(\sigma)$ 之值（   ）.

    A. 保持不变   B. 单调增大   C. 单调减少   D. 增减性不确定

15. 设 $X \sim N(a, \sigma^2)$，$Y \sim N(0, 1)$，则 X 与 Y 的关系为（   ）.

    A. $Y = \dfrac{X - a}{\sigma^2}$ B. $Y = aX + a$ C. $Y = \dfrac{X - a}{\sigma}$ D. $Y = \dfrac{X}{\sigma} - a$

16. 下列命题中错误的是（   ）.

    A. 若 $X \sim P(\lambda)$，则 $E(X) = D(X) = \lambda$

    B. 若 X 服从参数为 λ 的指数分布，则 $E(X) = D(X) = \dfrac{1}{\lambda}$

    C. 若 $X \sim B(1, \theta)$，则 $E(X) = \theta$，$D(X) = \theta(1 - \theta)$

    D. 若 $X \sim U[a, b]$，则 $E(X^2) = \dfrac{a^2 + ab + b^2}{3}$

17. 设 $E(X) = 6$，$D(X) = 6$，利用切比雪夫不等式估计得 $P\{0 < X < 12\} \geqslant$（   ）.

    A. $\dfrac{1}{6}$ B. $\dfrac{5}{6}$ C. $\dfrac{1}{3}$ D. $\dfrac{1}{2}$

18. 设 $E(X) = \mu$，$D(X) = \sigma^2$，利用切比雪夫不等式估计得 $P\{|X - \mu| < 4\sigma\} \geqslant$（   ）.

    A. $\dfrac{8}{9}$ B. $\dfrac{15}{16}$ C. $\dfrac{9}{10}$ D. $\dfrac{1}{10}$

19. 设随机变量 X 满足等式 $P\{|X - E(X)| \geqslant 2\} = 1/16$，则必有（   ）.

    A. $D(X) = \dfrac{1}{4}$ B. $D(X) > \dfrac{1}{4}$

    C. $D(X) < \dfrac{1}{4}$ D. $P\{|X - E(X)| < 2\} = \dfrac{15}{16}$

20. 设 $X_1, X_2, \cdots, X_n$ 独立同分布，且 $E(X_i) = 2$，$D(X_i) = 2$，利用切比雪夫不等式估计得 $P\left\{0 < \sum\limits_{i=1}^{n} X_i < 4n\right\} \geqslant$（   ）.

    A. $\dfrac{1}{2}$ B. $\dfrac{2n-1}{2n}$ C. $\dfrac{1}{2n}$ D. $\dfrac{1}{n}$

21. 设 $X_1, X_2, \cdots, X_9$ 独立同分布，且 $E(X_i) = 1$，$D(X_i) = 1$，则对于任意给定的正数 $\varepsilon > 0$ 有（   ）.

    A. $P\left\{\left|\sum\limits_{i=1}^{9} X_i - 1\right| < \varepsilon\right\} \geqslant 1 - \dfrac{1}{\varepsilon^2}$ B. $P\left\{\left|\dfrac{1}{9}\sum\limits_{i=1}^{9} X_i - 1\right| < \varepsilon\right\} \geqslant 1 - \dfrac{1}{\varepsilon^2}$

    C. $P\left\{\left|\sum\limits_{i=1}^{9} X_i - 9\right| < \varepsilon\right\} \geqslant 1 - \dfrac{1}{\varepsilon^2}$ D. $P\left\{\left|\sum\limits_{i=1}^{9} X_i - 9\right| < \varepsilon\right\} \geqslant 1 - \dfrac{9}{\varepsilon^2}$

22. 设 $X \sim B(n, p)$，$0 < p < 1$，则对于任一实数 x，有 $\lim\limits_{n \to +\infty} P\left\{\dfrac{X - np}{\sqrt{np(1-p)}} < x\right\} =$（   ）.

A. $\dfrac{1}{\sqrt{2\pi}}\displaystyle\int_{-\infty}^{x}\mathrm{e}^{-\frac{t^2}{2}}\mathrm{d}t$ B. 0

C. $\dfrac{1}{\sqrt{2\pi}}\displaystyle\int_{-\infty}^{+\infty}\mathrm{e}^{-\frac{t^2}{2}}\mathrm{d}t$ D. $\displaystyle\int_{-\infty}^{x}\mathrm{e}^{-\frac{t^2}{2}}\mathrm{d}t$

23. 设随机变量 X 服从正态分布 $N(\mu_1,\ \sigma_1^2)$，Y 服从正态分布 $N(\mu_2,\ \sigma_2^2)$，且 $P\{|X-\mu_1|<1\}>P\{|Y-\mu_2|<1\}$，则（   ）.

A. $\sigma_1<\sigma_2$ B. $\sigma_1>\sigma_2$

C. $\mu_1<\mu_2$ D. $\mu_1>\mu_2$

24. 设随机变量 X 的分布函数为 $F(x)=0.3\Phi(x)+0.7\Phi\left(\dfrac{x-1}{2}\right)$，其中 $\Phi(x)$ 为标准正态分布函数，则 $E(X)=$（   ）.

A. 0   B. 0.3   C. 0.7   D. 1

25. 设随机变量 X_1，X_2，$\cdots$，X_n 相互独立，$S_n=X_1+X_2+\cdots+X_n$，则根据列维-林德伯格（Levy-Lindberg）中心极限定理，当 n 充分大时，S_n 近似服从正态分布，只要 X_1，X_2，$\cdots$，X_n（   ）.

A. 有相同的数学期望   B. 有相同的方差

C. 服从同一指数分布   D. 服从同一离散型分布

二、填空题

26. 某射手每次射击命中目标的概率是 0.8，现连续射击 30 次，命中目标的次数为 X，则当 $k=0,1,2,\cdots,30$ 时，$P\{X=k\}=$ _____.

27. 设随机变量 $X\sim B(n,\ p)$，则 $D(X+2)=$ _____.

28. 设 $X\sim B(100,\ 0.8)$，则 $Y=aX+b=$ _____ 可使 $E(Y)=0$，$D(Y)=1$.

29. 设 $X_i\sim B(1,p)$，且 $X_1,X_2,\cdots,X_n$ 相互独立，则 $E\left(X_k\displaystyle\sum_{i=1}^{n}X_i\right)=$ _____.

30. 设电话交换台每分钟的呼唤次数 X 服从参数为 4 的泊松分布，则某分钟完全没有呼唤的概率为 _____.

31. 设 X 服从泊松分布，且 $E(X^2)=20$，则 $E(X)=$ _____.

32. 设随机变量 X 概率分布为 $P\{X=k\}=\dfrac{C}{k!}$，$k=0$，1，2，$\cdots$，则 $E(X^2)=$ _____.

33. 设 X 服从在区间 $[-1,5]$ 上的均匀分布，则 $D(X)=$ _____.

34. 设随机变量 X 服从参数为 λ 的指数分布，则 $P\{X>\sqrt{D(X)}\}=$ _____.

35. 设随机变量 Y 服从参数为 1 的指数分布，a 为大于零的常数，则 $P(Y\leqslant a+1\mid Y>a)=$ _____.

36. 设 $Z\sim N(0,1)$，$\Phi(z)=P\{Z\leqslant z\}$，又 $Y\sim N(6,3^2)$，用 $\Phi(x)$ 之值表示概率 $P\{Y>10.5\}=$ _____.

37. 设 $Z\sim N(0,\ 1)$，$\Phi(x)=P\{Z\leqslant x\}$，且 $a>0$，$b>0$，用分布函数 $\Phi(x)$ 之

值表示概率 $P\{-a<Z\leqslant b\}=$ _____.

38. 设 $X\sim N(-2,4)$，则 $P\{X>1\}=$ _____.

39. 设 $Z\sim N(0,1)$，$\Phi(x)$ 为标准正态分布函数，且有 $\Phi(1.96)=0.975$，则 $P\{|Z|<1.96\}=$ _____.

40. 设 $Z\sim N(0,1)$，$\Phi(x)$ 为标准正态分布函数，且有 $\Phi(1)=0.8413$，则 $P\{Z>-1\}=$ _____.

41. 设 $Z\sim N(0,1)$，则 $Y=aZ+b\sim$ _____.

42. 设随机变量 X_1,X_2,X_3,X_4 相互独立，且都服从正态分布 $N(\mu,\sigma^2)(\sigma>0)$ 则 $\frac{1}{4}(X_1+X_2+X_3+X_4)$ 服从的分布是 _____.

43. 设 $X\sim N(0,1)$ 与 $Y\sim N(2,1)$ 相互独立，则 $D(X-Y+1)=$ _____.

44. 设 $\Phi(x)$ 为标准正态分布函数，则查表得 $\Phi(1.12)=$ _____；$\Phi(-1.51)=$ _____；若 $\Phi(x)=0.8869$，则查表得 $x=$ _____.

45. 设 $E(X)$ 与 $D(X)$ 存在，对任意给定的 $\varepsilon>0$，则有概率 $P\{|X-E(X)|<\varepsilon\}\geqslant$ _____.

46. 设 $E(X)=\frac{2}{5}$，$D(X)=\frac{1}{25}$，则 $P\left\{\left|X-\frac{2}{5}\right|<\frac{1}{3}\right\}\geqslant$ _____.

47. 设随机变量 X 和 Y 的数学期望分别为 -2 和 2，方差分别为 1 和 4，而相关系数为 -0.5，则根据切比雪夫不等式，$P\{|X+Y|\geqslant6\}\leqslant$ _____.

48. 设总体 X 服从 $\lambda=2$ 的指数分布，$X_1,X_2,\cdots,X_n$ 是来自总体 X 的简单随机样本，则当 $n\to\infty$ 时，$Y_n=\frac{1}{n}\sum_{i=1}^{n}X_i^2$ 依概率收敛于 _____.

49. 某批产品的次品率为 0.1，连续抽取 10000 件，X 表示其中的次品数，用中心极限定理计算得 $P\{X>1030\}=$ _____.

50. 设独立随机变量 $X_1,X_2,\cdots,X_{100}$ 均服从参数为 $\lambda=4$ 的泊松分布，用中心极限定理计算得 $P\left\{\sum_{i=1}^{100}X_i<420\right\}=$ _____.

51. 某保险公司每月收到保险费为 X_i，$E(X_i)=10$（万元），$D(X_i)=1$，用中心极限定理确定 100 个月收到保险费超过 1010 万元的概率 $P\left\{\sum_{i=1}^{100}X_i>1010\right\}=$ _____.

52. 设某种药物对某种病的治愈率为 0.8，现有 1000 个这种病人服用此药，根据中心极限定理确定至少有 780 人被治愈的概率为 _____.

53. 掷一均匀硬币 10000 次，X 表示出现正面的次数，试用中心极限定理计算 $P\{5100<X<10000\}=$ _____.

54. 设每次射击击中目标的概率为 0.001，如果射击 5000 次，试根据中心极限定理击中次数不大于 2 的概率等于 _____.

55. 设 $X_1,X_2,\cdots,X_n$ 是独立同分布的随机变量序列，且 $E(X_i)=\mu$，$D(X_i)=$

σ^2 均存在，令 $\overline{X} = \dfrac{1}{n} \sum\limits_{i=1}^{n} X_i$ 则对任意的 $\varepsilon > 0$，有 $\lim\limits_{n \to \infty} P\{|\overline{X} - \mu| \geqslant \varepsilon\} = $ _____.

三、应用计算题

56. 设 $X \sim B(4, p)$，$Y = \sin\left(\dfrac{\pi}{2} X\right)$，求 $E(Y)$.

57. 有一繁忙的汽车站，每天有大量汽车通过，设一辆汽车在一天的某段时间内出事故的概率为 0.0001. 在某天的该时间段内有 1000 辆汽车通过，问出事故的车辆数不小于 2 的概率是多少？（利用泊松定理计算）

58. 设随机变量 X 服从泊松分布，且知 $P\{X=1\} = P\{X=2\}$，求 $P\{X=4\}$.

59. 设电阻的阻值 R 是一随机变量，均匀分布在 800～1000 欧，求 R 的密度函数及 R 落在 850～950 欧的概率.

60. 假设某元件使用寿命 X（单位：小时）服从参数为 $\lambda = 0.002$ 的指数分布，试求该元件能正常使用 600 小时以上的概率是多少？

61. 设 X 的密度函数为：$p_X(x) = \begin{cases} e^{-x}, & x > 0 \\ 0, & x \leqslant 0 \end{cases}$，求 $Y = 2X$ 的密度函数.

62. 设 $X \sim N(4, 2^2)$，查表计算 $P\{|X-5| \leqslant 2\}$ 与 $P\{X \geqslant 5\}$.

63. 测量某零件长度的误差 $X \sim N(3, 4)$.

（1）求误差的绝对值不超过 3 的概率；

（2）如果测量两次，求至少有一次误差的绝对值不超过 3 的概率.

64. 一般认为各种考试成绩服从正态分布，假定在一次公务员资格考试中，只能通过考试人数的 5%，而考生的成绩 X 近似服从 $N(60, 100)$，问至少要多少分才可能通过这次资格考试？

65. 设 X 与 Y 相互独立，且 X 服从 $\lambda = 3$ 的指数分布，Y 服从 $\lambda = 4$ 的指数分布，试求：(1) (X, Y) 的联合概率密度与联合分布函数；(2) $P\{X < 1, Y < 1\}$.

66. 设 $X_1, X_2, \cdots, X_n, \cdots$ 是相互独立的随机变量，$P\{X_n = 0\} = 1 - \dfrac{1}{n}$，$P\{X_n = n\} = \dfrac{1}{2n}$，$P\{X_n = -n\} = \dfrac{1}{2n}$，$n = 1, 2, \cdots$，问 $X_1, X_2, \cdots, X_n, \cdots$ 是否服从大数定律？

67. 某个计算机系统有 120 个终端，在某一指定时间内每个终端有 5% 的时间在使用，假定各个终端用与否是相互独立的，试求这一指定时间内使用的终端个数 X 在 10 个到 20 个概率.（$\Phi(2.46) = 0.9931$，$\Phi(5.86) \approx 1$，$\Phi(1.67) = 0.9525$，$\Phi(0.80) = 0.7881$）

68. 某批产品的次品率是 0.005，试用中心极限定理求任意抽取 10000 件产品中次品数不多于 70 件的概率.

69. 为了使问题简化，计算机进行数的加法运算时，把每个加数取为最接近于它的整数（其后一位四舍五入）来计算，设所有的取整误差是相互独立的，且它们都在 $[-0.5, 0.5]$ 上服从均匀分布，问多少个数相加时可使误差和的绝对值小于 10 的概率为 0.90？

70. 一生产线生产的产品成箱包装，每箱的重量是随机的. 假设每箱平均重 50 千克，标准差为 5 千克. 若用最大载重量为 5 吨的汽车承运，试利用中心极限定理说明每辆车最多可以装多少箱，才能保证不超载的概率大于 $0.977.$（$\Phi(2)=0.977$，其中 $\Phi(x)$ 是标准正态分布函数．）

71. 设两个随机变量 X，Y 相互独立，且都服从均值为 0、方差为 $\dfrac{1}{2}$ 的正态分布，求随机变量 $|X-Y|$ 的方差．

第六章　数理统计基础

由概率论可知：随机变量的概率分布（分布函数、分布律、密度函数等）完整地描述了随机变量的统计规律性．在概率论的许多问题中，常常假定概率分布是已知的，而一切有关的计算与推理均基于这个已知的概率分布．但在实际问题中，情况并非如此，看一个例子．

【引例】　若从一批合格率为 p 的产品中随机重复抽取 10 件来检查，用 X 表示所取 10 件产品中合格品的数目，则 X 服从二项分布 $B(10, p)$．显然，p 的大小决定了该批产品的质量，因此，人们会对未知的参数 p 提出一些问题，比如：

（1）p 的大小如何．

（2）p 大概在什么范围内．

（3）能否认为 p 满足规定要求（如 $p \geqslant 0.90$）．

诸如上例所研究的问题属于数理统计的范畴．在数理统计中，对这些问题的研究，不是对所研究的对象全体（称为总体）进行观察，而是抽取其中的一部分（称为样本）进行观察获得数据（抽样），并通过这些数据对总体进行推断．由此可知，要研究以上问题，必先解决以下两个问题：

一是怎样进行抽样，使抽得的样本更合理，并具有更好的代表性？这是抽样方法和试验设计问题，最简单易行的方法是进行随机抽样．

二是怎样从取得的样本去推断总体？这种推断具有多大的可靠性？这是统计推断问题．本课程着重讨论第二个问题，即最常用的统计推断方法．

由于推断是基于抽样数据，抽样数据又不能包括研究对象的全部信息，因而由此获得的结论必然包含不肯定性．

统计方法具有"部分推断整体"的特征，是从一小部分样本观察值去推断该全体对象（总体）情况，即由部分推断全体，这里使用的推理方法是"归纳推理"．这种"归纳推理"不同于数学中的"演绎推理"，它在作出结论时，不是根据一些假设、命题和已知的事实按一定的逻辑推理得出的，而是根据所观察到的大量个别情况归纳所得．

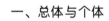

第一节　数理统计的基本概念

一、总体与个体

定义　在数理统计中，研究对象的全体称为**总体**（Collectivity），把组成总体的每个基本单元称为**个体**．若总体中包含有限个个体，称为**有限总体**；若总体包含无限个个体，称为**无限总体**．

当有限总体中所包含的个体数量很大时，就把它近似看作无限总体．本书将以无限总体作为主要研究对象．

在实际问题中，研究总体不是笼统地对它进行研究，而是研究它的某一个或某几个数量指标．比如，对电子元件主要关心的是其使用寿命这一数量指标，而其他指标暂不关心．这样，每个电子元件（个体）所具有的数量指标值——使用寿命就是个体，而将所有电子元件的使用寿命看成总体．由此，若抛开实际背景，总体就是一堆数，这堆数有大有小，有的出现机会多，有的出现机会少，因此用一个概率分布去描述和归纳总体是恰当的，从这个意义上看，总体就是服从某种分布的随机变量，常用 X 表示．为方便见，今后把总体与随机变量 X 等同起来，即总体就是某随机变量 X 可能取值的全体，它客观上存在一个分布，但对其分布一无所知或部分未知，正因为如此，才有必要对总体进行研究．

二、样本

对总体进行研究，首先需要获取总体的有关信息．一般采用两种方法：一是全面调查．如人口普查，该方法常要耗费大量的人力、物力、财力，有时甚至是不可能的，如测试某公司生产的所有电子产品的使用寿命．因此，在绝大多数场合采用抽样调查的方法．抽样调查是按照一定的规则，从总体 X 中抽取 n 个个体，观察每个个体，得到相关的信息．数理统计就是要利用这一信息，对总体进行分析和推断．因此，要求抽取的这 n 个个体应具有很好的代表性．

6-2
样本的概念

定义 从总体中独立地随机地抽样称为简单随机抽样；这样抽得的 n 个个体称为**一个简单随机样本**（Simple random sample），记为 $(X_1, X_2, \cdots, X_n)$ 或 $X_1, X_2, \cdots, X_n$．其观测值记为 $(x_1, x_2, \cdots, x_n)$ 或 $x_1, x_2, \cdots, x_n$．n 称为**样本容量**．一个简单随机样本与其观测值，常统一简称为一个**样本**．样本中的个体称为**样品**．

除非特别指明，本书中的样本皆为简单随机样本．

这里必须指出，样本具有二重性：一方面，由于样本是从总体 X 中随机抽取的，抽取前无法预知它们的数值，因此，样本 $(X_1, X_2, \cdots, X_n)$ 是随机变量；另一方面，样本在抽取以后经观测就有确定的观测值，因此，样本 $(x_1, x_2, \cdots, x_n)$ 又是一组数值．

简单随机抽样要求总体 X 中的每一个个体都有同等机会被选入样本，这就意味着每一个样本 X_i 与总体 X 有相同的分布；同时，简单随机抽样要求样本中每一样品的取值不影响其他样品的取值，这意味着样本 $X_1, X_2, \cdots, X_n$ 之间相互独立．由此可知简单随机样本 $(X_1, X_2, \cdots, X_n)$ 具有以下两条重要性质：

性质 1 样本 $(X_1, X_2, \cdots, X_n)$ 中每个 X_i 与总体 X 具有相同的分布．

性质 2 样本 $(X_1, X_2, \cdots, X_n)$ 中的 $X_1, X_2, \cdots, X_n$ 相互独立．

定义 样本观测值 $(x_1, x_2, \cdots, x_n)$ 是随机试验的一个结果，它的所有可能结果构成的集合称为**子样空间**或**样本空间**（Sample space），记为 $\Omega = \{(x_1, x_2, \cdots, x_n)\}$．如果每个 x_i 都有具体的观测值，则 $(x_1, x_2, \cdots, x_n)$ 称为**完全样本**．如果样本观测值没有具体的数值，只有一个范围，这样的样本称为**分组样本**．

【例 6-1】 设总体 X 的可能取值为 $0, 1, 2$．取一个容量为 3 的样本 X_1, X_2, X_3，

则其样本空间为 $\{(x_1, x_2, x_3)\}$，具体见表 6-1.

表 6-1 样 本 空 间

x_1	x_2	x_3	x_1	x_2	x_3	x_1	x_2	x_3
0	0	0	1	1	0	2	2	0
0	0	1	0	1	2	1	1	2
0	1	0	0	2	1	1	2	1
1	0	0	1	0	2	2	1	1
0	0	2	2	0	1	1	1	2
0	2	0	1	2	0	2	1	2
2	0	0	2	1	0	2	2	1
0	1	2	0	2	2	1	1	1
1	0	1	2	0	2	2	2	2

【**例 6-2**】 啤酒厂生产的瓶装啤酒规定净含量为 640g. 由于随机性，事实上不可能使得所有的啤酒净含量均为 640g. 现从某厂生产的啤酒中随机抽取 10 瓶测定其净含量，得到如下结果：

$$641 \quad 635 \quad 640 \quad 637 \quad 642 \quad 638 \quad 645 \quad 643 \quad 639 \quad 640$$

这是一个容量为 10 的样本的观测值，是一个完全样本. 对应的总体为该厂生产的瓶装啤酒的净含量.

【**例 6-3**】 考察某厂生产的某种电子元件的寿命，选了 100 只进行寿命试验，得到表 6-2 的数据.

表 6-2 寿 命 试 验 数 据

寿命范围	元件数	寿命范围	元件数	寿命范围	元件数
(0,4]	4	(192,216]	6	(384,408]	4
(24,48]	8	(216,240]	3	(408,432]	4
(48,72]	6	(240,264]	3	(432,456]	1
(72,96]	5	(264,288]	5	(456,480]	2
(96,120]	3	(288,312]	5	(480,504]	2
(120,144]	4	(312,336]	3	(504,528]	3
(144,168]	5	(336,360]	5	(528,552]	1
(168,192]	4	(360,384]	1	>552	13

6-3 ▶
样本分布

这是一个容量为 100 的样本，样本观测值没有具体的数值，只有一个范围，是一个分组样本.

定义 离散随机变量 X 的分布律 $P(X=x_k)=p(x_k)$，$k=1,2,\cdots$；连续随机变量 X 的概率密度函数 $p(x)$，统称为**概率函数**，记为 $p(x)$.

定理 如果总体 X 的分布函数为 $F(x)$，概率函数为 $p(x)$. 而 $(X_1, X_2, \cdots, X_n)$ 为来自总体 X 的样本，则

(1) 样本 $(X_1, X_2, \cdots, X_n)$ 的联合分布函数为

$$F(x_1, x_2, \cdots, x_n) = F(x_1)F(x_2)\cdots F(x_n) = \prod_{i=1}^{n} F(x_i)$$

(2) 样本 $(X_1, X_2, \cdots, X_n)$ 的联合概率函数为

$$p(x_1, x_2, \cdots, x_n) = p(x_1)p(x_2)\cdots p(x_n) = \prod_{i=1}^{n} p(x_i)$$

证明 (1) 样本 $(X_1, X_2, \cdots, X_n)$ 的联合分布函数为

$$
\begin{aligned}
F(x_1, x_2, \cdots, x_n) &= P(X_1 \leqslant x_1, X_2 \leqslant x_2, \cdots, X_n \leqslant x_n) \\
&= P(X_1 \leqslant x_1)P(X_2 \leqslant x_2)\cdots P(X_n \leqslant x_n) \\
&= F(x_1)F(x_2)\cdots F(x_n) = \prod_{i=1}^{n} F(x_i)
\end{aligned}
$$

(2) 样本 $(X_1, X_2, \cdots, X_n)$ 的联合概率函数为

$$
p(x_1, x_2, \cdots, x_n) = \frac{\partial^n \prod_{i=1}^{n} F(x_i)}{\partial x_1 \partial x_2 \cdots \partial x_n} = \frac{\partial F(x_1)}{\partial x_1} \frac{\partial F(x_2)}{\partial x_2} \cdots \frac{\partial F(x_n)}{\partial x_n}
$$

$$= p(x_1)p(x_2)\cdots p(x_n) = \prod_{i=1}^{n} p(x_i)$$

【例 6-4】 设总体 X 服从参数为 $\lambda(\lambda > 0)$ 的指数分布，$(X_1, X_2, \cdots, X_n)$ 是来自总体的样本，求 $(X_1, X_2, \cdots, X_n)$ 的联合概率密度函数.

解 总体 X 的密度函数为

$$
p(x) = \begin{cases} \lambda \mathrm{e}^{-\lambda x}, & x > 0 \\ 0, & x \leqslant 0 \end{cases}
$$

则 $(X_1, X_2, \cdots, X_n)$ 的联合概率密度函数为

$$
p_n(x_1, x_2, \cdots, x_n) = \prod_{i=1}^{n} p(x_i) = \begin{cases} \lambda^n \mathrm{e}^{-\lambda \sum\limits_{i=1}^{n} x_i}, & x_i > 0 \\ 0, & \text{其他} \end{cases}
$$

【例 6-5】 设总体 X 服从两点分布 $B(1, p)$，其中 $0 < p < 1$. $(X_1, X_2, \cdots, X_n)$ 是来自总体的样本，求 $(X_1, X_2, \cdots, X_n)$ 的联合分布律.

解 总体 X 的分布律为

$$P\{X = i\} = p^i (1-p)^{1-i}, \ i = 0, 1$$

所以 $(X_1, X_2, \cdots, X_n)$ 的联合分布律为

$$
\begin{aligned}
&P\{X_1 = x_1, X_2 = x_2, \cdots, X_n = x_n\} \\
&= P\{X_1 = x_1\}P\{X_2 = x_2\}\cdots P\{X_n = x_n\} \\
&= p^{\sum\limits_{i=1}^{n} x_i} (1-p)^{n - \sum\limits_{i=1}^{n} x_i}
\end{aligned}
$$

其中 $x_1, x_2, \cdots, x_n$ 在集合 $\{0,1\}$ 中取值.

三、统计量与常用统计量

统计量与常用统计量

通过抽样得来的原始样本数据，一般是杂乱无章的，难于直接从中得到有意义的信息. 因此要加以整理，以便提取需要的信息，并用简明醒目的方式加以表达. 对样本整理的主要方式之一就是构造统计量.

定义 设 $(X_1, X_2, \cdots, X_n)$ 为来自总体 X 的一个样本，$(x_1, x_2, \cdots, x_n)$ 是该样本的观测值. 若样本函数 $g(X_1, X_2, \cdots, X_n)$ 不包含任何未知参数，则称它为一个**统计量**（Statistic）. 而 $g(x_1, x_2, \cdots, x_n)$ 称为**统计量的观测值**.

◆ 统计量是一个随机变量，而统计量的观测值 $g(x_1, x_2, \cdots, x_n)$ 是一个具体数值.

下面介绍数理统计中常用的统计量.

定义 样本的算术平均值

$$\overline{X} = \frac{1}{n} \sum_{i=1}^{n} X_i$$

称为**样本均值**（Sample average）. 其观测值记为 $\overline{x} = \frac{1}{n} \sum_{i=1}^{n} x_i$.

◆ 样本均值是刻画样本数据平均取值情况的一个统计量.

定义 统计量

$$S^2 = \frac{1}{n-1} \sum_{i=1}^{n} (X_i - \overline{X})^2$$

称为**样本方差**（Sample variance），其观测值记为 $s^2 = \frac{1}{n-1} \sum_{i=1}^{n} (x_i - \overline{x})^2$.

◆ 样本方差刻画了样本数据的分散程度.

定义 样本方差的算术平方根

$$S = \sqrt{\frac{1}{n-1} \sum_{i=1}^{n} (X_i - \overline{X})^2}$$

称为**样本标准差**（Sample standard variance），其观测值记为 $s = \sqrt{\frac{1}{n-1} \sum_{i=1}^{n} (x_i - \overline{x})^2}$.

◆ 样本标准差更好地刻画了样本数据的分散程度，它与样本均值 $\overline{X}$ 具有相同的度量单位.

定义 统计量

$$A_k = \frac{1}{n} \sum_{i=1}^{n} X_i^k, \quad k = 1, 2, \cdots$$

称为**样本 k 阶原点矩**（Sample k order origin moment），其观测值记为

$$a_k = \frac{1}{n} \sum_{i=1}^{n} x_i^k, \quad k = 1, 2, \cdots$$

特别地，样本一阶原点矩就是样本均值.

定义 统计量

$$B_k = \frac{1}{n} \sum_{i=1}^{n} (X_i - \overline{X})^k , \quad k = 1, 2, \cdots$$

称为**样本 k 阶中心矩**（Sample k order central moment）. 其观测值记为

$$b_k = \frac{1}{n} \sum_{i=1}^{n} (x_i - \overline{x})^k , \quad k = 1, 2, \cdots$$

总体均值 $E(X)$ 是常数，而样本均值 $\overline{X}$ 是随机变量，是两个不同的概念，不能混淆. 当然两者之间有一定的关系. 同样，总体方差 $D(X)$ 与样本方差 S^2，总体矩与样本矩也是不同的概念. 容易得到下面的结论：

定理 设 $X_1, X_2, \cdots, X_n$ 是来自总体 X 的样本，且总体均值 $E(X) = \mu$，总体方差 $D(X) = \sigma^2$，则

(1) $E(\overline{X}) = \mu$；

(2) $D(\overline{X}) = \dfrac{\sigma^2}{n}$；

(3) $E(S^2) = \sigma^2$.

证明 由样本的独立性、同分布性及数学期望和方差的性质，可得

(1) $E(\overline{X}) = E\left(\dfrac{1}{n} \sum\limits_{i=1}^{n} X_i\right) = \dfrac{1}{n} \sum\limits_{i=1}^{n} E(X_i) = \dfrac{1}{n} n\mu = \mu$

(2) $D(\overline{X}) = D\left(\dfrac{1}{n} \sum\limits_{i=1}^{n} X_i\right) = \dfrac{1}{n^2} \sum\limits_{i=1}^{n} D(X_i) = \dfrac{1}{n^2} n\sigma^2 = \dfrac{\sigma^2}{n}$

(3) $E(S^2) = E\left\{\dfrac{1}{n-1} \sum\limits_{i=1}^{n} (X_i - \overline{X})^2\right\} = E\left\{\dfrac{1}{n-1} \sum\limits_{i=1}^{n} \left[(X_i - \mu) - (\overline{X} - \mu)\right]^2\right\}$

$$= E\left\{\dfrac{1}{n-1}\left[\sum_{i=1}^{n} (X_i - \mu)^2 - n(\overline{X} - \mu)^2\right]\right\}$$

$$= \dfrac{1}{n-1}\left[\sum_{i=1}^{n} E(X_i - \mu)^2 - nE(\overline{X} - \mu)^2\right]$$

$$= \dfrac{1}{n-1}\left[\sum_{i=1}^{n} D(X_i) - nD(\overline{X})\right] = \dfrac{1}{n-1}\left(n\sigma^2 - n\dfrac{\sigma^2}{n}\right) = \sigma^2$$

第二节 数理统计中常用的三大分布

数理统计中常用的分布，除正态分布外，还有 χ^2 分布、t 分布和 F 分布. 以后将看到这些分布在数理统计中有重要的应用.

一、卡方分布

定义 若①每个 $Z_i \sim N(0,1)$；②$Z_1, Z_2, \cdots, Z_n$ 相互独立，则称 $\chi^2 = Z_1^2 + Z_2^2 + \cdots$

数理统计中常用的三大分布

卡方分布

$+Z_n^2$ 服从自由度为 n 的 χ^2 **分布** (χ^2 distribution)，记为 $\chi^2 \sim \chi^{2'}(n)$.

若随机变量 $\chi^2 \sim \chi^2(n)$，则 χ^2 具有密度函数

$$p_{\chi^2}(x) = \begin{cases} \dfrac{1}{2^{\frac{n}{2}} \Gamma\left(\dfrac{n}{2}\right)} x^{\frac{n}{2}-1} e^{-\frac{x}{2}}, & x > 0 \\ 0, & x \leqslant 0 \end{cases}$$

其中，$\Gamma(m) = \displaystyle\int_0^{+\infty} t^{m-1} e^{-t} dt$ 称为 Γ 函数.

几个不同自由度的 χ^2 分布的密度函数 $p_{\chi^2}(x)$ 图形如图 6-1 所示.

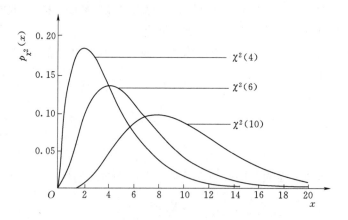

图 6-1 χ^2 分布的密度函数曲线

可以证明 χ^2 分布有如下性质:

性质 1   若 $\chi^2 \sim \chi^2(n)$，则有 n 个相互独立的 $Z_i \sim N(0,1)$，$i = 1, 2, \cdots, n$，使得 $\chi^2 = Z_1^2 + Z_2^2 + \cdots + Z_n^2$.

性质 2   若 $\chi^2 \sim \chi^2(n)$，则 $E(\chi^2) = n$，$D(\chi^2) = 2n$.

性质 3   若 $X \sim \chi^2(n)$，$Y \sim \chi^2(m)$，且相互独立，则 $X + Y \sim \chi^2(n+m)$.

在此不加证明地给出在方差分析中要用到的柯赫伦分解定理:

定理 （柯赫伦分解定理）   设 $Z_1, Z_2, \cdots, Z_n$ 相互独立，都服从 $N(0,1)$ 分布，Q_j 是某些 $Z_1, Z_2, \cdots, Z_n$ 线性组合的平方和，其自由度分别为 f_j，如果 $Q_1 + Q_2 + \cdots + Q_k \sim \chi^2(m)$ 且 $f_1 + f_2 + \cdots + f_k = m$，则

$$Q_j \sim \chi^2(f_j), \quad j = 1, 2, \cdots, k$$

且 $Q_1, Q_2, \cdots, Q_k$ 相互独立.

定义   对给定的 $\alpha(0 < \alpha < 1)$，满足 $P\{X > x\} = \alpha$ 的点 x 称为随机变量 X 的上侧分位点（简称分位数），记为 x_α，即 $P\{X > x_\alpha\} = \alpha$，如图 6-2 所示.

定义   设 $Z \sim N(0,1)$，对给定的 $\alpha(0 < \alpha < 1)$，满足 $P\{Z > z_\alpha\} = \alpha$ 的点 z_α 称为标准正态分布的上侧分位点，如图 6-3 所示.

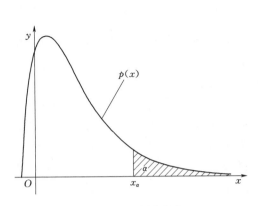

图 6-2 上侧分位点

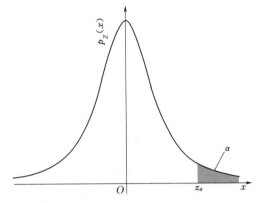

图 6-3 标准正态分布的上侧分位点

标准正态分布的上侧分位点 z_a 与标准正态分布的分布函数 $\Phi(x)$ 有关系 $\Phi(z_a)=1-\alpha$，因此，可利用标准正态分布表查出正态分布的上侧分位点 z_a，如由 $\Phi(1.645)=0.95$ 得 $z_{0.05}=1.645$，由 $\Phi(1.96)=0.975$ 得 $z_{0.025}=1.96$.

定义 设 $\chi^2\sim\chi^2(n)$，对给定的 $\alpha(0<\alpha<1)$，满足 $P\{\chi^2>\chi_a^2(n)\}=\alpha$ 的点 $\chi_a^2(n)$ 称为 χ^2 分布的上侧分位点，如图 6-4 所示.

上侧分位点可根据 n 和下标的值从附表中查到. 如 $\chi_{0.99}^2(10)=2.558$，$\chi_{0.01}^2(10)=23.209$.

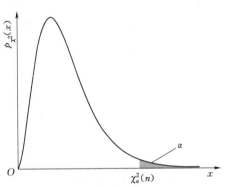

图 6-4 χ^2 分布的上侧分位点

二、t 分布

6-7

t 分布

定义 若 ① $Z\sim N(0,1)$；② $\chi^2\sim\chi^2(n)$；③ Z 与 Y 相互独立，则称 $T=\dfrac{Z}{\sqrt{\chi^2/n}}$ 服从自由度为 n 的 t **分布**（t distribution），记为 $T\sim t(n)$.

若随机变量 $T\sim t(n)$，则 T 具有密度函数

$$p_t(x)=\frac{\Gamma\left(\dfrac{n+1}{2}\right)}{\sqrt{n\pi}\,\Gamma\left(\dfrac{n}{2}\right)}\left(1+\frac{x^2}{n}\right)^{-\frac{n+1}{2}},\quad -\infty<x<+\infty$$

几个不同自由度的 t 分布的密度函数 $p_t(x)$ 的图形如图 6-5 所示.

t 分布具有以下性质：

性质 1 若 $T\sim t(n)$，则有相互独立的 $Z\sim N(0,1)$，$\chi^2\sim\chi^2(n)$ 使 $T=\dfrac{Z}{\sqrt{\chi^2/n}}$.

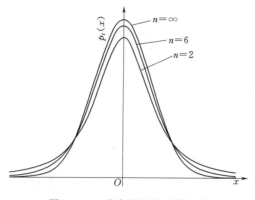

图 6-5 t 分布的密度函数曲线

性质 2 $\lim\limits_{n\to\infty} p_t(x) = \dfrac{1}{\sqrt{2\pi}} \mathrm{e}^{-\frac{x^2}{2}} = \varphi(x)$，即 t 分布的极限分布是标准正态分布.

性质 3 若 $T \sim t(n)$，则 $n > 1$ 时，$E(T) = 0$，因为 $p_t(x)$ 关于 y 轴对称；$n > 2$ 时，$D(T) > 1$，因为 t 分布的密度函数 $p_t(x)$ 比标准正态分布的密度函数的图形要平坦一些，如图 6-6 所示.

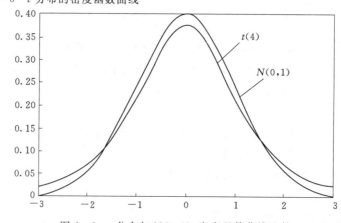

图 6-6 t 分布与 $N(0,1)$ 密度函数曲线比较

定义 设 $T \sim t(n)$，对给定的 $\alpha(0 < \alpha < 1)$，满足 $P\{T > t_\alpha(n)\} = \alpha$ 的点 $t_\alpha(n)$ 称为 t 分布的上侧分位点，如图 6-7 所示.

t 分布的上侧分位点可根据自由度 n 和下标的值，从附表中查到. 如 $t_{0.05}(10) = 1.8125$. 另外注意到，当自由度 $n \to \infty$ 时，t 分布趋于标准正态分布，所以对于给定的 $\alpha(0 < \alpha < 1)$，有 $z_\alpha = t_\alpha(\infty)$. 在具体应用中，当 $n > 45$ 时，可用 $N(0,1)$ 分布代替 t 分布，$t_\alpha(n) \approx z_\alpha$.

三、F 分布

6-8
F 分布

定义 若①$X \sim \chi^2(n_1)$；②$Y \sim \chi^2(n_2)$；③X 与 Y 相互独立，则称 $F = \dfrac{X/n_1}{Y/n_2}$ 服从第一自由度为 n_1，第二自由度为 n_2 的 **F 分布**（F distribution），记为 $F \sim F(n_1, n_2)$.

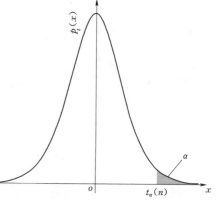

图 6-7 t 分布的上侧分位点

设随机变量 $F \sim F(n_1, n_2)$，则 F 具有密度函数：

$$p_F(x) = \begin{cases} \dfrac{\Gamma\left[(n_1+n_2)/2\right](n_1/n_2)^{n_1/2}x^{(n_1/2)-1}}{\Gamma(n_1/2)\Gamma(n_2/2)\left[1+(n_1x/n_2)\right]^{(n_1+n_2)/2}}, & x>0 \\ 0, & x\leqslant 0 \end{cases}$$

几个不同自由度的 F 分布的密度函数 $p_F(x)$ 的图形如图 6-8 所示.

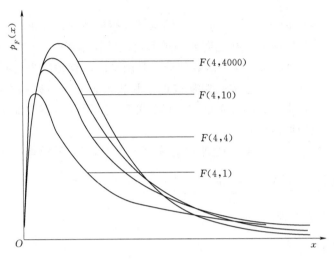

图 6-8 F 分布的密度函数曲线

定义 设 $F\sim F(n_1,n_2)$，对给定的 α，满足 $P\{F>F_\alpha(n_1,n_2)\}=\alpha$ 的点 $F_\alpha(n_1,n_2)$ 称为 F 分布的上侧分位点，如图 6-9 所示. F 分布的上侧分位点 $F_\alpha(n_1,n_2)$ 可根据 n_1，n_2 和下标的值，从附表中查到，如 $F_{0.05}(3,4)=6.59$，$F_{0.05}(4,3)=9.12$.

F 分布具有以下性质：

性质 1 若 $F\sim F(n_1,n_2)$，则有相互独立的 $X\sim\chi^2(n_1)$，$Y\sim\chi^2(n_2)$，使 $F=\dfrac{X/n_1}{Y/n_2}$.

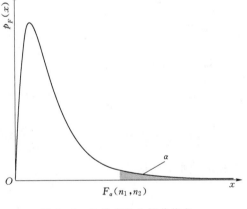

图 6-9 F 分布的上侧分位点

性质 2 若 $F\sim F(n_1,n_2)$，则 $\dfrac{1}{F}\sim F(n_2,n_1)$.

性质 3 $F_{1-\alpha}(n_1,n_2)=\dfrac{1}{F_\alpha(n_2,n_1)}$.

如 $F_{0.95}(3,4)=\dfrac{1}{F_{0.05}(4,3)}=\dfrac{1}{9.12}\approx 0.1096$.

6-9 ⑰

抽样分布

6-10 ▶

正态总体下
的抽样分布

第三节 抽 样 分 布

一、正态总体下的抽样分布

定义 样本函数 $g(X_1, X_2, \cdots, X_n)$ 的概率分布称为抽样分布.

在研究数理统计问题时,往往需要知道所讨论的样本函数 $g(X_1, X_2, \cdots, X_n)$ 的分布. 一般说来,要确定某个样本函数的分布是困难的,有时甚至是不可能的. 然而,一方面大多数实际问题中的总体是服从或近似服从正态分布,另一方面当总体 X 服从正态分布时有关样本函数的分布已有了详尽的研究. 因此,不加证明地给出正态总体下重要样本函数的抽样分布.

定理 设 $(X_1, X_2, \cdots, X_n)$ 是来自总体 $X \sim N(\mu, \sigma^2)$ 的样本,样本均值和样本方差分别为: $\overline{X} = \dfrac{1}{n} \sum\limits_{i=1}^{n} X_i$, $S^2 = \dfrac{1}{n-1} \sum\limits_{i=1}^{n} (X_i - \overline{X})^2$,则

(1) $\overline{X}$ 与 S^2 相互独立.

(2) $\overline{X} \sim N\left(\mu, \dfrac{\sigma^2}{n}\right)$.

(3) $\dfrac{(n-1)S^2}{\sigma^2} \sim \chi^2(n-1)$.

定理
$$\frac{\overline{X} - \mu}{S/\sqrt{n}} \sim t(n-1)$$

证明 由于
$$\frac{\overline{X} - \mu}{\sigma/\sqrt{n}} \sim N(0,1), \quad \frac{(n-1)S^2}{\sigma^2} \sim \chi^2(n-1)$$

且 $\overline{X}$ 与 S^2 是相互独立的,显然 $\dfrac{\overline{X} - \mu}{\sigma/\sqrt{n}}$ 与 $\dfrac{(n-1)S^2}{\sigma^2}$ 也相互独立.

根据 t 分布的构造:
$$\frac{\dfrac{\overline{X} - \mu}{\sigma/\sqrt{n}}}{\sqrt{\dfrac{(n-1)S^2}{\sigma^2} \Big/ (n-1)}} \sim t(n-1)$$

即
$$\frac{\overline{X} - \mu}{S/\sqrt{n}} \sim t(n-1)$$

注:由于 $X_1 - \overline{X}$, $X_2 - \overline{X}$, $\cdots$, $X_n - \overline{X}$ 中,$(X_1 - \overline{X}) + (X_2 - \overline{X}) + \cdots (X_n - \overline{X}) = 0$,所以 $S^2 = \dfrac{1}{n-1} \sum\limits_{i=1}^{n} (X_i - \overline{X})^2$ 的自由度为 $n-1$. 所谓自由度就是相互独立的变量的个数.

【例 6-6】 从正态总体 $N(\mu, 25)$ 中抽取容量为 16 的样本,试求样本均值 $\overline{X}$ 与

总体均值 μ 之差的绝对值小于 2 的概率.

解 由样本的性质知，$\overline{X} = \dfrac{1}{n} \sum\limits_{i=1}^{n} X_i$ 是 n 个相互独立的正态随机变量的线性组合，故 $\overline{X}$ 服从正态分布. 又因为 $E(\overline{X}) = \mu$，$D(\overline{X}) = 25/16$，则 $\overline{X} \sim N(\mu, 25/16)$，从而样本函数 $Z = \dfrac{\overline{X} - \mu}{\sqrt{25/16}} \sim N(0, 1)$.

$$P(|\overline{X} - \mu| < 2) = P\left(\frac{|\overline{X} - \mu|}{\sqrt{25/16}} < \frac{2}{\sqrt{25/16}} \right) = P(|Z| < 1.6)$$

$$= \Phi(1.6) - \Phi(-1.6) = 2\Phi(1.6) - 1$$

$$= 2 \times 0.9452 - 1 = 0.8904$$

【例 6-7】 设总体 $X \sim N(3, \sigma^2)$，有 $n = 10$ 的样本，样本方差 $S^2 = 4$，求样本均值 $\overline{X}$ 落在 $2.1253 \sim 3.8747$ 之间的概率.

解 因为 $\dfrac{\overline{X} - 3}{S/\sqrt{10}} \sim t(9)$，所以

$$P\{2.1253 \leqslant \overline{X} \leqslant 3.8747\} = P\left\{ \frac{2.1253 - 3}{2/\sqrt{10}} \leqslant \frac{\overline{X} - 3}{2/\sqrt{10}} \leqslant \frac{3.8747 - 3}{2/\sqrt{10}} \right\}$$

$$= P\left\{ -1.3830 \leqslant \frac{\overline{X} - 3}{2/\sqrt{10}} \leqslant 1.3830 \right\}$$

由分布表得 $t_{0.1}(9) = 1.3830$，由 t 分布的对称性及 α 分位点的意义，上述概率为

$$P\{2.1253 \leqslant \overline{X} \leqslant 3.8747\} = 1 - 2 \times 0.1 = 0.8$$

【例 6-8】 设总体 $X \sim N(\mu, 4)$，有样本 $X_1, X_2, \cdots, X_n$，问当样本容量 n 为多大时，才能使 $P\{|\overline{X} - \mu| \leqslant 0.1\} = 0.95$.

解 因为 $\dfrac{\overline{X} - \mu}{\sigma/\sqrt{n}} \sim N(0, 1)$，所以

$$P\{|\overline{X} - \mu| \leqslant 0.1\} = P\left\{ \frac{-0.1}{2/\sqrt{n}} \leqslant \frac{\overline{X} - \mu}{2/\sqrt{n}} \leqslant \frac{0.1}{2/\sqrt{n}} \right\}$$

$$= \Phi(0.05\sqrt{n}) - \Phi(-0.05\sqrt{n}) = 2\Phi(0.05\sqrt{n}) - 1$$

因 $P\{|\overline{X} - \mu| \leqslant 0.1\} = 0.95$，即 $2\Phi(0.05\sqrt{n}) - 1 = 0.95$，得

$$\Phi(0.05\sqrt{n}) = (1 + 0.95)/2 = 0.975$$

由 $\Phi(1.96) = 0.975$，可得 $0.05\sqrt{n} = 1.96$，于是得 $n = 1536.6 \approx 1537$.

二、两个正态总体下的抽样分布

本节讨论在两个正态总体下常用的重要样本函数的分布. 设样本 $X_1, X_2, \cdots, X_{n_1}$ 来自总体 $X \sim N(\mu_1, \sigma_1^2)$，样本均值和样本方差分别为

$$\overline{X} = \frac{1}{n_1} \sum_{i=1}^{n_1} X_i, \quad S_1^2 = \frac{1}{n_1 - 1} \sum_{i=1}^{n_1 - 1} (X_i - \overline{X})^2$$

6-11 ▶

两个正态总体
下的抽样分布

又设样本 $Y_1, Y_2, \cdots, Y_{n_2}$ 来自总体 $Y \sim N(\mu_2, \sigma_2^2)$，样本均值和样本方差分别为

$$\overline{Y} = \frac{1}{n_2} \sum_{i=1}^{n_2} Y_i, \quad S_2^2 = \frac{1}{n_2 - 1} \sum_{i=1}^{n_2} (Y_i - \overline{Y})^2$$

且两个样本相互独立，于是有：

定理
$$\frac{(\overline{X} - \overline{Y}) - (\mu_1 - \mu_2)}{\sqrt{\sigma_1^2/n_1 + \sigma_2^2/n_2}} \sim N(0, 1)$$

证明 由于

$$\overline{X} \sim N\left(\mu_1, \frac{\sigma_1^2}{n_1}\right), \quad \overline{Y} \sim N\left(\mu_2, \frac{\sigma_2^2}{n_2}\right)$$

由样本的独立性，知 $\overline{X}$ 与 $\overline{Y}$ 相互独立，且相互独立的正态随机变量的线性组合仍是正态分布，且

$$E(\overline{X} - \overline{Y}) = E(\overline{X}) - E(\overline{Y}) = \mu_1 - \mu_2$$

$$D(\overline{X} - \overline{Y}) = D(\overline{X}) + D(\overline{Y}) = \frac{\sigma_1^2}{n_1} + \frac{\sigma_2^2}{n_2}$$

于是得到

$$\overline{X} - \overline{Y} \sim N\left(\mu_1 - \mu_2, \frac{\sigma_1^2}{n_1} + \frac{\sigma_2^2}{n_2}\right)$$

经标准化得：

$$\frac{(\overline{X} - \overline{Y}) - (\mu_1 - \mu_2)}{\sqrt{\sigma_1^2/n_1 + \sigma_2^2/n_2}} \sim N(0, 1)$$

定理 当 σ_1^2, σ_2^2 未知，但两者相等时，则

$$\frac{(\overline{X} - \overline{Y}) - (\mu_1 - \mu_2)}{S_w \sqrt{\dfrac{1}{n_1} + \dfrac{1}{n_2}}} \sim t(n_1 + n_2 - 2)$$

其中
$$S_w^2 = \frac{(n_1 - 1)S_1^2 + (n_2 - 1)S_2^2}{n_1 + n_2 - 2}$$

证明 设 σ_1^2, σ_2^2 都等于 σ^2，由于

$$\frac{(n_1 - 1)S_1^2}{\sigma^2} \sim \chi^2(n_1 - 1), \quad \frac{(n_2 - 1)S_2^2}{\sigma^2} \sim \chi^2(n_2 - 1)$$

且相互独立，由 χ^2 分布的可加性得

$$\frac{(n_1 - 1)S_1^2}{\sigma^2} + \frac{(n^2 - 1)S_2^2}{\sigma^2} \sim \chi^2(n_1 + n_2 - 2)$$

又因为 $\dfrac{(\overline{X} - \overline{Y}) - (\mu_1 - \mu_2)}{\sqrt{\sigma_1^2/n_1 + \sigma_2^2/n_2}} \sim N(0, 1)$，再由 t 分布的构造得

$$\frac{\dfrac{(\overline{X} - \overline{Y}) - (\mu_1 - \mu_2)}{\sqrt{\sigma^2/n_1 + \sigma^2/n_2}}}{\sqrt{\left[\dfrac{(n_1 - 1)S_1^2}{\sigma^2} + \dfrac{(n_2 - 1)S_2^2}{\sigma^2}\right] \Big/ (n_1 + n_2 - 2)}} \sim t(n_1 + n_2 - 2)$$

经化简整理即可得定理.

定理
$$\frac{S_1^2 \sigma_2^2}{S_2^2 \sigma_1^2} \sim F(n_1-1, n_2-1)$$

证明 由于

$$\frac{(n_1-1)S_1^2}{\sigma_1^2} \sim \chi^2(n_1-1), \quad \frac{(n_2-1)S_2^2}{\sigma_2^2} \sim \chi^2(n_2-1)$$

且相互独立,由 F 分布的构造可得

$$\frac{\dfrac{(n_1-1)S_1^2}{\sigma_1^2} \Big/ (n_1-1)}{\dfrac{(n_2-1)S_2^2}{\sigma_2^2} \Big/ (n_2-1)} \sim F(n_1-1, n_2-1)$$

即
$$\frac{S_1^2 \sigma_2^2}{S_2^2 \sigma_1^2} \sim F(n_1-1, n_2-1)$$

一个正态总体和两个正态总体下,常用的几个样本函数很重要,它们不仅可以用来计算有关事件的概率,更主要的是在后面的参数的区间估计和假设检验的讨论中起着关键的作用.

【例 6-9】 设总体 $X \sim N(6, \sigma_1^2)$, $Y \sim N(5, \sigma_2^2)$ 有 $n_1 = n_2 = 10$ 的两个独立样本,求两个样本均值之差 $\overline{X} - \overline{Y}$ 小于 1.3 的概率,若:

(1) 已知 $\sigma_1^2 = 1$, $\sigma_2^2 = 1$;

(2) σ_1^2, σ_2^2 未知,但两者相等,样本方差分别为 $S_1^2 = 0.9173$, $S_2^2 = 0.9816$.

解 (1) 由于

$$\frac{(\overline{X} - \overline{Y}) - (6-5)}{\sqrt{1/10 + 1/10}} \sim N(0, 1)$$

所以

$$P\{\overline{X} - \overline{Y} < 1.3\} = P\left\{\frac{(\overline{X} - \overline{Y}) - (6-5)}{\sqrt{1/10 + 1/10}} < \frac{1.3 - (6-5)}{\sqrt{1/10 + 1/10}}\right\}$$

$$= P\left\{\frac{(\overline{X} - \overline{Y}) - (6-5)}{\sqrt{1/10 + 1/10}} < 0.67\right\} = \Phi(0.67) = 0.7486$$

(2) 由于

$$\frac{(\overline{X} - \overline{Y}) - (6-5)}{S_w \sqrt{1/10 + 1/10}} \sim t(18)$$

其中
$$S_w^2 = \frac{(n_1-1)S_1^2 + (n_2-1)S_2^2}{n_1 + n_2 - 2} = \frac{9 \times 0.9173 + 9 \times 0.9816}{18} = 0.9744^2$$

则

$$P\{\overline{X} - \overline{Y} < 1.3\} = P\left\{\frac{(\overline{X} - \overline{Y}) - (6-5)}{0.9744 \sqrt{1/10 + 1/10}} < \frac{1.3 - (6-5)}{0.9744 \sqrt{1/10 + 1/10}}\right\}$$

$$= P\left\{\frac{(\overline{X} - \overline{Y}) - (6-5)}{0.9744 \sqrt{1/10 + 1/10}} < 0.6892\right\}$$

由 t 分布表查得 $t_{0.25}(18)=0.6892$，于是 $P\{\overline{X}-\overline{Y}<1.3\}=1-0.25=0.75$.

【例 6-10】 从总体 $X\sim N(\mu,3)$，$Y\sim N(\mu,5)$ 中分别抽取 $n_1=10$，$n_2=15$ 的两独立样本，求两个样本方差之比 S_1^2/S_2^2 大于 1.272 的概率.

解 由于，$\dfrac{S_1^2}{S_2^2}\dfrac{5}{3}\sim F(9,14)$，于是

$$P\left\{\frac{S_1^2}{S_2^2}>1.272\right\}=P\left\{\frac{S_1^2}{S_2^2}\frac{5}{3}>1.272\times\frac{5}{3}\right\}=P\left\{\frac{S_1^2}{S_2^2}\frac{5}{3}>2.12\right\}$$

由 F 分布表查得 $F_{0.1}(9,14)=2.12$，于是 $P\left\{\dfrac{S_1^2}{S_2^2}>1.272\right\}=0.1$.

*第四节 数 据 整 理

一、频率分布表与直方图

样本数据的整理是统计研究的基础，整理数据的最常用方法之一是给出其频数分布表或频率分布表，画出直方图. 以此种方式对样本数据进行整理，具体步骤如下：

第 1 步（对样本进行分组）：作为一般性的原则，组数 k 通常在 5～20 个，对容量较小的样本，通常取 5～6 组.

第 2 步（确定每组组距）：近似公式为组距 $d=$（最大观测值－最小观测值）/组数.

第 3 步（确定每组组限）：各组区间端点为

$$a_0,a_1=a_0+d,a_2=a_0+2d,\cdots,a_k=a_0+kd$$

形成如下的分组区间

$$(a_0,a_1],(a_1,a_2],\cdots,(a_{k-1},a_k]$$

其中 a_0 略小于最小观测值，a_k 略大于最大观测值.

第 4 步：统计样本数据落入每个区间的个数——频数，并列出其频数频率分布表.

第 5 步：**直方图**（Vertical grapy）是频数分布的图形表示，它的横坐标表示所关心变量的取值区间，纵坐标有三种表示方法：频数，频率，频率/组距. 若纵坐标为频率/组距，则可使得诸长条矩形面积和为 1. 此三种直方图的差别仅在于纵轴刻度的选择，直方图本身并无变化.

先来看一个实例.

【例 6-11】 抽取某品种玉米 100 株，对它们进行穗位测定，得到的样本数据见表 6-3.

可以找出其中的最大值为 158，最小值为 72，取 $a_0=70$，组距 $d=10$，将数据分成 9 组，然后数出落在每个组的数据的数目，得出如下的频数、频率和累计频率（表 6-4）.

表6-3　　　　　　　　　　玉 米 穗 位 样 本 数 据

127	118	121	113	145	125	87	94	118	111	102	72	113
76	101	134	107	118	114	128	118	114	117	120	128	94
124	87	88	105	115	134	89	141	114	119	150	107	126
95	137	108	129	136	98	121	91	111	134	123	138	104
107	121	94	126	108	114	103	129	103	127	93	86	113
97	122	86	94	118	109	84	117	112	112	125	94	73
93	94	102	108	158	89	127	115	112	94	118	114	88
111	111	104	101	129	144	128	131	142				

表6-4　　　　　　　　100 株玉米穗位频数、频率和累计频率表

组限/cm	组中值 x_i	频数 m_i	频率 f_i/%	累计频率/%
70～80	75	3	3	3
80～90	85	9	9	12
90～100	95	13	13	25
100～110	105	16	16	41
110～120	115	27	27	68
120～130	125	19	19	87
130～140	135	7	7	94
140～150	145	5	5	99
150～160	155	1	1	100

依表6-4可绘出如图6-10所示的频率直方图.

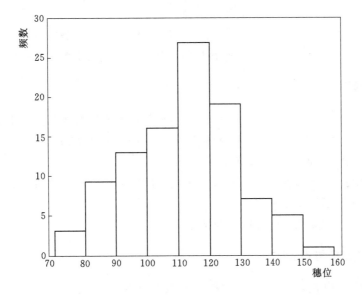

图6-10　频率直方图

二、茎叶图

把每一个数值分为两部分，前面一部分（百位和十位）称为**茎**，只有一位数的后面部分（个位）称为**叶**，然后画一条竖线，在竖线的左侧写上茎，右侧写上叶，就形成了**茎叶图**. 如:

数值	分开	茎	和	叶
112 →	11 | 2 →	11	和	2

【**例 6 - 12**】 某公司对应聘人员进行能力测试，测试成绩总分为 150 分. 下面是50 位应聘人员的测试成绩（已经过排序），见表 6-5.

表 6-5				测 试 成 绩					
64	67	70	72	74	76	76	79	80	81
82	82	83	85	86	88	91	91	92	93
93	93	95	95	95	97	97	99	100	100
102	104	106	106	107	108	108	112	112	114
116	118	119	119	122	123	125	126	128	133

我们用这批数据给出一个如图 6-11 所示的茎叶图.

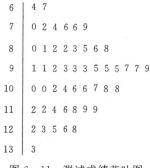

```
 6 | 4 7
 7 | 0 2 4 6 6 9
 8 | 0 1 2 2 3 5 6 8
 9 | 1 1 2 3 3 3 5 5 5 7 7 9
10 | 0 0 2 4 6 6 7 8 8
11 | 2 2 4 6 8 9 9
12 | 2 3 5 6 8
13 | 3
```

图 6-11　测试成绩茎叶图

从上例可知，制作的茎叶图提供了以下有用的信息:

（1）由"茎"和"叶"两部分构成，其图形由数字组成的.

（2）树茎由高位数构成，树叶由一位低位数构成.

（3）茎叶图类似于横置的直方图，但又有区别.

1）直方图可大体上看出一组数据的分布状况，但没有给出具体的数值.

2）茎叶图既能给出数据的分布状况，又能给出每一个原始数值，保留了原始数据的信息.

三、条形图

当样本数据可在某个区间内取值时，频率直方图能较好地反映数据的统计规律性，并且由频率直方图能大致知道总体 X 的概率密度函数 $p(x)$ 的图形，当样本数据只可能取有限个值时，一般画条形图.

【**例 6 - 13**】 记录某放射性物质在固定的时间间隔内到达计数器上的某种粒子数，共观察了 45 次，所得结果见表 6-6.

依表 6-6 可作如图 6-12 所示的条形图.

四、五数概括与箱线图

设从总体 X 中抽取容量为 n 的样本，其观测值为 $(x_1, x_2, \cdots, x_n)$，令 $x_{(1)} \leqslant x_{(2)} \leqslant \cdots \leqslant x_{(n)}$，则样本 p **分位数**定义为

表 6 - 6 粒 子 数 整 理 表

粒子个数	频 数	频 率
0	8	0.1778
1	13	0.2889
2	13	0.2889
3	6	0.1333
4	5	0.1111

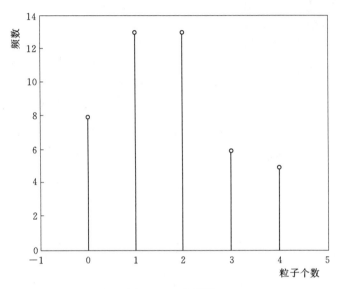

图 6 - 12 条形图

$$m_p = \begin{cases} x_{(np+1)}, & \text{若 } np \text{ 不是整数} \\ \dfrac{1}{2}(x_{(np)} + x_{(np+1)}), & \text{若 } np \text{ 是整数} \end{cases}$$

所谓四分位数是指如下五数：

● 最小观测值：$x_{\min} = x_{(1)}$

● 第一四分位数：$Q_1 = m_{0.25}$

● 中位数（Sample median）：$M_e = m_{0.5}$

● 第三四分位数：$Q_3 = m_{0.75}$

● 最大观测值：$x_{\max} = x_{(n)}$

所谓**五数概括**就是指用这五个数：$x_{\min} = x_{(1)}$，$Q_1 = m_{0.25}$，$M_e = m_{0.5}$，$Q_3 = m_{0.75}$，$x_{\max} = x_{(n)}$ 来大致描述一批数据的轮廓. 由这五个数绘出如图 6 - 13 所示的图形，称为**箱线图**.

利用箱线图，还可发现一批数据中特别大或特别小的不正常的数据，如图 6 - 14 中的异常点就是一个特别小的数据.

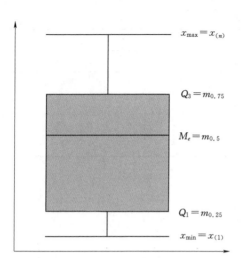

图 6-13　箱线图

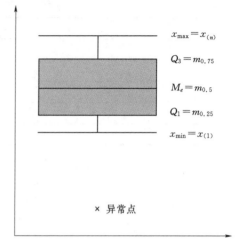

图 6-14　箱线图与异常点

如图 6-15 所示，由箱线图的特点，可大致判断出一批数据的特点，从而判断出产生该批数据的总体分布的特点.

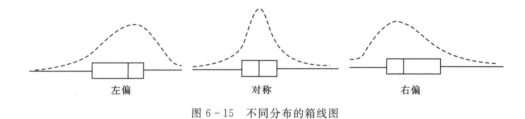

图 6-15　不同分布的箱线图

【例 6-14】　从某大学经济管理专业二年级学生中随机抽取 11 人，对 8 门主要课程的考试成绩进行调查，所得结果见表 6-7. 试绘制各科考试成绩的比较箱线图和学生考试成绩的比较箱线图.

表 6-7　　　　　　　　　　11 名学生 8 门课程考试成绩数据

课程编号	课程名称	学 生 编 号										
		1	2	3	4	5	6	7	8	9	10	11
1	英语	76	90	97	71	70	93	86	83	78	85	81
2	经济数学	65	95	51	74	78	63	91	82	75	71	55
3	西方经济学	93	81	76	88	66	79	83	92	78	86	78
4	市场营销学	74	87	85	69	90	80	77	84	91	74	70
5	财务管理	68	75	70	84	73	60	76	81	88	68	75
6	基础会计学	70	73	92	65	78	87	90	70	66	79	68
7	统计学	55	91	68	73	84	81	70	69	94	62	71
8	计算机应用基础	85	78	81	95	70	67	82	72	80	81	77

解 8 门课程考试成绩的比较箱线图见图 6-16，11 名学生考试成绩的比较箱线图见图 6-17.

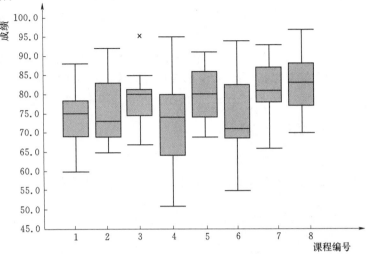

图 6-16　8 门课程考试成绩的比较箱线图

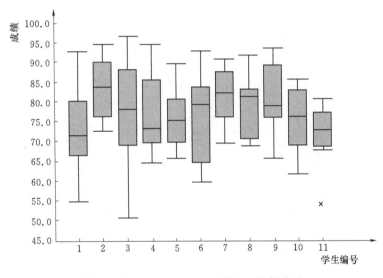

图 6-17　11 名学生考试成绩的比较箱线图

第五节　常用随机变量的分布实验

一、实验目的

（1）了解 EXCEL 提供的统计工具【图表】、【统计函数】和【数据分析】.

（2）理解并学会使用与二项分布有关的统计函数【BINOMDIST】.

（3）理解并学会使用与泊松分布有关的统计函数【POISSON】.

（4）理解并学会使用与指数分布有关的统计函数【EXPONDIST】.

6-12 E
常用随机变量
的分布实验

6-13 W
常用分布实
验报告模板

（5）理解并学会使用与标准正态分布有关的统计函数【NORMSDIST】和【NORMSINV】.

（6）理解并学会使用与正态分布有关的统计函数【NORMDIST】和【NORM-INV】.

（7）理解并学会使用与 χ^2 分布有关的统计函数【CHIDIST】和【CHIINV】.

（8）理解并学会使用与 t - 分布有关的统计函数【TDIST】和【TINV】.

（9）理解并学会使用与 F - 分布有关的统计函数【FDIST】和【FINV】.

二、EXCEL 提供的统计工具

1.【数据分析】工具安装方法

如果正在使用的 Excel 中未安装【数据分析】工具，则可按如图 6 - 18 所示步骤安装【数据分析】工具：

6-14 ▶
统计分析工具

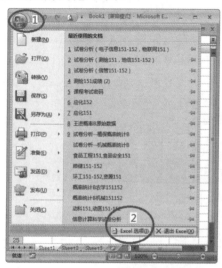
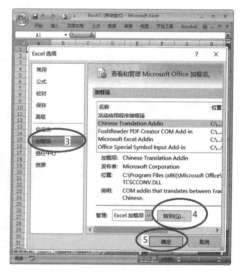
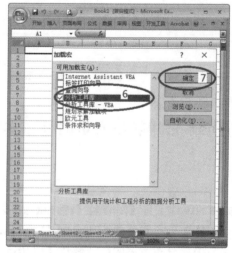

图 6 - 18 【数据分析】工具的安装过程

打开【Excel】→单击【office 图标】→单击【Excel 选项（I）】→在对话框的【Excel 选项】中，单击【加载项】→单击【转到（G）】→单击【确定】→在对话框的【可用加载宏（A）】中，选择【分析工具库】→单击【确定】，即可完成【数据分析】工具安装.

2. 进入【图表】的过程

在 Excel 中，可按如图 6-19 所示步骤进入【图表】：

打开 Excel→单击【插入】→在【图表】中，根据需要在【图表类型】中进行选择→根据具体情况按向导提示进行操作.

3. 进入【统计函数】的过程

在 Excel 中，可按如图 6-20 所示步骤进入【统计函数】：

打开 Excel→单击【公式】→单击【插入函数】→在【插入函数】对话框的【或选择类别（C）】中，选择【统计】→根据需要在【选择函数（N）】框中选择具体的函数.

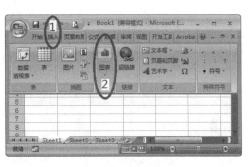

图 6-19 进入【图表】的过程

4. 进入【数据分析】的过程

在 Excel 中，可按如图 6-21 所示步骤进入【数据分析】：

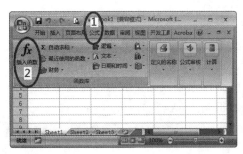

图 6-20 进入【统计函数】的过程

打开 Excel→单击【数据】→【数据分析】→在【数据分析】对话框中，根据需要在【分析工具（A）】框中，选择具体的分析工具.

三、二项分布函数【BINOMDIST】

打开【Excel】→单击【公式】→单击【插入函数】→在【插入函数】对话框的【或选择类别（C）】中，选择【统计】→在【选择函数（N）】中选择【BINOMDIST】→

6-15

二项分布与泊松分布实验

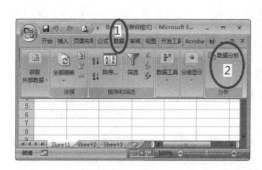

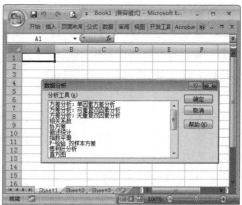

图 6-21 进入【数据分析】的过程

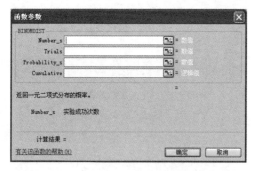

图 6-22 【BINOMDIST】函数对话框

单击【确定】. 出现如图 6-22 所示的对话框.

关于【BINOMDIST】函数对话框:

◆ Number_s:试验成功的次数.

◆ Trials:独立试验的次数.

◆ Probability_s:每次试验中成功的概率.

◆ Cumulative:一逻辑值,用于确定函数的形式.

◆ 返回二项式分布的概率值. 如果 cumulative 为 TRUE,返回分布函数,即至多 number_s 次成功的概率;如果为 FALSE,返回概率值,即 number_s 次成功的概率.

【例 6-15】 设 $X \sim B(8, 0.6)$,求 $P(X=3)$ 和 $P(X \leqslant 2)$.

操作过程及结果 打开【Excel】→单击【公式】→单击【插入函数】→在【插入函数】对话框的【或选择类别(C)】中,选择【统计】→在【选择函数(N)】中选择【BINOMDIST】→单击【确定】. 如图 6-23 所示输入相关数据,得到 $P(X=3)=0.12386304$. 如图 6-24 所示输入相关数据,得到 $P(X \leqslant 2)=0.04980736$.

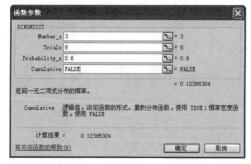

图 6-23 求 $P(X=3)$ 对话框

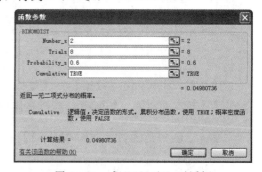

图 6-24 求 $P(X \leqslant 2)$ 对话框

四、泊松分布函数【POISSON】

打开【Excel】→单击【公式】→单击【插入函数】→在【插入函数】对话框的【或选择类别（C）】中，选择【统计】→在【选择函数（N）】中选择【POISSON】→单击【确定】. 出现如图 6-25 所示的对话框.

关于【POISSON】函数对话框：

◆ X：事件出现的次数.

◆ Mean：期望值 λ.

◆ Cumulative：一逻辑值，确定所返回的概率分布形式.

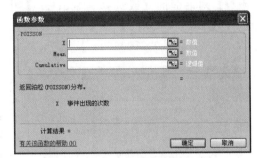

图 6-25 【POISSON】函数对话框

◆ 返回泊松分布. 如果 cumulative 为 TRUE，函数 POISSON 返回泊松分布函数值，即随机事件发生的次数在 0 到 x 之间（包含 0 和 x）的概率；如果为 FALSE，则返回泊松概率值，即随机事件发生的次数恰好为 x 的概率.

【例 6-16】 设 $X \sim P(5)$，求 $P(X=3)$ 和 $P(X \leqslant 10)$.

操作过程及结果 打开【Excel】→单击【公式】→单击【插入函数】→在【插入函数】对话框的【或选择类别（C）】中，选择【统计】→在【选择函数（N）】中选择【POISSON】→单击【确定】. 如图 6-26 所示输入相关数据，得到 $P(X=3)=0.140373896$. 如图 6-27 所示输入相关数据，得到 $P(X \leqslant 10)=0.986304731$.

图 6-26 求 $P(X=3)$ 对话框

图 6-27 求 $P(X \leqslant 10)$ 对话框

五、指数分布函数【EXPONDIST】

打开【Excel】→单击【公式】→单击【插入函数】→在【插入函数】对话框的【或选择类别（C）】中，选择【统计】→在【选择函数（N）】中选择【EXPONDIST】→单击【确定】. 出现如图 6-28 所示的对话框.

关于【EXPONDIST】函数对话框：

◆ X：函数的数值.

◆ Lambda：参数值 λ.

◆ Cumulative：一逻辑值，指定指数函数的形式.

6-16

指数分布实验

◆ 返回指数分布. 如果 cumulative 为 TRUE, 函数 EXPONDIST 返回分布函数值; 如果 cumulative 为 FALSE, 返回概率密度函数值.

【例 6 - 17】 设 $X \sim E\left(\dfrac{1}{1000}\right)$, 求 $P(X > 1000)$.

操作过程及结果 打开【Excel】→单击【公式】→单击【插入函数】→在【插入函数】对话框的【或选择类别（C）】中, 选择【统计】→在【选择函数（N）】中选择【EXPONDIST】→单击【确定】. 如图 6 - 29 所示输入相关数据, 得到 $P(X \leqslant 1000) = 0.632120559$, 从而 $P(X > 1000) = 1 - 0.632120559 = 0.367879441$.

图 6 - 28 【EXPONDIST】函数对话框

图 6 - 29 求 $P(X > 1000)$ 对话框

6 - 17
正态分布实验

六、正态分布

1. 标准正态分布的分布函数

打开【Excel】→单击【公式】→单击【插入函数】→在【插入函数】对话框的【或选择类别（C）】中, 选择【统计】→在【选择函数（N）】中选择【NORMSDIST】→单击【确定】. 出现如图 6 - 30 所示的对话框.

关于【NORMSDIST】函数对话框:

◆ Z: 为需要计算其分布的数值 z_{1-p}.

◆ 返回标准正态分布函数值 p. 设 $Z \sim N(0, 1)$, 则 $P(Z \leqslant z_{1-p}) = p$.

【例 6 - 18】 设 $Z \sim N(0, 1)$, 求 $P(Z \leqslant -0.12)$.

操作过程及结果 打开【Excel】→单击【公式】→单击【插入函数】→在【插入函数】对话框的【或选择类别（C）】中, 选择【统计】→在【选择函数（N）】中选择【NORMSDIST】→单击【确定】. 如图 6 - 31 所示输入相关数据, 由此得 $P(Z \leqslant -0.12) = 0.452241574$.

图 6 - 30 【NORMSDIST】函数对话框

图 6 - 31 ［例 6 - 18］的【NORMSDIST】
函数对话框

2. 标准正态分布的分位数

打开【Excel】→单击【公式】→单击【插入函数】→在【插入函数】对话框的【或选择类别（C）】中，选择【统计】→在【选择函数（N）】中选择【NORMSINV】→单击【确定】. 出现如图 6-32 所示的对话框.

关于【NORMSINV】函数对话框：

◆ Probability：对应于标准正态分布的概率.

◆ 返回标准正态分布的反函数值 z_{1-p}. 设 $Z \sim N(0,1)$，则 $P(Z \leqslant z_{1-p}) = p$，其中 p 为框【Probability】中输入的值.

【例 6-19】 设 $Z \sim N(0,1)$，$P(Z \leqslant z_{0.05}) = 0.95$，求 $z_{0.05}$.

操作过程及结果 打开【Excel】→单击【公式】→单击【插入函数】→在【插入函数】对话框的【或选择类别（C）】中，选择【统计】→在【选择函数（N）】中选择【NORMSINV】→单击【确定】. 如图 6-33 所示输入相关数据，由此得 $z_{0.05} = 1.644853627$.

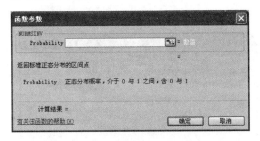
图 6-32 【NORMSINV】函数对话框

图 6-33 ［例 6-19］的【NORMSINV】函数对话框

3. 正态分布的分布函数

打开【Excel】→单击【公式】→单击【插入函数】→在【插入函数】对话框的【或选择类别（C）】中，选择【统计】→在【选择函数（N）】中选择【NORMDIST】→单击【确定】. 出现如图 6-34 所示的对话框.

关于【NORMDIST】函数对话框：

◆ X：需要计算其分布的数值.

◆ Mean：正态分布的算术平均值.

◆ Standard _ dev：正态分布的标准差.

◆ Cumulative：一逻辑值，指明函数的形式.

◆ 返回正态分布函数值. 如果 cumulative 为 TRUE，函数 NORMDIST 返回分布函数；如果为 FALSE，返回概率密度函数.

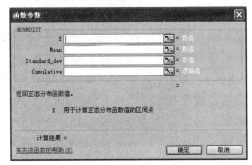
图 6-34 【NORMDIST】函数对话框

◆ 如果 cumulative＝FALSE，则返回概率密度函数值：

$$NORMDIST(x,\mu,\sigma,FALSE)=\frac{1}{\sqrt{2\pi}\sigma}e^{-\frac{1}{2\sigma^2}(x-\mu)^2}$$

◆ 如果 cumulative＝TRUE，则返回分布函数值：

$$NORMDIST(x,\mu,\sigma,TRUE)=\int_{-\infty}^{x}\frac{1}{\sqrt{2\pi}\sigma}e^{-\frac{1}{2\sigma^2}(x-\mu)^2}\mathrm{d}x$$

【例 6-20】 设 $X\sim N(90,0.5^2)$，求 $P\{X<89\}$．

操作过程及结果 打开【Excel】→单击【公式】→单击【插入函数】→在【插入函数】对话框的【或选择类别（C）】中，选择【统计】→在【选择函数（N）】中选择【NORMDIST】→单击【确定】. 如图 6-35 所示输入相关数据，得到 $P\{X<89\}=$ 0.022750132.

4. 正态分布的分位数

打开【Excel】→单击【插入（I）】→选择【函数（F）】→在【选择类别（C）】中选择【统计】→在【选择函数（N）】中选择【NORMINV】→单击【确定】. 出现如图 6-36 所示的对话框.

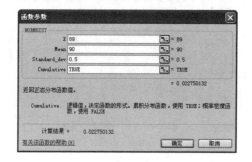

图 6-35 ［例 6-20］的【NORMDIST】
函数对话框

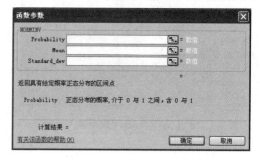

图 6-36 【NORMINV】函数对话框

关于【NORMINV】函数对话框：

◆ Probability：正态分布的概率值.

◆ Mean：正态分布的算术平均值.

◆ Standard _ dev：正态分布的标准偏差.

◆ 返回指定平均值和标准偏差的正态分布函数的反函数.

【例 6-21】 设 $X\sim N(40,36)$，$P\{X<x\}=0.45$，求 x．

操作过程及结果 打开【Excel】→单击【公式】→单击【插入函数】→在【插入函数】对话框的【或选择类别（C）】中，选择【统计】→在【选择函数（N）】中选择【NORMINV】→单击【确定】. 如图 6-37 所示输入相关数据，得到 $x=$ 39.24603192.

七、卡方分布

1. 卡方分布的分布函数

打开【Excel】→单击【公式】→单击【插入函数】→在【插入函数】对话框的

6-18 ▶

卡方分布实验

【或选择类别（C）】中，选择【统计】→在【选择函数（N）】中选择【CHIDIST】→单击【确定】. 出现如图 6-38 所示的对话框.

图 6-37　［例 6-21］的【NORMINV】
函数对话框

图 6-38　【CHIDIST】函数对话框

关于【CHIDIST】函数对话框：

◆ X：为用来计算分布的数值.

◆ Degrees_freedom：χ^2 分布的自由度.

◆ 返回 χ^2 分布的单尾概率 α.

【例 6-22】　设 $X \sim \chi^2(9)$，求 $P\{X > 10.23\}$.

操作过程及结果　打开【Excel】→单击【公式】→单击【插入函数】→在【插入函数】对话框的【或选择类别（C）】中，选择【统计】→在【选择函数（N）】中选择【CHIDIST】→单击【确定】. 如图 6-39 所示输入相关数据，得到 $P\{X > 10.23\} = 0.332188436$.

2. 卡方分布的分位数

打开【Excel】→单击【公式】→单击【插入函数】→在【插入函数】对话框的【或选择类别（C）】中，选择【统计】→在【选择函数（N）】中选择【CHIINV】→单击【确定】. 出现如图 6-40 所示的对话框.

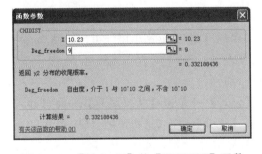

图 6-39　［例 6-22］的【CHIDIST】函数
对话框

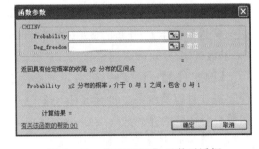

图 6-40　【CHIINV】函数对话框

关于【CHIINV】函数对话框：

◆ Probability：χ^2 分布的单尾概率.

◆ Degrees_freedom：χ^2 分布的自由度.

◆ 返回 χ^2 分布单尾概率的反函数值 $\chi^2_\alpha(n)$. 设 $\chi^2 \sim \chi^2(n)$，则 $P(\chi^2 > \chi^2_\alpha(n)) = \alpha$，其中 α 为框【Probability】中输入的值.

【例 6-23】 设 $X \sim \chi^2(9)$，$P\{X > x\} = 0.05$，求 x.

操作过程及结果 打开【Excel】→单击【公式】→单击【插入函数】→在【插入函数】对话框的【或选择类别（C）】中，选择【统计】→在【选择函数（N）】中选择【CHIINV】→单击【确定】. 如图 6-41 所示输入相关数据，得到 $x = 16.91897762$.

八、t-分布

1. t-分布的分布函数

打开【Excel】→单击【公式】→单击【插入函数】→在【插入函数】对话框的【或选择类别（C）】中，选择【统计】→在【选择函数（N）】中选择【TDIST】→单击【确定】. 出现如图 6-42 所示的对话框.

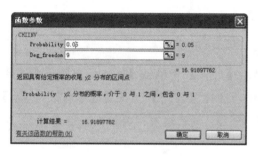

图 6-41 ［例 6-23］的【CHIINV】函数对话框   图 6-42 【TDIST】函数对话框

关于【TDIST】函数对话框：

◆ X：为需要计算分布的数字.

◆ Degrees_freedom：t-分布的自由度.

◆ Tails：指明返回的分布函数是单尾分布还是双尾分布.

◆ 返回学生 t-分布的概率. 如果 tails=1，函数 TDIST 返回单尾分布；如果 tails=2，函数 TDIST 返回双尾分布.

【例 6-24】 设 $T \sim t(10)$，求 $P\{T > 1.8125\}$.

操作过程及结果 打开【Excel】→单击【公式】→单击【插入函数】→在【插入函数】对话框的【或选择类别（C）】中，选择【统计】→在【选择函数（N）】中选择【TDIST】→单击【确定】. 如图 6-43 所示输入相关数据，得到 $P\{T > 1.8125\} = 0.049996827$.

2. t-分布的分位数

打开【Excel】→单击【公式】→单击【插入函数】→在【插入函数】对话框的【或选择类别（C）】中，选择【统计】→在【选择函数（N）】中选择【TINV】→单击【确定】. 出现如图 6-44 所示的对话框.

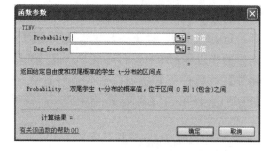

图 6-43 ［例 6-24］的【TDIST】
　　　　函数对话框

图 6-44 【TINV】函数对话框

关于【TINV】函数对话框：

◆ Probability：对应于双尾学生 t - 分布的概率.

◆ Deg _ freedom：t - 分布的自由度.

◆ 返回 t - 分布的双尾反函数值 $t_{\alpha/2}(n)$. 设 $T \sim t(n)$，则 $P(|T| > t_{\alpha/2}(n)) = \alpha$.

【例 6-25】 设 $T \sim t(10)$，$P\{T > t\} = 0.01$，求 t.

操作过程及结果 打开【Excel】→单击【公式】→单击【插入函数】→在【插入函数】对话框的【或选择类别（C）】中，选择【统计】→在【选择函数（N）】中选择【TINV】→单击【确定】. 如图 6-45 所示输入相关数据，得到 $t = 2.763769458$.

九、F - 分布

1. F - 分布的分布函数

打开【Excel】→单击【公式】→单击【插入函数】→在【插入函数】对话框的【或选择类别（C）】中，选择【统计】→在【选择函数（N）】中选择【FDIST】→单击【确定】. 出现如图 6-46 所示的对话框.

6-20 ▶
F -分布实验

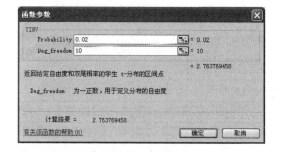

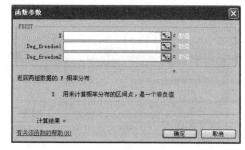

图 6-45 ［例 6-25］的【TINV】函数对话框

图 6-46 【FDIST】函数对话框

关于【FDIST】函数对话框：

◆ X：参数值.

◆ Degrees _ freedom1：F - 分布的分子自由度.

◆ Degrees_freedom2：F-分布的分母自由度.

◆ 返回 F-分布单尾概率值.

【例 6-26】 设 $F \sim F(3,4)$，求 $P\{F > 6.59\}$.

操作过程及结果　打开【Excel】→单击【公式】→单击【插入函数】→在【插入函数】对话框的【或选择类别（C）】中，选择【统计】→在【选择函数（N）】中选择【FDIST】→单击【确定】. 如图 6-47 所示输入相关数据，得到 $P\{F > 6.59\} = 0.050016889$.

2. F-分布的分位数

打开【Excel】→单击【公式】→单击【插入函数】→在【插入函数】对话框的【或选择类别（C）】中，选择【统计】→在【选择函数（N）】中选择【FINV】→单击【确定】. 出现如图 6-48 所示的对话框.

关于【FINV】函数对话框：

◆ Probability：与 F 累积分布相关的概率值.

◆ Deg_freedom1：F-分布的第一（分子）自由度.

◆ Deg_freedom2：F-分布第二（分母）自由度.

◆ 返回 F-分布函数的单尾反函数值 $F_a(m,n)$. 如果 $F \sim F(m,n)$，$P(F > F_a(m,n)) = \alpha$，则 FINV 的返回值为 $F_a(m,n)$.

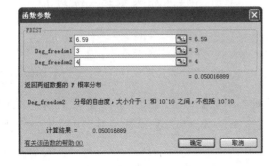

图 6-47　［例 6-26］的【FDIST】函数对话框

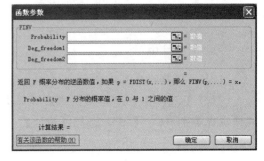

图 6-48　【FINV】函数对话框

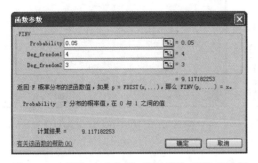

图 6-49　［例 6-27］的【FINV】函数对话框

【例 6-27】 设 $F \sim F(4,3)$，$P\{F > f\} = 0.05$，求 f.

操作过程及结果　打开【Excel】→单击【公式】→单击【插入函数】→在【插入函数】对话框的【或选择类别（C）】中，选择【统计】→在【选择函数（N）】中选择【FINV】→单击【确定】. 如图 6-49 所示输入相关数据，得到 $f = 9.117182253$.

*案例：全国各地区生产总值的描述性分析

地区生产总值反映了一个地区的经济发展水平，而生产总值中各产业的构成则反映了一个地区经济发展的格局．表6-8是按当年价格计算的2012年我国31个省（直辖市、自治区）三个产业生产总值和地区生产总值绝对数据．

表6-8　　　　　　按三次产业分地区生产总值（2012年）　　　单位：亿元

地　区	第一产业	第二产业	第三产业	地区生产总值
北　京	150.20	4059.27	13669.93	17879.40
天　津	171.60	6663.82	6058.46	12893.88
河　北	3186.66	14003.57	9384.78	26575.01
山　西	698.32	6731.56	4682.95	12112.83
内蒙古	1448.58	8801.50	5630.50	15880.58
辽　宁	2155.82	13230.49	9460.12	24846.43
吉　林	1412.11	6376.77	4150.36	11939.24
黑龙江	2113.66	6037.61	5540.31	13691.58
上　海	127.80	7854.77	12199.15	20181.72
江　苏	3418.29	27121.95	23517.98	54058.22
浙　江	1667.88	17316.32	15681.13	34665.33
安　徽	2178.73	9404.84	5628.48	17212.05
福　建	1776.71	10187.94	7737.13	19701.78
江　西	1520.23	6942.59	4486.06	12948.88
山　东	4281.70	25735.73	19995.81	50013.24
河　南	3769.54	16672.20	9157.57	29599.31
湖　北	2848.77	11193.10	8208.58	22250.45
湖　南	3004.21	10506.42	8643.60	22154.23
广　东	2847.26	27700.97	26519.69	57067.92
广　西	2172.37	6247.43	4615.30	13035.10
海　南	711.54	804.47	1339.53	2855.54
重　庆	940.01	5975.18	4494.41	11409.60
四　川	3297.21	12333.28	8242.31	23872.80
贵　州	891.91	2677.54	3282.75	6852.20
云　南	1654.55	4419.20	4235.72	10309.47
西　藏	80.38	242.85	377.80	701.03
陕　西	1370.16	8073.87	5009.65	14453.68
甘　肃	780.50	2600.09	2269.61	5650.20
青　海	176.91	1092.34	624.29	1893.54
宁　夏	199.40	1159.37	982.52	2341.29
新　疆	1320.57	3481.56	2703.18	7505.31

数据来源：《中国统计年鉴2013》．

一、全国各地区生产总值分布特征的分析

为了比较全国各地区三个产业生产总值和地区生产总值的分布情况，绘制出如图

6-50所示的箱线图. 从图6-50可知, 除了第一产业外, 第二、三产业生产总值和地区生产总值均有三个离群点: 广东、江苏和山东, 说明这三个地区的第二、三产业生产总值和地区生产总值均远高于全国其他地区. 从图6-50还可知, 三个产业生产总值和地区生产总值的分布具有明显的不对称性.

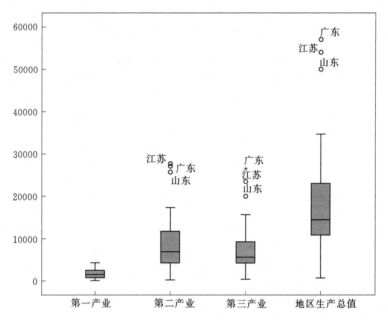

图6-50 三个产业生产总值和地区生产总值的箱线图

为了判断三个产业生产总值和地区生产总值是否服从正态分布, 分别绘制出它们的正态概率图 (图6-51~图6-54).

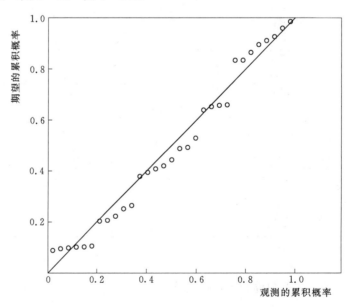

图6-51 第一产业生产总值正态概率图

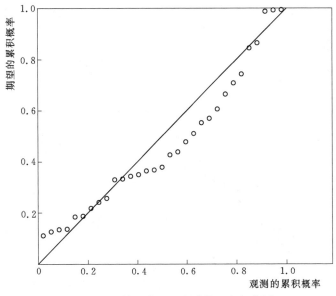

图 6-52 第二产业生产总值正态概率图

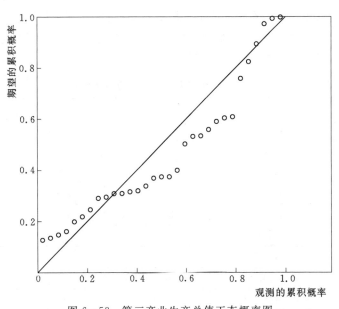

图 6-53 第三产业生产总值正态概率图

由图 6-51～图 6-54 的正态概率图可知，第二产业、第三产业生产总值和地区生产总值的观测累积概率与期望累积概率分布明显偏离直线，其分布明显不服从正态分布，而第一产业与正态分布偏离不大.

为了深入分析三个产业生产总值和地区生产总值的分布特征，给出了如表 6-9 的描述统计量表. 由表 6-9 可知，三个产业生产总值和地区生产总值的偏度均大于 0，属于右偏分布，全国各地的三个产业生产总值和地区生产总值水平不均衡. 第二产业与第三产业生产总值和地区生产总值的偏度都有大于 1，属于严重右偏；第一产

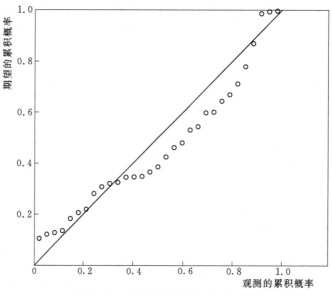

图 6-54　地区生产总值正态概率图

业生产总值偏度为 0.404，右偏不严重. 因此，第一产业、第二产业、第三产业生产总值和地区生产总值可用中位数描述其全国平均水平，分别为 14453.68 亿元、1520.23 亿元、6942.59 亿元和 5628.477 亿元.

表 6-9　　　　　　　　生产总值和三个产业生产总值的描述统计量

统计量	地区生产总值	第一产业	第二产业	第三产业
平均	18598.45	1689.47	9214.471	7694.505
标准误差	2573.023	214.3448	1320.468	1152.317
中位数	14453.68	1520.23	6942.59	5628.477
标准差	14325.99	1193.421	7352.054	6415.831
方差	2.05E+08	1424255	54052702	41162890
偏度	1.369304	0.404368	1.272296	1.536771
最小值	701.03	80.38	242.85	377.8
最大值	57067.92	4281.7	27700.97	26519.69
求和	576551.8	52373.58	285648.6	238529.7

二、三个产业生产总值的相关性分析

　　分析三个产业生产总值之间的关系，以及三个产业生产总值分布的特征，便于找出全国各地经济水平不均衡的原因. 本文选用合适的统计图形工具对数据进行描述和分析，选用合适的统计量，分析三个产业生产总值之间的关系.

　　为了比较三个产业两两之间的关系，绘制三个产业生产总值之间的散点图矩阵，来分析三个产业生产总值之间是否存在线性关系. 从图 6-55 的散点图矩阵可知，三个产业生产总值之间都存在某种程度的线性关系. 其中第一产业与第二产业，第二产业与第三产业之间有较强的线性关系. 为了进一步考察第二产业与第一产业和第三产业之间的关系，绘制重叠散点图.

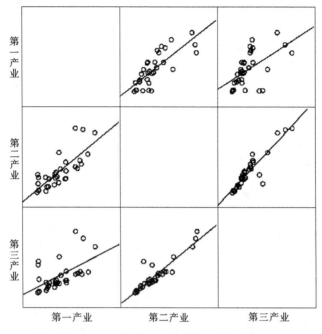

图 6-55　三个产业生产总值的散点图矩阵

从图 6-56 的重叠散点图可知，第二产业与第一产业和第三产业生产总值之间都有较强的线性关系. 这说明第二产业的发展对第一产业和第三产业的发展有较强的拉动作用，第二产业的发展对第三产业的发展的拉动作用更强些.

为了进一步分析三个产业总值之间线性关系的强度，计算相关系数，得到表 6-10 的结果. 由表 6-10 可知，第二产业与第三产业的线性关系最强，其次是第二产业与第一产业，第一产业与第三产业的线性关系最弱，但其 P-值也只有 0.001，存在显著的线性关系. 由此可见，各地区应通过第二产业的发展，带动第一产业与第三产业的发展，从而提高整体的发展水平.

表 6-10　　　　　　　三个产业生产总值之间的相关系数及其检验

		第一产业	第二产业	第三产业
第一产业	Pearson 相关性	1	0.786**	0.567**
	显著性（双侧）		0.000	0.001
第二产业	Pearson 相关性	0.786**	1	0.913**
	显著性（双侧）	0.000		0.000
第三产业	Pearson 相关性	0.567**	0.913**	1
	显著性（双侧）	0.001	0.000	

**表示在 .01 水平（双侧）上显著相关.

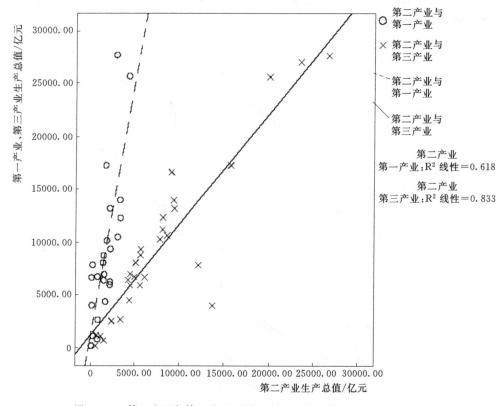

图 6-56　第二产业与第一产业、第三产业生产总值之间的重叠散点图

重要知识点与
典型例题

习题六答案

➤ 习题

一、选择题

1. 设 $(X_1, X_2, \cdots, X_n)$ 为总体 X 的样本，则不成立的是（　　）.

A. 每个 $X_i(i=1,2,\cdots,n)$ 与 X 有相同的分布

B. 每个 $X_i(i=1,2,\cdots,n)$ 是确定的数

C. $(X_1, X_2, \cdots, X_n)$ 是 n 维随机变量

D. $(X_1, X_2, \cdots, X_n)$ 各分量相互独立且同分布

2. 设 $(x_1, x_2, \cdots, x_n)$ 是来自总体 X 的一个样本观测值，则（　　）.

A. $x_i, i=1,2,\cdots,n$ 为 X 的 n 个取值

B. $x_i, i=1,2,\cdots,n$ 的取值是不确定的

C. $x_i, i=1,2,\cdots,n$ 与 X 有相同的分布

D. $x_i, i=1,2,\cdots,n$ 与 X 有相同的数学特征

3. 已知总体 X 服从 $[0,\lambda]$ 上的均匀分布（λ 未知）$X_1, X_2, \cdots, X_n$ 为 X 的样本，则（　　）.

A. $\frac{1}{n}\sum_{i=1}^{n}X_i-\frac{\lambda}{2}$ 是一个统计量　　　　B. $\frac{1}{n}\sum_{i=1}^{n}X_i-E(X)$ 是一个统计量

C. X_1+X_2 是一个统计量　　　　D. $\frac{1}{n}\sum_{i=1}^{n}X_i-D(X)$ 是一个统计量

4. 设 $(X_1,X_2,\cdots,X_n)$ 是来自总体 X 的样本，$\overline{X}$ 为样本平均值，则下述结论不成立的是（　　）.

A. $\overline{X}$ 与 $\sum_{i=1}^{n}(X_i-\overline{X})^2$ 独立　　　　B. 当 $i\neq j$ 时，X_i 与 X_j 独立

C. $\sum_{i=1}^{n}X_i$ 与 $\sum_{i=1}^{n}X_i^2$ 独立　　　　D. 当 $i\neq j$ 时，X_i 与 X_j^2 独立

5. 样本 $(X_1,X_2,\cdots,X_n)$ 取自概率密度为 $p(x)$ 的总体，则有（　　）.

A. $X_i\sim p(x)$，$i=1,2,\cdots,n$　　　　B. $\min\{X_1,\cdots,X_n\}\sim p(x)$

C. $\overline{X}\sim p(x)$　　　　D. $\sum_{i=1}^{n}X_i$ 与 $\sum_{i=1}^{n}X_i^2$ 独立

6. 设 $(X_1,X_2,\cdots,X_n)$ 是来自随机变量 X 的样本，$\overline{X}$ 为样本均值，则以下结论错误的是（　　）.

A. $E(\overline{X})=E(X)$　　　　B. $D(\overline{X})=D(X)/n$

C. $D(\overline{X})=D(X)$　　　　D. $\overline{X}$ 是随机变量，$E(X)$ 是常数

7. 设 $T\sim t(n)$，则 $T^2\sim$（　　）.

A. $t(2n)$　　　B. $\chi^2(n)$　　　C. $F(n,1)$　　　D. $F(1,n)$

8. 设总体 $X\sim N(0,1)$，$X_1,X_2,\cdots,X_n$ 为样本，则下列结论中错误的是（　　）.

A. $\dfrac{X_1-X_2}{(X_3^2+X_4^2)^{\frac{1}{2}}}\sim t(2)$　　　　B. $\dfrac{\sqrt{n-1}\,X_1}{\sqrt{\sum_{i=2}^{n}X_i^2}}\sim t(n-1)$

C. $\dfrac{\left(\dfrac{n}{3}-1\right)\sum_{i=1}^{3}X_i^2}{\sum_{i=4}^{n}X_i^2}\sim F(3,n-3)$　　D. $\dfrac{X_1+X_2}{\sqrt{X_1^2+X_2^2}}\sim t(2)$

9. 设 $(X_1,X_2,\cdots,X_n)$ 是来自正态总体 $X\sim N(\mu,\sigma^2)$ 的样本，样本均值和样本方差分别为：$\overline{X}=\dfrac{1}{n}\sum_{i=1}^{n}X_i$，$S^2=\dfrac{1}{n-1}\sum_{i=1}^{n}(X_i-\overline{X})^2$，则以下结论中错误的是（　　）.

A. $\overline{X}$ 与 S^2 独立　　　　B. $(\overline{X}-\mu)/\sigma\sim N(0,1)$

C. $(n-1)S^2/\sigma^2\sim\chi^2(n-1)$　　　　D. $\sqrt{n}\,(\overline{X}-\mu)/S\sim t(n-1)$

10. 设 $(X_1,X_2,\cdots,X_n)$ 是来自正态总体 $X\sim N(\mu,\sigma^2)$ 的简单随机样本，$\overline{X}$ 为样本均值，记 $S_1^2=\dfrac{1}{n-1}\sum_{i=1}^{n}(X_i-\overline{X})^2$，$S_2^2=\dfrac{1}{n}\sum_{i=1}^{n}(X_i-\overline{X})^2$，$S_3^2=\dfrac{1}{n-1}\sum_{i=1}^{n}(X_i-\mu)^2$，$S_4^2=\dfrac{1}{n}\sum_{i=1}^{n}(X_i-\mu)^2$，则服从自由度为 $n-1$ 的 t 分布的随机变量是（　　）.

A. $\dfrac{\overline{X}-\mu}{S_1/\sqrt{n}}$ B. $\dfrac{\overline{X}-\mu}{S_2/\sqrt{n}}$ C. $\dfrac{\overline{X}-\mu}{S_3/\sqrt{n-1}}$ D. $\dfrac{\overline{X}-\mu}{S_4/\sqrt{n}}$

11. 设 $(X_1,X_2,\cdots,X_n)$ 是来自正态总体 $X\sim N(\mu,\sigma^2)$ 的样本，S^2 为样本方差，则 $(n-1)S^2/\sigma^2$ 服从 （　　）.

　　A. 正态分布　　　B. t 分布　　　C. χ^2 分布　　　D. F 分布

12. 样本 $(X_1,X_2,\cdots,X_n)$ 取自标准正态分布 $N(0,1)$，$\overline{X}$ 为样本均值，及 S^2 为样本方差，则以下结果不成立的是 （　　）.

　　A. $X_i\sim N(0,1)$，$i=1,2,\cdots,n$ 　　　B. $\overline{X}\sim N(0,1)$

　　C. $\sqrt{n}\,\overline{X}/S\sim t(n-1)$ 　　　D. $\displaystyle\sum_{i=1}^{n}X_i^2\sim\chi^2(n)$

13. 设随机变量 $X\sim N(0,1)$ 与 $Y\sim\chi^2(n)$ 相互独立，则 $T=X/\sqrt{Y/n}$ 服从 （　　）.

　　A. 正态分布 　　　B. 自由度为 n 的 t 分布

　　C. χ^2 分布 　　　D. F 分布

14. 设 $(X_1,\cdots,X_n)$ 及 $(Y_1,\cdots,Y_m)$ 分别取自两个相互独立的正态总体 $N(\mu_1,\sigma^2)$ 及 $N(\mu_2,\sigma^2)$ 的两个样本，其样本方差分别为 S_1^2 及 S_2^2，则统计量 $F=\dfrac{S_1^2}{S_2^2}$ 服从 F 分布的自由度为 （　　）.

　　A. $(n-1,m-1)$ 　　　B. (n,m)

　　C. $(n+1,m+1)$ 　　　D. $(m-1,n-1)$

15. 设 X_1，X_2，X_3 为来自正态总体 $N(0,\sigma^2)$ 的简单随机样本，则统计量 $\dfrac{X_1-X_2}{\sqrt{2}\,|X_3|}$ 服从的分布为 （　　）.

　　A. $F(1,1)$ 　　　B. $F(2,1)$ 　　　C. $t(1)$ 　　　D. $t(2)$

16. 设随机变量 $X\sim t(n)(n>1)$，$Y=\dfrac{1}{X^2}$，则 （　　）.

　　A. $Y\sim\chi^2(n)$ 　　　B. $Y\sim\chi^2(n-1)$

　　C. $Y\sim F(n,1)$ 　　　D. $Y\sim F(1,n)$

17. 设 X_1，X_2，$\cdots$，$X_n(n\geq2)$ 为来自总体 $N(0,1)$ 的简单随机样本，$\overline{X}$ 为样本均值，S^2 为样本方差，则 （　　）.

　　A. $n\overline{X}\sim N(0,1)$ 　　　B. $nS^2\sim\chi^2(n)$

　　C. $\dfrac{(n-1)\overline{X}}{S}\sim t(n-1)$ 　　　D. $\dfrac{(n-1)X_1^2}{\displaystyle\sum_{i=2}^{n}X_i^2}\sim F(1,n-1)$

二、填空题

18. 设总体 $X\sim B(1,p)$ 分布，其中 p 为未知参数 $(0<p<1)$，X_1，X_2 是从中抽取的样本，则样本空间为_____. 如果 (X_1,X_2) 的一个观察值是 $(0,1)$，则样本均值的观测值 $\overline{x}=$_____；样本方差的观测值 $s^2=$_____.

19. 从一批加工的零件中随机取 8 件，测得其与标准件误差（单位：mm）为：

3.1，2.6，2.8，3.3，2.9，3.2，2.4，2.5，则总体 X 为_____；
样本为_____；样本观测值为_____；样本容量 $n=$_____；
样本均值的观测值 $\bar{x}=$_____；样本方差的观测值 $s^2=$_____；
样本二阶原点矩的观测值为_____．

20. 设总体 $X \sim B(1,p)$，其中未知参数 $0<p<1$，$(X_1,X_2,\cdots,X_n)$ 是 X 的样本，则 $P(X_1=x_1,X_2=x_2,\cdots,X_n=x_n)=$_____．

21. 设 $(X_1,X_2,\cdots,X_n)$ 为总体 X 的一个样本，则样本的 r 阶原点矩为_____；样本的 r 阶中心矩为_____．

22. 设 $(X_1,X_2,\cdots,X_n)$ 为总体 $X \sim N(\mu,\sigma^2)$ 的一个样本，则 $E(X_i)=$_____；$D(X_i)=$_____；$E(X_i^2)=$_____．

23. 设总体服从参数为 λ 的泊松分布 $X \sim P(\lambda)$，求样本 $(X_1,X_2,\cdots,X_n)$ 均值的期望 $E(\bar{X})=$_____和方差 $D(\bar{X})=$_____．

24. 设总体 $X \sim N(1,4)$，(X_1,X_2,X_3) 是来自 X 的样本，其中 S^2 为样本方差，则 $E(X_1^2 X_2^2 X_3^2)=$_____；$D(X_1 X_2 X_3)=$_____；$E(S^2)=$_____；$D(S^2)=$_____．

25. 设 $(X_1,X_2,\cdots,X_n)$ 是来自正态总体 $X \sim N(\mu,\sigma^2)$ 的样本，则 $\frac{1}{n}(X_1+\cdots+X_n)$ 服从_____分布．

26. 设 $(X_1,X_2,\cdots,X_n)$ 是来自正态总体 $X \sim N(\mu,\sigma^2)$ 的样本，则 $Z=\dfrac{\sqrt{n}(\bar{X}-\mu)}{\sigma}$ 服从_____分布．

27. 设总体 $X \sim N(2,3^2)$，$(X_1,X_2,\cdots,X_n)$ 为 X 的一个简单样本，则 $\sum\limits_{i=1}^{n}(X_i-2)^2/3^2$ 服从的分布是_____．

28. 设样本 $(X_1,X_2,\cdots,X_{n_1})$ 来自总体 $X \sim N(\mu_1,\sigma_1^2)$，样本均值和样本方差分别为：$\bar{X}=\dfrac{1}{n_1}\sum\limits_{i=1}^{n_1}X_i$，$S_1^2=\dfrac{1}{n_1-1}\sum\limits_{i=1}^{n_1}(X_i-\bar{X})^2$，又设样本 $Y_1,Y_2,\cdots,Y_{n_2}$ 来自总体 $Y \sim N(\mu_2,\sigma_2^2)$，样本均值和样本方差分别为：$\bar{Y}=\dfrac{1}{n_2}\sum\limits_{i=1}^{n_2}Y_i$，$S_2^2=\dfrac{1}{n_2-1}\sum\limits_{i=1}^{n_2}(Y_i-\bar{Y})^2$，且两个样本相互独立，则 $\dfrac{S_1^2}{S_2^2}\dfrac{\sigma_2^2}{\sigma_1^2}$ 服从_____分布．

29. 设 z_α 为标准正态分布的上侧分位数，则查表得 $z_{0.0495}=$_____；若 $z_\alpha=2.31$，查表得 $\alpha=$_____．

30. 设 $t_\alpha(n)$ 为 t 分布的上侧分位数，则查表得 $t_{0.025}(5)=$_____；若 $t_\alpha(6)=3.7074$，查表得 $\alpha=$_____．

31. 设 $F_\alpha(m,n)$ 为 F 分布的上侧分位数，则查表得 $F_{0.05}(5,4)=$_____；查表得 $F_{0.95}(5,4)=$_____；若 $F_\alpha(6,3)=14.73$，查表得 $\alpha=$_____．

32. 设总体 X 服从正态分布 $N(\mu_1,\sigma^2)$，设总体 Y 服从正态分布 $N(\mu_1,\sigma^2)$，

X_1，X_2，$\cdots$，X_{n_1} 和 Y_1，Y_2，$\cdots$，Y_{n_2} 分别取自总体 X 和 Y 的简单随机样本，则

$$E\left[\frac{\sum\limits_{i=1}^{n_1}(X_i-\overline{X})^2+\sum\limits_{j=1}^{n_2}(Y_j-\overline{Y})^2}{n_1+n_2-2}\right]=\underline{\hspace{3cm}}.$$

33. 设总体 $X \sim N(\mu,\sigma^2)$，X_1，X_2，$\cdots$，X_n 是取自总体 X 的一个样本，且 $\overline{X}=\dfrac{1}{n}\sum\limits_{i=1}^{n}X_i$，$S^2=\dfrac{1}{n-1}\sum\limits_{i=1}^{n}(X_i-\overline{X})^2$，则 $DS^2=\underline{\hspace{2cm}}$.

三、判断题

34.

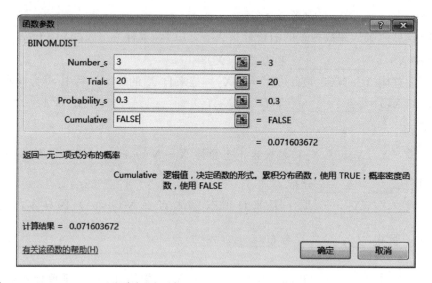

若 $X \sim B(20,0.3)$，则由图可知 $P(X=3)=0.071603672$。

35.

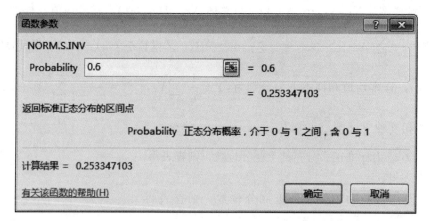

若 $X \sim N(0,1)$，则由图可知 $P(X \leqslant 0.253347103)=0.6$。

36.

若 $X \sim \chi^2(25)$，则由图可知 $P(X \leqslant 10.52)=0.994998709$。

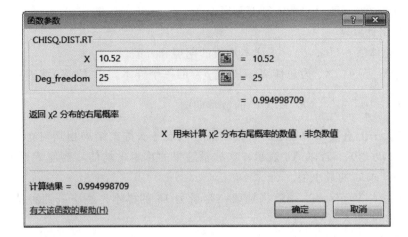

37.

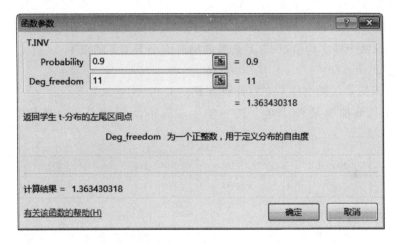

由图可知 $t_{0.1}$（11）＝1.363430318。

38.

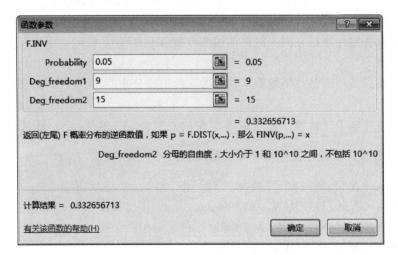

由图可知 $F_{0.05}(9,15)=0.332656713$。

四、应用计算题

39. 设总体 $X \sim U(a,b)$，求样本均值的期望和方差。

40. 设 $X_1, \cdots, X_n$ 为总体 $X \sim B(1,p)$ 的一个样本，求 $E(\overline{X})$ 和 $D(\overline{X})$，并求样本方差 $S^2 = \dfrac{1}{n-1}\sum_{i=1}^{n}(X_i - \overline{X})^2$ 的数学期望.

41. 在天平上重复称一重量为 a 的物品，假设各次称量结果相互独立且都服从正态分布 $N(a,0.2^2)$. 若以 $\overline{X}_n$ 表示 n 次称量结果的算术平均值，要使 $P\{|\overline{X}_n - a| < 0.1\} \geqslant 0.95$，求 n 的最小值.

42. 从总体 $N(50,\sigma^2)$ 中随机抽取一容量为 16 的样本，在下列两种情况下分别求概率 $P\{47.99 \leqslant \overline{X} \leqslant 52.01\}$.

(1) 已知 $\sigma^2 = 5.5^2$；

(2) 未知 σ^2，而样本方差 $s^2 = 36$.

43. 从总体 $X \sim N(\mu,\sigma^2)$ 中抽取 $n_1 = 9$，$n_2 = 12$ 的两个独立样本，在下列两种情况下分别求两个样本均值 $\overline{X}$ 与 $\overline{Y}$ 之差的绝对值小于 1.5 的概率：

(1) 已知 $\sigma^2 = 4$；

(2) σ^2 未知，但两个样本方差分别为 $S_1^2 = 4.1$，$S_2^2 = 3.7$.

*44. 随机地抽取某校 100 个初一学生，测得他们的身高（单位：cm）数据如下：

身高	160~162	163~165	166~168	169~171	172~174
频数	7	16	38	31	8

试做出频率直方图.

*45. 根据调查，某集团公司的中层管理人员的月薪数据如下（单位：千元）：40.6，39.6，37.8，36.2，38.8，38.6，39.6，40.0，34.7，41.7，38.9，37.9，37.0，35.1，36.7，37.1，37.7，39.2，36.9，38.3. 试画出茎叶图.

五、实验题

46. 某办公室计算机在同一时刻使用的台数 $X \sim B(8,0.6)$，求恰有 5 台计算机被使用的概率.

47. 某商店某种商品日销量服从参数为 5 的泊松分布 $X \sim P(5)$，试求日销 3 件的概率.

48. 某型号电子计数器，无故障地工作的总时间 X（单位：h）服从参数为 $\lambda = \dfrac{1}{1000}$ 的指数分布，求元件使用 1000h 后都没有损坏的概率.

49. 设 $X \sim N(0,1)$，求 $P(X > 0.82)$. 即已知 $z_a = 0.82$，求 α.

50. 设 $X \sim N(0,1)$，$P(X \leqslant x) = 0.36$，求 x. 即已知 $\Phi(x) = 0.36$，求 x.

51. 设 $X \sim N(3,5)$，求 $P(X \leqslant 3.8)$.

52. 设 $X \sim N(2,8)$，$P(X > x) = 0.05$，求 x.

53. 设 $X \sim \chi^2(5)$，求 $P(X \leqslant 10.2)$.

54. 设 $X \sim \chi^2(5)$，$P(X > x) = 0.01$，求 x. 即已知 $\alpha = 0.01$，求 $\chi^2_{0.01}(5)$.

55. 设 $X \sim t(8)$，求 $P(X > 1.23)$. 即已知 $t_\alpha(8) = 1.23$，求 α.

56. 设 $X \sim t(8)$，$P(X \leqslant x) = 0.975$，求 x.

57. 设 $X \sim F(3,6)$，求 $P(X > 8.10)$. 即已知 $F_\alpha(3,6) = 8.10$，求 α.

58. 设 $X \sim F(3,6)$，$P(X > x) = 0.025$，求 x，即求 $F_{0.025}(3,6)$.

第七章 参　数　估　计

统计推断是由样本推断总体，其目的是利用问题的基本假定及包含在观测数据中的信息，得出尽量精确和可靠的结论. 它的基本问题可以分为两大类：一类是参数估计问题；另一类是假设检验问题. 本章介绍参数估计问题.

第一节　参　数　的　点　估　计

一、参数估计的概念

总体 X 的分布函数 $F(x;\theta)$ 中，包含有未知参数 θ（可能是一个客观存在的数或一个向量）. 若通过简单随机抽样，得到总体 X 的一个样本观测值 $(x_1,x_2,\cdots,x_n)$，自然会想到利用这一组数据来估计这一个或多个未知参数.

定义　总体 X 的分布 $F(x;\theta)$ 中包含的未知的参数 θ，称为**待估参数**. 参数 θ 所有可能取值构成的集合称为**参数空间**（Parameter Space），记为 Θ.

定义　利用样本 $(X_1,X_2,\cdots,X_n)$ 去估计总体 X 中的未知参数的问题，称为**参数估计问题**.

这里的参数，可能是总体的概率函数明示包含的参数，如 $X\sim B(1,p)$ 中的 p，$X\sim U(0,\theta)$ 中的 θ 等；也可能是总体的数字特征，如总体的数学期望 $E(X)=\mu$，方差 $D(X)=\sigma^2$ 等.

设 $(X_1,X_2,\cdots,X_n)$ 为来自总体 X 的样本容量为 n 的样本，$(x_1,x_2,\cdots,x_n)$ 是该样本的一组观测值. 所谓参数的点估计就是根据样本的观测值 $x_1,x_2,\cdots,x_n$，求出参数 θ 的估计值，也就是要构造合适的统计量 $\hat{\theta}(X_1,X_2,\cdots,X_n)$，用它的观察值 $\hat{\theta}(x_1,x_2,\cdots,x_n)$ 来估计未知参数 θ.

定义　用来估计总体中的待估参数 θ 的统计量 $\hat{\theta}(X_1,X_2,\cdots,X_n)$，称为 θ 的一个**估计量**（Estimation），$\hat{\theta}(x_1,x_2,\cdots,x_n)$ 称为 θ 的**估计值**. 通常估计量和估计值统称为**估计**，并简记为 $\hat{\theta}$.

定义　用样本 $X_1,X_2,\cdots,X_n$ 的一个合适的统计量 $\hat{\theta}(X_1,X_2,\cdots,X_n)$ 的观测值 $\hat{\theta}(x_1,x_2,\cdots,x_n)$ 来估计总体的未知参数 θ，称为参数 θ 的**点估计**（Point Estimation）.

在对总体 $X\sim F(x;\theta)$ 中的未知参数 θ（可能是一个客观存在的数或一个向量）进行点估计时，采用的方法多种多样，本节将介绍构造估计量的矩估计法和最大似然估计法.

7-2 ▶
参数的矩估计

二、矩估计法

矩估计法是由英国统计学家皮尔逊（K. Pearson）于 1894 年提出的，也是最古老的估计法之一，由于其直观简便，可以在不知道总体分布的情况下使用，故在实际中被广泛应用. 它的基本思想源于辛钦大数定律，即简单随机样本的原点矩依概率收敛到相应的总体的原点矩：设总体的 l 阶原点矩 $\mu_l = E(X^l)$ 存在，$X_1, X_2, \cdots, X_n$ 是来自总体 X 的样本，$A_l = \frac{1}{n}\sum_{i=1}^{n} X_i^l$ 为 l 阶样本原点矩，对于任意的 $\varepsilon > 0$，则

$$\lim_{n\to\infty} P\left\{ \left| \frac{1}{n}\sum_{i=1}^{n} X_i^l - E(X^l) \right| < \varepsilon \right\} = 1$$

因此可用样本矩替换总体矩，进而找出未知参数 θ 的估计.

定义 设样本 $(X_1, X_2, \cdots, X_n)$ 来自总体 X，总体 X 中包含有未知参数 θ，若用样本矩替换总体矩，进而得到参数 θ 的点估计，这样的估计方法称为**矩法估计**（Square Estimation），简称**矩估计**. 由矩法得到参数 θ 的估计量 $\hat{\theta}(X_1, X_2, \cdots, X_n)$，称为**矩估计量**（Square Estimator），相应的估计值 $\hat{\theta}(x_1, x_2, \cdots, x_n)$，称为**矩估计值**.

设样本 $X_1, X_2, \cdots, X_n$ 取自含有 k 个未知参数 $\theta_1, \theta_2, \cdots, \theta_k$ 的总体 X，而且总体 X 的 k 阶原点矩 $\mu_k = E(X^k)$ 存在（若不存在，就无法利用矩估计法估计 k 个不同的未知参数），当样本容量足够大时，用 A_l 估计 μ_l. 求矩估计量的具体步骤如下：

（1）计算总体 X 的 l 阶原点矩 $\mu_l = E(X^l)$，其结果应是 $\theta = (\theta_1, \theta_2, \cdots, \theta_k)$ 的函数，即 $E(X^l) = \mu_l(\theta_1, \theta_2, \cdots, \theta_k)$，$l = 1, 2, \cdots, k$.

◆ 连续总体 $X \sim p(x; \theta)$，$E(X^l) = \int_{-\infty}^{+\infty} x^l p(x; \theta) \mathrm{d}x$；

◆ 离散总体 $P(X = x_i) = p(x_i; \theta)$，$i = 1, 2, \cdots$ $E(X^l) = \sum_{i=1}^{\infty} x_i^l p(x_i; \theta)$.

（2）令 $\mu_l(\hat{\theta}_1, \hat{\theta}_2, \cdots, \hat{\theta}_k) = \frac{1}{n}\sum_{i=1}^{n} X_i^l$，$l = 1, 2, \cdots, k$，即

$$\begin{cases} \mu_1(\hat{\theta}_1, \hat{\theta}_2, \cdots, \hat{\theta}_k) = \frac{1}{n}\sum_{i=1}^{n} X_i \\ \mu_2(\hat{\theta}_1, \hat{\theta}_2, \cdots, \hat{\theta}_k) = \frac{1}{n}\sum_{i=1}^{n} X_i^2 \\ \vdots \\ \mu_k(\hat{\theta}_1, \hat{\theta}_2, \cdots, \hat{\theta}_k) = \frac{1}{n}\sum_{i=1}^{n} X_i^k \end{cases}$$

（3）解方程（组）得参数 $\theta_1, \theta_2, \cdots, \theta_k$ 的矩估计量 $\hat{\theta}_l = \hat{\theta}_l(X_1, X_2, \cdots, X_n)$，$l = 1, 2, \cdots, k$，即

$$\begin{cases} \hat{\theta}_1 = \hat{\theta}_1(X_1, X_2, \cdots, X_n) \\ \hat{\theta}_2 = \hat{\theta}_2(X_1, X_2, \cdots, X_n) \\ \vdots \\ \hat{\theta}_k = \hat{\theta}_k(X_1, X_2, \cdots, X_n) \end{cases}$$

(4) 将样本观测值 $(x_1, x_2, \cdots, x_n)$ 代入矩估计量 $\hat{\theta}_l = \hat{\theta}_l(X_1, X_2, \cdots, X_n)$ 中，即得参数 $\theta_1, \theta_2, \cdots, \theta_k$ 的矩估计值

$$\begin{cases} \hat{\theta}_1 = \hat{\theta}_1(x_1, x_2, \cdots, x_n) \\ \hat{\theta}_2 = \hat{\theta}_2(x_1, x_2, \cdots, x_n) \\ \vdots \\ \hat{\theta}_k = \hat{\theta}_k(x_1, x_2, \cdots, x_n) \end{cases}$$

【例 7-1】 设总体 X 服从参数为 λ 的泊松分布，λ 未知，$X_1, X_2, \cdots, X_n$ 是来自总体的一个样本，求参数 λ 的矩估计量.

解 因为待估参数只有 λ 一个，且 $\mu_1 = E(X) = \lambda$，因此，只要令 $\hat{\lambda} = \overline{X}$，即得 λ 的矩估计量为 $\hat{\lambda} = \overline{X}$.

【例 7-2】 设总体 X 服从区间 $[0, \theta]$ 上的均匀分布，θ 为未知参数，$X_1, X_2, \cdots, X_n$ 为来自该总体 X 的一个样本，其观测值为 $x_1, x_2, \cdots, x_n$，试求 θ 的矩估计值.

解 总体 X 的密度函数为

$$p(x;\theta) = \begin{cases} \dfrac{1}{\theta}, & 0 \leqslant x \leqslant \theta \\ 0, & \text{其他} \end{cases}$$

因为待估参数只有 θ 一个，且 $\mu_1 = E(X) = \dfrac{0+\theta}{2} = \dfrac{\theta}{2}$，因此，只要令 $\dfrac{\hat{\theta}}{2} = \overline{X}$，解之得 $\hat{\theta} = 2\overline{X}$，即得到 θ 的矩估计量为 $\hat{\theta} = 2\overline{X}$.

将样本的观测值 $x_1, x_2, \cdots, x_n$ 代入 θ 的矩估计量，得其矩估计值为 $\hat{\theta} = 2\overline{x}$.

【例 7-3】 设总体 X 的均值与方差分别为 μ 与 σ^2，且均未知，$X_1, X_2, \cdots, X_n$ 为来自该总体的样本，求 μ 与 σ^2 的矩估计量.

解 因为待估参数有两个，因此，计算总体的一阶原点矩和二阶原点矩得

$$\begin{cases} \mu_1 = E(X) = \mu \\ \mu_2 = E(X^2) = D(X) + [E(X)]^2 = \sigma^2 + \mu^2 \end{cases}$$

令

$$\begin{cases} \hat{\mu} = \overline{X} \\ \hat{\sigma}^2 + \hat{\mu}^2 = \dfrac{1}{n} \sum_{i=1}^{n} X_i^2 \end{cases}$$

解之得 μ 与 σ^2 的估计量为

$$\begin{cases} \hat{\mu} = \overline{X} \\ \hat{\sigma}^2 = \dfrac{1}{n}\sum_{i=1}^{n} X_i^2 - \overline{X}^2 = \dfrac{1}{n}\sum_{i=1}^{n} (X_i - \overline{X})^2 \end{cases}$$

矩估计法虽然直观简便，无须知道总体的分布，适用性广，但对原点矩不存在的总体（如柯西分布）不适用，而且当总体分布类型已知时，矩估计未能充分利用总体分布所提供的信息，这可能导致所得估计的精度比别的方法获得的低.

三、最大似然估计法

7 - 3 ▶

参数的最大
似然估计

如果总体 $X \sim F(x;\theta)$ 的分布类型已知，但含有未知参数 θ. 若能同时利用总体分布类型的信息与样本提供的信息，可获得参数估计的更好信息. 德国数学家高斯（C. F. Gauss）最早提出该思想，英国的统计学家费雪（R. A. Fisher）爵士 1912 年重新提出，并证明了其优良性质，首次将这种估计命名为**最大似然估计法**（Maximum Likelihood Estimation）. 这种方法在理论上具有优良性质，在实际中有非常广泛的应用，是一种非常重要的点估计方法. 但应用这种方法的前提是，总体 X 的分布形式必须已知. 下面通过实例来说明最大似然估计的基本思想.

【引例】　根据经验，甲能一枪命中猎物的概率 $p_1 = 0.98$，乙能一枪命中猎物的概率 $p_2 = 0.28$. 在一次狩猎中，甲、乙中有一人向猎物打一枪，猎物被击中倒下，问猎物是哪个猎手击中的？

若设 $X = \begin{cases} 1, & \text{猎物被击中} \\ 0, & \text{猎物未被击中} \end{cases}$，则 $X \sim B(1,p)$，$p \in \{0.98, 0.28\}$. 现取一容量为 1 的样本 X_1，知 X_1 的观测值为 $x_1 = 1$（猎物被击中），原问题相当于问 $p = p_1 = 0.98$，还是 $p = p_2 = 0.28$？

因为 $P\{X_1 = 1; p = 0.98\} = 0.98 > 0.28 = P\{X_1 = 1; p = 0.28\}$，所以，应取 $p = p_1 = 0.98$，即认为猎物是甲击中的.

最大似然的直观想法是：一个随机试验如果有若干个可能结果 $A, B, C, \cdots$（引例中 $A = \{X_1 = 1\}$，$B = \{X_1 = 0\}$），在一次试验中结果 A 出现了，则认为 A 出现的概率最大，并且认为试验的很多条件中（［引例］中 $p \in \{0.98, 0.28\}$），应该是使事件 A 发生的概率为最大的那种条件（［引例］中 $p = 0.98$）.

定义　设总体 X 的概率函数为 $p(x; \theta_1, \theta_2, \cdots, \theta_k)$，其中 $\theta_1, \theta_2, \cdots, \theta_k$ 为未知参数，$x_1, x_2, \cdots, x_n$ 为来自总体 X 的样本观测值，则样本的联合概率函数

$$p(x_1, x_2, \cdots, x_n; \theta_1, \theta_2, \cdots, \theta_k) = \prod_{i=1}^{n} p(x_i; \theta_1, \theta_2, \cdots, \theta_k)$$

称为参数 $\theta_1, \theta_2, \cdots, \theta_k$ 的**似然函数**（Likelihood Function），简记作 $L(\theta_1, \theta_2, \cdots, \theta_k) = \prod_{i=1}^{n} p(x_i; \theta_1, \theta_2, \cdots, \theta_k)$.

◆ 对于固定的 $\theta_1, \theta_2, \cdots, \theta_k$，$L$ 作为 $x_1, x_2, \cdots, x_n$ 的函数，它是样本的联合概率函数；但对于已经取得的样本观测值 $x_1, x_2, \cdots, x_n$，L 便成了 $\theta_1, \theta_2, \cdots, \theta_k$ 的函数了，

就称为似然函数.

定义 在已经取得样本观测值 $x_1, x_2, \cdots, x_n$ 的条件下，若点 $\tilde{\theta}_i = \tilde{\theta}_i(x_1, x_2, \cdots, x_n), (i=1,2,\cdots,k)$ 使似然函数 $L(\theta_1, \theta_2, \cdots, \theta_k)$ 达到最大值，即

$$L(\tilde{\theta}_1, \tilde{\theta}_2, \cdots, \tilde{\theta}_k) = \max_{(\theta_1, \theta_2, \cdots, \theta_k) \in \Theta} L(\theta_1, \theta_2, \cdots, \theta_k)$$

则 $\tilde{\theta}_1, \tilde{\theta}_2, \cdots, \tilde{\theta}_k$ 称为参数 $\theta_1, \theta_2, \cdots, \theta_k$ 的**最大似然估计值**. 相应的估计量 $\tilde{\theta}_i = \tilde{\theta}_i(X_1, X_2, \cdots, X_n), (i=1,2,\cdots,k)$ 称为参数 $\theta_1, \theta_2, \cdots, \theta_k$ 的**最大似然估计量**（Maximum Likelihood Estimator）.

由于似然函数通常是一些函数的乘积或为指数函数，而对数函数是单调上升函数，即 L 与 $\ln(L)$ 在相同点取得最大值，故有时可将求 L 的最大值点的问题转化为求 $\ln(L)$ 的最大值点的问题. 由微分学知，当 L 或 $\ln(L)$ 具有一阶连续偏导数时，最大似然估计常常是满足下述方程组的一组解.

定义 方程（组）

$$\begin{cases} \dfrac{\partial L(\theta_1, \cdots, \theta_k)}{\partial \theta_1} = 0 \\[2mm] \dfrac{\partial L(\theta_1, \cdots, \theta_k)}{\partial \theta_2} = 0 \\[2mm] \vdots \\[2mm] \dfrac{\partial L(\theta_1, \cdots, \theta_k)}{\partial \theta_k} = 0 \end{cases}$$

称为**似然方程（组）**（Likelihood equation（group）). 方程（组）

$$\begin{cases} \dfrac{\partial \ln L(\theta_1, \cdots, \theta_k)}{\partial \theta_1} = 0 \\[2mm] \dfrac{\partial \ln L(\theta_1, \cdots, \theta_k)}{\partial \theta_2} = 0 \\[2mm] \vdots \\[2mm] \dfrac{\partial \ln L(\theta_1, \cdots, \theta_k)}{\partial \theta_k} = 0 \end{cases}$$

称为**对数似然方程（组）**，仍简称为**似然方程（组）**.

◆ 求参数的最大似然估计就是求似然函数的最大值点.

求最大似然估计的一般步骤归纳如下：

（1）写出似然函数 $L(\theta_1, \theta_2, \cdots, \theta_k) = \prod\limits_{i=1}^{n} p(x_i; \theta_1, \theta_2, \cdots, \theta_k)$;

（2）整理出对数似然函数（Logarithm likelihood function）$\ln L(\theta)$;

（3）求得 $\dfrac{\mathrm{d}L(\theta)}{\mathrm{d}\theta} = f(\theta)$ 或 $\dfrac{\mathrm{d}\ln L(\theta)}{\mathrm{d}\theta} = f(\theta)$;

（4）解似然方程 $f(\tilde{\theta}) = 0$，如果有解，即可解此方程得极大似然估计值 $\tilde{\theta} = \tilde{\theta}(x_1, x_2, \cdots, x_n)$; 如果无解，那么根据定义找使得 $L(\theta)$ 最大的 $\tilde{\theta}$ 作为 θ 的最大似

然估计.

【例 7 - 4】 设总体 X 服从参数为 λ 的指数分布，其中 λ 未知，概率密度函数为

$$p(x;\lambda) = \begin{cases} \lambda e^{-\lambda x}, & x > 0 \\ 0, & x \leqslant 0 \end{cases}$$

$x_1, x_2, \cdots, x_n$ 为其样本 $X_1, X_2, \cdots, X_n$ 的观测值，试求参数 λ 的最大似然估计值和估计量.

解 由 X_i 与总体 X 同分布，可知 X_i 有概率密度函数

$$p(x_i;\lambda) = \begin{cases} \lambda e^{-\lambda x_i}, & x_i > 0 \\ 0, & x_i \leqslant 0 \end{cases}, \quad i = 1, 2, \cdots, n$$

所以，似然函数为

$$L(\lambda) = \lambda^n e^{-\lambda \sum\limits_{i=1}^{n} x_i}, \quad x_1, x_2, \cdots, x_n > 0$$

对数似然函数为

$$\ln L(\lambda) = n \ln \lambda - \lambda \sum_{i=1}^{n} x_i$$

$$\frac{\mathrm{d}}{\mathrm{d}\lambda} \ln L(\lambda) = \frac{n}{\lambda} - \sum_{i=1}^{n} x_i$$

对数似然方程为

$$\frac{n}{\tilde{\lambda}} - \sum_{i=1}^{n} x_i = 0$$

解得 λ 的最大似然估计值为

$$\tilde{\lambda} = \frac{n}{\sum\limits_{i=1}^{n} x_i} = \frac{1}{\bar{x}}$$

其最大似然估计量为

$$\tilde{\lambda} = \frac{n}{\sum\limits_{i=1}^{n} X_i} = \frac{1}{\bar{X}}$$

【例 7 - 5】 设 X 的分布律为

X	1	2	3
P	θ^2	$2\theta(1-\theta)$	$(1-\theta)^2$

其中 θ 为未知参数，$0 < \theta < 1$，已知取得一个样本观测值 $(x_1, x_2, x_3) = (1, 2, 1)$，求参数 θ 的最大似然估计值.

解 已知取得一个样本观测值 $(x_1, x_2, x_3) = (1, 2, 1)$，所以似然函数为

$$L(\theta) = \prod_{i=1}^{3} p(x_i;\theta) = p(x_1 = 1;\theta) p(x_2 = 2;\theta) p(x_3 = 1;\theta)$$
$$= \theta^2 \cdot 2\theta(1-\theta)\theta^2 = 2\theta^5 - 2\theta^6$$

$$\frac{\mathrm{d}L(\theta)}{\mathrm{d}\theta} = 10\theta^4 - 12\theta^5$$

对数似然方程为

$$10\tilde{\theta}^4 - 12\tilde{\theta}^5 = 0$$

解之得参数 θ 的最大似然估计值为

$$\tilde{\theta} = \frac{5}{6}$$

【例 7 - 6】 设总体 $X \sim N(\mu, \sigma^2)$，其中 μ，σ^2 为未知的参数，$X_1, X_2, \cdots, X_n$ 是来自 X 的样本，其一组观测值为 $x_1, x_2, \cdots, x_n$，试求 μ，σ^2 的最大似然估计量.

解 因为总体 X 的概率密度为

$$p(x; \mu, \sigma^2) = \frac{1}{\sigma\sqrt{2\pi}} e^{-\frac{(x-\mu)^2}{2\sigma^2}}$$

因此，样本中 X_i 的概率密度为

$$p(x_i; \mu, \sigma^2) = \frac{1}{\sigma\sqrt{2\pi}} e^{-\frac{(x_i-\mu)^2}{2\sigma^2}}$$

可写出似然函数为

$$L(\mu, \sigma^2) = \prod_{i=1}^{n} \frac{1}{\sigma\sqrt{2\pi}} e^{-\frac{(x_i-\mu)^2}{2\sigma^2}} = (2\pi)^{-\frac{n}{2}} (\sigma^2)^{-\frac{n}{2}} e^{-\frac{1}{2\sigma^2}\sum_{i=1}^{n}(x_i-\mu)^2}$$

对数似然函数为

$$\ln L = -\frac{n}{2}\ln(2\pi) - \frac{n}{2}\ln\sigma^2 - \frac{1}{2\sigma^2}\sum_{i=1}^{n}(x_i-\mu)^2$$

$$\begin{cases} \dfrac{\partial \ln L}{\partial \mu} = \dfrac{1}{\sigma^2}\left(\sum_{i=1}^{n}x_i - n\mu\right) \\ \dfrac{\partial \ln L}{\partial \sigma^2} = -\dfrac{n}{2\sigma^2} + \dfrac{1}{2(\sigma^2)^2}\sum_{i=1}^{n}(x_i-\mu)^2 \end{cases}$$

对数似然方程为

$$\begin{cases} \dfrac{1}{\tilde{\sigma}^2}\left(\sum_{i=1}^{n}x_i - n\tilde{\mu}\right) = 0 \\ -\dfrac{n}{2\tilde{\sigma}^2} + \dfrac{1}{2(\tilde{\sigma}^2)^2}\sum_{i=1}^{n}(x_i-\tilde{\mu})^2 = 0 \end{cases}$$

解得，最大似然估计值为

$$\tilde{\mu} = \frac{1}{n}\sum_{i=1}^{n}x_i = \overline{x}, \quad \tilde{\sigma}^2 = \frac{1}{n}\sum_{i=1}^{n}(x_i - \overline{x})^2$$

因此，μ，σ^2 的最大似然估计量分别为

$$\tilde{\mu} = \frac{1}{n}\sum_{i=1}^{n}X_i = \overline{X}, \quad \tilde{\sigma}^2 = \frac{1}{n}\sum_{i=1}^{n}(X_i - \overline{X})^2$$

请注意，并不是所有最大似然估计问题都可以通过（对数）似然方程（组）求解的.

【例 7 - 7】 设总体 X 服从区间 $[0, \theta]$ 上的均匀分布，θ 为未知参数，$X_1, X_2, \cdots, X_n$ 为来自该总体 X 的一个样本，其观测值为 $x_1, x_2, \cdots, x_n$，试求参数 θ 的最大似然

估计.

解 由题意可知样本中 X_i 的概率密度为

$$p(x_i;\theta)=\begin{cases}\dfrac{1}{\theta}, & 0\leqslant x_i\leqslant\theta \\ 0, & 其他\end{cases}, \quad i=1,2,\cdots,n,$$

似然函数为

$$L(\theta)=\begin{cases}\dfrac{1}{\theta^n}, & 0\leqslant x_1,x_2,\cdots,x_n\leqslant\theta \\ 0, & 其他\end{cases}$$

显然，似然方程无解，只能直接根据最大似然估计的定义，找使得 $L(\theta)$ 最大的 $\hat{\theta}$ 作为 θ 的最大似然估计. 因为每一个 x_i 都小于或等于 θ，等价于 $\max\limits_{1\leqslant i\leqslant n}\{x_i\}\leqslant\theta$；另一方面，$\dfrac{1}{\theta^n}$ 随 θ 的增大而减小，因此 θ 应尽量地小，但当 θ 小到比 $\max\limits_{1\leqslant i\leqslant n}\{x_i\}$ 还小时，L 就只能取 0 了，所以当 $\theta=\max\limits_{1\leqslant i\leqslant n}\{x_i\}$ 时，似然函数 L 达到最大，故 θ 的最大似然估计量为

$$\tilde{\theta}=\max\limits_{1\leqslant i\leqslant n}\{X_i\}$$

最大似然估计充分利用了总体分布形式和样本的信息，具有优良的统计性质，因而有着广泛的应用. 最大似然估计具有**不变性**：若 $\tilde{\theta}$ 是未知参数 θ 的最大似然估计，函数 $g(u)$ 是 u 的单调函数，具有单值反函数，则 $g(\tilde{\theta})$ 是 $g(\theta)$ 的最大似然估计. 比如［例 7-6］中 σ^2 的最大似然估计为 $\tilde{\sigma}^2=\dfrac{1}{n}\sum\limits_{i=1}^{n}(X_i-\overline{X})^2$，函数 $g(u)=u^{\frac{1}{2}}$ 是 u 的单调递增函数，具有单值反函数，则 $g(\tilde{\sigma}^2)=\tilde{\sigma}^2=\sqrt{\dfrac{1}{n}\sum\limits_{i=1}^{n}(X_i-\overline{X})^2}$ 是 $g(\sigma^2)=\sigma$ 的最大似然估计量.

第二节 点估计效果的评价标准

用于估计 θ 的估计量有很多，比如，样本均值和样本中位数都可作为总体均值的估计量，那么究竟采用哪一个估计量作为总体参数的估计更好呢？自然要用估计效果较优的那种估计量，这就涉及用什么标准来评价估计量的优劣. 统计学家给出了一些评价标准，主要有无偏性、有效性和一致性.

一、无偏性

定义 设 $\hat{\theta}=\hat{\theta}(X_1,X_2,\cdots,X_n)$ 为未知参数 θ 的一个估计量，若 $\hat{\theta}$ 的数学期望存在，记

$$E(\hat{\theta})-\theta=b_n$$

7-4
点估计效果的
评价标准

7-5
无偏性

则称 b_n 为估计量 $\hat{\theta}$ 的**偏差**（Affect）或**系统误差**.

（1）若 $b_n=0$，则 $\hat{\theta}$ 称为 θ 的一个**无偏估计量**（Unbiased estimator），称统计量 $\hat{\theta}$ 具有**无偏性**（Unbiased）；

（2）若 $b_n \neq 0$，则 $\hat{\theta}$ 称为 θ 的一个**有偏估计**；

（3）若 $\lim\limits_{n\to\infty} b_n=0$，则 $\hat{\theta}$ 称为 θ 的一个**渐近无偏估计**（Approximation unbiased estimator）.

◆ $\hat{\theta}$ 是 θ 的无偏估计的意义可解释为：取多个样本 $(x_1^k, x_2^k, \cdots, x_n^k)$，$k=1,2,\cdots$，得到 θ 的多个估计值 $\hat{\theta}(x_1^k, x_2^k, \cdots, x_n^k)$，$k=1,2,\cdots$，这些估计值围绕参数 θ 的真值上下波动，则 $\lim\limits_{N\to\infty} \dfrac{1}{N} \sum\limits_{k=1}^{N} \hat{\theta}(x_1^k,\ x_2^k,\ \cdots,\ x_n^k)=\theta$.

【例 7-8】 设总体 X 的期望为 μ，$X_1, X_2, \cdots, X_n$ 为来自总体 X 的一个样本，试判断下列统计量是否为 μ 的无偏估计.

（1）X_i，$i=1,2,\cdots,n$；

（2）$\overline{X}=\dfrac{1}{n}\sum\limits_{i=1}^{n} X_i$ ；

（3）$\dfrac{1}{2}X_1+\dfrac{1}{3}X_2+\dfrac{1}{4}X_3$.

解（1）因为 $E(X_i)=E(X)=\mu$，所以，X_i，$(i=1,2,\cdots,n)$ 是 μ 的无偏估计.

（2）因为 $E(\overline{X})=E\left(\dfrac{1}{n}\sum\limits_{i=1}^{n} X_i\right)=\dfrac{1}{n}\sum\limits_{i=1}^{n} E(X_i)=\dfrac{1}{n}n\mu=\mu$ ，所以，$\overline{X}$ 是 μ 的无偏估计.

（3）因为 $E\left(\dfrac{1}{2}X_1+\dfrac{1}{3}X_2+\dfrac{1}{4}X_3\right)=\dfrac{1}{2}E(X_1)+\dfrac{1}{3}E(X_2)+\dfrac{1}{4}E(X_3)=\dfrac{13}{12}\mu \neq \mu$，

所以，$\dfrac{1}{2}X_1+\dfrac{1}{3}X_2+\dfrac{1}{4}X_3$ 不是 μ 的无偏估计.

【例 7-9】 设 μ，σ^2 分别为总体 X 的均值和方差，$X_1, X_2, \cdots, X_n$ 为总体 X 的一个样本，证明样本二阶中心距 $\hat{\sigma}^2=\dfrac{1}{n}\sum\limits_{i=1}^{n} (X_i-\overline{X})^2$ 不是 σ^2 的无偏性估计量.

证明 因为 $E(\hat{\sigma}^2)=E\left[\dfrac{1}{n}\sum\limits_{i=1}^{n} (X_i-\overline{X})^2\right]=E\left[\dfrac{1}{n}\sum\limits_{i=1}^{n} ((X_i-\mu)-(\overline{X}-\mu))^2\right]$

$$=\dfrac{1}{n}\sum\limits_{i=1}^{n} E(X_i-\mu)^2 - E(\overline{X}-\mu)^2 = \dfrac{1}{n}\sum\limits_{i=1}^{n} D(X_i) - D(\overline{X})$$

由于 $D(X_i)=D(X)=\sigma^2 (i=1,2,\cdots,n)$，

$$D(\overline{X})=D\left(\dfrac{1}{n}\sum\limits_{i=1}^{n} X_i\right)=\dfrac{1}{n^2}\sum\limits_{i=1}^{n} D(X_i)=\dfrac{\sigma^2}{n}$$

所以，$E(\hat{\sigma}^2)=\dfrac{1}{n}n\sigma^2 - \dfrac{\sigma^2}{n}=\dfrac{n-1}{n}\sigma^2 \neq \sigma^2$，故 $\hat{\sigma}^2$ 不是 σ^2 的无偏估计. 但 $\lim\limits_{n\to\infty} E(\hat{\sigma}^2)=\lim\limits_{n\to\infty} \dfrac{n-1}{n}$

$\sigma^2 = \sigma^2$，故 $\hat{\sigma}^2$ 是 σ^2 的渐近无偏估计.

因为 $E(S^2) = E\left(\dfrac{n}{n-1}\hat{\sigma}^2\right) = \dfrac{n}{n-1}E(\hat{\sigma}^2) = \dfrac{n}{n-1}\dfrac{n-1}{n}\sigma^2 = \sigma^2$，所以，样本方差 $S^2 = $

$\dfrac{1}{n-1}\displaystyle\sum_{i=1}^{n}(X_i - \overline{X})^2$ 是 σ^2 的无偏估计.

由此可知，样本均值 $\overline{X}$ 和样本方差 S^2 分别是总体期望 μ 和方差 σ^2 的无偏估计.

二、有效性

7-6

有效性

$\overline{X}$，$X_i(i=1,2,\cdots,n)$ 都是总体均值 μ 的无偏估计量，但根据日常经验，用多次观测所得平均值去估计总体均值一定比用一次观测值去估计总体均值的效果好，这是因为当 $n \geqslant 2$ 时，$D(\overline{X}) = \dfrac{\sigma^2}{n} < D(X_i) = \sigma^2$，即作为 μ 的无偏估计 $\overline{X}$ 比 X_i 更有效，这就是另外一个评价标准：有效性.

定义　设 $\hat{\theta}_1$ 与 $\hat{\theta}_2$ 都是 θ 的无偏估计量，如果
$$D(\hat{\theta}_1) < D(\hat{\theta}_2)$$
则称 $\hat{\theta}_1$ 是较 $\hat{\theta}_2$ **有效**的估计.

【例 7-10】　设总体 X 服从参数为 λ 的泊松分布，$X_1,X_2,\cdots,X_n$ 是来自该总体 X 的一个样本，其中 $n > 2$. 证明：

(1) $\hat{\lambda}_1 = \overline{X}$ 和 $\hat{\lambda}_2 = \dfrac{1}{2}(X_1 + X_2)$ 都是 λ 的无偏估计量；

(2) $\hat{\lambda}_1$ 比 $\hat{\lambda}_2$ 更有效.

证明　由题意可知
$$E(X) = \lambda,\quad D(X) = \lambda$$
又由于 $X_1,X_2,\cdots,X_n$ 相互独立且都服从泊松分布，于是有
$$E(\hat{\lambda}_1) = E(\overline{X}) = E\left(\dfrac{1}{n}\sum_{i=1}^{n}X_i\right) = \dfrac{1}{n}\sum_{i=1}^{n}E(X) = \dfrac{1}{n}n\lambda = \lambda$$
同理
$$E(\hat{\lambda}_2) = E\left(\dfrac{X_1 + X_2}{2}\right) = \lambda$$
所以 $\hat{\lambda}_1$ 和 $\hat{\lambda}_2$ 都是 λ 的无偏估计量，但是
$$D(\hat{\lambda}_1) = D(\overline{X}) = \dfrac{D(X)}{n} = \dfrac{\lambda}{n}$$
$$D(\hat{\lambda}_2) = \dfrac{D(X)}{2} = \dfrac{\lambda}{2}$$
由 $n > 2$ 知 $D(\hat{\lambda}_1) < D(\hat{\lambda}_2)$，从而 $\hat{\lambda}_1$ 比 $\hat{\lambda}_2$ 更有效.

◆ 在判断参数的估计量的有效性时，首先必须在估计量为无偏估计的前提下，其

次再判断其方差大小.

7-7
一致性

三、一致性

一般来讲，在估计参数时，样本容量越大，误差越小. 于是，当样本容量 n 足够大（趋于无穷大）时，估计误差应该接近于 0，这就引出了第三个评价标准：一致性，也叫相合性.

定义 设 $\hat{\theta}_n = \hat{\theta}(X_1, X_2, \cdots, X_n)$ 为总体中未知参数 θ 的估计，若对任给 $\varepsilon > 0$，有

$$\lim_{n \to \infty} P\{|\hat{\theta}_n - \theta| < \varepsilon\} = 1$$

则 $\hat{\theta}_n$ 称为 θ 的**一致估计**，即统计量 $\hat{\theta}_n$ 具有**一致性**（或相合性）.

一致估计从理论上保证了样本容量越大，估计的误差就会越小. 因此，在实际应用中，若估计量满足一致性，常常采用增大样本容量的方法，来提高估计的精度. 因此，一致估计属于点估计的大样本性质.

由切比雪夫不等式 $P\{|\hat{\theta}_n - \theta| > \varepsilon\} \leqslant \dfrac{D(\hat{\theta}_n)}{\varepsilon^2}$ 可知：若 $E(\hat{\theta}_n) = \theta$ 时，且 $\lim_{n \to \infty} D(\hat{\theta}_n) = 0$ 时，则估计量 $\hat{\theta}_n$ 为参数 θ 的一致估计. 不加证明地给出如下更进一步的结论：

定理 设 $\hat{\theta}_n = \hat{\theta}_n(X_1, X_2, \cdots, X_n)$ 为参数 θ 的一个估计量，若

$$\lim_{n \to \infty} E(\hat{\theta}_n) = \theta, \ \lim_{n \to \infty} D(\hat{\theta}_n) = 0$$

则 $\hat{\theta}_n$ 是参数 θ 的一致估计.

定理 若 $\hat{\theta}_n = \hat{\theta}_n(X_1, X_2, \cdots, X_n)$ 为参数 θ 的一致估计量，$g(\theta)$ 是 θ 的连续函数，则 $g(\hat{\theta}_n)$ 是 $g(\theta)$ 的一致估计.

【例 7-11】 设总体 $X \sim N(\mu, \sigma^2)$，$X_1, X_2, \cdots, X_n$ 是来自 X 的一个样本，则样本方差 S^2 是 σ^2 的一致估计.

证明 因为 $E(S^2) = \sigma^2$，$\dfrac{(n-1)S^2}{\sigma^2} \sim \chi^2(n-1)$，由 χ^2 分布的性质知

$$D\left(\frac{(n-1)S^2}{\sigma^2}\right) = 2(n-1)$$

所以 $D(S^2) = \dfrac{2\sigma^4}{n-1} \to 0$，$(n \to \infty)$，故 S^2 是 σ^2 的一致估计.

事实上，对一般总体 X 而言，样本均值 $\overline{X}$ 和样本方差 S^2 分别为总体均值 μ 和方差 σ^2 的无偏估计和一致估计.

第三节 参数的区间估计

7-8 测

参数的区间估计

7-9 ▶

区间估计的概念

一、区间估计的概念

点估计量 $\hat{\theta}$ 的一个观测值仅仅是参数 θ 的一个近似值,由于 $\hat{\theta}$ 是一个随机变量,它会随着样本的抽取而随机变化,不会总是和 θ 相等,而存在着或大或小,或正或负的误差,即便点估计量具备了很好的性质,它本身也无法反映这种近似的精确度,且无法给出误差的范围. 为了弥补这些不足,需要区间估计.

定义 以区间的形式给出参数 θ 一个范围,同时给出该区间包含参数 θ 真实值的可靠程度. 这种形式的估计称为**区间估计**(Interval Estimation).

定义 设总体 X 的分布中含有未知参数 θ,$(X_1, X_2, \cdots, X_n)$ 为来自 X 的样本. 对于给定值 α($0 < \alpha < 1$),如果统计量 $\hat{\theta}_1(X_1, X_2, \cdots, X_n)$ 和 $\hat{\theta}_2(X_1, X_2, \cdots, X_n)$ 满足

$$P\{\hat{\theta}_1(X_1, X_2, \cdots, X_n) < \theta < \hat{\theta}_2(X_1, X_2, \cdots, X_n)\} \geqslant 1 - \alpha$$

则

(1) 区间 $(\hat{\theta}_1(X_1, X_2, \cdots, X_n), \hat{\theta}_2(X_1, X_2, \cdots, X_n))$ 称为 θ 的置信水平为 $1 - \alpha$ 的**置信区间**(Confidence interval);

(2) $\hat{\theta}_1(X_1, X_2, \cdots, X_n)$ 称为**置信下限**(Confidence lower limit);

(3) $\hat{\theta}_2(X_1, X_2, \cdots, X_n)$ 称为**置信上限**(Confidence upper limit);

(4) $1 - \alpha$ 称为**置信水平**(Confidence level).

◆ 若 $(x_1, x_2, \cdots, x_n)$ 为样本的一组观测值,在实际应用中,认为参数 θ 的 $1 - \alpha$ 的置信区间为观测区间 $(\hat{\theta}_1(x_1, x_2, \cdots, x_n), \hat{\theta}_2(x_1, x_2, \cdots, x_n))$.

定义 总体 X 的分布中含有未知参数 $\theta \in \Theta$,$(X_1, X_2, \cdots, X_n)$ 为来自 X 的样本. 对于给定值 $\alpha(0 < \alpha < 1)$,如果统计量 $\hat{\theta}_1(X_1, X_2, \cdots, X_n)$ 和 $\hat{\theta}_2(X_1, X_2, \cdots, X_n)$ 满足

$$P\{\hat{\theta}_1(X_1, X_2, \cdots, X_n) < \theta < \hat{\theta}_2(X_1, X_2, \cdots, X_n)\} = 1 - \alpha$$

则称区间 $(\hat{\theta}_1(X_1, X_2, \cdots, X_n), \hat{\theta}_2(X_1, X_2, \cdots, X_n))$ 为 θ 的置信水平为 $1 - \alpha$ 的**同等置信区间**.

◆ 同等置信区间是把给定的置信水平 $1 - \alpha$ 用足了,常在总体为连续分布场合下可以实现,同等置信区间常简称为置信区间.

由于 $\hat{\theta}_1(X_1, X_2, \cdots, X_n)$ 和 $\hat{\theta}_2(X_1, X_2, \cdots, X_n)$ 都是统计量,因此,由它们构成的区间 $(\hat{\theta}_1(X_1, X_2, \cdots, X_n), \hat{\theta}_2(X_1, X_2, \cdots, X_n))$ 是随机区间,其意义为:$(\hat{\theta}_1, \hat{\theta}_2)$ 包含参数 θ 真值的概率为 $1 - \alpha$. 由于参数 θ 不是随机变量,所以不能说参数 θ 以 $1 - \alpha$ 的概率落入随机区间 $(\hat{\theta}_1, \hat{\theta}_2)$ 中,只能说随机区间 $(\hat{\theta}_1, \hat{\theta}_2)$ 以 $1 - \alpha$ 的概率包含参

数 θ.

对于一次具体抽样得到的置信区间 $(\hat{\theta}_1(x_1, x_2, \cdots, x_n),\ \hat{\theta}_2(x_1, x_2, \cdots, x_n))$ 的意义在于：若重复抽样多次，每个样本确定一个观测区间 $(\hat{\theta}_1, \hat{\theta}_2)$，有时它包含 θ 的真值，有时不包含 θ. 由大数定律可知，在许多这样的区间中，包含 θ 真值的约占 $100(1-\alpha)\%$. 一般地，α 越小（通常取 0.1，0.05，0.01），区间 $(\hat{\theta}_1, \hat{\theta}_2)$ 包含 θ 的概率越大，区间 $(\hat{\theta}_1, \hat{\theta}_2)$ 的长度就会越长，如果区间长度过大，那么区间估计就没有多大的意义了.

用随机模拟方法由 $X \sim N(15, 4)$ 产生容量为 10 的样本 100 个，如图 7-1 所示，得到 100 个均值 μ 的置信水平为 0.90 观测区间 $(\hat{\theta}_1, \hat{\theta}_2)$，由图可以看出，这 100 个区间中有 91 个包含参数真值 15，另外 9 个不包含参数真值.

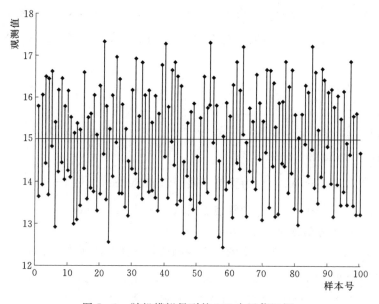

图 7-1　随机模拟得到的 100 个置信区间

通常用估计的精度和信度来评价区间估计的优劣. 其精度可以用区间长度 $\hat{\theta}_2 - \hat{\theta}_1$ 来衡量，长度越长，精度越低；信度可以用置信水平 $1-\alpha$ 来衡量，置信水平越大，信度越高. 在样本容量不变的情况下，精度和信度是一对矛盾关系，当一个增大时，另一个将会减小. 通过增加样本容量可以提高区间估计的精度和信度.

二、单侧置信区间

在许多实际问题中，常常会遇到只需要求单侧的置信上限或下限的情况，比如某品牌的冰箱，当然希望它的平均寿命越长越好. 因此，只关心这个品牌冰箱的平均寿命最低可能是多少，即关心平均寿命的下限. 又如一批产品的次品率当然是越低越好，于是，只关心次品率最高可能是多少，即关心次品率的上限.

定义 设 $(X_1, X_2, \cdots, X_n)$ 为从总体 X 中抽取的样本，θ 为总体中的未知参数，对给定的 $0 < \alpha < 1$.

(1) 若存在 $\hat{\theta}_1 = \hat{\theta}_1(X_1, X_2, \cdots, X_n)$，使得

$$P\{\theta > \hat{\theta}_1(X_1, X_2, \cdots, X_n)\} = 1 - \alpha$$

则称 $\hat{\theta}_1$ 为参数 θ 的置信水平为 $1 - \alpha$ 的**单侧置信下限**.

(2) 若存在 $\hat{\theta}_2 = \hat{\theta}_2(X_1, X_2, \cdots, X_n)$，使得

$$P\{\theta < \hat{\theta}_2(X_1, X_2, \cdots, X_n)\} = 1 - \alpha$$

则称 $\hat{\theta}_2$ 为参数 θ 的置信水平为 $1 - \alpha$ 的**单侧置信上限**.

对于单侧置信区间估计问题的讨论，基本与双侧区间估计的方法相同，只是要注意对于精度的标准不能像双侧区间一样用置信区间的长度来刻画，对于给定的置信水平 $1 - \alpha$，选择置信下限 $\hat{\theta}_1$，应该是 $E(\hat{\theta}_1)$ 越大越好；选择置信上限 $\hat{\theta}_2$，应该是 $E(\hat{\theta}_2)$ 越小越好.

三、寻找参数的置信区间的方法

设总体 X 的分布中含有未知参数 θ，$(X_1, X_2, \cdots, X_n)$ 为来自 X 的样本. 对于给定值 $\alpha(0 < \alpha < 1)$，满足下式的区间 $(\hat{\theta}_1(X_1, X_2, \cdots, X_n), \hat{\theta}_2(X_1, X_2, \cdots, X_n))$ 称为 θ 的置信水平为 $1 - \alpha$ 的置信区间.

$$P\{\hat{\theta}_1(X_1, X_2, \cdots, X_n) < \theta < \hat{\theta}_2(X_1, X_2, \cdots, X_n)\} \geqslant 1 - \alpha$$

寻求单个未知参数 θ 的置信区间的步骤如下：

1. 取 θ 的一个"好的"点估计量 $\hat{\theta}$，以 $\hat{\theta}$ 为基础构造一个样本函数 $g = g(X_1, X_2, \cdots, X_n; \theta)$，要求①$g$ 含有未知参数 θ；②g 不含有其他未知参数；③g 的分布已知或已知 g 的近似分布.

2. 对给定的置信水平 $1 - \alpha$，根据 $g(X_1, X_2, \cdots, X_n; \theta)$ 的分布，按精度最高的原则（实际应用中按照"等尾"原则）定出分位点 a 和 b，使得

$$P\{a < g(X_1, X_2, \cdots, X_n) < b\} = 1 - \alpha$$

3. 从不等式 $a < g(X_1, X_2, \cdots, X_n; \theta) < b$ 中解出 θ，得

$$P\{\hat{\theta}_1(X_1, X_2, \cdots, X_n) < \theta < \hat{\theta}_2(X_1, X_2, \cdots, X_n)\} = 1 - \alpha$$

于是 θ 的置信水平为 $1 - \alpha$ 的置信区间为

$$(\hat{\theta}_1, \hat{\theta}_2) = (\hat{\theta}_1(X_1, X_2, \cdots, X_n), \hat{\theta}_2(X_1, X_2, \cdots, X_n))$$

四、正态总体参数的置信区间

在实际问题中，最常见的参数估计问题，是估计总体的均值和方差. 由于正态总

7-10 ▶

正态总体参数
的区间估计

体广泛存在，特别是很多产品的指标服从正态分布，本书重点讨论正态总体均值和方差的区间估计.

（一）总体方差已知情况下均值的置信区间

设总体 $X \sim N(\mu, \sigma^2)$，其中 σ^2 已知，$X_1, X_2, \cdots, X_n$ 为来自 X 的一个样本，$x_1, x_2, \cdots, x_n$ 为样本的观测值，求 μ 的置信水平为 $1-\alpha$ 的置信区间.

由于 $E(\overline{X}) = \mu$，即 $\overline{X}$ 为 μ 的无偏估计量，且有 $Z = \dfrac{\overline{X} - \mu}{\sigma/\sqrt{n}} \sim N(0,1)$. 因此，

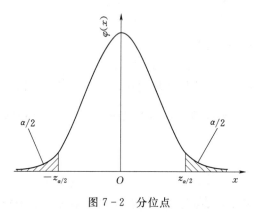

图 7-2 分位点

对给定的置信水平 $1-\alpha$，有（图 7-2）：

$$P\left\{-z_{\alpha/2} < \frac{\overline{X} - \mu}{\sigma/\sqrt{n}} < z_{\alpha/2}\right\} = 1-\alpha$$

$$P\left\{\overline{X} - z_{\alpha/2}\frac{\sigma}{\sqrt{n}} < \mu < \overline{X} + z_{\alpha/2}\frac{\sigma}{\sqrt{n}}\right\} = 1-\alpha$$

于是得到 μ 的置信水平为 $1-\alpha$ 的置信区间为

$$\left(\overline{x} - z_{\alpha/2}\frac{\sigma}{\sqrt{n}},\ \overline{x} + z_{\alpha/2}\frac{\sigma}{\sqrt{n}}\right)$$

简单记为 $\overline{x} \pm z_{\alpha/2}\dfrac{\sigma}{\sqrt{n}}$，其中 $z_{\alpha/2}$ 可查表.

【例 7-12】 已知某工厂生产的某种零件长度 $X \sim N(\mu, 0.06)$，现从某日生产的一批零件中随机抽取 6 只，测得直径的数据（单位：mm）为

$$14.6 \quad 15.1 \quad 14.9 \quad 14.8 \quad 15.2 \quad 15.1$$

试求该批零件长度的置信水平为 0.95 的置信区间.

解
$$P\left\{-z_{\alpha/2} < \frac{\overline{X} - \mu}{\sigma/\sqrt{n}} < z_{\alpha/2}\right\} = 1-\alpha$$

$$P\left\{\overline{X} - z_{\alpha/2}\frac{\sigma}{\sqrt{n}} < \mu < \overline{X} + z_{\alpha/2}\frac{\sigma}{\sqrt{n}}\right\} = 1-\alpha$$

计算得 $\overline{x} = \dfrac{1}{6}\sum_{i=1}^{6} x_i = 14.95$，查标准正态分布表可得 $z_{\alpha/2} = z_{0.025} = 1.96$.

置信下限：$\overline{x} - \dfrac{\sigma}{\sqrt{n}}z_{\alpha/2} = 14.95 - \dfrac{\sqrt{0.06}}{\sqrt{6}} \times 1.96 = 14.75$

置信上限：$\overline{x} + \dfrac{\sigma}{\sqrt{n}}z_{\alpha/2} = 14.95 + \dfrac{\sqrt{0.06}}{\sqrt{6}} \times 1.96 = 15.15$

故所求置信区间为 $(14.75, 15.15)$.

（二）总体方差未知情况下均值的置信区间

设总体 $X \sim N(\mu, \sigma^2)$，其中 σ^2 未知，$X_1, X_2, \cdots, X_n$ 为来自 X 的一个样本，$x_1, x_2, \cdots, x_n$ 为样本的观测值，求 μ 的置信水平为 $1-\alpha$ 的置信区间.

由于 $E(\overline{X}) = \mu$，即 $\overline{X}$ 为 μ 的无偏估计量，且有

$$T = \frac{\overline{X} - \mu}{S/\sqrt{n}} \sim t(n-1)$$

对于给定的置信水平 $1-\alpha$，由 t 分布的对称性，有下式成立（图 7-3）：

$$P\left\{-t_{\alpha/2}(n-1) < \frac{\overline{X} - \mu}{S/\sqrt{n}} < t_{\alpha/2}(n-1)\right\} = 1-\alpha$$

整理得

$$P\left\{\overline{X} - t_{\alpha/2}(n-1)\frac{S}{\sqrt{n}} < \mu < \overline{X} + t_{\alpha/2}(n-1)\frac{S}{\sqrt{n}}\right\} = 1-\alpha$$

故总体均值 μ 的置信水平为 $1-\alpha$ 的置信区间为

$$\left(\overline{x} - t_{\alpha/2}(n-1)\frac{s}{\sqrt{n}}, \ \overline{x} + t_{\alpha/2}(n-1)\frac{s}{\sqrt{n}}\right)$$

简单记为 $\overline{x} \pm t_{\alpha/2}(n-1)\frac{s}{\sqrt{n}}$.

由此可知，总体均值的置信区间由两部分组成：点估计和描述估计量精度的 ± 值，这个 ± 值称为估计误差，而且一般此时估计区间长度最小，即精度最高.

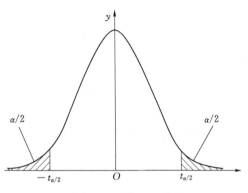

图 7-3 t 分布分位点

【例 7-13】 某胶合板厂用新的工艺生产胶合板以增强抗压强度，现抽取 10 个试件，做抗压力试验，获得数据（单位：kg/cm^2）如下：

　　　48.2　49.3　51.0　44.6　43.5　41.8　39.4　46.9　45.7　47.1

试求该胶合板平均抗压强度 μ 的置信水平为 0.95 的置信区间（设胶合板抗压力服从正态分布）.

解

$$P\left\{-t_{\alpha/2}(n-1) < \frac{\overline{X} - \mu}{S/\sqrt{n}} < t_{\alpha/2}(n-1)\right\} = 1-\alpha$$

$$P\left\{\overline{X} - t_{\alpha/2}(n-1)\frac{S}{\sqrt{n}} < \mu < \overline{X} + t_{\alpha/2}(n-1)\frac{S}{\sqrt{n}}\right\} = 1-\alpha$$

由样本数据计算得 $\overline{x} = \frac{1}{10}\sum_{i=1}^{10} x_i = 45.75$, $s = \sqrt{\frac{1}{n-1}\sum_{i=1}^{n}(x_i - \overline{x})^2} = 3.522$，查表得 $t_{0.025}(9) = 2.2622$，故得 μ 的置信区间为

$$\left(\overline{x} - t_{0.025}(9)\frac{s}{\sqrt{10}}, \overline{x} + t_{0.025}(9)\frac{s}{\sqrt{10}}\right)$$

$$= \left(45.75 - 2.2622 \times \frac{3.522}{\sqrt{10}}, 45.75 + 2.2622 \times \frac{3.522}{\sqrt{10}}\right) = (43.23, 48.27)$$

这就是说该胶合板平均抗压强度在 $43.23kg/cm^2$ 与 $48.27kg/cm^2$ 之间，此估计的可信程度为 95%. 若以此区间内任何一值作为 μ 的近似值，其估计误差不超过 2.2622 ×

$$\frac{3.522}{\sqrt{10}} = 2.5193.$$

在实际问题中，总体方差 σ^2 未知的情况较多.

【例 7-14】 从一批灯泡中随机地取 5 只做寿命测试，测得寿命（单位：h）为

$$1050 \quad 1100 \quad 1120 \quad 1250 \quad 1280$$

设灯泡寿命服从正态分布，求灯泡寿命平均值的置信水平为 0.95 的单侧置信下限.

解 因为

$$T = \frac{\overline{X} - \mu}{S/\sqrt{n}} \sim t(n-1)$$

于是

$$P\left\{\frac{\overline{X} - \mu}{S/\sqrt{n}} < t_\alpha(n-1)\right\} = 1 - \alpha$$

即

$$P\left\{\mu > \overline{X} - \frac{S}{\sqrt{n}} t_\alpha(n-1)\right\} = 1 - \alpha$$

算得 $\overline{x} = 1160$，$s^2 = 9950$，故

$$\hat{\mu} = \overline{x} - \frac{s}{\sqrt{n}} t_{0.05}(4) = 1160 - \frac{\sqrt{9950}}{\sqrt{5}} \times 2.1318 = 1065$$

即灯泡寿命平均值的置信水平为 0.95 的单侧置信下限为 1065.

（三）正态总体方差与标准差的置信区间

在许多实际问题中，不仅要对总体均值进行估计，而且需要对总体方差进行区间估计. 如评价某种品牌电视机质量好坏，不仅要估计出其平均寿命，而且也要知道在寿命指标上的方差，平均寿命长且方差小，才能认为该种品牌的质量高.

设总体 $X \sim N(\mu, \sigma^2)$，且总体均值 μ 未知，$X_1, X_2, \cdots, X_n$ 是来自该总体的样本，$x_1, x_2, \cdots, x_n$ 为样本的观测值，求 σ^2（或 σ）的置信水平为 $1-\alpha$ 的置信区间. 此时有

$$\chi^2 = \frac{(n-1)S^2}{\sigma^2} \sim \chi^2(n-1)$$

对于给定的置信水平 $1-\alpha$，有 $P\left\{\chi^2_{1-\alpha/2}(n-1) < \frac{(n-1)S^2}{\sigma^2} < \chi^2_{\alpha/2}(n-1)\right\} = 1 - \alpha$，如图 7-4 所示，整理得

$$P\left\{\frac{(n-1)S^2}{\chi^2_{\alpha/2}(n-1)} < \sigma^2 < \frac{(n-1)S^2}{\chi^2_{1-\alpha/2}(n-1)}\right\} = 1 - \alpha$$

故在总体期望 μ 未知的假设下，总体方差 σ^2 的置信水平为 $1-\alpha$ 的置信区间为

$$\left(\frac{(n-1)s^2}{\chi^2_{\alpha/2}(n-1)}, \frac{(n-1)s^2}{\chi^2_{1-\alpha/2}(n-1)}\right)$$

类似地，可得标准差 σ 的置信水平为 $1-\alpha$ 的置信区间为

$$\left(\frac{\sqrt{n-1}\,s}{\sqrt{\chi^2_{\alpha/2}(n-1)}}, \frac{\sqrt{n-1}\,s}{\sqrt{\chi^2_{1-\alpha/2}(n-1)}}\right)$$

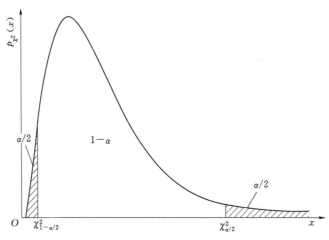

图 7 - 4 卡方分布分位点

【**例 7 - 15**】 某胶合板厂用新的工艺生产胶合板以增强抗压强度,现抽取 10 个试件,做抗压力试验,获得数据(单位:kg/cm^2)如下:

48.2 49.3 51.0 44.6 43.5 41.8 39.4 46.9 45.7 47.1

设胶合板抗压力服从正态分布,试求总体方差 σ^2 和标准差 σ 的置信水平为 0.95 的置信区间.

解
$$P\left\{\chi^2_{1-\alpha/2}(n-1) < \frac{(n-1)S^2}{\sigma^2} < \chi^2_{\alpha/2}(n-1)\right\} = 1-\alpha$$

$$P\left\{\frac{(n-1)S^2}{\chi^2_{\alpha/2}(n-1)} < \sigma^2 < \frac{(n-1)S^2}{\chi^2_{1-\alpha/2}(n-1)}\right\} = 1-\alpha$$

算得 $\overline{x} = 45.75$,$s^2 = 12.40$,查表得 $\chi^2_{0.975}(9) = 2.70$,$\chi^2_{0.025}(9) = 19.02$. 因此可得 σ^2 的置信区间为

$$\left(\frac{9 \times 12.40}{19.02}, \frac{9 \times 12.40}{2.70}\right) = (5.868, 41.333)$$

σ 的置信区间为

$$\left(\sqrt{\frac{9 \times 12.40}{19.02}}, \sqrt{\frac{9 \times 12.40}{2.7}}\right) = (2.422, 6.429)$$

现将单个正态总体参数 μ,σ^2 的置信区间作一总结,见表 7 - 1.

表 7 - 1　　　　　　　　　　单个正态总体参数 μ,σ^2 置信区间表

待估参数	条件	抽样分布	置信区间
μ	σ^2 已知	$Z = \dfrac{\overline{X}-\mu}{\sigma/\sqrt{n}} \sim N(0,1)$	$\left(\overline{x} - z_{\alpha/2}\dfrac{\sigma}{\sqrt{n}}, \overline{x} + z_{\alpha/2}\dfrac{\sigma}{\sqrt{n}}\right)$
	σ^2 未知	$T = \dfrac{\overline{X}-\mu}{S/\sqrt{n}} \sim t(n-1)$	$\left(\overline{x} - t_{\alpha/2}(n-1)\dfrac{s}{\sqrt{n}}, \overline{x} + t_{\alpha/2}(n-1)\dfrac{s}{\sqrt{n}}\right)$
σ^2	μ 未知	$\chi^2 = \dfrac{(n-1)S^2}{\sigma^2} \sim \chi^2(n-1)$	$\left(\dfrac{(n-1)s^2}{\chi^2_{\alpha/2}(n-1)}, \dfrac{(n-1)s^2}{\chi^2_{1-\alpha/2}(n-1)}\right)$
σ			$\left(\dfrac{\sqrt{n-1}\,s}{\sqrt{\chi^2_{\alpha/2}(n-1)}}, \dfrac{\sqrt{n-1}\,s}{\sqrt{\chi^2_{1-\alpha/2}(n-1)}}\right)$

7-11 ▶

两个正态总
体参数的区
间估计

五、两个正态总体参数的置信区间

在实际中经常会遇见这样的问题，已知某产品的质量指标 $X \sim N(\mu, \sigma^2)$，但由于工艺改变，原料不同，设备不同或者操作人员的更换等原因，引起总体均值 μ 和总体方差 σ^2 的改变. 要了解这些改变究竟有多大，这就需要考虑两个正态总体均值差和总体方差比的区间估计.

设样本 $(X_1, X_2, \cdots, X_{n_1})$ 来自正态总体 $X \sim N(\mu_1, \sigma_1^2)$，其样本均值和样本方差分别为

$$\overline{X} = \frac{1}{n_1} \sum_{i=1}^{n_1} X_i, \quad S_1^2 = \frac{1}{n_1 - 1} \sum_{i=1}^{n_1} (X_i - \overline{X})^2$$

样本 $(Y_1, Y_2, \cdots, Y_{n_2})$ 来自正态总体 $Y \sim N(\mu_2, \sigma_2^2)$，其样本均值和样本方差分别为

$$\overline{Y} = \frac{1}{n_2} \sum_{j=1}^{n_2} Y_j, \quad S_2^2 = \frac{1}{n_2 - 1} \sum_{j=1}^{n_2} (Y_j - \overline{Y})^2$$

且两个正态总体 $X \sim N(\mu_1, \sigma_1^2)$ 和 $Y \sim N(\mu_2, \sigma_2^2)$ 相互独立.

（一）两个正态总体均值差的置信区间

在实际问题中，往往两总体方差 σ_1^2 和 σ_2^2 都未知，为了讨论方便，我们假定 $\sigma_1^2 = \sigma_2^2$，求两总体均值差 $\mu_1 - \mu_2$ 的 $1 - \alpha$ 的置信区间. 此时有

$$T = \frac{\overline{X} - \overline{Y} - (\mu_1 - \mu_2)}{S_w \sqrt{\frac{1}{n_1} + \frac{1}{n_2}}} \sim t(n_1 + n_2 - 2)$$

其中
$$S_w^2 = \frac{(n_1 - 1)S_1^2 + (n_2 - 1)S_2^2}{n_1 + n_2 - 2}$$

对于给定的置信水平 $1 - \alpha$，有

$$P\{|T| < t_{\alpha/2}(n_1 + n_2 - 2)\} = 1 - \alpha$$

解不等式

$$\frac{|(\overline{X} - \overline{Y}) - (\mu_1 - \mu_2)|}{S_w \sqrt{\frac{1}{n_1} + \frac{1}{n_2}}} < t_{\alpha/2}(n_1 + n_2 - 2)$$

得 $\mu_1 - \mu_2$ 的置信水平为 $1 - \alpha$ 的置信区间为

$$\left((\overline{x} - \overline{y}) - t_{\alpha/2}(n_1 + n_2 - 2) s_w \sqrt{\frac{1}{n_1} + \frac{1}{n_2}}, (\overline{x} - \overline{y}) + t_{\alpha/2}(n_1 + n_2 - 2) s_w \sqrt{\frac{1}{n_1} + \frac{1}{n_2}} \right)$$

简记为 $(\overline{x} - \overline{y}) \pm t_{\alpha/2}(n_1 + n_2 - 2) s_w \sqrt{\frac{1}{n_1} + \frac{1}{n_2}}$，其中 $s_w = \sqrt{\frac{(n_1 - 1)s_1^2 + (n_2 - 1)s_2^2}{n_1 + n_2 - 2}}$.

【例 7-16】 随机地从甲、乙两厂生产的蓄电池中抽取一些样品，测得蓄电池的电容量（单位：A·h）如下：

甲厂：144　141　138　142　141　143　138　137

乙厂：142　143　139　140　138　141　140　138　142　136

设两厂生产的蓄电池电容量分别服从正态总体 $N(\mu_1,\sigma_1^2)$，$N(\mu_2,\sigma_2^2)$，两样本独立，若已知 $\sigma_1^2=\sigma_2^2=\sigma^2$，但 σ^2 未知. 求 $\mu_1-\mu_2$ 的置信水平为 0.95 的置信区间.

解
$$P\left\{\left|\frac{\overline{X}-\overline{Y}-(\mu_1-\mu_2)}{S_w\sqrt{\dfrac{1}{n_1}+\dfrac{1}{n_2}}}\right|<t_{\alpha/2}(n_1+n_2-2)\right\}=1-\alpha$$

$$P\left\{\begin{array}{l}\overline{X}-\overline{Y}-t_{\alpha/2}\ (n_1+n_2-2)\ S_w\sqrt{\dfrac{1}{n_1}+\dfrac{1}{n_2}}<\mu_1-\mu_2\\[3mm]<\overline{X}-\overline{Y}+t_{\alpha/2}\ (n_1+n_2-2)\ S_w\sqrt{\dfrac{1}{n_1}+\dfrac{1}{n_2}}\end{array}\right\}=1-\alpha$$

查表得 $t_{0.025}(16)=2.119$，计算得 $\overline{x}=140.5$，$s_1^2=6.57$，$\overline{y}=139.9$，$s_2^2=4.77$，$s_w=\sqrt{\dfrac{7s_1^2+9s_2^2}{16}}=2.36$，因此计算得 $\mu_1-\mu_2$ 的置信水平为 0.95 的置信区间为 $(-1.77,2.97)$.

（二）两个正态总体方差比的置信区间

在实际问题中，经常遇到比较两个总体的方差问题，比如，希望比较用两种不同方法生产的产品性能的稳定性，比较不同测量工具的精度等.

设有两个正态总体 $X\sim N(\mu_1,\sigma_1^2)$，$Y\sim N(\mu_2,\sigma_2^2)$，且 μ_1，μ_2，σ_1^2，σ_2^2 都未知，其中 $(X_1,X_2,\cdots,X_{n_1})$ 和 $(Y_1,Y_2,\cdots,Y_{n_2})$ 是分别来自 X 和 Y 的两个独立样本. 求方差比 $\dfrac{\sigma_1^2}{\sigma_2^2}$ 的 $1-\alpha$ 的置信区间. 样本方差分别为

$$S_1^2=\frac{1}{n_1-1}\sum_{i=1}^{n_1}(X_i-\overline{X})^2,\quad S_2^2=\frac{1}{n_2-1}\sum_{j=1}^{n_2}(Y_j-\overline{Y})^2$$

因为

$$F=\frac{S_1^2}{S_2^2}\frac{\sigma_2^2}{\sigma_1^2}\sim F(n_1-1,n_2-1)$$

对于已给的置信水平 $1-\alpha$，如图 7-5 所示，有

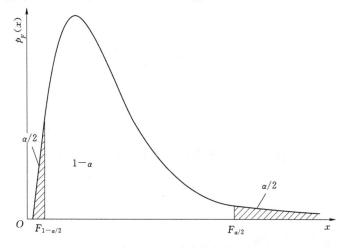

图 7-5　F 分布分位点

$$P\{F_{1-\alpha/2}(n_1-1,n_2-1)<F<F_{\alpha/2}(n_1-1,n_2-1)\}=1-\alpha$$

故 $\dfrac{\sigma_1^2}{\sigma_2^2}$ 的置信度为 $1-\alpha$ 的置信区间为

$$\left(\frac{s_1^2/s_2^2}{F_{\alpha/2}(n_1-1,n_2-1)},\frac{s_1^2/s_2^2}{F_{1-\alpha/2}(n_1-1,n_2-1)}\right)$$

现将两个正态总体均值差和方差比的置信区间总结在表 7-2 中.

表 7-2　　　　　　　　**两个正态总体均值差和方差比的置信区间表**

待估参数	条件	抽样分布	置信区间
$\mu_1-\mu_2$	$\sigma_1^2=\sigma_2^2$ 未知	$T=\dfrac{\overline{X}-\overline{Y}-(\mu_1-\mu_2)}{S_w\sqrt{\dfrac{1}{n_1}+\dfrac{1}{n_2}}}\sim t(n_1+n_2-2)$ $s_w=\sqrt{\dfrac{(n_1-1)S_1^2+(n_2-1)S_2^2}{n_1+n_2-2}}$	$(\overline{x}-\overline{y})\pm t_{\alpha/2}(n_1+n_2-2)s_w\sqrt{\dfrac{1}{n_1}+\dfrac{1}{n_2}}$
$\dfrac{\sigma_1^2}{\sigma_2^2}$	$\mu_1,\mu_2,\sigma_1^2,$ σ_2^2 都未知	$F=\dfrac{S_1^2/\sigma_1^2}{S_2^2/\sigma_2^2}\sim F(n_1-1,n_2-1)$	$\left(\dfrac{s_1^2/s_2^2}{F_{\alpha/2}(n_1-1,n_2-1)},\dfrac{s_1^2/s_2^2}{F_{1-\alpha/2}(n_1-1,n_2-1)}\right)$

【**例 7-17**】　随机地从甲、乙两厂生产的蓄电池中抽取一些样本,测得蓄电池的电容量（单位：A·h）如下：

甲厂：144　141　138　142　141　143　138　137

乙厂：142　143　139　140　138　141　140　138　142　136

设两厂生产的蓄电池电容量分别服从正态总体 $N(\mu_1,\sigma_1^2)$, $N(\mu_2,\sigma_2^2)$,两样本独立,试求 $\dfrac{\sigma_1^2}{\sigma_2^2}$ 的置信水平为 0.95 的置信区间.

解　　$P\left\{F_{1-\alpha/2}(n_1-1,n_2-1)<\dfrac{S_1^2}{S_2^2}\cdot\dfrac{\sigma_2^2}{\sigma_1^2}<F_{\alpha/2}(n_1-1,n_2-1)\right\}=1-\alpha$

$$P\left\{\frac{S_1^2/S_2^2}{F_{\alpha/2}(n_1-1,n_2-1)}<\frac{\sigma_1^2}{\sigma_2^2}<\frac{S_1^2/S_2^2}{F_{1-\alpha/2}(n_1-1,n_2-1)}\right\}=1-\alpha$$

计算得知 $s_1^2=6.57$, $s_2^2=4.77$,又查表得

$$F_{0.025}(7,9)=4.20,\quad F_{0.975}(7,9)=\frac{1}{F_{0.025}(9,7)}=\frac{1}{4.82}=0.21$$

由此计算得 $\dfrac{\sigma_1^2}{\sigma_2^2}$ 的置信水平为 0.95 的置信区间为 (0.33,6.56).

第四节　参数的区间估计实验

一、实验目的

(1) 了解【活动表】的编制方法.

(2) 掌握【单个正态总体均值 Z 估计活动表】的使用方法.

（3）掌握【单个正态总体均值 t 估计活动表】的使用方法.

（4）掌握【单个正态总体方差卡方估计活动表】的使用方法.

（5）掌握【两个正态总体均值 Z 估计活动表】的使用方法.

（6）掌握【两个正态总体均值 t 估计活动表】的使用方法.

（7）掌握【两个正态总体方差卡方估计活动表】的使用方法.

（8）掌握单个正态总体和两个正态总体参数的区间估计方法.

二、单个正态总体参数的区间估计

1. 方差已知情况下正态总体均值的区间估计

利用【Excel】中提供的统计函数【NORMSINV】和平方根函数【SQRT】，编制【单个正态总体均值 Z 估计活动表】如图 7-6 所示，在【单个正态总体均值 Z 估计活动表】中，只要分别引用或输入【置信水平】、【样本容量】、【样本均值】和【总体标准差】的具体值，则可得到相应的统计分析结果.

注意：在【置信水平】、【样本容量】、【样本均值】和【总体标准差】引用或输入具体值前，【单个正态总体均值 Z 估计活动表】显示的并不是图 7-6 的样式，而是图 7-7 的样式，显示出错信息. 其他活动表类似，不再说明.

图 7-6 【单个正态总体均值 Z 估计活动表】

图 7-7 单个正态总体均值 Z 估计活动表显示样式

【例 7-18】 假设样本取自 50 名乘车上班的旅客，他们花在路上的平均时间为 $\bar{x}=$ 30min，总体标准差为 $\sigma=2.5$min. 试求旅客乘车上班花在路上的平均时间的置信度 0.95 的置信区间.

操作过程及结果 第 1 步：打开【单个正态总体均值 Z 估计活动表】.

第 2 步：在单元格【B3】中输入 0.95，在单元格【B4】中输入 50，在单元格【B5】中输入 30，在单元格【B6】中输入 2.5，则返回如图 7-8 所示的统计分析结果.

由此可知，旅客乘车上班花在路上的平均时间的置信度 0.95 的置信区间为

7-12 E
参数的区间估计实验

7-13 W
参数的区间估计实验报告模板

7-14 E
参数的区间估计实验活动表

7-15 ▶
正态分布均值区间估计实验

(29.30704809，30.69295191).

2. *方差未知情况下正态总体均值的区间估计*

利用【Excel】中提供的统计函数【TINV】和平方根函数【SQRT】，编制【单个正态总体均值 t 估计活动表】如图 7-9 所示，在【单个正态总体均值 t 估计活动表】中，只要分别引用或输入【置信水平】、【样本容量】、【样本均值】和【总体标准差】的具体值，则可得到相应的统计分析结果.

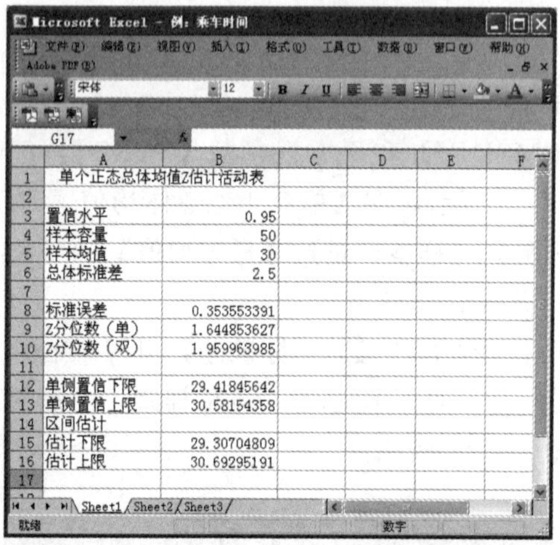

	A	B
1	单个正态总体均值Z估计活动表	
2		
3	置信水平	0.95
4	样本容量	50
5	样本均值	30
6	总体标准差	2.5
7		
8	标准误差	0.353553391
9	Z分位数（单）	1.644853627
10	Z分位数（双）	1.959963985
11		
12	单侧置信下限	29.41845642
13	单侧置信上限	30.58154358
14	区间估计	
15	估计下限	29.30704809
16	估计上限	30.69295191
17		

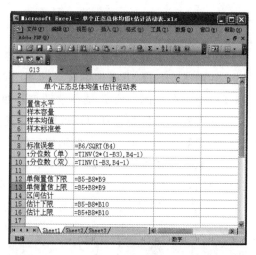

图 7-8 ［例 7-18］的【单个正态总体均值 Z 估计活动表】统计分析结果

	A	B
1	单个正态总体均值t估计活动表	
2		
3	置信水平	
4	样本容量	
5	样本均值	
6	样本标准差	
7		
8	标准误差	=B6/SQRT(B4)
9	t分位数（单）	=TINV(2*(1-B3),B4-1)
10	t分位数（双）	=TINV(1-B3,B4-1)
11		
12	单侧置信下限	=B5-B8*B9
13	单侧置信上限	=B5+B8*B9
14	区间估计	
15	估计下限	=B5-B8*B10
16	估计上限	=B5+B8*B10
17		

图 7-9 单个正态总体均值 t 估计活动表

【例 7-19】 假设轮胎的寿命 $X \sim N(\mu, \sigma^2)$.为估计某种轮胎的平均寿命 μ，现随机地抽取 12 只轮胎试用，测得它们的寿命（单位：万 km）如下：

4.68,4.85,4.32,4.85,4.61,5.02,

5.20,4.60,4.58,4.72,4.38,4.70

试求平均寿命的 0.95 置信区间.

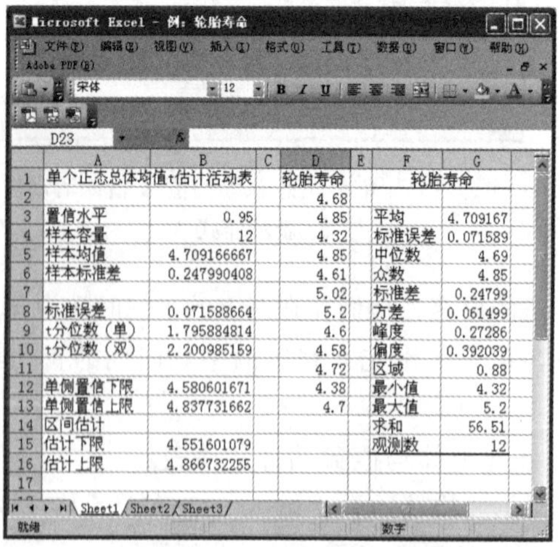

	A	B	C	D	E	F	G
1	单个正态总体均值t估计活动表			轮胎寿命		轮胎寿命	
2				4.68			
3	置信水平	0.95		4.85		平均	4.709167
4	样本容量	12		4.32		标准误差	0.071589
5	样本均值	4.709166667		4.85		中位数	4.69
6	样本标准差	0.247990408		4.61		众数	4.85
7				5.02		标准差	0.24799
8	标准误差	0.071588664		5.2		方差	0.061499
9	t分位数（单）	1.795884814		4.6		峰度	0.27286
10	t分位数（双）	2.200985159		4.58		偏度	0.392039
11				4.72		区域	0.88
12	单侧置信下限	4.580601671		4.38		最小值	4.32
13	单侧置信上限	4.837731662		4.7		最大值	5.2
14	区间估计					求和	56.51
15	估计下限	4.551601079				观测数	12
16	估计上限	4.866732255					
17							

图 7-10 ［例 7-19］的【单个正态总体均值 t 估计活动表】统计分析结果

操作过程及结果 第 1 步：打开【单个正态总体均值 t 估计活动表】.

第 2 步：如图 7-10 所示在 D 列输入原始数据.

第 3 步：单击【数据】→【数据分析】→在【数据分析】对话框中，选择【描述统计】→单击【确定】→在【描述统计】对话框中输入相关内容→单击【确定】. 得到如图 7-10 中第 F 与 G 列所示结果.

第 4 步：在单元格【B3】中输入 0.95，在单元格【B4】中输入 12，在单

7 - 16 ▶

正态分布方差区间估计实验

元格【B5】中引用 G3，在单元格【B6】中引用 G7，则返回如图 7-10 所示的统计分析结果.

由此可知，轮胎的平均寿命的 0.95 置信区间（4.551601079，4.866732255）.

3. 正态总体方差的区间估计

可利用【Excel】中提供的统计函数【CHIINV】，编制【单个正态总体方差卡方估计活动表】如图 7-11 所示，在【单个正态总体方差卡方估计活动表】中，只要分别引用或输入【置信水平】、【样本容量】、【样本均值】和【样本方差】的具体值，则可得到相应的统计分析结果.

【例 7-20】 某厂生产的零件重量 $X \sim N(\mu, \sigma^2)$. 现从该厂生产的零件中随机地抽取 9 个，测得它们的重量（单位：g）如下：

45.3，45.4，45.1，45.3，45.5，45.7，45.4，45.3，45.6

试求总体方差的 0.95 置信区间.

操作过程及结果 第 1 步：打开【单个正态总体方差卡方估计活动表】.

第 2 步：如图 7-12 所示输入零件重量数据.

图 7-11 单个正态总体方差卡方估计活动表

图 7-12 ［例 7-20］的【单个正态总体方差卡方估计活动表】统计分析结果

第 3 步：单击【数据】→【数据分析】→在【数据分析】对话框中，选择【描述统计】→在【描述统计】对话框中输入相关内容→单击【确定】. 得到如图 7-12 中第 F 与 G 列所示结果.

第 4 步：在单元格【B3】中输入 0.95，在单元格【B4】中输入 9，在单元格【B5】中引用 G3，在单元格【B6】中引用 G8，则返回如图 7-12 所示的统计分析结果.

由此可知 σ^2 的置信区间为（0.014827872，0.119280787）.

7-17

两个正态分
布均值差区
间估计

三、两个正态总体参数的区间估计

1. 方差已知情况下两个正态总体均值差的区间估计

可利用【Excel】中提供的统计函数【NORMSINV】和平方根函数【SQRT】，编制【两个正态总体均值差 Z 估计活动表】如图 7-13 所示，在【两个正态总体均值差 Z 估计活动表】中，只要分别引用或输入【置信水平】、【样本容量1】、【样本均值1】和【总体方差1】的具体值以及【样本容量2】、【样本均值2】和【总体方差2】的具体值，则可得到相应的统计分析结果.

【例 7-21】 某地区想估计两所中学的学生高考时的英语平均成绩之差. 若已知两校英语成绩的标准差分别为 5.8 和 7.2，现从两校分别抽取 46 名和 33 名学生的高考英语成绩，其平均分数分别为 86 分和 78 分，试确定两所中学高考英语平均分数之差的 0.95 的置信区间.

操作过程及结果 第 1 步：打开【两个正态总体均值差 Z 估计活动表】.

第 2 步：如图 7-14 所示，在【B3】输入 0.95，在【B4】输入 46，在【B5】输入 86，在【B6】输入 33.64（$=5.8^2$）；在【B8】输入 33，在【B9】输入 78，在【B10】输入 51.84（$=7.2^2$）.

由图 7-14 可知，两所中学高考英语平均分数之差的 0.95 的置信区间为 $(5.026137508，10.97386249)$.

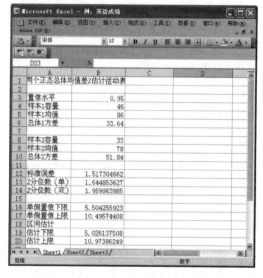

图 7-13　两个正态总体均值差 Z 估计活动表　　　图 7-14　〔例 7-21〕的统计分析结果

2. 等方差情况下两个正态总体均值差的区间估计

可利用【Excel】中提供的统计函数【TINV】和平方根函数【SQRT】，编制【两个正态总体均值差 t 估计活动表】如图 7-15 所示，在【两个正态总体均值差 t 估计活动表】中，只要分别引用或输入【置信水平】、【样本1容量】、【样本1均值】和【样本1方差】的具体值以及【样本2容量】、【样本2均值】和【样本2方差】的具体值，则可得到相应的统计分析结果.

【例 7-22】 为了比较两个小麦品种的产量，选择 18 块条件相似的试验田，采用相同的耕作方法做试验，结果播种品种甲的 8 块试验田的单位面积产量和播种品种乙的 10 块试验田的单位面积产量（单位：kg）分别为：

品种甲：628，583，510，554，612，523，530，615

品种乙：535，433，398，470，567，480，498，560，503，426

假定每个品种的单位面积产量服从正态分布，方差相同，试确定两个品种平均单位面积产量之差的 0.95 的置信区间.

操作过程及结果 第 1 步：打开【两个正态总体均值差 t 估计活动表】.

第 2 步：如图 7-16 所示输入原始数据→做【描述统计】→得到描述性统计结果.

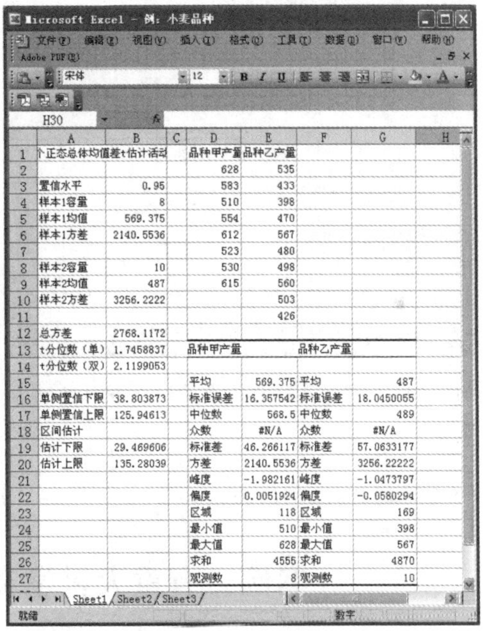

第 3 步：在【B3】输入 0.95，在【B4】输入 8，在【B5】引用 E15，在【B6】引用 E20；在【B8】输入 10，在【B9】引用 G15，在【B10】引用 G20.

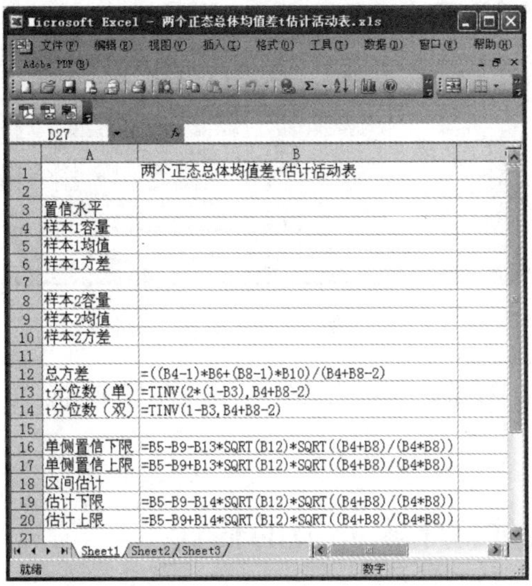

图 7-15 两个正态总体均值差 t 估计活动表　　　图 7-16 ［例 12-5］的统计分析结果

由图 7-16 可知，两个品种平均单位面积产量之差的 0.95 的置信区间（29.469606，135.28039）.

3. 两个正态总体方差比的区间估计

可利用【Excel】中提供的统计函数【FINV】，编制【两个正态总体方差比 F 估计活动表】如图 7-17 所示，在【两个正态总体方差比 F 估计活动表】中，只要分别引用或输入【置信水平】、【样本 1 容量】和【样本 1 方差】的具体值以及【样本 2 容量】和【样本 2 方差】的具体值，则可得到相应的统计分析结果.

【例 7-23】 某车间有两台自动车床加工一类套筒，假设套筒直径服从正态分布，

7-18

两个正态分布方差比区间估计

现从甲、乙两个班次中的产品中分别检查了 5 个和 6 个套筒，得其直径（单位：cm）数据分别为：

甲班：5.05，5.08，5.03，5.00，5.07

乙班：4.98，5.03，4.97，4.99，5.02，4.95

试求两班加工套筒直径的方差比的 0.95 的置信区间.

操作过程及结果　第 1 步：打开【两个正态总体均方差比 F 估计活动表】.

第 2 步：如图 7-18 所示输入原始数据→做【描述统计】→得到描述性统计结果.

第 3 步：在【B3】输入 0.95，在【B4】输入 5，在【B5】引用 E17；在【B7】输入 6，在【B8】引用 G17.

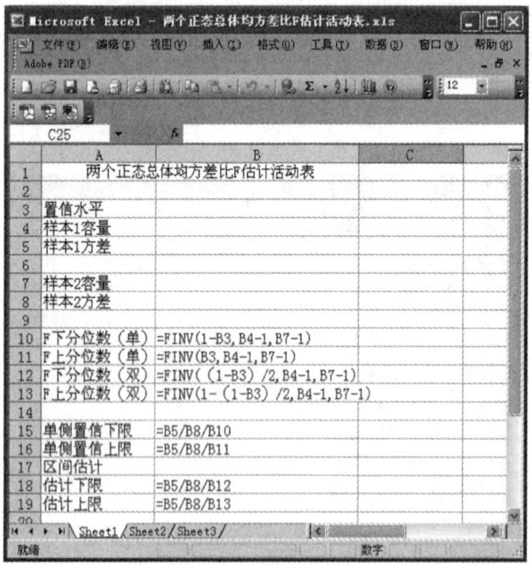

图 7-17　两个正态总体方差比 F 估计活动表 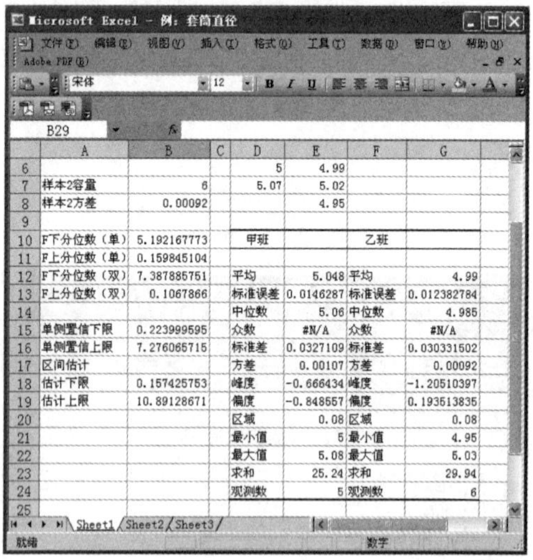　　图 7-18　〔例 7-23〕的统计分析结果

由图 7-18 可知，两班加工套筒直径的方差比的 0.95 的置信区间 (0.157425753，10.89128671).

*案例：有重大科学突破时科学家年龄的估计

"科学创造最佳年龄区"的概念是赵红洲首先提出的. 他认为，在人的一生中，总有一个记忆力方兴未艾、理解力"运若转轴"的时期，即记忆力和理解力都好的时期. 处于这个时期的人不仅有丰富的实践经验，也有广博的科学知识；不仅有驾驭大量材料的能力，而且有敢想敢干的创新精神；精力旺盛又富于想象. 这个时期，就是一个人创造力最好的"黄金时代"，或者说是科学发现的"最佳年龄区". 表 7-3 为 16 世纪中叶至 20 世纪 12 个重大科学突破的资料.

一、有重大科学突破时科学家年龄的分布特征

为了详细了解有重大科学突破时科学家的年龄的分布情况，图 7-19 绘制有重大

表 7 - 3   16 世纪中叶至 20 世纪 12 个重大科学突破的资料

科学发现	科学家	有科学突破年份	年龄
太阳中心论	哥白尼	1543	40
天文学的基本定律	伽利略	1600	43
运动定律、微积分、万有引力	牛顿	1665	23
电的实质	富兰克林	1746	40
燃烧即氧化	拉瓦锡	1774	31
进化论	达尔文	1858	49
电磁理论	麦克斯韦	1864	33
留声机、电灯	爱迪生	1877	30
放射性元素镭	居里夫人	1896	34
量子论	普朗克	1901	43
相对论	爱因斯坦	1905	26
量子力学的数学基础	薛定谔	1926	39

资料来源：数据参见吴柏林、曹立人：《现代统计学及其应用》，128 页，杭州，浙江教育出版社，2007.

科学突破时科学家年龄的直方图，并配以正态分布的密度函数曲线，且绘制如图 7 - 20 所示的 Q - Q 图.

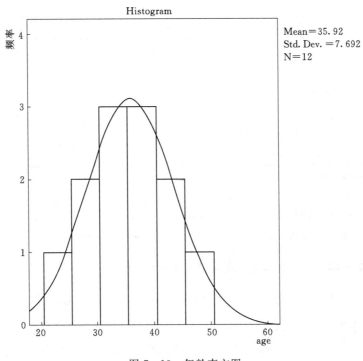

图 7 - 19   年龄直方图

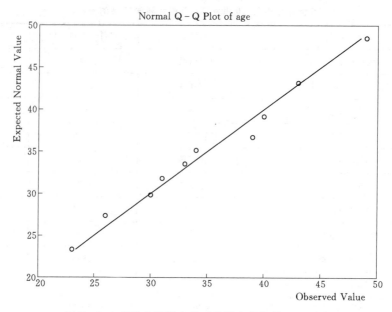

图 7 - 20 有重大科学突破时科学家的年龄 Q - Q 图

从图 7 - 19 和图 7 - 20 可以形象地看出，有重大科学突破时科学家的年龄基本服从正态分布. 为了更加严谨，进一步用 $K - S$ 检验，得到表 7 - 4 的检验结果.

表 7 - 4   有重大科学突破时科学家年龄的 $K - S$ 检验

		age
Normal Parameters[a,b]	Mean	35.92
	Std. Deviation	7.692
Most Extreme Differences	Absolute	0.156
	Positive	0.098
	Negative	−0.156
Kolmogorov - Smirnov Z		0.539
Asymp. Sig. (2 - tailed)		0.933

a. Test distribution is Normal.

b. Calculated from data.

由表 7 - 4 的检验结果知：Kolmogorov - Smirnov Z 的检验 P - 值 $= 0.539 > 0.05$，因此可以得出有重大科学突破时科学家的年龄服从正态分布.

二、有重大科学突破时科学家的平均年龄的估计

由表 7 - 4 可知：有重大科学突破时科学家的年龄 μ 的无偏估计为 $\hat{\mu} = \bar{x} = 35.92$，方差 σ^2 的无偏估计为 $\hat{\sigma}^2 = s^2 = 59.1669$.

由于 $t_{\alpha/2}(n-1) = t_{0.025}(11) = 2.2010$，由此得到置信水平为 95% 的有重大突破时

科学家平均年龄的置信区间为 $\left(\overline{x}-t_{0.025}(11)\dfrac{s}{\sqrt{n}},\overline{x}+t_{0.025}(11)\dfrac{s}{\sqrt{n}}\right)=(31.033,40.8073)$，

即在 $31.033\sim40.8073$ 岁之间.

由于 $\chi^2_{\alpha/2}(11)=\chi^2_{0.025}(11)=21.92$，$\chi^2_{1-\alpha/2}(11)=\chi^2_{0.975}(11)=3.816$，由此得到置信

水平为 95% 的科学家年龄的标准差的置信区间为 $\left(\sqrt{\dfrac{(n-1)s^2}{\chi^2_{\alpha/2}(n-1)}},\sqrt{\dfrac{(n-1)s^2}{\chi^2_{1-\alpha/2}(n-1)}}\right)=$

$(5.4990,13.0597)$.

7-19
重要知识点
与典型例题

7-20
习题七答案

➢ 习题

一、选择题

1. 设总体 X 服从 $[0,\theta]$ 上的均匀分布，$X_1,X_2,\cdots,X_n$ 为样本，记 $\overline{X}$ 为样本均值，则下列统计量不是 θ 的矩估计量的是（　　）.

A. $\hat{\theta}_1=\dfrac{1}{2}\overline{X}$ 　　　　　　　　　　　B. $\hat{\theta}_2=\sqrt{\dfrac{12}{n}\sum\limits_{i=1}^{n}(X_i-\overline{X})^2}$

C. $\hat{\theta}_3=\sqrt{\dfrac{3}{n}\sum\limits_{i=1}^{n}X_i^2}$ 　　　　　　　　D. $\hat{\theta}_4=2\overline{X}$

2. 设总体 X 的密度函数为 $P(x,\theta)=\begin{cases}\theta x^{\theta-1}, & 0<x<1\\0, & \text{其他}\end{cases}$，$\theta>0$，$(X_1,X_2,\cdots,$

$X_n)$ 为样本，记 $A_k=\dfrac{1}{n}\sum\limits_{i=1}^{n}X_i^k$，$k=1,2,3$，则以下结论中错误的是（　　）.

A. A_1 是 θ 的矩估计量 　　　　　　　　B. $\dfrac{A_1}{1-A_1}$ 是 θ 的矩估计量

C. $\dfrac{2A_2}{1-A_2}$ 是 θ 的矩估计量 　　　　　　D. $\dfrac{3A_3}{1-A_3}$ 是 θ 的矩估计量

3. 样本 $(X_1,X_2,\cdots,X_n)$ 取自总体 X，$\mu=E(X)$，$\sigma^2=D(X)$，则以下结论不成立的是（　　）.

A. $X_i(1\leqslant i\leqslant n)$ 均是 μ 的无偏估计 　　B. $\overline{X}=\dfrac{1}{n}\sum\limits_{i=1}^{n}X_i$ 是 μ 的无偏估计

C. $\dfrac{1}{2}(X_1+X_2)$ 是 μ 的无偏估计 　　　　D. $\dfrac{1}{n-1}\sum\limits_{i=1}^{n}X_i$ 是 μ 的无偏估计

4. 样本 $X_1,X_2,\cdots,X_n$ 来自总体 $N(\mu,\sigma^2)$，则总体方差 σ^2 的无偏估计为（　　）.

A. $S_1^2=\dfrac{1}{n-1}\sum\limits_{i=1}^{n}(X_i-\overline{X})^2$ 　　　　　B. $S_2^2=\dfrac{1}{n-2}\sum\limits_{i=1}^{n}(X_i-\overline{X})^2$

C. $S_3^2=\dfrac{1}{n}\sum\limits_{i=1}^{n}(X_i-\overline{X})^2$ 　　　　　　D. $S_4^2=\dfrac{1}{n+1}\sum\limits_{i=1}^{n}(X_i-\overline{X})^2$

5. 容量为 $n=1$ 的样本 X_1 来自总体 $X\sim B(1,p)$，其中参数 $0<p<1$，则下述结论正确的是（　　）.

A. X_1 是 p 的无偏估计量　　　　　　　B. X_1 是 p 的有偏估计量

C. X_1^2 是 p^2 的无偏估计量　　　　　　D. X_1^2 是 p 的有偏估计量

6. 设 X_1，X_2 是来自正态总体 $N(\mu,1)$ 的样本，则对统计量 $\hat{\mu}_1=\dfrac{2}{3}X_1+\dfrac{1}{3}X_2$，

$\hat{\mu}_2=\dfrac{1}{4}X_1+\dfrac{3}{4}X_2$，$\hat{\mu}_3=\dfrac{1}{2}X_1+\dfrac{1}{2}X_2$，以下结论中错误的是 （　　）.

　　A. $\hat{\mu}_1$，$\hat{\mu}_2$，$\hat{\mu}_3$ 都是 μ 的无偏估计量　　B. $\hat{\mu}_1$，$\hat{\mu}_2$，$\hat{\mu}_3$ 都是 μ 的一致估计量

　　C. $\hat{\mu}_3$ 比 $\hat{\mu}_1$，$\hat{\mu}_2$ 更有效　　　　　　D. $\dfrac{1}{2}(\hat{\mu}_1+\hat{\mu}_2)$ 不比 $\hat{\mu}_3$ 更有效

7. 当样本量一定时，置信区间的长度 （　　）.

　　A. 随着显著水平 α 的提高而变长　　　B. 随着置信水平 $1-\alpha$ 的降低而变长

　　C. 与置信水平 $1-\alpha$ 无关　　　　　　D. 随着置信水平 $1-\alpha$ 的降低而变短

8. 置信水平 $1-\alpha$ 表达了置信区间的 （　　）.

　　A. 准确性　　　　　　　　　　　　　　B. 精确性

　　C. 显著性　　　　　　　　　　　　　　D. 可靠性

9. 设 $(\hat{\theta}_1,\hat{\theta}_2)$ 是参数 θ 的置信水平为 $1-\alpha$ 的区间估计，则以下结论正确的是 （　　）.

　　A. 参数 θ 落在区间 $(\hat{\theta}_1,\hat{\theta}_2)$ 之内的概率为 $1-\alpha$

　　B. 参数 θ 落在区间 $(\hat{\theta}_1,\hat{\theta}_2)$ 之外的概率为 α

　　C. 区间 $(\hat{\theta}_1,\hat{\theta}_2)$ 包含参数 θ 的概率为 $1-\alpha$

　　D. 对不同的样本观测值，区间 $(\hat{\theta}_1,\hat{\theta}_2)$ 的长度相同

10. 现有容量为 $n=25$ 的样本来自总体 X，若 $\overline{X}=2$，$D(X)=4$，已知标准正态分布的分布函数 $\Phi(x)$ 的函数值：$\Phi(1.645)=0.95$，$\Phi(1.96)=0.975$，$\Phi(1.282)=0.90$。则在显著水平 $\alpha=0.05$，$E(X)$ 的置信区间为 （　　）.

　　A. $(1.216,2.784)$　　　　　　　　　　B. $(1.342,2.658)$

　　C. $(1.4872,2.5128)$　　　　　　　　　D. $\left(2-\dfrac{2\times1.96}{25},2+\dfrac{2\times1.96}{25}\right)$

11. 设 $(X_1,X_2,\cdots,X_n)$ 是正态总体 $X\sim N(\mu,\sigma^2)$ 的样本，样本函数 $Z=\dfrac{\overline{X}-\mu}{\sigma/\sqrt{n}}$ 服从 $N(0,1)$，又知 $\sigma^2=0.64$，$n=16$，及样本均值 $\overline{X}$，利用 Z 对 μ 做区间估计，若已指定置信水平 $1-\alpha$，并查得为 $z_{\alpha/2}=1.96$，则 μ 的置信区间为 （　　）.

　　A. $(\overline{X},\overline{X}+0.396)$　　　　　　　B. $(\overline{X}-0.196,\overline{X}+0.196)$

　　C. $(\overline{X}-0.392,\overline{X}+0.392)$　　　　D. $(\overline{X}-0.784,\overline{X}+0.784)$

12. 设 $\hat{\theta}$ 为参数 θ 的无偏估计，且有 $\lim\limits_{n\to\infty}D(\hat{\theta})=0$，则 $\hat{\theta}$ 为 （　　）.

　　A. θ 的一致估计　　　　　　　　　　B. θ 的有效估计

　　C. θ 的矩估计　　　　　　　　　　　D. 以上都不对

二、填空题

13. 设某种元件的寿命 $X \sim N(\mu, \sigma^2)$，其中参数 μ，σ^2 未知，为估计平均寿命 μ 及方差 σ^2，随机抽取 7 只元件的寿命（单位：h）为 1575，1503，1346，1630，1575，1453，1950. 则 μ 的矩估计为＿＿＿＿＿＿＿＿，σ^2 的矩估计为＿＿＿＿＿＿＿＿.

14. 设总体 $X \sim B(1, p)$，其中未知参数 $0 < p < 1$，$(X_1, X_2, \cdots, X_n)$ 是 X 的样本，则 p 的矩估计为＿＿＿＿＿＿，样本似然函数为＿＿＿＿＿＿＿＿＿＿＿＿＿＿.

15. 设 $X_1, X_2, \cdots, X_n$ 是来自总体 $X \sim N(\mu, \sigma^2)$ 的样本，则有关于 μ 及 σ^2 的似然函数 $L(\mu, \sigma^2) = $＿＿＿＿＿＿＿＿＿＿＿＿＿.

16. 通常用的三条评选估计量的标准是＿＿＿＿＿＿＿＿＿＿.

17. 样本方差 $S^2 = \dfrac{1}{n-1} \sum\limits_{i=1}^{n} (X_i - \overline{X})^2$ 是总体 $X \sim N(\mu, \sigma^2)$ 中 σ^2 的＿＿＿＿＿＿＿＿偏估计，$S_*^2 = \dfrac{1}{n} \sum\limits_{i=1}^{n} (X_i - \overline{X})^2$ 是 σ^2 的＿＿＿＿＿＿＿＿偏估计.

18. 设总体 $X \sim N(\mu, 1)$，μ 是未知参数，X_1, X_2 是样本，则 $\hat{\mu}_1 = \dfrac{2}{3}X_1 + \dfrac{1}{3}X_2$ 及 $\hat{\mu}_2 = \dfrac{1}{2}X_1 + \dfrac{1}{2}X_2$ 都是 μ 的无偏估计，但＿＿＿＿＿＿＿＿有效.

19. X_1 是总体 X 中抽得的容量 $n = 1$ 的样本，当 X 服从 $[0, \theta]$ 上均匀分布时，X_1 是未知参数 θ 的＿＿＿＿＿＿＿＿估计，当 $X \sim N(\theta, \sigma^2)$ 时，X_1 是未知参数 θ 的＿＿＿＿＿＿＿＿估计.

20. 设 (X_1, X_2) 是取自正态总体 $X \sim N(\mu, 1)$ 的一个样本，则易证 $\hat{\mu} = \alpha X_1 + \beta X_2$，（其中 $\alpha + \beta = 1$）是 μ 的无偏估计量，且当 $\alpha = $＿＿＿＿＿＿＿＿时 $\hat{\mu}$ 是 μ 的最小方差估计量，最小方差为＿＿＿＿＿＿＿＿.

21. 设 θ 和 $X_1, X_2, \cdots, X_n$ 是总体 X 的未知参数及样本，θ_1 和 θ_2 是由样本确定的两个统计量，满足 $P(\theta_1 < \theta < \theta_2) = 1 - \alpha$，则称随机区间 (θ_1, θ_2) 为 θ 的置信区间，其置信水平为＿＿＿＿＿＿＿＿.

22. 设 $(X_1, X_2, \cdots, X_n)$ 是抽自总体 $X \sim N(\mu, \sigma^2)$ 的随机样本，a, b 为常数，且 $0 < a < b$，则随机区间 $\left(\sum\limits_{i=1}^{n} \dfrac{(X_i - \mu)^2}{b}, \ \sum\limits_{i=1}^{n} \dfrac{(X_i - \mu)^2}{a} \right)$ 的长度的数学期望为＿＿＿＿＿＿＿＿.

23. 从某超市的货架上随机的抽得 9 包 0.5kg 装的食糖，计算得食糖的平均重量为 $\overline{x} = 0.5089$kg. 从长期的实践中知道，该品牌的食糖重量服从正态分布 $N(\mu, \sigma^2)$，已知 $\sigma^2 = 0.01^2$，则 μ 的 95% 的置信区间为＿＿＿＿＿＿＿＿＿＿．（已知 $z_{0.025} = 1.96$）

24. 设 A 和 B 两批导线是用不同的工艺生产的，今随机地从每批导线中抽取 5 根测量电阻，算得 $S_A^2 = 1.07 \times 10^{-7}$，$S_B^2 = 5.3 \times 10^{-7}$，若 A 批导线的电阻服从正态分布 $N(\mu_1, \sigma_1^2)$，A 批导线的电阻服从正态分布 $N(\mu_2, \sigma_2^2)$，则 $\dfrac{\sigma_1^2}{\sigma_2^2}$ 的置信度为 0.9 的置信区间为＿＿＿＿＿＿＿＿．（已知 $F_{0.05}(4, 4) = 6.39$，$F_{0.95}(4, 4) = 0.1565$）

25. 设总体 X 的概率密度为 $f(x, \theta)=\begin{cases} \dfrac{2x}{3\theta^2} \\ 0, \text{其他} \end{cases}$，$\theta<x<2\theta$，其中 θ 是未知数，

X_1，X_2，$\cdots$，X_n 为来自总体 X 的简单样本，若 $c\sum\limits_{i=1}^{n}x^2$ 是 θ^2 的无偏估计，则 $c=$_____.

26. 已知一批零件的长度 X（单位：cm）服从正态分布 $N(\mu, 1)$，从中随机地抽取 16 个零件，得到长度的平均值为 40cm，则 μ 的置信度为 0.95 的置信区间是_____.

（标准正态分布函数值 $\Phi(1.96)=0.975$，$\Phi(1.645)=0.95$.）

三、判断题

27. 假设样本取自 50 名乘车上班的旅客，他们花在路上的平均时间为 30 分钟，总体标准差为 2.5 分钟.

单个正态总体均值 Z 估计活动表	
置信水平	0.95
样本容量	50
样本均值	30
总体标准差	2.5
标准误差	0.353553391
Z 分位数（单）	1.644853627
Z 分位数（双）	1.959963985
单侧置信下限	29.41845642
单侧置信上限	30.58154358
区间估计	
估计下限	29.30704809
估计上限	30.69295191

由表可知旅客乘车上班花在路上的平均时间的置信度 0.95 的置信区间为（29.30704809，30.69295191）.

28. 假设轮胎的寿命服从态分布. 为估计某种轮胎的平均寿命，现随机地抽取 12 只轮胎试用，测得它们的寿命（单位：万 km）如下：4.68，4.85，4.32，4.85，4.61，5.02，5.20，4.60，4.58，4.72，4.38，4.70. 实验得到如下结果：

单个正态总体均值 t 估计活动表

置信水平	0.95
样本容量	12
样本均值	4.709166667
样本标准差	0.247990408
标准误差	0.071588664
t 分位数（单）	1.795884819
t 分位数（双）	2.20098516
单侧置信下限	4.580601671
单侧置信上限	4.837731662
区间估计	
估计下限	4.551601079
估计上限	4.866732255

由表可知平均寿命的 0.95 置信区间 (4.551601079，4.866732255).

29. 假设轮胎的寿命服从态分布. 为估计某种轮胎的平均寿命，现随机地抽取 12 只轮胎试用，测得它们的寿命（单位：万 km）如下：4.68，4.85，4.32，4.85，4.61，5.02，5.20，4.60，4.58，4.72，4.38，4.70. 实验得到如下结果：

单个正态总体均值 t 估计活动表

置信水平	0.95
样本容量	12
样本均值	4.709166667
样本标准差	0.247990408
标准误差	0.071588664
t 分位数（单）	1.795884819
t 分位数（双）	2.20098516
单侧置信下限	4.580601671
单侧置信上限	4.837731662
区间估计	
估计下限	4.551601079
估计上限	4.866732255

由表可知有 0.95 的把握说轮胎平均至少能跑 4.580601671 万 km.

30. 假设轮胎的寿命服从态分布. 为估计某种轮胎的平均寿命, 现随机地抽取 12 只轮胎试用, 测得它们的寿命（单位: 万 km）如下: 4.68, 4.85, 4.32, 4.85, 4.61, 5.02, 5.20, 4.60, 4.58, 4.72, 4.38, 4.70. 实验得到如下结果:

单个正态总体均值 t 估计活动表	
置信水平	0.95
样本容量	12
样本均值	4.709166667
样本标准差	0.247990408
标准误差	0.071588664
t 分位数（单）	1.795884819
t 分位数（双）	2.20098516
单侧置信下限	4.580601671
单侧置信上限	4.837731662
区间估计	
估计下限	4.551601079
估计上限	4.866732255

由表可知有 0.95 的把握说轮胎平均最多能跑 4.866732255 万 km.

四、应用计算题

31. 设 $X_1, X_2, \cdots, X_n$ 是来自二项分布 $B(m, p)$ 总体的一个样本, $x_1, x_2, \cdots, x_n$ 为其样本观测值, 其中 m 是正整数且已知, $p(0 < p < 1)$ 是未知参数. （1）求未知参数 p 的矩估计；（2）求未知参数 p 的最大似然估计.

32. 设总体 X 的概率分布列为

X	0	1	2	3
P	p^2	$2p(1-p)$	p^2	$1-2p$

其中 $p(0 < p < 1/2)$ 是未知参数. 利用总体 X 的如下样本值:

$$1, \quad 3, \quad 0, \quad 2, \quad 3, \quad 3, \quad 1, \quad 3$$

求: （1）p 的矩估计算；（2）p 的极大似然估计值.

33. 设总体 X 的概率密度函数为 $p(x, \theta) = \begin{cases} (\theta+1)x^\theta, & 0 < x < 1 \\ 0, & \text{其他} \end{cases}$, 其中 θ 未知, X_1, $X_2, \cdots, X_n$ 是来自该总体的一个样本, $x_1, x_2, \cdots, x_n$ 为其样本观测值. （1）求未知参

数 θ 的矩估计值；（2）求未知参数 θ 的最大似然估计值.

34. 设总体 X 的概率密度函数为 $p(x;\theta)=\begin{cases} \dfrac{1}{\theta}, & \theta\leqslant x\leqslant 2\theta \\ 0, & \text{其他} \end{cases}$，其中 $\theta>0$，且 θ 未知，求未知参数 θ 的最大似然估计值.

35. 设总体 X 的概率密度为 $f(x;\theta)=\begin{cases} \dfrac{\theta^2}{x^3}e^{-\frac{\theta}{x}}, & x>0 \\ 0, & \text{其他} \end{cases}$，其中 θ 为未知参数且大于零，$X_1 X_2,\cdots,X_n$ 为来自总体 X 的简单随机样本.

（1）求 θ 的矩估计量；

（2）求 θ 的极大似然估计量.

36. 设总体 X 的概率密度为

$$f(x;\theta)=\begin{cases} \dfrac{1}{1-\theta}, & \theta\leqslant x\leqslant 1, \\ 0, & \text{其他} \end{cases}$$

其中 θ 为未知参数，$X_1,X_2,\cdots,X_n$ 为来自该总体的简单随机样本.

（1）求 θ 的矩估计量；

（2）求 θ 的最大似然估计量.

37. 设 X_1,X_2,X_3 是来自总体 X 的样本，μ 和 σ^2 分别是总体均值和总体方差，证明下列三个统计量

$$\hat{\mu}_1=\frac{2}{5}X_1+\frac{2}{5}X_2+\frac{1}{5}X_3,\ \hat{\mu}_2=\frac{1}{6}X_1+\frac{1}{2}X_2+\frac{1}{3}X_3,\ \hat{\mu}_3=\frac{1}{3}X_1+\frac{1}{3}X_2+\frac{1}{3}X_3$$

都是总体均值 μ 的无偏估计量；并指出它们中哪个估计量最有效.

38. 假设某种子公司开发一种快速生长的洋葱新品种. 现拟确定该品种洋葱从播种到成熟（可从外观上判断球茎发育，顶端弯曲等）所需的平均时间 μ（天数）. 假定从初步的研究知道，平均时间服从 $\sigma=8.3$ 天的正态分布，抽取了 67 个成熟期的洋葱作为样本，且样本均值 $\overline{x}=71.2$ 天，试求 μ 置信度为 95% 的置信区间.

39. 一个容量为 $n=16$ 的随机样本取自总体 $X\sim N(\mu,\sigma^2)$，其中 μ,σ^2 均未知，如果样本有均值 $\overline{x}=27.9$，标准差 $s=3.23$，试求 μ 的置信度为 99% 的置信区间.

40. 如果你在食品公司就职，要求估计一标准袋薯片的平均总脂肪量（单位：g）. 现分析了 11 袋，并得下列结果：$\overline{x}=18.2\text{g}$，$s^2=0.56\text{g}^2$. 如果假定总脂肪量服从正态分布，试给出总体 μ 和 σ^2 和 σ 的 90% 置信区间.

41. 测得 16 头某品种牛的体高，得到 $\overline{x}=133\text{cm}$，$s_1=4.07\text{cm}$；而另外一品种 20 头牛的体高样本平均值 $\overline{y}=131\text{cm}$，样本标准差 $s_2=2.92\text{cm}$，假设两个品种牛的体高都服从正态分布，试求该两品种牛体高差的 95% 的置信区间.

42. 为检测某种激素对失眠的影响，诊所的医生给两组睡眠不规律的病人在临睡前服用不同剂量的激素，然后测量他们从服药到入睡（电脑电波确定）的时间. 第一组服用的是 5mg 的剂量，第二组服用的是 15mg 的剂量，样本是独立的. 结果为 $n_1=$

10，$\overline{x}=14.8\text{min}$，$s_1^2=4.36\ \text{min}^2$；第二组 $n_2=13$，$\overline{y}=10.2\text{min}$，$s_2^2=4.66\ \text{min}^2$. 假定两个条件下的总体是正态分布，试求两总体方差比 σ_1^2/σ_2^2 的 90% 置信区间.

五、证明题

43. 设 $\hat{\theta}$ 是参数 θ 的无偏估计量，且 $D(\hat{\theta})>0$，证明 $\hat{\theta}^2$ 不是 θ^2 的无偏估计量.

44. 设总体 $X\sim U(\theta,2\theta)$，其中 $\theta>0$ 是未知参数，随机取一样本 $X_1,X_2,\cdots,X_n$，样本均值为 $\overline{X}$. 试证 $\hat{\theta}=\dfrac{2}{3}\overline{X}$ 是参数 θ 的无偏估计和一致估计.

六、实验题

45. 某厂生产的化纤强度 $X\sim N(\mu,0.85^2)$，现抽取一个容量为 $n=25$ 的样本，测定其强度，得样本均值 $\overline{x}=2.25$，试求这批化纤平均强度的置信水平为 0.95 的置信区间.

46. 已知某种材料的抗压强度 $X\sim N(\mu,\sigma^2)$，现随机抽取 10 个试件进行抗压试验，测得数据如下：482，493，457，471，510，446，435，418，394，469.

(1) 求平均抗压强度 μ 的置信水平为 0.95 的置信区间.

(2) 求 σ^2 的置信水平为 0.95 的置信区间.

47. 用一个仪表测量某一物理量 9 次，得样本均值 $\overline{x}=56.32$，样本标准差 $s=0.22$.

(1) 测量标准差 σ 的大小反映了仪表的精度，试求 σ 的置信水平为 0.95 的置信区间.

(2) 求该物理量真值的置信水平为 0.99 的置信区间.

48. 设从总体 $X\sim N(\mu_1,\sigma_1^2)$ 和总体 $Y\sim N(\mu_2,\sigma_2^2)$ 中分别抽取容量为 $n_1=10$，$n_2=15$ 的独立样本，经计算得 $\overline{x}=82$，$s_x^2=56.5$，$\overline{y}=76$，$s_y^2=52.4$.

(1) 若已知 $\sigma_1^2=64$，$\sigma_2^2=49$，求 $\mu_1-\mu_2$ 的置信水平为 0.95 的置信区间.

(2) 若已知 $\sigma_1^2=\sigma_2^2$，求 $\mu_1-\mu_2$ 的置信水平为 0.95 的置信区间.

(3) 求 $\dfrac{\sigma_1^2}{\sigma_2^2}$ 的置信水平为 0.95 的置信区间.

49. 设滚珠直径服从正态分布，现从甲、乙两台机床生产同一型号的滚珠中，分别抽取 8 个和 9 个样品，测得其直径（单位：mm）如下：

| 甲 | 15.0 | 14.5 | 15.2 | 15.5 | 14.8 | 15.1 | 15.2 | 14.8 | |
| 乙 | 15.2 | 15.0 | 14.8 | 15.2 | 15.0 | 15.0 | 14.8 | 15.1 | 14.8 |

(1) 求 $\dfrac{\sigma_1^2}{\sigma_2^2}$ 的置信水平为 0.95 的置信区间.

(2) 若已知 $\sigma_1^2=\sigma_2^2$，求 $\mu_1-\mu_2$ 的置信水平为 0.95 的置信区间.

第八章　假　设　检　验

在实际问题中，需要估计总体中的未知参数时，可用参数估计法解决问题. 可是还有许多实际问题，参数估计无法解决.

例如某工厂生产的产品的某项指标 $X \sim N(\mu_0, \sigma^2)$，经过技术改造后，$\mu_0$ 是否发生了变化？问题变成了 $\mu = \mu_0$ 是否成立？显然参数估计无法回答这类问题. 对这个问题往往先提出假设，然后抽取样本进行观察，根据样本所提供的信息去检验这个假设是否合理，从而做出拒绝或接受假设的判断. 这就是本章要讨论的假设检验问题.

第一节　假设检验的基本概念

一、假设检验的概念

8-1
假设检验的基本概念

8-2
假设检验的原理

8-3
假设检验的基本概念

假设检验是基于小概率事件原理来考虑问题的：概率很小的事件 A 在一次试验中几乎不会发生. 在某个前提条件下，事件 A 为小概率事件，如在一次试验中，事件 A 发生了，则认为事件 A 为小概率事件的前提条件值得怀疑.

【引例】 据报载，某商店为搞促销，对购买一定数额商品的顾客给予一次摸球中奖的机会，规定从装有红、绿两色球各 10 个的暗箱中连续摸 10 次（摸后放回），若 10 次都摸得绿球，则中大奖. 某人摸 10 次，皆为绿球，商店认定此人作弊，拒付大奖，此人不服，最后引出官司.

在此并不关心此人是否真正作弊，也不关心官司的最后结果，但从统计的观点看，商店的怀疑是有道理的. 因为，如果此人摸球完全是随机的，则在 10 次摸球中均摸到绿球的概率为 $\left(\dfrac{1}{2}\right)^{10} = \dfrac{1}{1024}$，这是一个很小的数，根据小概率事件原理，现在既然这么小的概率的事件发生了，就有理由怀疑此人摸球不是随机的，换句话说此人有作弊之嫌.

下面用假设检验的语言来模拟商店的推断：

（1）提出假设.

H_0：此人未作弊，即此人是完全随机地摸球.

（2）找小概率事件.

构造统计量，在 H_0 下，确定统计量 N 的分布.

统计量取为 10 次摸球中摸中绿球的个数 N. 在 H_0 下，$N \sim B(10, 1/2)$，其分布列为 $P(N = k) = p_k = C_{10}^k \left(\dfrac{1}{2}\right)^{10}$，$k = 0, 1, 2, \cdots, 10$.

按照自我认可的小概率 α（如 $\alpha = 0.01$），确定对 H_0 不利的小概率事件：

如果此人作弊的话，不可能故意少摸绿球，因此，对 H_0 不利的小概率事件是："绿球数 N 大于某个较大的数"，即取一数 $n(\alpha)$ 使得 $P(N>n(\alpha))\leqslant\alpha$. 由分布列算出：

$$p_{10}=1/1024\approx0.001,\quad p_9=10/1024\approx0.01,\quad p_9+p_{10}\approx0.011$$

因此取 $n(0.01)=9$，即当 H_0 成立时，$\{N>9\}$ 是满足要求的小概率事件.

(3) 由抽样结果判断小概率事件是否发生.

由抽样结果知，N 的观测值为 $n=10$，即 $\{N>9\}$ 发生了.

(4) 得出结论.

$\{N>9\}$ 为对 H_0 不利的小概率事件，它在一次试验中是不应该发生的，现在 $\{N>9\}$ 居然发生了，只能认为 H_0 是不成立的，即 "H_1：此人作弊" 成立.

【例 8-1】 某产品的生产商声称，他的产品单位重量平均为 0.5kg，并且重量均匀，误差很小，标准差等于 0.015kg. 为确认这一点，承销商在这批产品中随机地抽取 9 个，得单位重量数据如下：

$$0.413\quad0.586\quad0.548\quad0.525\quad0.427\quad0.529\quad0.471\quad0.457\quad0.551$$

由以上数据计算出样本均值 $\overline{x}=0.5008$，它与 0.5 相差很小，又由于样本均值 $\overline{X}$ 是总体均值 μ 的优良估计，因此，销售商不能否认生产商关于 "产品单位重量平均为 0.5kg" 的断言.

样本方差 S^2 是总体方差 σ^2 的优良估计. 如果产品单位重量标准差 σ 为 0.015kg，则样本标准差 s 与 0.015 的差异应很小。

但是经计算，样本方差为 $s^2=0.003669$，从而样本标准差为 $s=0.0606$，其与 0.015 差别的大小难以确定，为了判别是否应拒绝生产商关于产品单位重量的 "标准差等于 0.015kg" 的断言，承销商作了如下的说明.

(1) 提出假设.

产品单位重量 $X\sim N(\mu,\sigma^2)$，假设 H_0：$\sigma^2=\sigma_0^2=0.015^2$.

(2) 找小概率事件.

由于样本方差 S^2 是总体方差 σ^2 的优良估计，所以，当样本方差观测值 s^2 比 σ_0^2 大得多时，就有理由拒绝 H_0：$\sigma^2=\sigma_0^2=0.015^2$ 而接受 H_1：$\sigma^2>\sigma_0^2$. 就是说，对于某个特定的足够大的 $\lambda>1$，如果 $\dfrac{s^2}{\sigma_0^2}>\lambda$，就应拒绝 H_0.

如果 H_0：$\sigma^2=\sigma_0^2$ 成立，则 $\chi^2=\dfrac{(n-1)S^2}{\sigma_0^2}\sim\chi^2(n-1)$，且有 $P\left\{\dfrac{(n-1)S^2}{\sigma_0^2}>\chi_\alpha^2(n-1)\right\}=\alpha$.

(3) 由抽样结果判断小概率事件是否发生.

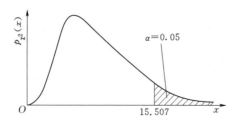

图 8-1　[例 8-1]检验示意图

查表得 $\chi_{0.05}^2(8)=15.507$（图 8-1），从而有 $\chi^2=\dfrac{(n-1)s^2}{\sigma_0^2}=\dfrac{8\times0.003669}{0.015^2}=130.453>15.507=\chi_{0.05}^2(8)$，即事件 $\left\{\dfrac{(n-1)S^2}{\sigma_0^2}>\chi_\alpha^2(n-1)\right\}$ 在一次试验中发生了.

（4）得出结论.

拒绝 H_0，即认为产品单位重量的标准差大于 0.015kg.

下面给出在假设检验中常用的几个概念.

定义 一个待检验其真实性的命题，称为**原假设**或**零假设**（Null hypothesis），记为 H_0；与 H_0 相对立的命题，称为**备择假设**（Alternative hypothesis）或**对立假设**（Opposite hypothesis），记为 H_1.

在［例 8-1］中，原假设为 $H_0: \sigma^2 = 0.015^2$，备择假设为 $H_1: \sigma^2 > 0.015^2$.

定义 用来检验原假设 H_0 是否成立的统计量，称为**检验统计量**（Test statistic）.

在［例 8-1］中，问题的检验统计量为 $\chi^2 = \dfrac{(n-1)S^2}{0.015^2}$.

定义 当样本的观测值落在某个区域 W 中时，就拒绝原假设 H_0，则区域 W 称为 H_0 的**拒绝域**（Rejection region），或**否定域**（Negation region），$\overline{W}$ 就称为**接受域**，由检验统计量确定的拒绝域的边界点称为**临界点**或**临界值**.

在［例 8-1］中，拒绝域 $W = \left\{ (x_1, x_2, \cdots, x_n) \left| \dfrac{(n-1)s^2}{0.015^2} > 15.507 = \chi^2_{0.05}(8) \right. \right\}$，简记为 $W = \left\{ \dfrac{(n-1)s^2}{0.015^2} > 15.507 \right\}$，临界值为 $\chi^2_{0.05}(8) = 15.507$.

定义 一个与总体分布或总体分布的参数有待判断的命题，称为**统计假设**，包括原假设 H_0 和备择假设 H_1. 使用样本去判断这个假设是否成立，称为**假设检验**（Test of hypotheses）.

二、两类错误

小概率事件在一次观察或试验中几乎不会发生，这是假设检验采用的一个原则. 由此原则来确定 H_0 的拒绝域 W：$P\{(x_1, x_2, \cdots, x_n) \in W | H_0 \text{ 为真}\} \leqslant \alpha$，即当 H_0 成立时，样本观测值落在拒绝域 W 内的概率等于或小于一个小的正数 α. 当拒绝域确定后，检验的判断准则也随之确定：

（1）如果样本观测值 $(x_1, x_2, \cdots, x_n) \in W$，则认为 H_0 不成立，拒绝 H_0；

（2）如果样本观测值 $(x_1, x_2, \cdots, x_n) \notin W$，则没有理由拒绝 H_0，而接受 H_0.

这样在假设检验中，可能出现的各种情况见表 8-1.

表 8-1　　　　　　　　　　假设检验中可能出现的各种情况

观测数据情况	判断决策	总 体 情 况	
		H_0 为真	H_1 为真
$(x_1, x_2, \cdots, x_n) \in W$	拒绝 H_0	决策错误	决策正确
$(x_1, x_2, \cdots, x_n) \notin W$	接受 H_0	决策正确	决策错误

定义 当原假设 H_0 为真时，如果样本观测值 $(x_1, x_2, \cdots, x_n) \in W$，而作出拒绝 H_0 的判断，这样的判断决策是错误的，这种错误称为**第一类错误**（Type Ⅰ error）.

要求犯第一类错误的概率等于或小于 α，即
$$P\{拒绝\ H_0\,|\,H_0\ 为真\}=P\{(x_1,x_2,\cdots,x_n)\in W\,|\,H_0\ 为真\}\leqslant\alpha$$

定义 用来控制犯第一类错误的概率 α，称为检验的**显著性水平**（Significance level）.

定义 当原假设 H_0 不真时，如果样本观测值 $(x_1,x_2,\cdots,x_n)\notin W$，而作出接受 H_0 的判断，这样的判断决策也是错误的，这种错误称为**第二类错误**（Type II error）. 犯第二类错误的概率通常记为 β，即
$$P\{接受\ H_0\,|\,H_1\ 为真\}=P\{(x_1,x_2,\cdots,x_n)\notin W\,|\,H_1\ 为真\}=\beta$$

一个好的检验方法，应使检验结果犯这两类错误的概率都尽量地小. 但由进一步的讨论可知：当样本容量一定时，若减少犯某类错误的概率，则犯另一类错误的概率往往增大. 若要使犯两类错误的概率都减少，只能增加样本容量.

由费雪（R. A. Fisher）提出，经奈曼（J. Neyman）和皮尔逊（E. S. Pearson）在 20 世纪二三十年代发展的检验理论提出的原则是：在控制犯第一类错误概率的前提下，使犯第二类错误的概率尽可能地小.

定义 对给定的检验问题 H_0 和 H_1，在控制犯第一类错误的概率不超过指定值 α 的条件下，尽量使犯第二类错误 β 小，这样的检验称为**显著性检验**（Significance test）或显著性水平为 α 的检验.

【例 8 - 2】 设 $X_1,X_2,\cdots,X_{36}$ 是来自总体 $X\sim N(\mu,3.6^2)$ 的样本，检验问题为
$$H_0:\mu=68,\quad H_1:\mu=70$$

若样本均值落在 $(67,69)$，则接受原假设，试求犯两类错误的概率.

解 犯第一类错误的概率为
$$\alpha=P\{\overline{X}<67\,|\,\mu=68\}+P\{\overline{X}>69\,|\,\mu=68\}$$
$$=P\left\{\frac{\overline{X}-68}{3.6/\sqrt{36}}<\frac{67-68}{3.6/\sqrt{36}}\right\}+P\left\{\frac{\overline{X}-68}{3.6/\sqrt{36}}>\frac{69-68}{3.6/\sqrt{36}}\right\}$$
$$\approx\Phi(-1.67)+1-\Phi(1.67)=2-2\Phi(1.67)\approx2(1-0.9525)=0.095$$

犯第二类错误的概率为
$$\beta=P\{67<\overline{X}<69\,|\,\mu=70\}=P\left\{\frac{67-70}{3.6/\sqrt{36}}<\frac{\overline{X}-70}{3.6/\sqrt{36}}<\frac{69-70}{3.6/\sqrt{36}}\right\}$$
$$\approx\Phi(-1.67)-\Phi(-5)\approx\Phi(-1.67)=1-\Phi(1.67)\approx0.0475$$

三、假设检验的三种基本形式

若总体 X 有概率函数 $p(x;\theta)$，对未知参数 θ 的假设检验有如下三种基本形式：

(1) $H_0:\theta=\theta_0$，$H_1:\theta\neq\theta_0$；

(2) $H_0:\theta=\theta_0(\theta\geqslant\theta_0)$，$H_1:\theta<\theta_0$；

(3) $H_0:\theta=\theta_0(\theta\leqslant\theta_0)$，$H_1:\theta>\theta_0$.

定义 当备择假设 H_1 分散在原假设 H_0 的两侧时的检验称为**双侧检验**（Two-sided test），如图 8-2 所示，$H_0:\theta=\theta_0$，$H_1:\theta\neq\theta_0$.

定义 当备择假设 H_1 分散在原假设 H_0 的左侧时的检验称为**左侧检验**（图 8-

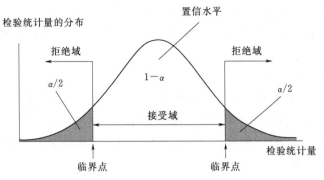

图 8-2 双侧检验示意图

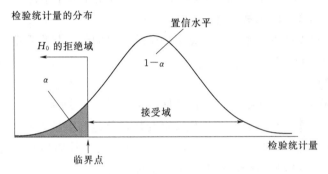

图 8-3 左侧检验示意图

3），H_0：$\theta \geqslant \theta_0$，$H_1$：$\theta < \theta_0$.

定义 当备择假设 H_1 分散在原假设 H_0 的右侧时的检验称为**右侧检验**（图 8-4），H_0：$\theta \leqslant \theta_0$，$H_1$：$\theta > \theta_0$.

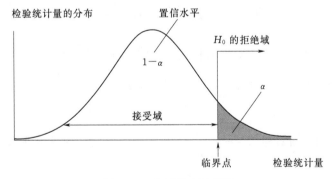

图 8-4 右侧检验示意图

定义 左侧检验与右侧检验统称为**单侧检验**（One-sided test）.

四、假设检验的基本步骤

对于实际问题的假设检验，其一般步骤如下：

（1）提出原假设 H_0 和备择假设 H_1.

在假设检验中，根据实际问题的可能答案，给出二个相互对立的命题，其中原假设 H_0 是受保护的命题（如果没有十分充足的理由，不能否定的命题）．与此对立的命题作为备择假设 H_1．

（2）找小概率事件 A．

1）从参数的优良点估计出发，按照不利于原假设 H_0 发生的方向，确定拒绝域的形式，选取适当的检验统计量．在许多的情况下，常常从直观出发，构造合理的检验统计量．在对正态总体的参数进行的假设检验时，可依据前面已学的抽样分布来选取适当的检验统计量．

2）对给定的显著性水平 α（一般取 $\alpha=0.01,0.05,0.10$），依据检验统计量的分布，由 $P\{$拒绝 $H_0|H_0$ 为真$\}\leqslant\alpha$，即 $P(A)\leqslant\alpha$，确定小概率事件 A．

（3）由抽样结果判断小概率事件 A 是否发生．

获取样本，根据样本观察值，计算出检验统计量的值，与临界值比较，判断事件 A 在一次试验中是否发生．

（4）得出结论．

若事件 A 发生了，则拒绝 H_0；若事件 A 没有发生，则接受 H_0．

【例 8-3】 某车间用一台包装机包装葡萄糖，每包的重量 $X\sim N(\mu,0.015^2)$，在包装机正常工作情况下，其均值为 0.5kg．某天开工后为检验包装机是否正常，随机地抽取它所包装的 9 袋葡萄糖，测得净重（单位：kg）为：

0.497 0.506 0.518 0.498 0.524 0.511 0.520 0.515 0.512

在显著性水平 0.05 下，问包装机工作是否正常？

分析 总体 $X\sim N(\mu,0.015^2)$．为检验包装机工作是否正常，提出如下的统计假设：

$$H_0: \mu=\mu_0=0.5, \quad H_1: \mu\neq\mu_0$$

由于样本均值 $\overline{X}=\dfrac{1}{n}\sum_{i=1}^{n}X_i$ 是总体期望 μ 的无偏估计，在 H_0 为真时，$|\bar{x}-\mu_0|$ 的值应较小，如果 $|\bar{x}-\mu_0|$ 的值太大，就有理由拒绝 H_0，因此 H_0 的拒绝域应有形式 $|\bar{x}-\mu_0|>\lambda$．

在 H_0 成立时，统计量 $Z=\dfrac{\overline{X}-\mu_0}{\sigma_0/\sqrt{n}}\sim N(0,1)$，对给定的显著性水平 $\alpha(0<\alpha<1)$ 有 $P\{|Z|>z_{\alpha/2}\}=\alpha$，于是，取检验统计量 $Z=\dfrac{\overline{X}-\mu_0}{\sigma/\sqrt{n}}$，$H_0$ 的拒绝域为 $|z|=\dfrac{|\bar{x}-\mu_0|}{\sigma_0/\sqrt{n}}>z_{\alpha/2}$．

解 $H_0: \mu=\mu_0=0.5$，$H_1: \mu\neq\mu_0$

$$P\left\{\left|\frac{\overline{X}-\mu_0}{\sigma_0/\sqrt{n}}\right|>z_{\alpha/2}\right\}=\alpha$$

$$|z| = \frac{|\overline{x} - \mu_0|}{\sigma_0/\sqrt{n}} = 2.2 > 1.96 = z_{0.025}$$

因此拒绝 H_0，即认为这天包装机工作不正常（图 $8-5$）.

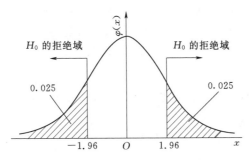

图 $8-5$ ［例 $8-3$］检验示意图

第二节　参数的假设检验

8-4

参数的假设
检验

8-5

正态总体参数
的假设检验

一、正态总体参数的假设检验

本节讨论正态总体 $X \sim N(\mu, \sigma^2)$ 参数的检验问题. 设 $(X_1, X_2, \cdots, X_n)$ 是来自总体 X 容量为 n 的样本，$(x_1, x_2, \cdots, x_n)$ 是样本观察值，样本均值 $\overline{X} = \frac{1}{n}\sum_{i=1}^{n} X_i$，

$\overline{X}$ 的观察值为 $\overline{x} = \frac{1}{n}\sum_{i=1}^{n} x_i$，　样本方差 $S^2 = \frac{1}{n-1}\sum_{i=1}^{n}(X_i - \overline{X})^2$，　S^2 的观察值 $s^2 = \frac{1}{n-1}\sum_{i=1}^{n}(x_i - \overline{x})^2$.

（一）方差已知时均值的 z -检验

原假设和备择假设为

$$H_0: \mu = \mu_0, \quad H_1: \mu \neq \mu_0$$

这里 μ_0 是已知常数.

由于 $\overline{X}$ 是 μ 的优良点估计，因此，H_0 的拒绝域的形式为 $|\overline{x} - \mu_0| > \lambda$. 当 $\sigma = \sigma_0$ 已知而且 H_0 成立时，$Z = \dfrac{\overline{X} - \mu_0}{\sigma_0/\sqrt{n}} \sim N(0,1)$，并且

$$P\{|Z| > z_{\alpha/2}\} = \alpha$$

所以，检验统计量为

$$Z = \frac{\overline{X} - \mu_0}{\sigma_0/\sqrt{n}}$$

H_0 的显著性水平为 α 的拒绝域为

$$|z| = \frac{|\overline{x} - \mu_0|}{\sigma_0/\sqrt{n}} > z_{\alpha/2}$$

定义 在假设检验中,如果由标准正态分布 $N(0,1)$ 来确定其临界值,这样的检验方法称为 z - 检验法(z - test).

(二) 方差未知时均值的 t - 检验

一个正态总体的均值的检验,更常见的是方差 σ^2 未知的情形.

设总体 $X \sim N(\mu, \sigma^2)$,其中 σ^2 未知. 检验统计假设

$$H_0: \mu = \mu_0, \quad H_1: \mu \neq \mu_0$$

这里 μ_0 是已知常数.

由于 $\overline{X}$ 是 μ 的优良点估计,因此,H_0 的拒绝域的形式为 $|\overline{x} - \mu_0| > \lambda$. 当 σ 未知而 H_0 成立时,$T = \dfrac{\overline{X} - \mu_0}{S/\sqrt{n}} \sim t(n-1)$,并且

$$P\{|T| > t_{\alpha/2}(n-1)\} = \alpha$$

由此可以取 $T = \dfrac{\overline{X} - \mu_0}{S/\sqrt{n}}$ 为检验统计量,H_0 的显著性水平为 α 的拒绝域为

$$|t| = \frac{|\overline{x} - \mu_0|}{s/\sqrt{n}} > t_{\alpha/2}(n-1)$$

定义 在假设检验中,如果由 t 分布来确定其临界值,这样的检验方法称为 t - 检验法(t - test).

【例 8 - 4】 设某次考试的考生成绩服从正态分布,从中随机地抽取 36 位考生的成绩,算得平均成绩为 66.5 分,标准差为 15 分. 问在显著性水平 0.05 下,是否可以认为这次考试全体考生的平均成绩为 70 分?

解 $H_0: \mu = \mu_0 = 70$,$H_1: \mu \neq \mu_0$

$$P\left\{\left|\frac{\overline{X} - \mu_0}{S/\sqrt{n}}\right| > t_{\alpha/2}(n-1)\right\} = \alpha$$

$$t = \frac{\overline{x} - \mu_0}{s/\sqrt{n}} = \frac{66.5 - 70}{15/\sqrt{36}} = -1.4$$

查表得 $t_{0.025}(35) = 2.0301$,因而

$$|t| = 1.4 < 2.0301 = t_{0.025}(35)$$

即接受 H_0,可以认为这次考试全体考生的平均成绩为 70 分.

再看下面的一个例子.

【例 8 - 5】 某种灯泡在原工艺生产条件下的平均寿命为 1100h,现从采用新工艺生产的一批灯泡中随机抽取 16 只,测试其使用寿命,测得平均寿命为 1150h,样本标准差为 20h. 已知灯泡寿命服从正态分布,试在显著性水平 $\alpha = 0.05$ 下,检验采用新工艺后生产的灯泡寿命是否有提高?

分析 这是单侧检验的问题. 总体 $X \sim N(\mu, \sigma^2)$,σ^2 未知. 要检验统计假设

$$H_0: \mu \leqslant \mu_0 = 1100, \quad H_1: \mu > \mu_0$$

在 H_0 真实的情形下,统计量 $T = \dfrac{\overline{X} - 1100}{S/\sqrt{n}}$ 的分布不能确定.

样本函数 $T'=\dfrac{\overline{X}-\mu}{S/\sqrt{n}}\sim t(n-1)$，但含有未知参数 μ，无法直接计算 T' 的观测值.

但当 H_0 成立时，$T\leqslant T'$，因而事件

$$\{T>t_\alpha(n-1)\}\subset\{T'>t_\alpha(n-1)\}$$

故

$$P\{T>t_\alpha(n-1)\}\leqslant P\{T'>t_\alpha(n-1)\}$$

在 H_0 真实的前提下，由

$$P\left\{\frac{\overline{X}-\mu}{S/\sqrt{n}}>t_\alpha(n-1)\right\}=\alpha$$

可知

$$P\left\{\frac{\overline{X}-1100}{S/\sqrt{n}}>t_\alpha(n-1)\right\}\leqslant\alpha$$

即当 α 很小时，$\left\{T=\dfrac{\overline{X}-1100}{S/\sqrt{n}}>t_\alpha(n-1)\right\}$ 是一个小概率事件.

现取检验统计量

$$T=\frac{\overline{X}-\mu_0}{S/\sqrt{n}}$$

在显著性水平 α 下，H_0 的拒绝域为 $t=\dfrac{\overline{x}-\mu_0}{s/\sqrt{n}}>t_\alpha(n-1)$.

解 $H_0:\mu\leqslant\mu_0=1100$，$H_1:\mu>\mu_0$

$$P\left\{\frac{\overline{X}-1100}{S/\sqrt{n}}>t_\alpha(n-1)\right\}\leqslant\alpha$$

$$t=\frac{\overline{x}-\mu_0}{s/\sqrt{n}}=\frac{1150-1100}{20/\sqrt{16}}=10>1.753=t_{0.05}(15)$$

拒绝 H_0，认为采用新工艺生产的灯泡平均寿命显著地大于 1100h.

（三）正态总体均值检验问题小结

表 8-2 列出了一个正态总体均值检验，在不同条件下对各种统计假设的检验统计量和拒绝域，有的在前面已经讨论过，其余的请读者给出讨论或推导.

表 8-2 　　　　　　　　　　　　正态总体均值的假设检验

条件	H_0	H_1	检验统计量	拒绝域
方差 $\sigma^2=\sigma_0^2$ 已知	$\mu=\mu_0$	$\mu\neq\mu_0$	$Z=\dfrac{\overline{X}-\mu_0}{\sigma_0/\sqrt{n}}$	$\lvert z\rvert>z_{\alpha/2}$
	$\mu=\mu_0$	$\mu>\mu_0$		$z>z_\alpha$
	$\mu=\mu_0$	$\mu<\mu_0$		$z<-z_\alpha$
方差 σ^2 未知	$\mu=\mu_0$	$\mu\neq\mu_0$	$T=\dfrac{\overline{X}-\mu_0}{S/\sqrt{n}}$	$\lvert t\rvert>t_{\alpha/2}(n-1)$
	$\mu=\mu_0$	$\mu>\mu_0$		$t>t_\alpha(n-1)$
	$\mu=\mu_0$	$\mu<\mu_0$		$t<-t_\alpha(n-1)$

（四）均值未知时方差的卡方检验（χ^2 检验）

检验统计假设

$$H_0: \sigma^2 = \sigma_0^2, \quad H_1: \sigma^2 \neq \sigma_0^2$$

这里 σ_0^2 为一个已知正数.

由于样本方差 S^2 是总体方差 σ^2 的无偏点估计，当 $\dfrac{S^2}{\sigma_0^2}$ 太大或太小时，有理由拒绝 H_0. 所以，取检验统计量

$$\chi^2 = \frac{(n-1)S^2}{\sigma_0^2} = \frac{\sum_{i=1}^{n}(X_i - \overline{X})^2}{\sigma_0^2}$$

当 H_0 成立时，$\chi^2 \sim \chi^2(n-1)$，从而

$$P(\{\chi^2 < \chi^2_{1-\alpha/2}(n-1)\} \cup \{\chi^2 > \chi^2_{\alpha/2}(n-1)\}) = \alpha$$

对给定的显著性水平 α，H_0 的拒绝域为

$$\frac{(n-1)s^2}{\sigma_0^2} < \chi^2_{1-\alpha/2}(n-1) \text{ 或 } \frac{(n-1)s^2}{\sigma_0^2} > \chi^2_{\alpha/2}(n-1)$$

定义　在假设检验中，如果由卡方分布来确定其临界值，这样的检验方法称为**卡方检验法**（$\chi^2 - \text{test}$）.

方差的检验问题，常常是单侧检验问题.

【例 8-6】　一批混杂的小麦品种，株高的标准差为 12cm，经过对这批品种提纯后，随机抽取 10 株，测得株高（单位：cm）为

　　　　90　105　101　95　100　100　101　105　93　97

设小麦株高服从正态分布，试在显著性水平 $\alpha = 0.01$ 下，考察提纯后小麦群体的株高是否比原群体整齐.

分析　本题要检验的统计假设为

$$H_0: \sigma^2 \geqslant \sigma_0^2 = 12^2, \quad H_1: \sigma^2 < \sigma_0^2$$

H_0 的拒绝域应有 $\dfrac{s^2}{\sigma_0^2} < \lambda$ 的形式，在 H_0 下，检验统计量 $\chi^2 = \dfrac{(n-1)S^2}{\sigma_0^2} \sim \chi^2(n-1)$，从而

$$P\left\{\frac{(n-1)S^2}{\sigma_0^2} < \chi^2_{1-\alpha}(n-1)\right\} \leqslant \alpha$$

因此，对于显著性水平 α，H_0 的拒绝域为 $\left\{\dfrac{(n-1)s^2}{\sigma_0^2} < \chi^2_{1-\alpha}(n-1)\right\}$.

解　$H_0: \sigma^2 \geqslant \sigma_0^2 = 12^2$，$H_1: \sigma^2 < \sigma_0^2$

$$P\left\{\frac{(n-1)S^2}{\sigma_0^2} < \chi^2_{1-\alpha}(n-1)\right\} \leqslant \alpha$$

$$\chi^2 = \frac{(n-1)s^2}{\sigma_0^2} = \frac{9 \times 24.233}{144} = 1.515 < 2.088 = \chi^2_{0.99}(9)$$

拒绝 H_0，即认为小麦提纯后群体株高比原群体整齐.

【例 8-7】 某产品的寿命服从方差 $\sigma_0^2 = 5000 h^2$ 的正态分布,销售商认为该产品的投诉率较高,主要是寿命不稳定,为此从中随机地抽取 26 个产品,测出其样本方差为 $s^2 = 9200 h^2$. 问据此能得出什么样的结论?($\alpha = 0.05$)

解 $H_0: \sigma^2 \leqslant \sigma_0^2 = 5000$,$H_1: \sigma^2 > \sigma_0^2$

$$P\left\{ \frac{(n-1)S^2}{\sigma_0^2} > \chi_\alpha^2(n-1) \right\} = \alpha$$

查表得 $\chi_{0.05}^2(25) = 37.652$,于是有

$$\chi^2 = \frac{(n-1)s^2}{\sigma_0^2} = \frac{25 \times 9200}{5000} = 46 > 37.652 = \chi_{0.05}^2(25)$$

拒绝 H_0,即这批产品的寿命的方差显著地高于 $5000 h^2$.

(五)均值已知时方差的卡方检验

要检验统计假设

$$H_0: \sigma^2 = \sigma_0^2,\ H_1: \sigma^2 \neq \sigma_0^2$$

这里 σ_0^2 为一个已知正数. 若已知 $\mu = \mu_0$,则当 H_0 成立时

$$\chi^2 = \frac{\sum\limits_{i=1}^{n}(X_i - \mu_0)^2}{\sigma_0^2} \sim \chi^2(n)$$

$$P(\{\chi^2 < \chi_{1-\alpha/2}^2(n)\} \bigcup \{\chi^2 > \chi_{\alpha/2}^2(n)\}) = \alpha$$

从而,对给定的显著性水平 α,H_0 的拒绝域为

$$\frac{\sum\limits_{i=1}^{n}(x_i - \mu_0)^2}{\sigma_0^2} < \chi_{1-\alpha/2}^2(n)\ 或 \frac{\sum\limits_{i=1}^{n}(x_i - \mu_0)^2}{\sigma_0^2} > \chi_{\alpha/2}^2(n)$$

(六)正态总体方差检验问题小结

表 8-3 列出了一个正态总体方差检验,在不同条件下对各种统计假设的检验统计量和拒绝域,有的在前面已经讨论过,其余的请读者给出讨论或推导.

表 8-3 正态总体方差的假设检验

条件	H_0	H_1	检验统计量	拒绝域
均值 μ 未知	$\sigma^2 = \sigma_0^2$	$\sigma^2 \neq \sigma_0^2$	$\chi^2 = \dfrac{(n-1)S^2}{\sigma_0^2}$	$\chi^2 < \chi_{1-\alpha/2}^2(n-1)$ 或 $\chi^2 > \chi_{\alpha/2}^2(n-1)$
	$\sigma^2 = \sigma_0^2$	$\sigma^2 > \sigma_0^2$		$\chi^2 > \chi_\alpha^2(n-1)$
	$\sigma^2 = \sigma_0^2$	$\sigma^2 < \sigma_0^2$		$\chi^2 < \chi_{1-\alpha}^2(n-1)$
均值 $\mu = \mu_0$ 已知	$\sigma^2 = \sigma_0^2$	$\sigma^2 \neq \sigma_0^2$	$\chi^2 = \dfrac{\sum\limits_{i=1}^{n}(X_i - \mu_0)^2}{\sigma_0^2}$	$\chi^2 < \chi_{1-\alpha/2}^2(n)$ 或 $\chi^2 > \chi_{\alpha/2}^2(n)$
	$\sigma^2 = \sigma_0^2$	$\sigma^2 > \sigma_0^2$		$\chi^2 > \chi_\alpha^2(n)$
	$\sigma^2 = \sigma_0^2$	$\sigma^2 < \sigma_0^2$		$\chi^2 < \chi_{1-\alpha}^2(n)$

8-6 ▶

两个正态总
体参数的假
设检验

二、两个正态总体参数的假设检验

这一节讨论两个正态总体参数的检验问题. 设 $(X_1, X_2, \cdots, X_{n1})$ 是来自总体 $X \sim N(\mu_1, \sigma_1^2)$ 的样本, $(Y_1, Y_2, \cdots, Y_{n2})$ 是来自总体 $Y \sim N(\mu_2, \sigma_2^2)$ 的样本, 两个样本相互独立, 总体 X 的样本均值和样本方差分别记为 $\overline{X} = \dfrac{1}{n_1} \sum_{i=1}^{n_1} X_i$ 和 $S_1^2 = \dfrac{1}{n_1 - 1} \sum_{i=1}^{n_1} (X_i - \overline{X})^2$, 它们的观测值分别是 $\overline{x}$ 和 $s_1^2 = \dfrac{1}{n_1 - 1} \sum_{i=1}^{n_1} (x_i - \overline{x})^2$; 总体 Y 的样本均值和样本方差分别记为 $\overline{Y} = \dfrac{1}{n_2} \sum_{i=1}^{n_2} Y_i$ 和 $S_2^2 = \dfrac{1}{n_2 - 1} \sum_{i=1}^{n_2} (Y_i - \overline{Y})^2$, 它们的观测值分别是 $\overline{y}$ 和 $s_2^2 = \dfrac{1}{n_2 - 1} \sum_{i=1}^{n_2} (y_i - \overline{y})^2$.

(一) 方差已知时均值的 z - 检验

设方差 σ_1^2, σ_2^2 已知, 要检验统计假设

$$H_0 : \mu_1 = \mu_2, \quad H_1 : \mu_1 \neq \mu_2$$

因为 $\overline{X} = \dfrac{1}{n_1} \sum_{i=1}^{n_1} X_i$ 和 $\overline{Y} = \dfrac{1}{n_2} \sum_{i=1}^{n_2} Y_i$ 分别是 μ_1, μ_2 的无偏估计, 因此, 当 H_0 为真时, $|\overline{x} - \overline{y}|$ 不应太大, 当 $|\overline{x} - \overline{y}|$ 太大时, 就有理由拒绝 H_0. 因此 H_0 的拒绝域应有形式 $|\overline{x} - \overline{y}| > \lambda$.

由于 $\overline{X} \sim N\left(\mu_1, \dfrac{1}{n_1} \sigma_1^2\right)$, $\overline{Y} \sim N\left(\mu_2, \dfrac{1}{n_2} \sigma_2^2\right)$, 且两者相互独立, 因此, $\overline{X} - \overline{Y} \sim N\left(\mu_1 - \mu_2, \dfrac{\sigma_1^2}{n_1} + \dfrac{\sigma_2^2}{n_2}\right)$, 在 H_0 成立时, 则有 $Z = \dfrac{\overline{X} - \overline{Y}}{\sqrt{\dfrac{\sigma_1^2}{n_1} + \dfrac{\sigma_2^2}{n_2}}} \sim N(0, 1)$.

取检验统计量 $Z = \dfrac{\overline{X} - \overline{Y}}{\sqrt{\dfrac{\sigma_1^2}{n_1} + \dfrac{\sigma_2^2}{n_2}}}$, 而 $P\{|Z| > z_{\alpha/2}\} = \alpha$, 因此 H_0 的显著性水平为 α 的拒绝域为

$$|z| = \dfrac{|\overline{x} - \overline{y}|}{\sqrt{\dfrac{\sigma_1^2}{n_1} + \dfrac{\sigma_2^2}{n_2}}} > z_{\alpha/2}$$

(二) 方差未知但相等时均值的 t - 检验

方差 σ_1^2, σ_2^2 未知, 但相等 $\sigma_1^2 = \sigma_2^2 \triangleq \sigma^2$ 的情形下, 检验统计假设:

$$H_0 : \mu_1 = \mu_2, \quad H_1 : \mu_1 \neq \mu_2$$

H_0 的拒绝域应有形式 $|\overline{x} - \overline{y}| > \lambda$. 在 H_0 成立时

$$T = \dfrac{\overline{X} - \overline{Y}}{S_w \sqrt{\dfrac{1}{n_1} + \dfrac{1}{n_2}}} \sim t(n_1 + n_2 - 2)$$

式中 $S_w^2 = \dfrac{(n_1-1)S_1^2 + (n_2-1)S_2^2}{n_1+n_2-2}$.

$$P\{|T| > t_{\alpha/2}(n_1+n_2-2)\} = \alpha$$

因此,对给定的显著性水平 α,H_0 的拒绝域为

$$|t| = \dfrac{|\overline{x}-\overline{y}|}{s_w\sqrt{\dfrac{1}{n_1}+\dfrac{1}{n_2}}} > t_{\alpha/2}(n_1+n_2-2)$$

【例 8-8】 试验磷肥对玉米产量的影响,将玉米随机地种植 20 个小区,其中 10 个小区增施磷肥,另 10 个小区作为对照,试验结果玉米产量如下:

增施磷肥组: 65　60　62　57　58　63　60　57　60　58

对　照　组: 59　56　56　58　57　57　55　60　57　55

已知玉米产量服从正态分布,且方差相同,试在显著性水平 $\alpha=0.05$ 下,检验磷肥对玉米产量有无显著性影响?

解 设增施磷肥组产量 $X \sim N(\mu_1, \sigma^2)$,对照组产量 $Y \sim N(\mu_2, \sigma^2)$. 要检验统计假设

$$H_0:\mu_1=\mu_2,\quad H_1:\mu_1\neq\mu_2$$

$$P\left\{\left|\dfrac{\overline{X}-\overline{Y}}{S_w\sqrt{\dfrac{1}{n_1}+\dfrac{1}{n_2}}}\right| > t_{\alpha/2}(n_1+n_2-2)\right\} = \alpha$$

由样本的观察值得 $\overline{x}=60$,$\displaystyle\sum_{i=1}^{10}(x_i-\overline{x})^2=64$,$s_1^2=\dfrac{64}{9}$,$\overline{y}=57$,$\displaystyle\sum_{i=1}^{10}(y_i-\overline{y})^2=24$,$s_2^2=\dfrac{24}{9}$,$s_w^2=\dfrac{64+24}{10+10-2}=4.889$,故

$$t = \dfrac{|\overline{x}-\overline{y}|}{s_w\sqrt{\dfrac{1}{n_1}+\dfrac{1}{n_2}}} = \dfrac{60-57}{\sqrt{4.889}\sqrt{\dfrac{1}{10}+\dfrac{1}{10}}} = 3.03 > 2.10 = t_{0.025}(18)$$

故拒绝 H_0,认为施磷肥对玉米产量有显著性改变.

对于单侧检验问题:

$$H_0:\mu_1\leqslant\mu_2,\ H_1:\mu_1>\mu_2 \quad \text{或} \quad H_0:\mu_1=\mu_2,\ H_1:\mu_1>\mu_2$$

其拒绝域的形式为 $\overline{x}-\overline{y}>\lambda$. 仍取检验统计量

$$T = \dfrac{\overline{X}-\overline{Y}}{S_w\sqrt{\dfrac{1}{n_1}+\dfrac{1}{n_2}}}$$

容易得到 H_0 的显著性为 α 的拒绝域是

$$t = \dfrac{\overline{x}-\overline{y}}{s_w\sqrt{\dfrac{1}{n_1}+\dfrac{1}{n_2}}} > t_{\alpha}(n_1+n_2-2)$$

（三）配对样本的 t - 检验

设其中一种处理方式指标 X 的均值为 $E(X)=\mu_1$，另一种处理方式指标 Y 的均值为 $E(Y)=\mu_2$，为了考察两种处理方式的效果是否有显著差异，常将受试对象按情况相近者配对，或者自身进行配对（表 8-4），分别给予两种处理，观察两种处理情况的指标值. 在此种情况下，来自其中一种处理方式的容量为 n 的样本记为 $(X_{11},X_{12},\cdots,X_{1n})$，来自另一种处理方式的容量为 n 的样本记为 $(X_{21},X_{22},\cdots,X_{2n})$，则其差 $D_i=X_{1i}-X_{2i}$ 可看成一个容量为 n 的样本 $(D_1,D_2,\cdots,D_n)$，一般情况下，可以认为 $(D_1,D_2,\cdots,D_n)$ 来自正态总体 $D\sim N(\mu,\sigma^2)$，其中 $\mu=\mu_1-\mu_2$，若记 $\overline{D}=\dfrac{1}{n}\sum\limits_{i=1}^{n}D_i$，$S_D^2=\dfrac{1}{n-1}\sum\limits_{i=1}^{n}(D_i-\overline{D})^2$，则

$$T=\frac{\overline{D}-\mu}{S_D/\sqrt{n}}\sim t(n-1)$$

表 8-4   配 对 样 本 数 据 表

序号	样本 1	样本 2	差值
1	x_{11}	x_{21}	$d_1=x_{11}-x_{21}$
2	x_{12}	x_{22}	$d_2=x_{12}-x_{22}$
$\vdots$	$\vdots$	$\vdots$	$\vdots$
i	x_{1i}	x_{2i}	$d_i=x_{1i}-x_{2i}$
$\vdots$	$\vdots$	$\vdots$	$\vdots$
n	x_{1n}	x_{2n}	$d_n=x_{1n}-x_{2n}$

【例 8-9】 一个以减肥为主要目标的健美俱乐部声称，参加其训练班至少可以使减肥者平均体重减重 8.5kg 以上. 为了验证该宣称是否可信，调查人员随机抽取了 10 名参加者，得到他们的体重（单位：kg）记录如下表：

训练前	94.5	101	110	103.5	97	88.5	96.5	101	104	116.5
训练后	85	89.5	101.5	96	86	80.5	87	93.5	93	102

在 $\alpha=0.05$ 的显著性水平下，调查结果是否支持该俱乐部的声称？

解 设训练前体重为 X，训练后体重为 Y，则训练前与训练后体重之差 $D=X-Y$，假设 $D\sim N(\mu,\sigma^2)$，则问题归结为检验假设检验问题：

$$H_0:\mu\geqslant D_0=8.5,\quad H_1:\mu<8.5$$

当 $H_0:\mu\geqslant D_0=8.5$ 成立时，

$$P\left\{T=\frac{\overline{D}-D_0}{s_D/\sqrt{n}}<-t_\alpha(n-1)\right\}\leqslant\alpha$$

训练前	94.5	101	110	103.5	97	88.5	96.5	101	104	116.5
训练后	85	89.5	101.5	96	86	80.5	87	93.5	93	102
差值	9.5	11.5	8.5	7.5	11	8	9.5	7.5	11	14.5

由此算得样本均值和样本标准差分别为

$$\overline{d} = \frac{\sum_{i=1}^{n} d_i}{n} = \frac{98.5}{10} = 9.85, \quad s_D = \sqrt{\frac{\sum_{i=1}^{n}(d_i - \overline{d})^2}{n-1}} = \sqrt{\frac{43.525}{10-1}} = 2.199$$

由于

$$t = \frac{\overline{d} - D_0}{s_D/\sqrt{n}} = \frac{9.85 - 8.5}{2.199/\sqrt{10}} = 1.95 > -t_{0.05}(9) = -1.833$$

所以接受原假设 H_0，认为该俱乐部的声称是可信的.

（四）方差未知且不等时的 t -检验

设总体 $X \sim N(\mu_1, \sigma_1^2)$，总体 $Y \sim N(\mu_2, \sigma_2^2)$，在方差 σ_1^2，σ_2^2 未知，且 $\sigma_1^2 \neq \sigma_2^2$ 情形下，检验均值是否相等的问题，文献上称为 Behrens - Fisher 问题：

$$H_0: \mu_1 = \mu_2, \quad H_1: \mu_1 \neq \mu_2$$

设 $(X_1, X_2, \cdots, X_{n1})$ 是来自总体 $X \sim N(\mu_1, \sigma_1^2)$ 的样本，$(Y_1, Y_2, \cdots, Y_{n2})$ 是来自总体 $Y \sim N(\mu_2, \sigma_2^2)$ 的样本，记总方差 $S_0^2 = \dfrac{S_1^2}{n_1} + \dfrac{S_2^2}{n_2}$，又记 $T = \dfrac{\overline{X} - \overline{Y}}{S_0}$. $l' = \dfrac{S_0^4}{\dfrac{S_1^4}{n_1^2(n_1-1)} + \dfrac{S_2^4}{n_2^2(n_2-1)}}$，设与 l' 最接近的整数为 l，则 $T \sim t(l)$.

【例 8 - 10】 已知甲、乙两台车床加工的某种类型零件的直径服从正态分布，且方差相同，现独立地从甲、乙两台车床加工的零件各取 8 个和 7 个，测得的数据如下表所示. 在 0.05 的显著性水平，检验甲、乙两台车床加工的零件直径是否一致.

车床	零件的直径/cm						
甲	20.5	19.8	19.7	20.4	20.1	20.0	19.0	19.9
乙	20.7	19.8	19.5	20.8	20.4	19.6	20.2	

解 设甲车床加工的零件的直径 $X \sim N(\mu_1, \sigma_1^2)$，乙车床加工的零件的直径 $Y \sim N(\mu_2, \sigma_2^2)$，经计算得 $\overline{x} = 19.925$，$\overline{y} = 20.143$，$s_1^2 = 0.216$，$s_2^2 = 0.273$，需检验问题

$$H_0: \mu_1 = \mu_2, \quad H_1: \mu_1 \neq \mu_2$$

$$l' = \frac{s_0^4}{\dfrac{s_1^4}{n_1^2(n_1-1)} + \dfrac{s_2^4}{n_2^2(n_2-1)}} \approx 12$$

$$P\left\{ |T| = \left| \frac{\overline{X} - \overline{Y}}{S_0} \right| > t_{\alpha/2}(12) \right\} = \alpha$$

$$|t| = 0.848 < t_{0.025}(12) = 2.1788$$

接受原假设 H_0，认为甲乙两台车床加工的零件直径一致.

（五）两个正态总体均值的假设检验问题小结

表 8-5 列出了两个正态总体均值的检验，在不同条件下对各种统计假设的检验统计量和拒绝域，前面没有给出推导的，作为练习，请读者自行完成.

表 8 - 5　　　　　　　　　　　　　两个正态总体均值检验

条件	H_0	H_1	检验统计量	拒 绝 域
σ_1^2, σ_2^2 已知	$\mu_1 = \mu_2$	$\mu_1 \neq \mu_2$	$Z = \dfrac{\overline{X} - \overline{Y}}{\sqrt{\dfrac{\sigma_1^2}{n_1} + \dfrac{\sigma_2^2}{n_2}}}$	$\|z\| > z_{\alpha/2}$
	$\mu_1 = \mu_2$	$\mu_1 > \mu_2$		$z > z_\alpha$
	$\mu_1 = \mu_2$	$\mu_1 < \mu_2$		$z < -z_\alpha$
σ_1^2, σ_2^2 未知且 $\sigma_1^2 = \sigma_2^2$	$\mu_1 = \mu_2$	$\mu_1 \neq \mu_2$	$T = \dfrac{\overline{X} - \overline{Y}}{S_w \sqrt{\dfrac{1}{n_1} + \dfrac{1}{n_2}}}$	$\|t\| > t_{\alpha/2}(n_1 + n_2 - 2)$
	$\mu_1 = \mu_2$	$\mu_1 > \mu_2$		$t > t_\alpha(n_1 + n_2 - 2)$
	$\mu_1 = \mu_2$	$\mu_1 < \mu_2$		$t < -t_\alpha(n_1 + n_2 - 2)$
σ_1^2, σ_2^2 未知且 $\sigma_1^2 \neq \sigma_2^2$	$\mu_1 = \mu_2$	$\mu_1 \neq \mu_2$	$T = \dfrac{\overline{X} - \overline{Y}}{\sqrt{\dfrac{S_1^2}{n_1} + \dfrac{S_1^2}{n_1}}}$	$\|t\| > t_{\alpha/2}(l)$
	$\mu_1 = \mu_2$	$\mu_1 > \mu_2$		$t > t_\alpha(l)$
	$\mu_1 = \mu_2$	$\mu_1 < \mu_2$		$t < -t_\alpha(l)$
σ_1^2, σ_2^2 未知且 配对试验	$\mu_1 = \mu_2$	$\mu_1 \neq \mu_2$	$T = \dfrac{\overline{D} - \mu}{S_D / \sqrt{n}}$	$\|t\| > t_{\alpha/2}(n-1)$
	$\mu_1 = \mu_2$	$\mu_1 > \mu_2$		$t > t_\alpha(n-1)$
	$\mu_1 = \mu_2$	$\mu_1 < \mu_2$		$t < -t_\alpha(n-1)$

（六）两个正态总体方差的 F-检验

检验统计假设

$$H_0: \sigma_1^2 = \sigma_2^2, \ H_1: \sigma_1^2 \neq \sigma_2^2$$

样本方差 S_1^2 和 S_2^2 分别是 σ_1^2 和 σ_2^2 的无偏估计，因此若 $\dfrac{s_1^2}{s_2^2}$ 太大或太小，都有理由拒绝 H_0，即 H_0 的拒绝域应有形式 $\dfrac{s_1^2}{s_2^2} < \lambda_1$ 或 $\dfrac{s_1^2}{s_2^2} > \lambda_2$. 当 H_0 成立时，有

$$F = \frac{S_1^2}{S_2^2} \sim F(n_1 - 1, n_2 - 1)$$

$$P(\{F < F_{1-\alpha/2}(n_1 - 1, n_2 - 1)\} \bigcup \{F > F_{\alpha/2}(n_1 - 1, n_2 - 1)\}) = \alpha$$

因此，对给定显著性水平 α，H_0 的拒绝域是

$$F = \frac{s_1^2}{s_2^2} < F_{1-\alpha/2}(n_1 - 1, n_2 - 1) \text{ 或 } F = \frac{s_1^2}{s_2^2} > F_{\alpha/2}(n_1 - 1, n_2 - 1)$$

定义　在假设检验中，如果由 F 分布来确定其临界值，这样的检验方法称为 F-**检验法**（F-test）.

【**例 8 - 11**】　在甲、乙两地段各取 50 块和 52 块岩心进行磁化率测定，算得样本方差分别为 $s_1^2 = 0.0142$ 和 $s_2^2 = 0.0054$. 已知磁化率服从正态分布，试问甲、乙两地段磁化率的方差是否有显著性差异？（$\alpha = 0.05$）

解　$H_0: \sigma_1^2 = \sigma_2^2, \ H_1: \sigma_1^2 \neq \sigma_2^2$

$$P\left(\left\{F = \frac{S_1^2}{S_2^2} < F_{1-\alpha/2}(n_1 - 1, n_2 - 1)\right\} \bigcup \left\{F = \frac{S_1^2}{S_2^2} > F_{\alpha/2}(n_1 - 1, n_2 - 1)\right\}\right) = \alpha$$

$$F = \frac{s_1^2}{s_2^2} = \frac{0.0142}{0.0054} = 2.63$$

查表得 $F_{0.025}(49,51)=1.7494$，$F_{0.025}(51,49)=1.7549$，因此有

$$F_{0.975}(49,51)=\frac{1}{F_{0.025}(51,49)}=\frac{1}{1.7549}=0.5698$$

而 $F=2.63>F_{0.025}(49,51)=1.7494$，拒绝 H_0，认为甲乙两地段岩心磁化率测定的数据方差在 $\alpha=0.05$ 下有显著性差异.

（七）两个正态总体方差的假设检验问题小结

表 8-6 列出了两个正态总体方差检验，在不同条件下对各种统计假设的检验统计量和拒绝域，前面没有给出推导的，作为练习，请读者自行完成.

表 8-6 　　　　　　　　　　两个正态总体方差检验

条件	H_0	H_1	检验统计量	拒 绝 域
μ_1，μ_2 未知	$\sigma_1^2=\sigma_2^2$	$\sigma_1^2\neq\sigma_2^2$	$F=\dfrac{S_1^2}{S_2^2}$	$F<F_{1-\alpha/2}(n_1-1,n_2-1)$ 或 $F>F_{\alpha/2}(n_1-1,n_2-1)$
	$\sigma_1^2=\sigma_2^2$	$\sigma_1^2>\sigma_2^2$		$F>F_\alpha(n_1-1,n_2-1)$
	$\sigma_1^2=\sigma_2^2$	$\sigma_1^2<\sigma_2^2$		$F<F_{1-\alpha}(n_1-1,n_2-1)$

第三节　假设检验问题的 P-值

8-7
假设检验问题的 P-值

假设检验的结论通常是简单的:在给定的显著水平下,不是拒绝原假设就是保留原假设. 然而有时也会出现这样的情况：在一个较大的显著水平（$\alpha=0.05$）下得到拒绝原假设的决策，而在一个较小的显著水平（$\alpha=0.01$）下却会得到接受原假设的决策.

这种情况在理论上很容易解释：因为显著水平变小后会导致检验的拒绝域变小，于是原来落在拒绝域中的观测值就可能落入接受域.

8-8
假设检验问题的 P-值

但这种情况在应用中会带来一些麻烦. 假如这时一个人主张选择显著水平 $\alpha=0.05$，而另一个人主张选 $\alpha=0.01$，则有可能形成这样的情况：第一个人的结论是拒绝 H_0，而后一个人的结论是接受 H_0. 如何处理这一问题呢？

【引例】 一支香烟中的尼古丁含量 X 服从正态分布 $N(\mu,1)$，质量标准规定 μ 不能超过 1.5mg. 现从某厂生产的香烟中随机抽取 20 支，测得平均每支香烟的尼古丁含量为 $\overline{x}=1.97$mg，试问该厂生产的香烟尼古丁含量是否符合质量标准的规定.

这是一个假设检验问题：H_0：$\mu\leqslant 1.5$，II_1：$\mu>1.5$

计算得：

$$z=\frac{\overline{x}-\mu_0}{\sigma/\sqrt{n}}=\frac{1.97-1.5}{1/\sqrt{20}}=2.10$$

对一些显著性水平，表 8-7 列出了相应的临界值和检验结论.

表 8-7 　　　　　　　　不同显著性水平下引例中的结论

显著性水平 α	观测值与临界值比较	对应的检验结论	显著性水平 α	观测值与临界值比较	对应的检验结论
0.05	$z=2.10>1.645=z_{0.05}$	拒绝 H_0	0.01	$z=2.10<2.33=z_{0.01}$	接受 H_0
0.025	$z=2.10>1.96=z_{0.025}$	拒绝 H_0	0.005	$z=2.10<2.58=z_{0.005}$	接受 H_0

由此看到，不同的 α 有不同的结论.

现在换一个角度来看，在 $\mu=1.5$ 时，$z=2.10$，设 $Z \sim N(0,1)$，可算得，$P\{Z>2.10\}=0.0179$，若以 0.0179 为基准来看上述检验问题，可得

（1）当 $\alpha<0.0179$ 时，$2.10<z_\alpha$. 于是 $z=2.10$ 就不在拒绝域 $\{z>z_\alpha\}$ 中，此时应接受原假设 H_0；

（2）当 $\alpha>0.0179$ 时，$2.10>z_\alpha$. 于是 $z=2.10$ 就在拒绝域 $\{z>z_\alpha\}$ 中，此时应拒绝原假设 H_0；

由此可以看出，0.0179 是能用观测值 2.10 做出"拒绝 H_0"的最小的显著性水平，这就是 P-值.

定义 在一个假设检验问题中，利用观测值能够做出拒绝原假设的最小显著性水平称为检验的 P-值（P-value）.

对于任何假设检验问题，若给定的显著性水平 α，如果 $\alpha \geq P$-value，则拒绝 H_0；如果 $\alpha<P$-value，则接受 H_0. 即 P-value 越小越应拒绝 H_0.

【例 8-12】 欣欣儿童食品厂生产的某种盒装儿童食品，规定每盒的重量不低于 368g. 为检验重量是否符合要求，现从某天生产的一批食品中随机抽取 25 盒进行检查，测得每盒的平均重量为 $\bar{x}=372.5$g. 已知每盒儿童食品的重量服从正态分布，标准差 σ 为 15g. 试确定假设检验问题的 P-值.

解 $H_0: \mu \geq 368$，$H_1: \mu<368$

当 $H_0: \mu \geq 368$ 为真时，$P\left\{Z=\dfrac{\overline{X}-368}{\sigma/\sqrt{n}}<-z_\alpha\right\} \leq \alpha$

$$z=\frac{\bar{x}-\mu_0}{\sigma/\sqrt{n}}=\frac{372.5-368}{15/\sqrt{25}}=1.5$$

所以，如图 8-6 所示，假设检验问题的 P-值为

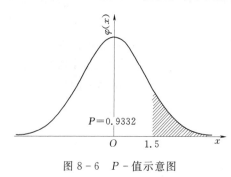

图 8-6 P-值示意图

$$P\text{-value}=P\{Z<1.5\}=0.9332$$

【例 8-13】 欣欣儿童食品厂生产的某种盒装儿童食品，规定每盒的标准重量为 368g. 为检验重量是否符合要求，现从某天生产的一批食品中随机抽取 25 盒进行检查，测得每盒的平均重量为 $\bar{x}=372.5$g. 已知每盒儿童食品的重量服从正态分布，标准差 σ 为 15g. 试确定假设检验问题的 P-值.

解 $H_0: \mu=368$，$H_1: \mu \neq 368$

当 $H_0: \mu=368$ 为真时，$Z=\dfrac{\overline{X}-\mu_0}{\sigma/\sqrt{n}} \sim N(0,1)$

$$P\{|Z|>z_{\alpha/2}\}=\alpha$$

$$z=\left|\frac{\bar{x}-\mu_0}{\sigma/\sqrt{n}}\right|=\left|\frac{372.5-368}{15/\sqrt{25}}\right|=1.5$$

$$P\{Z>1.5\}=0.0668$$

所以，如图 8-7 所示，假设检验问题的 P-值为

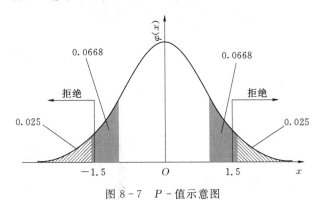

图 8-7 P-值示意图

$$P\text{-value}=2P\{Z>1.5\}=0.1336$$

【例 8-14】 某工厂两位化验员甲、乙分别独立地用相同方法对某种聚合物的含氯量进行测定. 甲测 9 次，样本方差为 0.7292；乙测 11 次，样本方差为 0.2114. 假定测量数据服从正态分布，对两总体方差做一致性检验，计算其 P-值.

解 H_0：$\sigma_甲^2=\sigma_乙^2$，H_1：$\sigma_甲^2\neq\sigma_乙^2$

当 H_0：$\sigma_甲^2=\sigma_乙^2$ 为真时，$F=\dfrac{S_甲^2}{S_乙^2}\sim F(n_甲-1,n_乙-1)$

$$P(\{F<F_{1-\alpha/2}(n_甲-1,n_乙-1)\}\bigcup\{F>F_{\alpha/2}(n_甲-1,n_乙-1)\})=\alpha$$

$$F=\frac{s_甲^2}{s_乙^2}=\frac{0.7292}{0.2114}=3.4494$$

$$P\{F>3.4494\}=0.0354$$

所以，如图 8-8 所示，假设检验问题的 P-值为

$$P\text{-value}=2P\{F>3.4494\}=0.0708$$

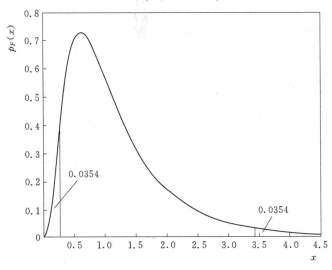

图 8-8 P-值示意图

*第四节　正态性检验

正态分布是最常用的分布，用来判断总体分布是否为正态分布的检验方法称为正态性检验，它在实际问题中大量应用.

一、正态概率纸

正态概率纸可用作正态性检验，方法如下：利用样本数据在概率纸上描点，用目测方法看这些点是否在一条直线附近，若是的话，可以认为该数据来自正态总体，若明显不在一条直线附近，则认为该数据来自非正态总体.

二、构造正态概率纸的原理

设 $X \sim N(\mu, \sigma^2)$ 的分布函数为 $F(x) = \Phi\left(\dfrac{x-\mu}{\sigma}\right)$，令

$$y = \Phi(z), \quad z = \frac{x-\mu}{\sigma}$$

则 z 是 x 的线性函数，其数对 (x, z) 在直角坐标系中是一条直线.

在 (x, z) 在坐标系中不改变 x 的刻度，而在 z 轴上增刻与 z 对应的 $y = \Phi(z)$ 的刻度，刻好 $y = \Phi(z)$ 后，去掉 z 的刻度，这样一张正态概率纸就构造出来了. 由于 $y = \Phi(z)$ 不是 z 的线性函数，所以 $y = \Phi(z)$ 的刻度不是等距的，如图 8-9 所示.

从正态概率纸的构造过程可知，任一正态分布 $X \sim N(\mu, \sigma^2)$ 的分布函数在正态概率纸的图形为一条直线. 反之，若在正态概率纸上有一条直线 l

$$l : z = \frac{x-\mu}{\sigma}$$

则直线 l 就是正态分布 $X \sim N(\mu, \sigma^2)$ 的分布函数的图形. 由于 $\lim\limits_{n \to -\infty} \Phi(z) = 0$ 和 $\lim\limits_{n \to \infty} \Phi(z) = 1$ 在图上无法表示，所以，一般正态概率纸纵轴上的刻度从 0.01% 到 99.99%.

三、正态概率纸检验法

设 $(X_1, X_2, \cdots, X_n)$ 是来自总体 $X \sim F(x)$ 的样本，$(x_1, x_2, \cdots, x_n)$ 是样本的观察值. 由于经验分布函数 $F_n(x)$ 依概率收敛于分布函数 $F(x)$，$\lim\limits_{n \to \infty} P\{|F_n(x) - F(x)| < \varepsilon\} = 1$，若 $H_0 : F(x) \in \{N(\mu, \sigma^2)\}$ 为真，则点 $(x_i, F_n(x_i))$．$i = 1, 2, \cdots, n$ 在正态概率纸上应在一条直线附近. 因此，若需要检验

$$H_0 : F(x) \in \{N(\mu, \sigma^2)\}$$

其中 μ 与 σ^2 均为未知参数. 其步骤如下.

（1）整理数据：把样本观察值按大小排列. 若 n 次观察有 m 个不同的值，则按大小列入下表中，得到经验分布函数 $F_n(x)$.

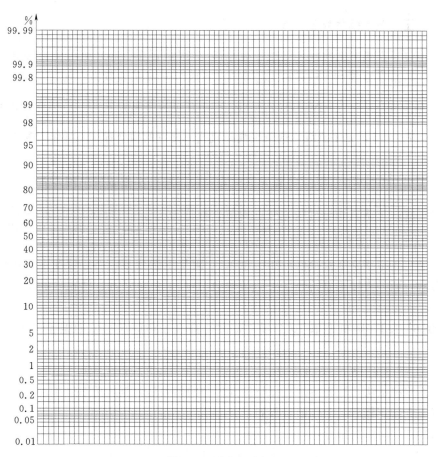

图 8 - 9 正态概率纸

观测值	$x_{(1)}$	$x_{(2)}$	...	$x_{(m)}$
频数	r_1	r_2	...	r_m
$F_n(x)$	$\dfrac{r_1}{n}$	$\dfrac{r_1+r_2}{n}$	...	1

由于 $(x_{(m)},1)$ 在正态概率纸上无法标出，对 $F_n(x)$ 可作如下之一的修正：

1）$F_n(x_{(k)}) = \dfrac{r_1+r_2+\cdots+r_k-1/2}{n}$;

2）$F_n(x_{(k)}) = \dfrac{r_1+r_2+\cdots+r_k}{n+1}$;

3）$F_n(x_{(k)}) = \dfrac{r_1+r_2+\cdots+r_k-3/8}{n+1/4}$.

（2）描点：把点列 $(x_{(k)},F_n(x_{(k)}))$ 描在正态概率纸上.

（3）判断：目测这些点的位置，若它们在一条直线附近（在端点 $x_{(1)}$ 和 $x_{(m)}$ 附近允许偏差大些），则接受原假设，否则就拒绝原假设.

四、正态概率纸参数估计法

若通过正态概率纸检验，已经知道总体 X 服从正态分布，则可凭目测在概率纸上画出一条最靠近各点 $(x_{(i)}, F_n(x_{(i)}))$，$i=1,2,\cdots,n$ 的直线 l.

因为 $z(X) = \dfrac{X-\mu}{\sigma} \sim N(0,1)$，所以 $x=\mu$ 对应的概率为 $F=0.5$. 因此，在概率纸上画一条 $F=0.5$ 的水平直线，这条直线与直线 l 交点的横坐标 $x_{0.5}$ 可作为参数 μ 的估计 $\hat{\mu}=x_{0.5}$.

又因为 $z(x)=1$ 对应的概率为 $F=0.8413$，所以在概率纸上画一条 $F=0.8413$ 的水平直线，这条直线与直线 l 交点的横坐标记为 $x_{0.8413}$，则有 $u_{0.8413} = \dfrac{x_{0.8413}-\mu}{\sigma} =$ 1. 所以，$x_{0.8413}-\mu$ 可作为 σ 的估计 $\hat{\sigma}=x_{0.8413}-\hat{\mu}$.

若通过正态概率纸检验已经知道总体 X 服从正态分布，一般情况下不用此法来估计参数，而是直接用原始数据来估计参数 $\hat{\mu}=\overline{x}$，$\hat{\sigma}^2=s^2$，这样得到的结果比目测更准确.

【例 8-15】 随机选取 10 个零件，测得其直径与标准尺寸的偏差（单位：丝）如下：

  9.4 8.8 9.6 10.2 10.1 7.2 11.1 8.2 8.6 9.8

试用正态概率纸法，检验零件直径与标准尺寸的偏差是否服从正态分布.

解 在正态概率纸上作图步骤如下：

（1）首先将数据排序：

  7.2 8.2 8.6 8.8 9.4 9.6 9.8 10.1 10.2 11.1

（2）对每一个 i，计算修正频率

$$\frac{i-0.375}{n+0.25}, \quad i=1,2,\cdots,n$$

（3）将点 $\left(x_{(i)}, \dfrac{i-0.375}{n+0.25}\right)$，$i=1,2,\cdots,n$ 逐一描在正态概率纸上；

（4）观察上述 n 个点的分布：从图 8-10 可以看到，10 个点基本在一条直线附近，故可认为直径与标准尺寸的偏差服从正态分布.

如果从正态概率纸上确认总体是非正态分布时，可对原始数据进行变换后再在正态概率纸上描点，若变换后的点在正态概率纸上近似在一条直线附近，则可以认为变换后的数据来自正态分布，这样的变换称为正态性变换. 常用的正态性变换有如下三个：对数变换 $y=\ln x$. 倒数变换 $y=1/x$ 和根号变换 $y=\sqrt{x}$.

【例 8-16】 随机抽取某种电子元件 10 个，测得其寿命数据如下：

110.47 99.16 97.04 32.62 2269.82 539.35 179.49 782.93 561.10 286.80

图 8-11 给出这 10 个点在正态概率纸上的图形，这 10 个点明显不在一条直线附近，所以可以认为该电子元件的寿命的分布不是正态分布.

对该 10 个寿命数据作对数变换，结果见表 8-8.

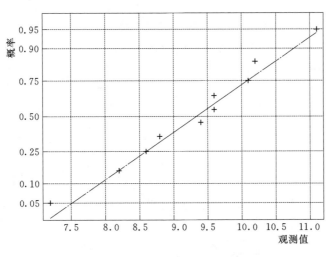

图 8 - 10 ［例 8 - 15］正态概率纸检验

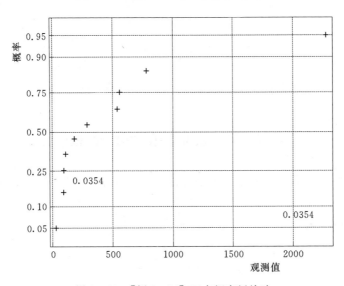

图 8 - 11 ［例 8 - 16］正态概率纸检验

表 8 - 8   对 数 变 换 后 的 数 据

i	$x_{(i)}$	$\ln x_{(i)}$	$\dfrac{i-0.375}{n+0.25}$
1	32.62	3.4849	0.061
2	97.04	4.5752	0.159
3	99.16	4.5967	0.256
4	110.47	4.7048	0.354
5	179.49	5.1901	0.451
6	286.80	5.6588	0.549
7	539.35	6.2904	0.646
8	561.10	6.3299	0.743
9	782.93	6.6630	0.841
10	2269.82	7.7275	0.939

利用表中最后两列上的数据在正态概率纸上描点，结果见图 8-12，从图中可以看到 10 个点近似在一条直线附近，说明对数变换后的数据可以看成来自正态分布．这也意味着，原始数据服从对数正态分布．

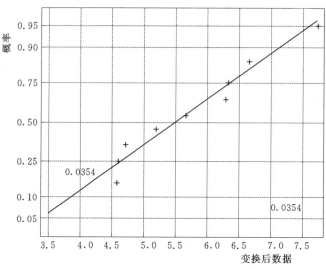

图 8-12 ［例 8-16］变换后正态概率纸检验

*第五节　独立性的列联表检验

列联表是将观测数据按两个或更多属性（定性变量）分类时所列出的频数表．例如，对随机抽取的 1000 人按性别（男或女）及色觉（正常或色盲）两个属性分类，得到如下二维列联表，又称 2×2 表或四格表（表 8-9）．

表 8-9　　　　　　　　　　　　　　四　格　表

性　别	视　觉	
	正常	色盲
男	535	65
女	382	18

一般，若总体中的个体可按两个属性 A 与 B 分类，A 有 r 个类 $A_1,A_2,\cdots,A_r$，B 有 s 个类 $B_1,B_2,\cdots,B_s$，从总体中抽取大小为 n 的样本，设其中有 n_{ij} 个个体既属于 A_i 类又属于 B_j 类，n_{ij} 称为频数，将 $r\times s$ 个 n_{ij} 排列为一个 r 行 s 列的二维列联表，简称 $r\times s$ 表（表 8-10）．

列联表分析的基本问题是：考察各属性之间有无关联，即判别两属性是否独立．如在前例中，问题是：一个人是否色盲与其性别是否有关？在 $r\times s$ 表中，若以 $p_{i\cdot}$ 表示总体中的个体仅属于 A_i 概率，以 $p_{\cdot j}$ 表示总体中的个体仅属于 B_j 概率，p_{ij} 表示总体中的个体同时属于 A_i 与 B_j 的概率，可得一个二维离散分布表（表 8-11）．

表 8－10 $r \times s$ 二维列联表

$A \setminus B$	1	$\cdots$	j	$\cdots$	s	行和
1	n_{11}	$\cdots$	n_{1j}	$\cdots$	n_{1s}	$n_{1\cdot}$
$\vdots$	$\vdots$	$\vdots$	$\vdots$	$\vdots$	$\vdots$	$\vdots$
i	n_{i1}	$\cdots$	n_{ij}	$\cdots$	n_{is}	$n_{i\cdot}$
$\vdots$	$\vdots$	$\vdots$	$\vdots$	$\vdots$	$\vdots$	$\vdots$
r	n_{r1}	$\cdots$	n_{rj}	$\cdots$	n_{rs}	$n_{r\cdot}$
列和	$n_{\cdot1}$	$\cdots$	$n_{\cdot j}$	$\cdots$	$n_{\cdot s}$	n

表 8－11   二 维 离 散 分 布 表

$A \setminus B$	1	$\cdots$	j	$\cdots$	s	行和
1	p_{11}	$\cdots$	p_{1j}	$\cdots$	p_{1s}	$p_{1\cdot}$
$\vdots$	$\vdots$	$\vdots$	$\vdots$	$\vdots$	$\vdots$	$\vdots$
i	p_{i1}	$\cdots$	p_{ij}	$\cdots$	p_{is}	$p_{i\cdot}$
$\vdots$	$\vdots$	$\vdots$	$\vdots$	$\vdots$	$\vdots$	$\vdots$
r	p_{r1}	$\cdots$	p_{rj}	$\cdots$	p_{rs}	$p_{r\cdot}$
列和	$p_{\cdot1}$	$\cdots$	$p_{\cdot j}$	$\cdots$	$p_{\cdot s}$	1

则"A、B 两属性独立"的假设可以表述为

$$H_0 : p_{ij} = p_{i\cdot} \cdot p_{\cdot j}, \quad i = 1, 2, \cdots, r; \ j = 1, 2, \cdots, s$$

在原假设 H_0 成立时，这里的 rs 个参数 p_{ij} 由 $r+s$ 个参数 $p_{1\cdot}, p_{2\cdot}, \cdots, p_{r\cdot}$ 和 $p_{\cdot1}$, $p_{\cdot2}, \cdots, p_{\cdot s}$ 决定. 在这 $r+s$ 个参数中存在两个约束条件:

$$\sum_{i=1}^{r} p_{i\cdot} = 1, \ \sum_{j=1}^{s} p_{\cdot j} = 1$$

所以，此时 p_{ij} 实际上由 $r+s-2$ 个独立参数所确定. 据此，检验统计量为

$$\chi^2 = \sum_{i=1}^{r} \sum_{j=1}^{s} \frac{(n_{ij} - n\hat{p}_{ij})^2}{n\hat{p}_{ij}}$$

在 H_0 成立时，上式近似服从自由度为 $rs - (r+s-2) - 1 = (r-1)(s-1)$ 的 χ^2 分布，即 $\chi^2 = \sum_{i=1}^{r} \sum_{j=1}^{s} \frac{(n_{ij} - n\hat{p}_{ij})^2}{n\hat{p}_{ij}} \sim \chi^2[(r-1)(s-1)]$. $p_{i\cdot}$ 的极大似然估计为 $\hat{p}_{i\cdot} = \frac{n_{i\cdot}}{n}$,

$p_{\cdot j}$ 的极大似然估计为 $\hat{p}_{\cdot j} = \frac{n_{\cdot j}}{n}$，因此，在 H_0 成立时，p_{ij} 的极大似然估计为 $\hat{p}_{ij} =$

$\hat{p}_{i\cdot} \cdot \hat{p}_{\cdot j} = \frac{n_{i\cdot}}{n} \frac{n_{\cdot j}}{n}$. 对给定的显著性水平 α，$P\{\chi^2 > \chi_{\alpha}^2((r-1)(s-1))\} \leqslant \alpha$，检验的拒绝域为:

$$W = \{\chi^2 > \chi_{\alpha}^2((r-1)(s-1))\}$$

【例 8－17】 为研究儿童智力发展与营养的关系，某研究机构调查了 1436 名儿童，得到表 8－12 的数据，试在显著性水平 $\alpha = 0.05$ 下判断智力发展与营养有无关系.

表 8 - 12　　　　　　　　　　　儿童智力与营养的调查数据　　　　　　　　　　　单位：人

	智　商				合计
	<80	80～90	90～99	≥100	
营养良好	367	342	266	329	1304
营养不良	56	40	20	16	132
合计	423	382	286	345	1436

解　用 A 表示营养状况，它有两个水平：A_1 表示营养良好，A_2 表示营养 不良；B 表示儿童智商，它有四个水平，B_1、B_2、B_3、B_4 分别表示表中四种情况. 沿用前面的记号，首先建立假设 H_0：营养状况与智商无关联，即 A 与 B 独立. 可表达为

$$H_0 : p_{ij} = p_{i\cdot} \cdot p_{\cdot j}, \quad i = 1, 2; j = 1, 2, 3, 4$$

计算参数的极大似然估计值：

$$\hat{p}_{1\cdot} = 1304/1436 = 0.9081, \quad \hat{p}_{2\cdot} = 132/1436 = 0.0919$$

$$\hat{p}_{\cdot 1} = 423/1436 = 0.2946, \quad \hat{p}_{\cdot 2} = 382/1436 = 0.2660$$

$$\hat{p}_{\cdot 3} = 286/1436 = 0.1992, \quad \hat{p}_{\cdot 4} = 345/1436 = 0.2403$$

在原假设 H_0 成立下，计算诸参数的极大似然估计值：$n\hat{p}_{ij} = n\hat{p}_{i\cdot} \cdot \hat{p}_{\cdot j}$，其结果见表 8 - 13.

表 8 - 13　　　　　　　　　　　$n\hat{p}_{ij} = n\hat{p}_{i\cdot} \cdot \hat{p}_{\cdot j}$ 的计算结果

	智　商				$\hat{p}_{i\cdot}$
	<80	80～90	90～99	≥100	
营养良好	384.1677	346.8724	259.7631	313.3588	0.9081
营养不良	38.8779	35.1036	26.2881	31.7120	0.0919
$\hat{p}_{\cdot j}$	0.2946	0.2660	0.1992	0.2403	

由表可以计算检验统计量的值

$$\chi^2 = \frac{(367 - 384.1677)^2}{384.1677} + \frac{(342 - 346.8724)^2}{346.8724} + \cdots + \frac{(16 - 31.7120)^2}{31.7120} = 19.2785$$

查表有 $\chi^2_{0.05}(3) = 7.815$，由于 $\chi^2 = 19.2785 > \chi^2_{0.05}(3) = 7.815$，故拒绝原假设，认为营养状况对智商有影响. 本例中检验的 p 值为 0.0002.

*第六节　大样本检验

大样本检验一般思路如下：设总体 X 有均值 $E(X) = \theta$，方差为 θ 的函数 $D(X) = \sigma^2(\theta)$；又设 $(X_1, X_2, \cdots, X_n)$ 是来自总体 X 的样本，$\overline{X}$ 为样本均值，利用中心极限定理可知，在样本容量 n 充分大时：

$$\overline{X} \sim AN\left(\theta, \frac{\sigma^2(\theta)}{n}\right)$$

其中记号 $X \sim AN(\mu, \sigma^2)$ 表示随机变量 X 近似服从参数为 μ，σ^2 的正态分布.

对于假设检验
$$H_0: \theta = \theta_0, \quad H_1: \theta \neq \theta_0$$
当 $H_0: \theta = \theta_0$ 成立时，$Z = \dfrac{\sqrt{n}\,(\overline{X} - \theta_0)}{\sqrt{\sigma^2 (\theta_0)}} \sim AN(0,1)$

【例 8‐18】 某厂产品的不合格品率为 10％，在一次例行检查中，随机抽取 80 件，发现有 11 件不合格品，在显著性水平 $\alpha = 0.05$ 下，能否认为不合格品率仍为 10％？

解 这是关于不合格品率的检验，假设为
$$H_0: \theta = 0.1, \quad H_1: \theta \neq 0.1$$
因为 $n = 80$ 比较大，可采用大样本检验方法．当 $H_0: \theta = 0.1$ 时

$$Z = \frac{\sqrt{80}\,(\overline{X} - 0.1)}{\sqrt{0.1 \times 0.9}} \sim AN(0,1)$$

$$P\left\{ |Z| = \frac{\sqrt{80}\,|\overline{X} - 0.1|}{\sqrt{0.1 \times 0.9}} > z_{\alpha/2} \right\} \approx \alpha$$

$$z = \frac{\sqrt{80}\left(\dfrac{11}{80} - 0.1\right)}{\sqrt{0.1 \times 0.9}} = 1.118 < z_{0.025} = 1.96$$

故接受原假设 H_0，认为不合格品率仍为 10％．

【例 8‐19】 某建筑公司宣称其属下建筑工地平均每天发生事故数不超过 0.6 起，现记录了该公司属下建筑工地 200 天的安全生产情况，事故数记录如下：

一天发生的事故数	0	1	2	3	4	5	≥6	合计
天数	102	59	30	8	0	1	0	200

在显著性水平 $\alpha = 0.05$ 下，试检验该建筑公司的宣称是否成立．

解 以 X 记建筑工地一天发生的事故数，可认为 X 服从参数为 λ 的泊松分布 $X \sim P(\lambda)$，要检验的假设是
$$H_0: \lambda \leqslant 0.6, \quad H_1: \lambda > 0.6$$
由于 $n = 200$ 很大，可以采用大样本检验，泊松分布的均值和方差都是 λ，当 $H_0: \lambda \leqslant 0.6$ 成立时：

$$P\left\{ \frac{\sqrt{n}\,(\overline{X} - \lambda)}{\sqrt{\lambda}} > z_\alpha \right\} \leqslant \alpha$$

由于

$$z = \frac{\sqrt{n}\,(\bar{x} - \lambda)}{\sqrt{\lambda}} = \frac{\sqrt{200}\,(0.74 - 0.6)}{\sqrt{0.6}} = 2.556 > z_{0.05} = 1.645$$

故拒绝原假设 H_0，认为该建筑公司的宣称明显不成立．

8-9 Ⓔ

参数的假设
检验实验

8-10 Ⓦ

参数的假设
检验实验活
动模板

8-11 Ⓔ

参数的假设
检验实验
活动表

8-12 ▶

正态总体均
值检验实验

第七节　参数的假设检验实验

一、实验目的

（1）掌握【正态总体均值的 Z 检验活动表】的使用方法.

（2）掌握【正态总体均值的 t 检验活动表】的使用方法.

（3）掌握【正态总体方差的卡方检验活动表】的使用方法.

（4）掌握【z－检验：双样本平均差检验】的使用方法.

（5）掌握【F－检验：双样本方差】的使用方法.

（6）掌握【t－检验：双样本等方差假设】的使用方法.

（7）了解【t－检验：平均值的成对二样本分析】的使用方法.

（8）了解【t－检验：双样本异方差假设】的使用方法.

（9）掌握单个正态总体和两个正态总体参数的假设检验方法，并能对统计结果进行正确的分析.

二、单个正态总体参数的假设检验

1. 方差已知情况下正态总体均值的假设检验

设总体 $X \sim N(\mu, \sigma^2)$，来自总体的容量为 n 的样本观测值为 $(x_1, x_2, \cdots, x_n)$，若 σ^2 已知，记 $z = \dfrac{\overline{x} - \mu_0}{\sigma / \sqrt{n}}$，则关于总体均值 μ 的检验有三种情形：

◆ $H_0: \mu = \mu_0$　　$H_1: \mu \neq \mu_0$，则 P-值 $= 2(1 - NORMSDIST(|z|))$

◆ $H_0: \mu \leqslant \mu_0$　　$H_1: \mu > \mu_0$，则 P-值 $= 1 - NORMSDIST(z)$

◆ $H_0: \mu \geqslant \mu_0$　　$H_1: \mu < \mu_0$，则 P-值 $= NORMSDIST(z)$

利用【Excel】中提供的统计函数【NORMDIST】和平方根函数【SQRT】，编制【正态总体均值的 Z 检验活动表】如图8-13所示，在【正态总体均值的 Z 检验活动表】中，只要分别引用或输入【期望均值】、【总体标准差】、【样本容量】和【样本均值】，则可得到相应的统计分析结果.

【例 8-20】 从甲地发送一个信号到乙地，设乙地接收到的信号值是一个服从正态分布 $N(\mu, 0.2^2)$ 的随机变量，其中 μ 为甲地发送的真实信号值. 现甲地重复发送同一信号 5 次，乙地接收到的信号值为：8.05，8.15，8.20，8.10，8.25，设接受方有理由猜测甲地发送的信号值为 8，问能否接受这样的猜测（$\alpha = 0.05$）？

图 8-13　正态总体均值的 Z 检验活动表

操作过程及结果　需检验的问题为

$$H_0: \mu = 8, \quad H_1: \mu \neq 8$$

用【正态总体均值的 Z 检验活动表】进行实验的步骤如下：

第 1 步：打开【正态总体均值的 Z 检验活动表】.

第 2 步：如图 8－14 所示在 D 列输入原始数据.

第 3 步：进行描述性统计分析，如图 8－14 所示.

第 4 步：在单元格 B3 输入【期望均值】＝8、在单元格 B4 输入【总体标准差】＝0.2、在单元格 B5 输入【样本容量】＝5 和在单元格 B6 引用单元格 E10 得到【样本均值】.

第 5 步：由图 8－14 可知，检验问题的 P－值＝0.093532513＞0.05，所以接受原假设，认为能接受这样的猜测.

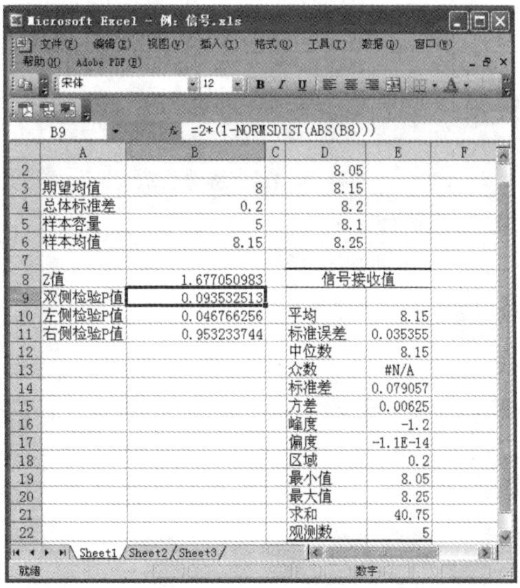

	A	B	C	D	E	F
2				8.05		
3	期望均值	8		8.15		
4	总体标准差	0.2		8.2		
5	样本容量	5		8.1		
6	样本均值	8.15		8.25		
7						
8	Z值	1.677050983		信号接收值		
9	双侧检验P值	0.093532513				
10	左侧检验P值	0.046766256		平均	8.15	
11	右侧检验P值	0.953233744		标准误差	0.035355	
12				中位数	8.15	
13				众数	#N/A	
14				标准差	0.079057	
15				方差	0.00625	
16				峰度	-1.2	
17				偏度	-1.1E-14	
18				区域	0.2	
19				最小值	8.05	
20				最大值	8.25	
21				求和	40.75	
22				观测数	5	

图 8－14 ［例 8－20］的统计分析结果

2. 方差未知情况下正态总体均值的假设检验

设总体 $X \sim N(\mu, \sigma^2)$，来自总体的容量为 n 的样本观测值为 $(x_1, x_2, \cdots, x_n)$，若 σ^2 未知，记 $t = \dfrac{\overline{x} - \mu_0}{s/\sqrt{n}}$，则关于总体均值 μ 的检验有三种情形：

◆ $H_0: \mu = \mu_0 \quad H_1: \mu \neq \mu_0$，则 P－值＝$TDIST\ (|t|, n-1, 2)$.

◆ $H_0: \mu \geqslant \mu_0 \quad H_1: \mu < \mu_0$，则 P－值＝$\begin{cases} 1 - TDIST\ (t, n-1, 1), & t > 0 \\ TDIST\ (|t|, n-1, 1), & t < 0 \end{cases}$.

◆ $H_0: \mu \leqslant \mu_0 \quad H_1: \mu > \mu_0$，则 P－值＝$\begin{cases} TDIST\ (t, n-1, 1), & t > 0 \\ 1 - TDIST\ (|t|, n-1, 1), & t < 0 \end{cases}$.

利用【Excel】中提供的统计函数【TDIST】和平方根函数【SQRT】，编制【正态总体均值的 t 检验活动表】如图 8－15 所示，在【正态总体均值的 t 检验活动表】中，只要分别引用或输入【期望均值】、【样本容量】、【样本均值】和【样本标准差】，则可得到相应的统计分析结果.

【例 8－21】 一种汽车配件的标准长度为 12cm，高于或低于该标准均被认为不合格. 现对一个汽车配件提供商提供的 10 个样品进行了检验，结果（单位：cm）如下：

12.2，10.8，12.0，11.8，11.9，12.4，11.3，12.2，12.0，12.3

假定供货商生产的配件长度服从正态分布，在 0.05 的显著性水平下，检验该供货商提供的配件是否符合要求.

操作过程及结果 需检验的问题为

$$H_0: \mu = 12, \quad H_1: \mu \neq 12$$

在 Excel 表中计算检验的 P－值，其操作步骤如下：

第1步：打开【正态总体均值的t检验活动表】.

第2步：在图8-16中D列输入原始数据.

第3步：进行描述统计分析，其结果如图8-16所示.

第4步：在B3输入【期望均值】=12，在B4输入【样本容量】=10，在B5引用G3得【样本均值】，在B6引用G7得【样本标准差】.

第5步：则由图8-16可知，问题的P-值=0.498453244＞0.05，不拒绝原假设，认为该供货商提供的配件符合要求.

图8-15 正态总体均值的t检验活动表

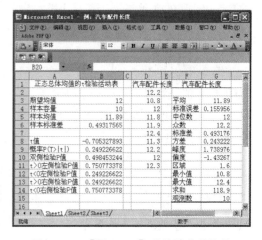

图8-16 ［例8-21］的统计分析结果

3. 正态总体方差的假设检验

设总体$X \sim N(\mu, \sigma^2)$，来自总体X容量为n的样本观测值为$(x_1, x_2, \cdots, x_n)$，记$\chi^2 = \dfrac{(n-1)s^2}{\sigma^2}$，关于总体方差$\sigma^2$的检验有三种情形：

◆ $H_0: \sigma^2 = \sigma_0^2$ $H_1: \sigma^2 \neq \sigma_0^2$，则$P$-值=$2[1-CHIDIST(\chi^2, n-1)]$或$P$-值=$2CHIDIST(x, n-1)$；

◆ $H_0: \sigma^2 \geqslant \sigma_0^2$ $H_1: \sigma^2 < \sigma_0^2$，则$P$-值=$1-CHIDIST(\chi^2, n-1)$；

◆ $H_0: \sigma^2 \leqslant \sigma_0^2$ $H_1: \sigma^2 > \sigma_0^2$，则$P$-值=$CHIDIST(\chi^2, n-1)$.

图8-17 正态总体方差的卡方检验活动表

利用【Excel】中提供的统计函数【CHIDIST】，编制【正态总体方差的卡方检验活动表】如图8-17所示，在【正态总体方差的卡方检验活动表】中，只要分别引用或输入【期望方差】、【样本容量】和【样本方差】，则可得到相应的统计分析结果.

【例8-22】 某啤酒生产企业采用自动生产线灌装啤酒，假定生产标准规定每瓶装填量的标准差不超过4mL. 企业质检部门抽取 10 瓶进行检验，得到样本标准差为 $s = 3.8\text{mL}$，试以 0.01 的显著性水平检验装填量的标准差是否符合要求．

操作过程及结果

需检验的问题为 $H_0 : \sigma^2 \leqslant 4^2$，$H_1 : \sigma^2 > 4^2$

在 Excel 表中计算检验的 P - 值，其操作步骤如下：

第 1 步：打开【正态总体方差的卡方检验活动表】．

第 2 步：在图 8 - 18 中 B3 输入【期望方差】$= 16$，在 B4 输入【样本容量】$= 10$，在 B5 输入【样本方差】$= 3.8 * 3.8$．

第 3 步：则由图 8 - 18 可知，则问题的 P - 值 $= 0.521849971 > 0.01$，接受原假设，认为啤酒装填量的标准差符合要求．

8 - 14

两个正态总体
z -检验实验

三、两个正态总体参数的假设检验

1. 方差已知情况下两个正态总体均值的假设检验

设总体 $X \sim N(\mu_1, \sigma_1^2)$，来自总体 X 的容量为 n_1 的样本观测值为 $(x_1, x_2, \cdots, x_{n1})$；总体 $Y \sim N(\mu_2, \sigma_2^2)$，来自总体 Y 的容量为 n_2 的样本观测值为 $(y_1, y_2, \cdots, y_{n2})$，若 σ_1^2 与 σ_2^2 均已知，记 $z = \dfrac{\bar{x} - \bar{y}}{\sqrt{\dfrac{\sigma_1^2}{n_1} + \dfrac{\sigma_2^2}{n_2}}}$，又设 $Z \sim N(0,1)$，则

◆ $H_0 : \mu_1 = \mu_2$，$H_1 : \mu_1 \neq \mu_2$ 的检验的 P - 值 $= 2P(Z > |z|)$．

◆ $H_0 : \mu_1 \leqslant \mu_2$，$H_1 : \mu_1 > \mu_2$ 的检验的 P - 值 $= P(Z > z)$．

◆ $H_0 : \mu_1 \geqslant \mu_2$，$H_1 : \mu_1 < \mu_2$ 的检验的 P - 值 $= P(Z < z)$．

打开 Excel→单击【数据】→【数据分析】→在【数据分析】对话框中，选择【z -检验：双样本平均差检验】，即可进入【z -检验：双样本平均差检验】对话框→单击【确定】．出现如图 8 - 19 所示的【z -检验：双样本平均差检验】对话框．

图 8 - 18 ［例 8 - 22］的统计分析结果

图 8 - 19 【z -检验：双样本平均差检验】对话框

关于【z -检验：双样本平均差检验】对话框：

◆ 变量 1 的区域：在此输入需要分析的第一个数据区域的单元格引用．该区域必须由单列或单行的数据组成．

◆ 变量 2 的区域：在此输入需要分析的第二个数据区域的单元格引用. 该区域必须由单列或单行的数据组成.

◆ 假设平均差：在此输入样本平均值的差值. 0（零）值表示假设样本平均值相同.

◆ 变量 1 的方差（已知）：在此输入已知的变量 1 输入区域的总体方差.

◆ 变量 2 的方差（已知）：在此输入已知的变量 2 输入区域的总体方差.

◆ 标志：如果输入区域的第一行或第一列中包含标志，选中此复选框. 如果输入区域没有标志，清除此复选框，Microsoft Excel 将在输出表中生成适宜的数据标志.

◆ α：在此输入检验的显著性水平 $0<\alpha<1$.

◆ 输出选项：

◆ 输出区域：在此输入对输出表左上角单元格的引用. 如果输出表将覆盖已有的数据，Microsoft Excel 会自动确定输出区域的大小并显示一则消息.

◆ 新工作表组：单击此选项可在当前工作簿中插入新工作表，并由新工作表的 A1 单元格开始粘贴计算结果. 若要为新工作表命名，在右侧的框中键入名称.

◆ 新工作簿：单击此选项可创建一新工作簿，并在新工作簿的新工作表中粘贴计算结果.

【例 8-23】 随机地从甲、乙两厂生产的蓄电池中抽取一些样本，测得蓄电池的电容量（A·h）如下：

甲厂：144　141　138　142　141　143　138　137

乙厂：142　143　139　140　138　141　140　138　142　136

设两厂生产的蓄电池电容量分别服从正态总体 $N(\mu_1, 2.45)$，$N(\mu_2, 2.25)$，两样本独立. 在 0.05 的显著性水平，检验甲、乙两厂蓄电池的电容量是否有显著差异.

操作过程及结果 需检验的问题为

$$H_0: \mu_1 = \mu_2, \quad H_1: \mu_1 \neq \mu_2$$

在 Excel 表中检验的步骤如下：

第 1 步：进入 Excel 表→将原始数据输入 Excel 表中（图 8-20）.

第 2 步：单击【数据】→【数据分析】→在【数据分析】对话框中，选择【z-检验：双样本平均差检验】→单击【确定】.

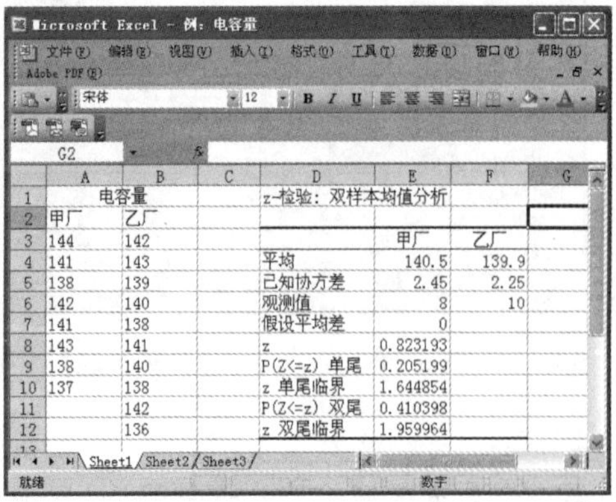

	A	B	C	D	E	F
1	电容量			z-检验：双样本均值分析		
2	甲厂	乙厂				
3	144	142			甲厂	乙厂
4	141	143		平均	140.5	139.9
5	138	139		已知协方差	2.45	2.25
6	142	140		观测值	8	10
7	141	138		假设平均差	0	
8	143	141		z	0.823193	
9	138	140		P(Z<=z) 单尾	0.205199	
10	137	138		z 单尾临界	1.644854	
11		142		P(Z<=z) 双尾	0.410398	
12		136		z 双尾临界	1.959964	

图 8-20　[例 8-23] 的统计分析结果

第 3 步：在出现的对话框中，如图 8-21 所示，在【变量 1 的区域】输入甲厂样本的数据区域，在【变量 2 的区域】输入乙厂样本的数据区域，在【α】中输入显著性水平（本例为 0.05），在【变量 1 的方差（已知）】输入甲厂总体方差 2.45，在【变量 2 的方差（已知）】输入乙厂总体方差 2.25，在【输出选项】中选择计算结果的输出位置→单击【确定】；输出结果如图 8-20

所示.

从图 8 - 20 中可知, 本问题的 P - 值 = 【$P(Z<=t)$双尾】= 0.410398 > 0.05, 接受原假设, 认为甲、乙两厂蓄电池的电容量无显著差异.

2. 两个正态总体方差比的假设检验

设总体 $X \sim N(\mu_1, \sigma_1^2)$, 来自总体 X 的容量为 n_1 的样本观测值为 $(x_1, x_2, \cdots, x_{n1})$; 总体 $Y \sim N(\mu_2, \sigma_2^2)$, 来自总体 Y 的容量为 n_2 的样本观测值为 $(y_1, y_2, \cdots, y_{n2})$,

记 $f = \dfrac{s_1^2}{s_2^2}$, 又设 $F \sim F(n_1, n_2)$, 则

8-15 ▶
两个正态总体
F-检验实验

◆ $H_0: \sigma_1^2 = \sigma_2^2$, $H_1: \sigma_1^2 \neq \sigma_2^2$ 检验的 P - 值 = $2P(F>f)$ 或 = $2P(F<f)$.

◆ $H_0: \sigma_1^2 \geqslant \sigma_2^2$, $H_1: \sigma_1^2 < \sigma_2^2$ 检验的 P - 值 = $P(F<f)$.

◆ $H_0: \sigma_1^2 \leqslant \sigma_2^2$, $H_1: \sigma_1^2 > \sigma_2^2$ 检验的 P - 值 = $P(F>f)$.

打开【Excel】→ 单击【工具 (T)】→ 选择【数据分析 (D)】→ 选择【F - 检验 双样本方差】→ 单击【确定】. 即可进入【F - 检验 双样本方差】对话框, 如图 8 - 22 所示.

图 8 - 21 ［例 8 - 23］的【z - 检验: 双样本平均差检验】对话框

图 8 - 22 【F - 检验 双样本方差】对话框

【F - 检验 双样本方差】对话框内容与【z - 检验: 双样本平均差检验】对话框类似, 在此不重新介绍.

【**例 8 - 24**】 一家房地产开发公司准备购进一批灯泡, 公司管理人员对两家供货商提供的样品进行检测, 得到数据如下表所示. 在 0.05 的显著性水平, 检验甲、乙两家供货商的灯泡使用寿命的方差是否有显著差异.

供货商	灯泡使用寿命/h									
甲	650	569	622	630	596	637	628	706	617	624
	563	580	711	480	688	723	651	569	709	632
乙	568	681	636	607	555	496	540	539	529	562
	589	646	596	617	584					

操作过程及结果 需检验的问题为

$$H_0:\sigma_1^2=\sigma_2^2,\ H_1:\sigma_1^2\neq\sigma_2^2$$

在 Excel 表中检验的步骤如下：

第 1 步：进入 Excel 表→将原始数据输入 Excel 表中（图 8-23）.

图 8-23　[例 8-24] 的统计分析结果

第 2 步：单击【数据】→【数据分析】→在【数据分析】对话框中，选择【F-检验　双样本方差】→单击【确定】.

第 3 步：在出现的对话框中，如图 8-24 所示，在【变量 1 的区域】输入第一个样本的数据区域，在【变量 2 的区域】输入第二个样本的数据区域，在【α】中输入显著性水平（本例为 0.05），在【输出选项】中选择计算结果的输出位置→单击【确定】，输出结果如图 8-23 所示.

从图 8-23 中可知，本问题的 P-值 $=2$【$P(F<=t)$ 单尾】$=2\times 0.217542=0.435084>0.05$，接受原假设，认为甲、乙两家供货商的灯泡使用寿命的方差无显著差异.

3. 等方差情况下两个正态总体均值的假设检验

设总体 $X\sim N(\mu_1,\sigma_1^2)$，来自总体 X 的容量为 n_1 的样本观测值为 $(x_1,x_2,\cdots,x_{n1})$；总体 $Y\sim N(\mu_2,\sigma_2^2)$，来自总体 Y 的容量为 n_2 的样本观测值为 $(y_1,y_2,\cdots,y_{n2})$，记总方差 $s_w^2=\dfrac{(n_1-1)s_1^2+(n_1-1)s_2^2}{n_1+n_2-2}$，又记 $t=\dfrac{\overline{x}-\overline{y}}{s_w\sqrt{\dfrac{n_1+n_2}{n_1n_2}}}$，且设 $T\sim t(n_1+n_2-2)$，若 $\sigma_1^2=\sigma_2^2$ 未知时，则：

◆ $H_0:\mu_1=\mu_2$，$H_1:\mu_1\neq\mu_2$ 的检验的 P-值 $=2P(T>|t|)$.

◆ $H_0:\mu_1\leqslant\mu_2$，$H_1:\mu_1>\mu_2$ 的检验的 P-值 $=P(T>t)$.

◆ $H_0:\mu_1\geqslant\mu_2$，$H_1:\mu_1<\mu_2$ 的检验的 P-值 $=P(T<t)$.

打开【Excel】→单击【工具（T）】→选择【数据分析（D）】→选择【t-检验：双样本等方差假设】→单击【确定】. 即可进入【t-检验：双样本等方差假设】对话框，如图 8-25 所示.

图 8-24　[例 8-24] 的【F-检验　双样本方差】对话框

【t -检验：双样本等方差假设】对话框内容与【z -检验：双样本平均差检验】对话框类似，在此不重新介绍.

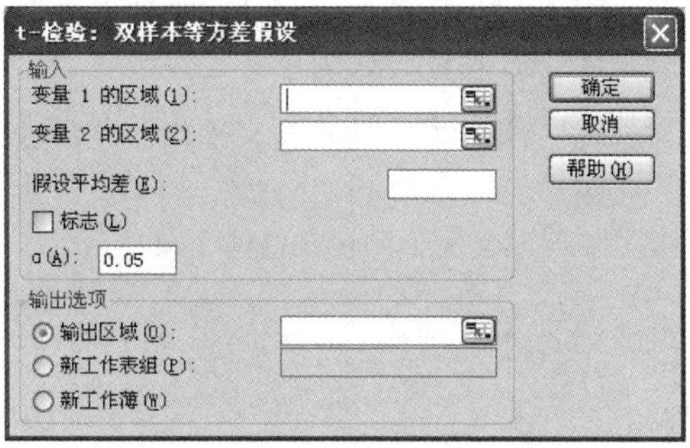

【例 8 - 25】 已知甲、乙两台车床加工的某种类型零件的直径服从正态分布，且方差相同，现独立地从甲、乙两台车床加工的零件中分别取 8 个和 7 个，测得的数据如下表所示. 在 0.05 的显著性水平，检验甲、乙两台车床加工的零件直径是否一致.

图 8 - 25 【t -检验：双样本等方差假设】对话框

车床	零件的直径/cm						
甲	20.5	19.8	19.7	20.4	20.1	20.0	19.0	19.9
乙	20.7	19.8	19.5	20.8	20.4	19.6	20.2	

操作过程及结果 需检验的问题为

$$H_0：\mu_1=\mu_2, \quad H_1：\mu_1\neq\mu_2$$

在 Excel 表中检验的步骤如下：

第 1 步：进入 Excel 表→将原始数据输入 Excel 表中（图 8 - 26）.

第 2 步：单击【数据】→【数据分析】→在【数据分析】对话框中，选择【t -检验：双样本等方差假设】→单击【确定】.

第 3 步：在出现的对话框中，如图 8 - 27 所示，在【变量 1 的区域】输入第一个样本的数据区域，在【变量 2 的区域】输入第二个样本的数据区域，在【假设平均差】中输入两个总体均值之差的假定值（本例为 0），在【α】中输入显著性水平（本例为 0.05），在【输出选项】中选择计算结果的输出位置→单击【确定】；输出结果如图 8 - 26 所示.

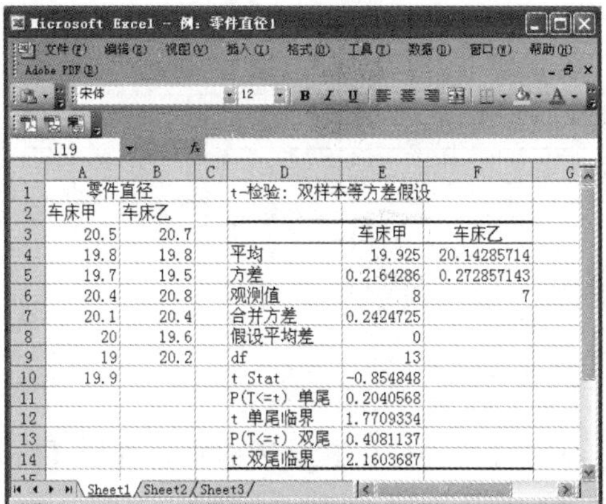

图 8 - 26 ［例 8 - 25］的统计分析结果

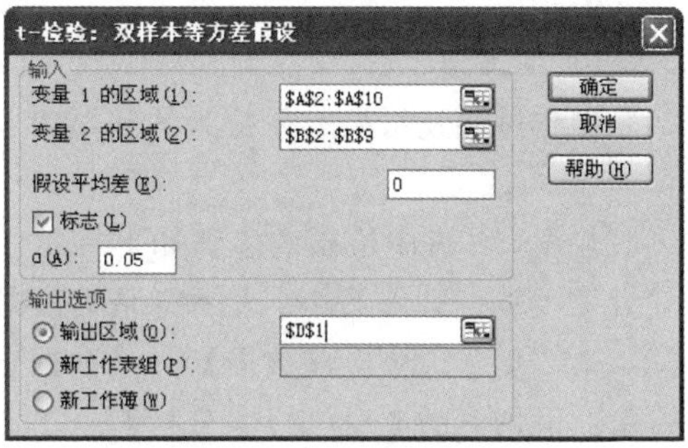

图 8 - 27 ［例 8 - 25］的【t -检验：双样本等方差假设】对话框

8-17 ▶

平均值的成对二样本分析实验

从图 8 - 26 中可知，本问题的 P - 值 = 【$P(T <= t)$ 双尾】= 0.4081137 > 0.05，接受原假设，认为甲、乙两台车床加工的零件直径一致.

*4. 成对二样本两个正态总体均值的假设检验

设总体 $X \sim N(\mu_1, \sigma_1^2)$，来自总体 X 的容量为 n 的样本观测值为 $(x_1, x_2, \cdots, x_n)$；总体 $Y \sim N(\mu_2, \sigma_2^2)$，来自总体 Y 的容量为 n 的样本观测值为 $(y_1, y_2, \cdots, y_n)$，σ_1^2，σ_2^2 未知，记 $d_i = x_i - y_i$，$\overline{d} = \dfrac{1}{n} \sum\limits_{i=1}^{n} d_i$，$s_d^2 = \dfrac{1}{n-1} \sum\limits_{i=1}^{n} (d_i - \overline{d})^2$，$t = \dfrac{\overline{d}}{s_d / \sqrt{n}}$，又设 $T \sim t(n-1)$，则

◆ $H_0: \mu_1 = \mu_2$，$H_1: \mu_1 \neq \mu_2$ 的检验的 P - 值 = $2P(T > |t|)$.

◆ $H_0: \mu_1 \leqslant \mu_2$，$H_1: \mu_1 > \mu_2$ 的检验的 P - 值 = $P(T > t)$.

◆ $H_0: \mu_1 \geqslant \mu_2$，$H_1: \mu_1 < \mu_2$ 的检验的 P - 值 = $P(T < t)$.

打开【Excel】→ 单击【工具 (T)】→ 选择【数据分析（D）】→ 选择【t -检验：平均值的成对二样本分析】→ 单击【确定】. 即可进入【t -检验：平均值的成对二样本分析】对话框，如图 8 - 28 所示.

【t -检验：平均值的成对二样本分析】对话框内容与【z -检验：双样本平均差检验】对话框类似，在此不重新介绍.

图 8 - 28 【t -检验：平均值的成对二样本分析】对话框

【例 8 - 26】 某饮料公司开发研制出一种新产品，为比较消费者对新老产品口感的满意程度，随机抽选 8 名消费者，每人先品尝一种饮料，然后再品尝另一种饮料，两种饮料的品尝次序是随机的，每个消费者对两种饮料评分（0~10 分）结果如下表. 在 0.05 的显著性水平，该公司能否认为消费者对两种饮料的评分存在显著差异.

消费者		1	2	3	4	5	6	7	8
评价等级	旧款饮料	5	4	7	3	5	8	5	6
	新款饮料	6	6	7	4	3	9	7	6

操作过程及结果 需检验的问题为

$$H_0: \mu_1 = \mu_2, H_1: \mu_1 \neq \mu_2$$

在 Excel 表中检验的步骤如下：

第 1 步：进入 Excel 表→将原始数据输入 Excel 表中（图 8 - 29）.

第 2 步：选单击【数据】→【数据分析】→ 在【数据分析】对话框中，选择【t -检验：平均值的成对二样本分析】→ 单击【确定】.

第 3 步：在出现的对话框中，如图 8 - 30 所示，在【变量 1 的区域】输入第一个样本的数据区域，在【变量 2 的区域】输入第二个样本的数据区域，在【假设平均差】

中输入两个总体均值之差的假定值（本例为 0），在【α】中输入显著性水平（本例为 0.05），在【输出选项】中选择计算结果的输出位置→单击【确定】. 输出结果如图 8-29 所示.

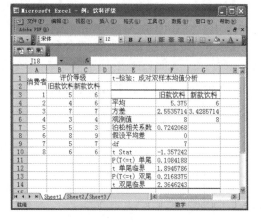

图 8-29 ［例 8-26］的统计分析结果

从图 8-29 可知，$P-$值 $=P(T<=t)$ 双尾 $=0.2168375>0.05$，所以，不拒绝原假设，认为消费者对两种饮料的评分无显著差异.

*5. 异方差情况下两个正态总体均值的假设检验

8-18 ▶

双样本异方差
$t-$检验实验

设总体 $X \sim N(\mu_1, \sigma_1^2)$，$\sigma_1^2$ 未知，来自总体 X 的容量为 n_1 的样本观测值为 $(x_1, x_2, \cdots, x_{n1})$；总体 $Y \sim N(\mu_2, \sigma_2^2)$，$\sigma_2^2$ 未知，来自总体 Y 的容量为 n_2 的样本观测值为 $(y_1, y_2, \cdots, y_{n2})$，记总方差 $s_0^2 = \dfrac{s_1^2}{n_1} + \dfrac{s_2^2}{n_2}$，又记 $t = \dfrac{\overline{x} - \overline{y}}{s_0}$，$l' = \dfrac{s_0^4}{\dfrac{s_1^4}{n_1^2(n_1-1)} + \dfrac{s_2^4}{n_2^2(n_2-1)}}$ 设与 l' 最接近的整数为 l，又 $T \sim t(l)$，则：

◆ $H_0: \mu_1 = \mu_2$，$H_1: \mu_1 \neq \mu_2$ 的检验的 $P-$值 $\approx 2P(T > |t|)$.

◆ $H_0: \mu_1 \leqslant \mu_2$，$H_1: \mu_1 > \mu_2$ 的检验的 $P-$值 $\approx P(T > t)$.

◆ $H_0: \mu_1 \geqslant \mu_2$，$H_1: \mu_1 < \mu_2$ 的检验的 $P-$值 $\approx P(T < t)$.

打开【Excel】→单击【数据】→【数据分析】→在【数据分析】对话框中，选择【$t-$检验：双样本异方差假设】→单击【确定】. 即可进入【$t-$检验：双样本异方差假设】对话框，如图 8-31 所示.

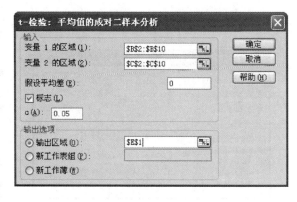

图 8-30 ［例 8-26］的【$t-$检验：平均值的成对二样本分析】对话框

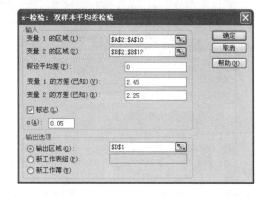

图 8-31 【$t-$检验：双样本异方差假设】对话框

【t -检验：双样本异方差假设】对话框内容与【z -检验：双样本平均差检验】对话框类似，在此不重新介绍.

【例 8 - 27】 已知甲、乙两台车床加工的某种类型零件的直径服从正态分布，现独立地从甲、乙两台车床加工的零件各取 8 个和 7 个，测得的数据如下表所示. 在 0.05 的显著性水平，检验甲、乙两台车床加工的零件直径是否一致.

车床	零件的直径/cm							
甲	20.5	19.8	19.7	20.4	20.1	20.0	19.0	19.9
乙	20.7	19.8	19.5	20.8	20.4	19.6	20.2	

操作过程及结果 需检验的问题为

$$H_0 : \mu_1 = \mu_2, \quad H_1 : \mu_1 \neq \mu_2$$

在 Excel 表中检验的步骤如下：

第 1 步：进入 Excel 表→将原始数据输入 Excel 表中（图 8 - 32）.

第 2 步：单击【数据】→【数据分析】→在【数据分析】对话框中，选择【t -检验：双样本异方差假设】→单击【确定】.

第 3 步：在出现的对话框中（图 8 - 33），在【变量 1 的区域】输入第一个样本的数据区域，在【变量 2 的区域】输入第二个样本的数据区域，在【假设平均差】中输入两个总体均值之差的假定值（本例为 0），在【α】中输入显著性水平（本例为 0.05），在【输出选项】中选择计算结果的输出位置→单击【确定】. 输出结果如图 8 - 32 所示.

从图 8 - 32 中可知，本问题的 P - 值 = 【P（$T <= t$）双尾】= 0.413143 > 0.05，接受原假设，认为甲、乙两台车床加工的零件直径一致.

图 8 - 32 ［例 8 - 27］统计分析结果　　图 8 - 33 ［例 8 - 27］的【t -检验：双样本异方差假设】对话框

*案例：大西洋两岸过关机场等级测评

国际航空运输协会（IATA）通过对商务旅行者进行调查评定大西洋两岸过关机场的等级，规定最高等级为 10 分. 被调查者给机场打分，然后 IATA 根据样本数据来确定各机场的最终等级分，以对各机场进行比较.

在一次调查中，要求由 50 名商务旅行者组成的简单随机样本给迈阿密机场打分，由另外 50 名商务旅行者组成的简单随机样本给洛杉矶机场打分. 两样本打出的等级分数见表 8－14。

表 8－14 　　　　　　　商务旅行者给两机场的打分

6	4	6	8	7	7	6	3	3	8
10	4	8	7	8	7	5	9	5	8
4	3	8	5	5	4	4	4	8	4
5	6	2	5	9	9	8	4	8	9
9	5	9	7	8	3	10	8	9	6
10	9	6	7	8	9	8	10	7	6
5	7	5	6	8	8	8	7	10	8
4	7	6	9	9	5	3	1	8	9
6	8	7	5	4	6	10	9	3	2
7	9	5	3	10	3	3	10	8	8

迈阿密机场（前5行），洛杉矶机场（后5行）

一、两机场等级分的估计

设迈阿密机场的等级分为 μ_X，洛杉矶机场的等级分为 μ_Y. 由表 8－15 可知迈阿密机场和洛杉矶机场等级分的点估计分别为：$\hat{\mu}_X = \overline{x} = 6.34$，$\hat{\mu}_Y = \overline{y} = 6.72$. 根据这两个点估计值可知洛杉矶机场比迈阿密机场的平均等级分略高，二者之差为 $\hat{\mu}_Y - \hat{\mu}_X = 0.38$.

表 8－15 　　　　　　　两机场得分的描述统计

	N	Minimum	Maximum	Mean	Std. Deviation	Variance
迈阿密机场	50	2.00	10.00	6.3400	2.16286	4.678
洛杉矶机场	50	1.00	10.00	6.7200	2.37367	5.634

由图 8－34 与图 8－35 可知：两机场的得分都近似服从正态分布，在 Excel 中编制正态总体均值的区间估计表，得到如表 8－16 的结果，由表 8－16 可知：有 95% 的把握程度推断迈阿密机场的平均等级分在 5.725322276 到 6.954677724 之间，洛杉矶机场的平均等级分在 6.045411873 到 7.394588127 之间.

概率统计应用与实验

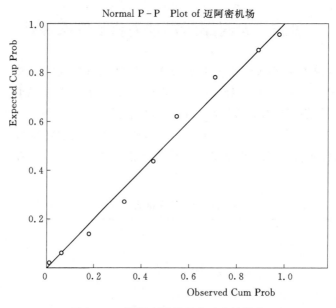

图 8-34　迈阿密机场得分正态性检验

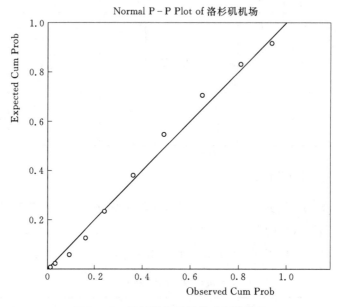

图 8-35　洛杉矶机场得分正态性检验

表 8-16　　　　　　　　　　　　正态总体均值 *t* 估计表

	迈阿密机场	洛杉矶机场
置信水平	0.95	0.95
样本容量	50	50
样本均值	6.34	6.72

续表

	迈阿密机场	洛杉矶机场
样本标准差	2.16285903	2.373665038
单侧置信下限	5.827185905	6.157203779
单侧置信上限	6.852814095	7.282796221
区间估计		
估计下限	5.725322276	6.045411873
估计上限	6.954677724	7.394588127

进一步，在 Excel 中编制两正态总体均值差的区间估计表，得到表 8-17 的结果，由表 8-17 可知：有 95% 的把握程度推断洛杉矶与迈阿密机场的等级分之差在 -1.281229869 到 0.521229869 之间.

表 8-17   两个正态总体均值差 t 估计表

	迈阿密机场	洛杉矶机场	区间估计（0.95）	
样本容量	50	50	区间估计（0.95）	
样本均值	6.34	6.72	估计下限	-1.281229869
样本方差	4.677959184	5.634285714	估计上限	0.521229869

二、两机场等级分的假设检验

为了检验两机场等级分是否有显著差异，先检验两机场等级分的方差是否有显著差异，在 Excel 中选用 F - 检验双样本方差分析，得到如表 8-18 的结果，由表 8-18 可知：检验的 P - 值为 $2 \times 0.258734 = 0.517468$，可认为两机场等级分的方差无显著差异. 由此进一步在 Excel 中用 t - 检验双样本等方差假设，检验两机场等级分是否有显著差异，检验结果见表 8-19.

表 8-18 F - 检验：双样本方差分析

	迈阿密机场	洛杉矶机场
平均	6.34	6.72
方差	4.677959	5.634286
观测值	50	50
df	49	49
F	0.830267	
$P(F<=f)$ 单尾	0.258734	
F 单尾临界	0.622165	

表 8-19　　　　　　　　　　t-检验：双样本等方差假设

	迈阿密机场	洛杉矶机场
平均	6.34	6.72
方差	4.677959	5.634286
观测值	50	50
合并方差	5.156122	
假设平均差	0	
df	98	
t Stat	-0.83674	
$P(T<=t)$ 单尾	0.202386	
t 单尾临界	1.660551	
$P(T<=t)$ 双尾	0.404773	
t 双尾临界	1.984467	

由表 8-19 可知：两机场等级分是否有显著差异检验的 P-值为 0.404773，可认为两机场等级分无显著差异.

8-19

重要知识点
与典型例题

8-20

习题八答案

➢ 习题

一、选择题

1. 假设检验中，显著性水平 α 用来控制（　　）.

A. H_0 为真，经检验拒绝 H_0 的概率

B. H_0 为真，经检验接受 H_0 的概率

C. H_0 不真，经检验拒绝 H_0 的概率

D. H_0 不真，经检验接受 H_0 的概率

2. 假设检验中的显著性水平 α 用来控制（　　）.

A. 犯"弃真"错误的概率　　　　　　B. 犯"纳伪"错误的概率

C. 不犯"弃真"错误的概率　　　　　D. 不犯"纳伪"错误的概率

3. 假设检验中一般情况下（　　）.

A. 只犯第一类错误　　　　　　　　B. 只犯第二类错误

C. 两类错误都可能犯　　　　　　　D. 两类错误都不犯

4. 假设检验时，当样本容量一定，若缩小犯第一类错误的概率，则犯第二类错误的概率（　　）.

A. 变小　　　　　B. 变大　　　　　C. 不变　　　　　D. 不确定

5. 样本容量 n 确定后，在一个假设检验中，给定显著水平为 α，设第二类错误的概率为 β，则必有（　　）.

A. $\alpha+\beta=1$　　　B. $\alpha+\beta>1$　　　C. $\alpha+\beta<1$　　　D. $\alpha+\beta\leq2$

6. 在统计假设的显著性检验中，给定了显著性水平 α，下列结论中错误的是（　　）.

A. 拒绝域的确定与水平 α 有关

B. 拒绝域的确定与检验法中所构造的随机变量的分布有关

C. 拒绝域的确定与备选假设有关

D. 拒绝域选法是唯一的

7. 设对统计假设 H_0 构造了显著性检验方法，则下列结论错误的是 （　　）.

A. 对不同的样本观测值，所做的统计推理结果可能不同

B. 对不同的样本观测值，拒绝域不同

C. 拒绝域的确定与样本观测值无关

D. 对一样本观测值，可能因显著性水平的不同，而使推断结果不同.

8. 设对统计假设 H_0 构造了一种显著性检验方法，则下列结论错误的是 （　　）.

A. 对同一个检验水平 α，基于不同的观测值所做的推断结果一定相同

B. 对不同的检验水平 α，基于不同的观测值所做的推断结果未必相同

C. 对不同检验水平 α，拒绝域可能不同

D. 对不同检验水平 α，接收域可能不同

9. 在统计假设的显著性检验中，取小的显著性水平 α 的目的在于 （　　）.

A. 不轻易拒绝备选假设　　　　　　　B. 不轻易拒绝原假设

C. 不轻易接受原假设　　　　　　　　D. 不考虑备选假设

10. 在统计假设的显著性检验中，实际上是 （　　）.

A. 只控制第一类错误，即控制"拒真"错误

B. 在控制第一类错误的前提下，尽量减小第二类错误（即受伪）的概率

C. 同时控制第一类错误和第二类错误

D. 只控制第二类错误，即控制"受伪"错误

11. 在统计假设的显著性检验中，下列结论错误的是 （　　）.

A. 显著性检验的基本思想是"小概率原理"，即小概率事件在一次试验中是几乎不可能发生

B. 显著性水平 α 用来控制该检验犯第一类错误的概率，即"拒真"概率

C. 记显著性水平为 α，则 $1-\alpha$ 是该检验犯第二类错误的概率，即"受伪"概率

D. 若样本值落在"拒绝域"内则拒绝原假设

12. 设总体 $X \sim N(\mu, \sigma^2)$，σ^2 未知，$X_1, X_2, \cdots, X_n$ 为其样本，检验假设 H_0：$\mu = \mu_0$，要用统计量 （　　）.

A. $\dfrac{\overline{X} - \mu}{\sigma/\sqrt{n}} \sim N(0,1)$　　　　　　B. $\dfrac{\overline{X} - \mu}{S/\sqrt{n}} \sim t(n-1)$

C. $\dfrac{\overline{X} - \mu_0}{S/\sqrt{n}} \sim t(n-1)$　　　　　　D. $\displaystyle\sum_{i=1}^{n} \dfrac{(X_i - \mu_0)^2}{\sigma^2} \sim \chi^2(n)$

13. 设总体 $X \sim N(\mu, \sigma^2)$，已知 $\mu = 0$，通过样本 $X_1, X_2, \cdots, X_n$，检验 H_0：$\sigma^2 = 1$，要用统计量 （　　）.

A. $\displaystyle\sum_{i=1}^{n} X_i^2 \sim \chi^2(n)$　　　　　　B. $(n-1)S^2 \sim \chi^2(n-1)$

C. $\dfrac{\overline{X}}{S/\sqrt{n}}\sim t(n-1)$ D. $\sqrt{n}\,X\sim N(0,1)$

14. 假设 $H_0:\mu=\mu_0$，$H_1:\mu<\mu_0$，采用 t-检验法，则拒绝域是（　　）．

A. $\dfrac{\overline{x}-\mu_0}{s/\sqrt{n}}>t_{\alpha/2}(n-1)$ B. $-t_{\alpha/2}(n-1)<\dfrac{\overline{x}-\mu_0}{s/\sqrt{n}}<t_{\alpha/2}(n-1)$

C. $\dfrac{\overline{x}-\mu_0}{s/\sqrt{n}}<-t_{\alpha/2}(n-1)$ D. $\dfrac{\overline{x}-\mu_0}{s/\sqrt{n}}<-t_{\alpha/2}(n-1)$ 或 $\dfrac{\overline{x}-\mu_0}{s/\sqrt{n}}>t_{\alpha/2}(n-1)$

二、填空题

15. 概率很小的事件，在一次试验中几乎是不可能发生的，这个原理称为_____．

16. 在假设检验中，把符合 H_0 的总体判为不符合 H_0 加以拒绝，这类错误称为第_____类错误．

17. 在假设检验中，显著性水平 α 是用来控制犯第_____类错误的概率．

18. 在检验假设 H_0 的过程中，若检验结果是接受 H_0，则可能犯第____类错误．

19. 在检验假设 H_0 的过程中，若检验结果是否定 H_0，则可能犯第____类错误．

20. 要使假设检验两类错误的概率同时减少，只有_____．

21. F 检验是用来检验两个相互独立的正态总体的_____．

22. 在假设检验中对于假设 $H_0:\mu=\mu_0$，$H_1:\mu\neq\mu_0$，若在显著性水平为 0.05 下检验结论为接受 H_0，则在显著性水平为 0.01 下检验结论一定为_____．

23. $X\sim N(\mu,225)$，样本 $(X_1,X_2,\cdots,X_n)$ 来自正态总体 X，$\overline{X}$ 与 S^2 分别是样本均值与样本方差，要检验 $H_0:\mu=\mu_0$，采用的统计量是_____．

24. 设总体 $X\sim N(\mu,\sigma^2)$，其中 μ，σ^2 都未知．$X_1,X_2,\cdots,X_n$ 为来自该总体的一个样本．记 $\overline{X}=\dfrac{1}{n}\sum_{i=1}^{n}X_i$，$S^2=\dfrac{1}{n-1}\sum_{i=1}^{n}(X_i-\overline{X})^2$．则检验假设 $H_0:\mu\leqslant 2$ $H_1:\mu>2$ 所使用的统计量_____．

25. 样本 $(X_1,X_2,\cdots,X_n)$ 来自正态总体 $N(\mu,\sigma^2)$，μ 未知，要检验 $H_0:\sigma^2=10000$，则采用的统计量为_____．

26. 若取显著性水平为 α，设样本 $(X_1,X_2,\cdots,X_n)$ 来自总体 $X\sim N(\mu,\sigma^2)$，对于假设 $H_0:\sigma^2=\sigma_0^2$，$H_1:\sigma^2>\sigma_0^2$，采用统计量 $\chi^2=\dfrac{1}{\sigma_0^2}\sum_{i=1}^{n}(X_i-\overline{X})^2$，则其拒绝域为_____．

27. 若取显著水平为 α，对于待检验的原假设 $H_0:\sigma^2=\sigma_0^2$，备择假设 $H_1:\sigma^2\neq\sigma_0^2$，采用 χ^2 统计量作检验，则 H_0 的拒绝域为_____．

28. 某纺织厂生产维尼龙，在稳定生产情况下，纤度服从正态分布 $N(\mu,0.048^2)$，现从总体中抽测 15 根，要检验这批维尼龙的纤度的方差有无显著性变化，用 χ^2 检验法，选用的统计量是_____．

29. 两个总体 $X\sim N(\mu_1,\sigma_1^2)$ 与 $Y\sim N(\mu_2,\sigma_2^2)$ 相互独立，从两总体中分别抽取容量为 n，m 的样本，则 $F=S_1^2/S_2^2\sim F(n-1,m-1)$ 成立的条件是_____

为真.

30. 对某个假设检验问题,给定显著性水平 $\alpha = 0.05$,若算得其检验 P - 值为 P - value $= 0.036$,则应_____原假设 H_0.

31. 已知甲、乙两台车床加工的某种类型零件的直径服从正态分布,且方差相同,现独立地从甲、乙两台车床加工的零件各取 8 个和 7 个,检验甲、乙两台车床加工的零件直径是否一致,得到如下表的实验结果. 则检验问题原假设和备择假设为_____;在 0.05 的显著性水平,由于检验问题的 P - 值_____,所以_____(接受,拒绝)原假设,认为甲、乙两台车床加工的零件直径_____(一致,不一致).

t - 检验:双样本等方差假设		
	车床甲	车床乙
平均	19.925	20.14285714
方差	0.2164286	0.272857143
观测值	8	7
合并方差	0.2424725	
假设平均差	0	
df	13	
t Stat	-0.854848	
$P(T<=t)$ 单尾	0.2040568	
t 单尾临界	1.7709334	
$P(T<=t)$ 双尾	0.4081137	
t 双尾临界	2.1603687	

32. 一家房地产开发公司准备购进一批灯泡,公司管理人员对两家供货商提供的样品进行检测,检验甲乙两家供货商的灯泡使用寿命的方差是否有显著差异,得到如下表的实验结果. 则检验问题原假设和备择假设为_____;在 0.05 的显著性水平下,由于检验问题的 P - 值_____,所以,_____(接受,拒绝)原假设,认为甲乙两家供货商的灯泡使用寿命方差的差异_____(显著,不显著).

F - 检验 双样本方差分析		
	供货商甲	供货商乙
平均	629.25	583

方差	3675.461	2431.429
观测值	20	15
df	19	14
F	1.511647	
P(F<=f)单尾	0.217542	
F 单尾临界	2.400039	

三、判断题

33. 一种汽车配件的标准长度为 12cm，高于或低于该标准均被认为不合格. 现对一个汽车配件提供商提供的 10 个样品进行了检验，结果如下：12.2，10.8，12.0，11.8，11.9，12.4，11.3，12.2，12.0，12.3. 实验得到如下结果：

正态总体均值的 t 检验活动表	
期望均值	12
样本容量	10
样本均值	11.89
样本标准差	0.49317565
t 值	−0.705327893
概率 $P(T>\mid t\mid)$	0.249226622
双侧检验 P 值	0.498453244
$t>0$ 左侧检验 P 值	0.750773378
$t<0$ 左侧检验 P 值	0.249226622
$t>0$ 右侧检验 P 值	0.249226622
$t<0$ 右侧检验 P 值	0.750773378

由表可知检验该供货商提供的配件是否符合要求的 P -值为 0.498453244.

34. 某啤酒生产企业采用自动生产线灌装啤酒，假定生产标准规定每瓶装填量的标准差不超过 4ml. 企业质检部门抽取 10 瓶进行检验，得到样本标准差为 3.8ml. 实验得到如下结果：

正态总体方差的卡方检验活动表	
期望方差	16
样本容量	10
样本方差	14.44

统计量观测值	8.1225
双侧检验 P 值	0.956300117
左侧检验 P 值	0.478150058
右侧检验 P 值	0.521849942

由表可知检验装填量的标准差是否符合要求的 P -值为 0.956300117.

35. 随机地从甲、乙两厂生产的蓄电池中抽取一些样本,测得蓄电池的电容量平均值两厂分别为 140.5 和 139.9. 设两厂生产的蓄电池电容量分别服从方差为 2.45 和 2.25 的正态总体,两样本独立. 实验得到如下结果:

z -检验:双样本均值分析		
	甲厂	乙厂
平均	140.5	139.9
已知协方差	2.45	2.25
观测值	8	10
假设平均差	0	
z	0.823193209	
$P(Z<=z)$ 单尾	0.205199065	
z 单尾临界	1.644853627	
$P(Z<=z)$ 双尾	0.41039813	
z 双尾临界	1.959963985	

由表可知检验甲乙两厂蓄电池的电容量是否有显著差异的 P -值为 0.41039813.

36. 一家房地产开发公司准备购进一批灯泡,公司管理人员对两家供货商提供的样品进行检测,实验得到如下结果:

F -检验 双样本方差分析		
	供货商甲	供货商乙
平均	629.25	583
方差	3675.46053	2431.428571
观测值	20	15
df	19	14
F	1.51164651	
$P(F<=f)$ 单尾	0.21754151	
F 单尾临界	2.40003874	

由表可知检验甲乙两家供货商的灯泡使用寿命的方差是否有显著差异的 P -值为 2×0.21754151.

四、应用计算题

37. 设 $(X_1, X_2, \cdots, X_n)$ 是来自 $N(\mu, 1)$ 的样本，对假设检验问题：$H_0: \mu = 2$，$H_1: \mu = 3$，若检验的拒绝域为 $W = \{\bar{x} > 2.6\}$.

(1) 当 $n = 20$ 时，求检验犯第一类错误的概率 α 和第二类错误的概率 β；

(2) 如果要使犯第二类错误的概率 $\beta \leqslant 0.01$，n 最小应取多少？

38. 根据长期的经验和资料分析，某砖瓦厂生产的砖抗断强度 $X \sim N(\mu, 1.1^2)$. 从该厂生产的一批砖中，随机地抽取 6 块，测得抗断强度（单位：kg/cm^2）为 32.56，29.66，31.64，30.00，31.87，31.03. 问这一批砖的平均抗断强度是否可认为是 $31kg/cm^2$？（取显著性水平 $\alpha = 0.05$）

39. 某工厂生产的固体燃料推进器的燃烧率 $X \sim N(40, 2^2)$. 现在用新方法生产了一批推进器. 从中随机抽取 25 只，测得燃烧率的样本均值为 $\bar{x} = 41.25cm/s$. 设在新方法下总体标准差仍为 $2cm/s$，问这批推进器的燃烧率是否较以往生产的推进器的燃烧率有显著的改进？取显著性水平 $\alpha = 0.05$.

40. 从某批矿砂中，抽取容量为 5 的一个样本，测得其含镍量（%）为 3.25，3.27，3.24，3.26，3.24. 设测量值服从正态分布，问在显著性水平 $\alpha = 0.01$ 下，能否认为这批矿砂含镍量的均值为 3.25？

41. 某苗圃规定平均苗高 60cm 以上方能出圃. 今从某苗床中随机抽取 9 株测得高度（单位：cm）为 62，61，59，60，62，58，63，62，63. 已知苗高服从正态分布，试问在显著性水平 $\alpha = 0.05$ 下，这些苗是否可以出圃？

42. 设某地区往年水稻单位面积产量 $X \sim N(\mu, 75^2)$，现随机抽取 10 块地，测得单位面积产量（单位：g）为 540，630，674，680，694，695，708，736，780，845. 在显著性水平 $\alpha = 0.05$ 下，检验该地区水稻单位面积产量的标准差是否发生显著性变化？

43. 原有一台仪器测量电阻值时，相应的误差 $X \sim N(\mu, 0.06)$，现有一台新仪器，对一个电阻测量了 10 次，所得电阻值（单位：Ω）为 1.101，1.103，1.105，1.098，1.099，1.101，1.104，1.095，1.100，1.100. 在显著性水平 $\alpha = 0.10$ 下，问新仪器的精度是否比原有的好？

44. 某苗圃采用两种方案作育苗试验，已知苗高服从正态分布，标准差分别为 $\sigma_1 = 20cm$，$\sigma_2 = 18cm$. 现各抽取 66 株，算得苗高的平均数分别为 $\bar{x} = 59.34cm$，$\bar{y} = 49.16cm$，试在显著性水平 $\alpha = 0.05$ 下，检验两种育苗方案对苗高是否有显著性影响？

45. 通过对鸡注射蜂王浆进行产蛋量的试验，将鸡分成试验和对照两组，每组 5 只，试验组每日注射 1 毫克蜂王浆，通过 20 天试验，得到产蛋量如下：

试验组：15　14　4　10　9

对照组：10　9　5　8　9

假设鸡的产蛋量服从正态分布，且方差相同，试在显著性水平 $\alpha = 0.05$ 下，检验注射蜂王浆对鸡的产蛋量有无显著性影响？

46. 某项试验比较冶炼钢的得率，采用标准方法冶炼 10 炉，所得样本均值和样本方差分别为 $\bar{x} = 76.23$，$s_1^2 = 3.325$. 采用新方法冶炼 10 炉，所得样本均值和样本方

差分别为 $\bar{y}=79.43$，$s_2^2=2.225$. 假设钢的得率服从正态分布，并设两个总体的方差是相等的，问采用新方法能否提高钢的得率？（$\alpha=0.05$）

47. 某一橡胶配方中，原用氧化锌 5g，现将氧化锌减为 1g，我们分别对两种配方作抽样试验，结果测得橡胶的伸长率如下：

原配方：540，533，525，520，545，531，541，529，534

新配方：565，577，580，575，556，542，560，532，570，561

设橡胶伸长率服从正态分布. 问两种配方的橡胶伸长率的总体方差有无显著性差异？（$\alpha=0.10$）

48. 甲乙两车间生产同一型号的滚珠，已知滚珠直径服从正态分布，今分别从两车间随机抽取 8 个和 9 个滚珠，测得甲车间滚珠直径的样本方差 $s_1^2=0.0957$；乙车间滚珠直径的样本方差 $s_2^2=0.0263$. 试问在显著性水平 $\alpha=0.05$ 下，甲车间生产滚珠直径的方差是否大于乙车间的方差？

49. 用 A、B 两种方法研究冰的潜热，样本都取自 $-72℃$ 的冰. 用方法 A 做：取 $n_1=13$，算得样本均值 $\bar{x}=80.02$，样本方差 $s_A^2=5.75\times10^{-4}$；用方法 B 做：取 $n_2=8$，算得样本均值 $\bar{y}=79.98$，样本方差 $s_B^2=9.86\times10^{-4}$. 设两种方法测得的数据总体服从正态分布 $N(\mu_1,\sigma_1^2)$，$N(\mu_2,\sigma_2^2)$，试问在显著性水平 $\alpha=0.05$ 下：（1）两种方法测量总体的方差是否相等？（2）两种方法测量总体的均值是否相等？

50. 现比较甲乙两厂生产同一种元件的质量，从甲厂抽取 9 个元件，算得其寿命的平均值 $\bar{x}=1532h$，样本标准差 $s_1=432h$；从乙厂抽取 18 个元件，算得样本均值 $\bar{y}=1412h$，样本标准差 $s_2=380h$. 设两厂生产的元件寿命服从正态分布 $N(\mu_1,\sigma_1^2)$，$N(\mu_2,\sigma_2^2)$，试问在显著性水平 $\alpha=0.05$ 下，两厂生产的元件有无显著性差异？

51. 某工厂生产的某种钢索的断裂强度 $X\sim N(\mu,400^2)$，现从此种钢索的一批产品中抽取容量为 9 的样本，测得断裂强度的样本均值 $\bar{x}$，与以往正常生产时的 μ 相比，$\bar{x}$ 较 μ 大 $200p_a$. 是否可认为这批钢索质量有显著提高？试求问题的 P-值，若取显著性水平 $\alpha=0.01$，有何结论？

52. 由经验知某零件质量 $X\sim N(15,0.05^2)$（单位：g），技术革新后，抽出 6 个零件，测得质量为：14.7，15.1，14.8，15.0，15.2，14.6. 已知方差不变，问平均质量是否仍为 15g？试求问题的 P-值，若取显著性水平 $\alpha=0.05$，有何结论？

*53. 某大学试图评价一项新的奖学金制度对 SCI 论文发表数量是否有影响，随即抽取了 5 个专业采用这项奖学金制度. 下表是这项新奖学金制度实施前后年发表 SCI 论文数量的数据.

专业	前	后	差
1	15	18	-3
2	12	14	-2
3	18	19	-1
4	15	18	-3
5	16	18	-2

若 $\alpha = 0.05$，检验新的奖学金制度是否导致年发表 SCI 论文的数量增加.

*54. 对 1000 名高中生做性别与色盲的调查，获得如下二维列联表：

性 别	视 觉	
	正常	色盲
男	442	38
女	514	6

试在显著性水平 $\alpha = 0.05$ 下，考察性别与色盲是否相互独立.

*55. 从某小学五年级男生中抽取 72 人，测量身高（单位：cm），得到数据如下：

128.1	144.4	150.3	146.2	140.4	139.7	134.1	124.3	147.9	143.0	143.1
142.7	126.0	125.6	127.7	154.4	142.7	141.2	133.4	131.0	125.4	130.3
146.3	146.8	142.7	137.6	136.9	122.7	131.8	147.7	135.8	134.8	139.1
139.0	132.3	134.7	150.4	142.7	144.3	136.4	134.5	132.3	152.7	148.1
139.6	138.9	136.1	135.9	142.2	152.1	142.4	142.7	136.2	135.0	154.3
147.9	141.3	143.8	138.1	139.7	127.4	146.0	155.8	141.2	146.4	139.4
140.8	127.7	150.7	160.3	148.5	147.5					

要求检验学生身高是否服从正态分布 $N(\mu, \sigma^2)$.

六、实验题

56. 已知某炼铁厂铁水含碳量 $X \sim N(4.55, 0.108^2)$，现测定 9 炉铁水，其平均含碳量为 $\bar{x} = 4.484$，如果铁水含碳量的方差没有变化，在显著性水平 $\alpha = 0.05$ 下，可否认为现在生产的铁水平均含碳量仍为 4.55.

57. 由经验知道某零件质量 $X \sim N(15, 0.05^2)$，技术革新后，抽出 6 个零件，测得质量（单位：g）为：14.7，15.1，14.8，15.0，15.2，14.6. 如果零件质量的方差没有变化，在显著性水平 $\alpha = 0.05$ 下，可否认为技术革新后零件的平均质量仍为 15g.

58. 已知某种元件的使用寿命服从正态分布，技术标准要求这种元件的使用寿命不得低于 1000 小时，今从一批元件中随机抽取 25 件，测得其平均使用寿命为 950h，样本标准差为 65，在显著性水平 $\alpha = 0.05$ 下，试确定这批元件是否合格.

59. 已知用自动装罐机装罐的食品重量服从正态分布，某种食品技术标准要求每罐标准重量为 500g，标准差为 15g. 某厂现抽取用自动装罐机装罐的这种食品 9 罐，测得其重量（单位：g）如下：497，506，518，511，524，510，488，515，512，在显著性水平 $\alpha = 0.05$ 下，试问机器工作是否正常.

60. 已知玉米亩产量服从正态分布，现对甲、乙两种玉米进行品种试验，得到如下数据（单位：kg/亩）：

甲	951	966	1008	1082	983
乙	730	864	742	774	990

已知两个品种的玉米产量方差相同，在显著性水平 $\alpha = 0.05$ 下，检验两个品种的玉米产量是否有明显差异.

61. 设机床加工的轴直径服从正态分布，现从甲、乙两台机床加工的轴中分别抽取若干个测其直径（单位：cm），结果如下：

甲	20.5	19.8	19.7	20.4	20.1	20.0	19.0	19.9
乙	20.7	19.8	19.5	20.8	20.4	19.6	20.2	

在显著性水平 $\alpha = 0.05$ 下，检验两台机床加工的轴直径的精度是否有明显差异.

第九章　方　差　分　析

在工农业生产中，某种产品的产量与质量往往会受到许多因素的影响. 例如，农作物的产量会受品种、肥料、农药、土壤等因素的影响；工业产品的质量会受原材料、设备、工艺、操作人员等的影响. 在这些因素中，有的影响显著，有的影响不显著. 方差分析就是鉴别各因素对某个考察指标影响程度的一种有效的统计方法. 它是在 20 世纪 20 年代由英国统计学家 R. A. Fisher 首先在农业试验中使用，后来将它的应用推广到其他各类试验中.

定义　在统计分析中，试验条件称为**因素**（factor），而因素所处的状态称为**水平**（levels）. 鉴别因素对考察指标是否有影响的统计方法，称为**方差分析**（Analysis of Variance，ANOVA）.

定义　为了考察某个因素 A 对考察指标（即随机变量）的影响，在试验时让其他因素保持不变，而仅让因素 A 取不同的水平，这种试验称为**单因素试验**. 对应的方差分析，称为**单因素方差分析**（One - way analysis of variance）. 若考察两个因素 A 与 B 对考察指标（即随机变量）的影响，在试验时让这两个因素取不同的水平，而让其他因素保持不变，这种试验称为**双因素试验**. 对应的方差分析，称为**双因素方差分析**（Two - way analysis of variance）.

第一节　单因素方差分析

一、基本假定条件

9-1　　
单因素方差
分析

9-2　　
单因素方差
分析

设因素 A 有 a 个水平 $A_1, A_2, \cdots, A_a$，假定在水平 A_i 下，（考察指标）总体 $Y_i \sim N(\mu_i, \sigma^2)$，$i=1,2,\cdots,a$. 例如，$Y_1, Y_2, \cdots, Y_a$ 为 a 个不同小麦品种的单位面积产量等.

在水平 A_i 下进行 n_i 次试验，$i=1,2,\cdots,a$；假定所有试验是相互独立的，得到样本见表 9 - 1.

表 9 - 1　　　　　　　　　　单因素试验样本表

因素水平	总体	样　本			
A_1	Y_1	X_{11}	X_{12}	$\cdots$	X_{1n_1}
A_2	Y_2	X_{21}	X_{22}	$\cdots$	X_{2n_2}
$\vdots$	$\vdots$	$\vdots$	$\vdots$	$\vdots$	$\vdots$
A_a	Y_a	X_{a1}	X_{a2}	$\cdots$	X_{an_a}

因为在水平 A_i 下，$X_{ij}(j=1,2,\cdots,n_i)$ 与总体 Y_i 服从相同的分布，所以有
$$X_{ij} \sim N(\mu_i, \sigma^2), \quad i=1,2,\cdots,a; \quad j=1,2,\cdots,n_i$$

二、统计假设

单因素方差分析的任务，就是根据 a 组样本的观测值，检验因素 A 对试验结果（即考察指标）的影响是否显著. 如果因素 A 对试验结果的影响不显著，则所有 X_{ij} 就可以看作来自同一总体 $N(\mu, \sigma^2)$. 因此，单因素方差分析要检验的问题是

$$H_0:\mu_1=\mu_2=\cdots=\mu_a, \quad H_1:\mu_1,\mu_2,\cdots,\mu_a \text{ 不全相等}$$

为方便讨论，把试验的总次数记为 $n=\sum_{i=1}^{a}n_i$，且把总体 Y_i 的均值 $\mu_i(i=1,2,\cdots,a)$ 改写成另一种形式.

定义 各个水平下的总体均值 $\mu_1,\mu_2,\cdots,\mu_a$ 的加权平均值 $\mu=\dfrac{1}{n}\sum_{i=1}^{a}n_i\mu_i$，称为**总均值**；总体 Y_i 的均值 μ_i 与总均值 μ 的差 $\alpha_i=\mu_i-\mu$，称为因素 A 下水平 A_i 的**效应**（effect），$i=1,2,\cdots,a$.

不难得出

$$\sum_{i=1}^{a}n_i\alpha_i=\sum_{i=1}^{a}n_i(\mu_i-\mu)=n\mu-n\mu=0$$

另外，显然有

$$\mu_i=\mu+\alpha_i, \ i=1,2,\cdots,a$$

因此，单因素方差分析的基本模型为

$$\begin{cases} X_{ij}=\mu+\alpha_i+\varepsilon_{ij}, \ i=1,2,\cdots,a; \ j=1,2,\cdots,n_i \\ \displaystyle\sum_{i=1}^{a}n_i\alpha_i=0 \\ \varepsilon_{ij} \sim N(0,\sigma^2), \text{且相互独立} \end{cases}$$

从而要检验的问题可写成：

$$H_0:\alpha_1=\alpha_2=\cdots=\alpha_a=0, \quad H_1:\alpha_1,\alpha_2,\cdots,\alpha_a \text{ 不全为零}$$

三、平方和分解

为了检验上述假设，需要选取恰当的统计量. 为此设第 i 组样本的样本均值为 $\overline{X}_i(i=1,2,\cdots,a)$，即

$$\overline{X}_i=\frac{1}{n_i}\sum_{j=1}^{n_i}X_{ij}, \ \overline{X}_i=\frac{1}{n_i}\sum_{j=1}^{n_i}(\mu+\alpha_i+\varepsilon_{ij})=\mu+\alpha_i+\frac{1}{n_i}\sum_{j=1}^{n_i}\varepsilon_{ij}$$

于是总的样本均值

$$\overline{X}=\frac{1}{n}\sum_{i=1}^{a}\sum_{j=1}^{n_i}X_{ij}=\frac{1}{n}\sum_{i=1}^{a}n_i\overline{X}_i, \ \overline{X}=\frac{1}{n}\sum_{i=1}^{a}\sum_{j=1}^{n_i}(\mu+\alpha_i+\varepsilon_{ij})=\mu+\frac{1}{n}\sum_{i=1}^{a}\sum_{j=1}^{n_i}\varepsilon_{ij}$$

定义 全体 X_{ij} 对总的样本均值 $\overline{X}$ 的离差平方和

$$SS_T=\sum_{i=1}^{a}\sum_{j=1}^{n_i}(X_{ij}-\overline{X})^2$$

称为**总的离差平方和**（Total sum of squares）.

$SS_T = \sum\limits_{i=1}^{a} \sum\limits_{j=1}^{n_i} (X_{ij} - \overline{X})^2$ 的大小反映了所有数据的离散程度.

定义 各组的样本均值 $\overline{X}_i$ 对总的样本均值 $\overline{X}$ 的离差平方和

$$SS_A = \sum_{i=1}^{a} n_i (\overline{X}_i - \overline{X})^2$$

称为**组间平方和**（Treatment sum of squares）.

因为 $\overline{X}_i - \overline{X} = \alpha_i + \dfrac{1}{n_i} \sum\limits_{j=1}^{n_i} \varepsilon_{ij} - \dfrac{1}{n} \sum\limits_{i=1}^{a} \sum\limits_{j=1}^{n_i} \varepsilon_{ij}$，由此可见，$SS_A$ 大小与因素 A 的不同水平效应 α_i 有关，反映了各组样本数据之间的差异程度.

定义 样本中各个 X_{ij} 对本组样本均值 $\overline{X}_i$ 的离差平方和

$$SS_E = \sum_{i=1}^{a} \sum_{j=1}^{n_i} (X_{ij} - \overline{X}_i)^2$$

称为**误差平方和**（或**组内平方和**）（Error sum of squares）.

由于 $X_{ij} - \overline{X}_i = \mu + \alpha_i + \varepsilon_{ij} - \left(\mu + \alpha_i + \dfrac{1}{n_i} \sum\limits_{j=1}^{n_i} \varepsilon_{ij} \right) = \varepsilon_{ij} - \dfrac{1}{n_i} \sum\limits_{j=1}^{n_i} \varepsilon_{ij}$，由此可见，$SS_E$ 的大小只与试验过程中各种随机误差有关，反映了各组组内样本数据之间的差异程度.

定理 $SS_T = SS_A + SS_E$

证明 把总离差平方和 SS_T 分解如下：

$$SS_T = \sum_{i=1}^{a} \sum_{j=1}^{n_i} (X_{ij} - \overline{X})^2 = \sum_{i=1}^{a} \sum_{j=1}^{n_i} (X_{ij} - \overline{X}_i + \overline{X}_i - \overline{X})^2$$

$$= \sum_{i=1}^{a} n_i (\overline{X}_i - \overline{X})^2 + \sum_{i=1}^{a} \sum_{j=1}^{n_i} (X_{ij} - \overline{X}_i)^2 + 2 \sum_{i=1}^{a} \sum_{j=1}^{n_i} (\overline{X}_i - \overline{X})(X_{ij} - \overline{X}_i)$$

因为

$$\sum_{i=1}^{a} \sum_{j=1}^{n_i} (\overline{X}_i - \overline{X})(X_{ij} - \overline{X}_i) = \sum_{i=1}^{a} (\overline{X}_i - \overline{X}) \sum_{j=1}^{n_i} (X_{ij} - \overline{X}_i)$$

$$= \sum_{i=1}^{a} (\overline{X}_i - \overline{X})(n_i \overline{X}_i - n_i \overline{X}_i) = 0$$

因此有

$$SS_T = \sum_{i=1}^{a} n_i (\overline{X}_i - \overline{X})^2 + \sum_{i=1}^{a} \sum_{j=1}^{n_i} (X_{ij} - \overline{X}_i)^2 = SS_A + SS_E$$

四、方差分析

定理 若原假设 H_0：$\alpha_1 = \alpha_2 = \cdots = \alpha_a = 0$ 成立，则

$$F = \frac{SS_A / (a-1)}{SS_E / (n-a)} \sim F(a-1, n-a)$$

证明 如果原假设 H_0 成立，则样本中所有 X_{ij} 可以看作来自同一正态总体 $N(\mu, \sigma^2)$，并且相互独立，于是有

$$SS_T = \sum_{i=1}^{a} \sum_{j=1}^{n_i} (X_{ij} - \overline{X})^2 = (n-1)S^2$$

其中 n 与 S^2 分别是所有 X_{ij} 构成的样本的样本容量及样本方差.

$$\frac{SS_T}{\sigma^2} = \frac{(n-1)S^2}{\sigma^2} \sim \chi^2(n-1)$$

而对第 i 个样本 $X_{i1}, X_{i2}, \cdots, X_{in_i}$ 来说，有

$$\sum_{j=1}^{n_i} (X_{ij} - \overline{X_i})^2 = (n_i - 1)S_i^2$$

其中 n_i 与 S_i^2 分别是第 i 个样本 $X_{i1}, X_{i2}, \cdots, X_{in_i}$ 的样本容量及样本方差，同理可知

$$\frac{(n_i-1)S_i^2}{\sigma^2} \sim \chi^2(n_i-1), \quad i=1,2,\cdots,a$$

因为各组样本方差 $S_1^2, S_2^2, \cdots, S_a^2$ 之间相互独立，所以由 χ^2 分布的可加性，并注意到 $\sum_{i=1}^{a}(n_i-1)=n-a$ ，便得

$$\frac{SS_E}{\sigma^2} = \sum_{i=1}^{a} \frac{(n_i-1)S_i^2}{\sigma^2} \sim \chi^2(n-a)$$

又因为 $\dfrac{SS_T}{\sigma^2} = \dfrac{SS_A}{\sigma^2} + \dfrac{SS_E}{\sigma^2}$ ，且自由度 $f_T = n-1$，$f_E = n-a$，$f_A = a-1$，所以，由柯赫伦分解定理可知，SS_A 与 SS_E 相互独立，并且

$$\frac{SS_A}{\sigma^2} \sim \chi^2(a-1)$$

于是有

$$F = \frac{\dfrac{SS_A/\sigma^2}{a-1}}{\dfrac{SS_E/\sigma^2}{n-a}} = \frac{\dfrac{SS_A}{a-1}}{\dfrac{SS_E}{n-a}} \sim F(a-1, n-a)$$

如果因素 A 的各水平 $A_1, A_2, \cdots, A_a$ 对考察指标的影响不显著，则组间平方和 SS_A 应较小，因而统计量 F 的观测值也应较小. 相反，如果因素 A 的各水平 $A_1, A_2, \cdots, A_a$ 对考察指标的影响显著不同，则组间平方和 SS_A 应较大，因而统计量 F 的观测值也应较大. 由此可见，可以根据统计量 F 的观测值的大小来检验原假设 H_0.

对于给定的显著性水平 α，由附表可查得临界值 $F_\alpha(a-1, n-a)$，如果由样本观测值计算得到统计量的观测值 $F > F_\alpha(a-1, n-a)$，则在显著性水平 α 下拒绝原假设 H_0，即认为因素 A 对考察指标有显著影响；如果 $F \leqslant F_\alpha(a-1, n-a)$，则认为因素 A 对考察指标无显著影响.

通常取 $\alpha = 0.05$ 或 $\alpha = 0.01$. 当 $F \leqslant F_{0.05}(a-1, n-a)$ 时，认为影响不显著；当 $F_{0.05}(a-1, n-a) < F \leqslant F_{0.01}(a-1, n-a)$ 时，认为影响显著；当 $F > F_{0.01}(a-1, n-a)$ 时，认为影响极显著.

若在单因素试验中，得到样本观测值 x_{ij}，为了计算 F 的观测值，可先计算得到表 9-2.

表 9-2   单因素方差分析计算表

因素水平	样本观测值				行和 T_i	行和平方的均值
A_1	x_{11}	x_{12}	$\cdots$	x_{1n_1}	$T_1 = \sum\limits_{j=1}^{n_1} x_{1j}$	T_1^2/n_1
A_2	x_{21}	x_{22}	$\cdots$	x_{2n_2}	$T_2 = \sum\limits_{j=1}^{n_2} x_{2j}$	T_2^2/n_2
$\vdots$	$\vdots$	$\vdots$	$\vdots$	$\vdots$	$\vdots$	$\vdots$
A_a	x_{a1}	x_{a2}	$\cdots$	x_{an_a}	$T_a = \sum\limits_{j=1}^{n_a} x_{aj}$	T_a^2/n_a
和					$T = \sum\limits_{i=1}^{a}\sum\limits_{j=1}^{n_i} x_{ij}$	$\sum\limits_{i=1}^{a} \dfrac{T_i^2}{n_i}$

不难证明 SS_T，SS_A，SS_E 有如下的计算公式：

$$C = \frac{T^2}{n}, \quad SS_T = \sum_{i=1}^{a}\sum_{j=1}^{n_i} x_{ij}^2 - C, \quad SS_A = \sum_{i=1}^{a} \frac{T_i^2}{n_i} - C, \quad SS_E = SS_T - SS_A$$

作方差分析时，通常要求列出方差分析表（ANOVA table），表 9-3 是单因素方差分析表.

表 9-3   单 因 素 方 差 分 析 表

方差来源 (Source of Variation)	平方和 (Sum of Squares)	自由度 (df)	均方 MS (Mean Square)	F 值	临界值
因素 A (Treatments)	SS_A	$a-1$	$MSA = \dfrac{SS_A}{a-1}$	$F = \dfrac{MSA}{MSE}$	$F_{0.05}(a-1,\ n-a)$ $F_{0.01}(a-1,\ n-a)$
误差（Error）	SS_E	$n-a$	$MSE = \dfrac{SS_E}{n-a}$		
总和（Total）	SS_T	$n-1$			

有时，为了简化计算，可将所有样本观测值 x_{ij} 都减去同一常数 c 或同乘一个非零常数 d，然后再进行计算. 显然，这样做不会改变 F 的值.

【例 9-1】 某食品公司对一种食品设计了 4 种不同的新包装，选取了 10 个销售量相近的商店做试验，其中两种包装各指定两个商店销售，另两种包装各指定三个商店销售. 在试验期间，各商店的货架排放位置. 空间都尽量一致，营业员也采用相同的促销方式. 一段时间后的销售量记录见表 9-4. 试检验不同的包装对食品销售量是否有显著影响？

解 设四种不同包装的食品销售量 $Y_i \sim N(\mu_i, \sigma^2)$，$i = 1, 2, 3, 4$. 则需检验的问题为

$$H_0: \mu_1 = \mu_2 = \mu_3 = \mu_4, \quad H_1: \mu_1, \mu_2, \mu_3, \mu_4 \text{ 不全相等}$$

首先由样本直接计算有关值，见表 9-5.

表 9 - 4   销 售 量 数 据 表

包装类型	样 本 观 测 值		
A_1	12	18	
A_2	14	12	13
A_3	19	17	21
A_4	24	30	

表 9 - 5   销 售 量 计 算 表

包装类型	样 本 观 测 值			行和 T_i	行和平方的均值
A_1	12	18		30	450
A_2	14	12	13	39	507
A_3	19	17	21	57	1083
A_4	24	30		54	1458
和				180	3498

$$C = \frac{T^2}{n} = 3240$$

$$SS_T = \sum_{i=1}^{4} \sum_{j=1}^{n_i} x_{ij}^2 - C = 3544 - 3240 = 304$$

$$SS_A = \sum_{i=1}^{4} \frac{T_i^2}{n_i} - C = 3498 - 3240 = 258$$

$$SS_E = SS_T - SS_A = 304 - 258 = 46$$

列出相应的方差分析，见表 9 - 6.

表 9 - 6   销 售 量 方 差 分 析 表

方差来源	平方和	自由度	均方 MS	F 值	临界值
因素 A	258	3	86	11.21	$F_{0.05}(3,6) = 4.76$
误差	46	6	7.67		$F_{0.01}(3,6) = 9.78$
总和	304	9			

由于 $F_A = 11.21 > F_{0.01}(3，6)$，认为包装类型对销售量有极显著影响.

第二节   双 因 素 方 差 分 析

上节讨论的单因素方差分析，只考察一个因素对考察指标（即随机变量）是否有显著影响的问题. 如果要同时考察两个因素对考察指标是否有显著影响，则应讨论双因素试验的方差分析.

一、无交互作用双因素方差分析

（一）无交互作用双因素方差分析模型

设因素 A 有 a 个水平 $A_1, A_2, \cdots, A_a$，因素 B 有 b 个水平 $B_1, B_2, \cdots, B_b$，在因素

9 - 3

双因素方差
分析

9 - 4

双因素方差
分析

A 与因素 B 的各个水平的每一种搭配 A_iB_j 下的（考察指标）总体 $Y_{ij} \sim N(\mu_{ij},\sigma^2)$，$i=1,2,\cdots,a$；$j=1,2,\cdots,b$.

为了讨论方便，需要将总体 Y_{ij} 的均值 μ_{ij} 改写为另一种形式.

定义 设 $Y_{ij} \sim N(\mu_{ij},\sigma^2)$，$i=1,2,\cdots,a$；$j=1,2,\cdots,b$. 则

（1）$\mu = \dfrac{1}{ab}\sum\limits_{i=1}^{a}\sum\limits_{j=1}^{b}\mu_{ij}$ 称为**总平均**；

（2）$\mu_{i\cdot} = \dfrac{1}{b}\sum\limits_{j=1}^{b}\mu_{ij}$ 称为在因素 A 的**水平 A_i 下的均值**；

（3）$\alpha_i = \mu_{i\cdot} - \mu$ 称为因素 A 的**水平 A_i 的效应**（$i=1,2,\cdots,a$）；

（4）$\mu_{\cdot j} = \dfrac{1}{a}\sum\limits_{i=1}^{a}\mu_{ij}$ 称为在因素 B 的**水平 B_j 下的均值**；

（5）$\beta_j = \mu_{\cdot j} - \mu$ 称为因素 B 的**水平 B_j 的效应**（$j=1,2,\cdots,b$）.

于是有

$$\sum_{i=1}^{a}\alpha_i = \sum_{i=1}^{a}(\mu_{i\cdot} - \mu) = a\mu - a\mu = 0, \quad \sum_{j=1}^{b}\beta_i = \sum_{j=1}^{b}(\mu_{\cdot j} - \mu) = b\mu - b\mu = 0$$

定义 若 $\mu_{ij} = \mu + \alpha_i + \beta_j$，则此种情况下的双因素试验的方差分析，称为**无交互作用双因素方差分析**.

如果因素 A 的影响不显著，则因素 A 的各水平的效应都应该等于零，因此，要检验的问题是

$$H_{0A}:\alpha_1 = \alpha_2 = \cdots = \alpha_a = 0, \quad H_{1A}:\alpha_1,\alpha_2,\cdots,\alpha_a \text{ 不全为零}$$

同样，如果因素 B 的影响不显著，则因素 B 的各水平的效应都应该等于零，因此，要检验的问题是

$$H_{0B}:\beta_1 = \beta_2 = \cdots = \beta_b = 0, \quad H_{0B}:\beta_1,\beta_2,\cdots,\beta_b \text{ 不全为零}$$

要检验 A 或 B 对考察指标的影响是否显著，对于无交互作用双因素方差分析，在因素 A 与因素 B 的各个水平的每一种搭配 $A_iB_j(i=1,2,\cdots,a$；$j=1,2,\cdots,b)$ 下只需做一次试验，并假定所有的试验是相互独立的，得到的样本见表 9-7.

表 9-7　　　　　　　　　无交互作用双因素试验样本表

因素 A ＼ 因素 B	B_1	B_2	$\cdots$	B_b
A_1	X_{11}	X_{12}	$\cdots$	X_{1b}
A_2	X_{21}	X_{22}	$\cdots$	X_{2b}
$\vdots$	$\vdots$	$\vdots$	$\vdots$	$\vdots$
A_a	X_{a1}	X_{a2}	$\cdots$	X_{ab}

因为在水平搭配 A_iB_j 下的样本 X_{ij} 与总体 Y_{ij} 服从相同的分布，所以有 $X_{ij} \sim N(\mu_{ij},\sigma^2)$，$i=1,2,\cdots,a$；$j=1,2,\cdots,b$. 因此，无交互作用双因素方差分析的基本模型为

$$\begin{cases} X_{ij} = \mu + \alpha_i + \beta_j + \varepsilon_{ij} \\ \sum\limits_{i=1}^{a}\alpha_i = 0, \sum\limits_{j=1}^{b}\beta_j = 0 \\ \varepsilon_{ij} \sim N(0,\sigma^2), \text{且相互独立} \end{cases}$$

现在的任务就是要根据这些样本的观测值来检验 A 或 B 对考察指标的影响是否显著.

(二) 平方和分解

为了检验上述两个假设检验问题，需要选取适当的统计量，为此设表 $9-7$ 中第 i 行样本的样本均值为 $\overline{X}_{i\cdot}$，即

$$\overline{X}_{i\cdot} = \frac{1}{b}\sum_{j=1}^{b}X_{ij}, \ i=1,2,\cdots,a$$

类似地，设表 $9-7$ 中第 j 列样本的样本均值为 $\overline{X}_{\cdot j}$，即

$$\overline{X}_{\cdot j} = \frac{1}{a}\sum_{i=1}^{a}X_{ij}, \ j=1,2,\cdots,b$$

于是，总的样本均值

$$\overline{X} = \frac{1}{ab}\sum_{i=1}^{a}\sum_{j=1}^{b}X_{ij} = \frac{1}{a}\sum_{i=1}^{a}\overline{X}_{i\cdot} = \frac{1}{b}\sum_{j=1}^{b}\overline{X}_{\cdot j}$$

定义　全体样本 X_{ij} 对总的样本均值 $\overline{X}$ 的离差平方和

$$SS_T = \sum_{i=1}^{a}\sum_{j=1}^{b}(X_{ij}-\overline{X})^2$$

称为**总离差平方和**.

定义　因素 A 各组的样本均值 $\overline{X}_{i\cdot}$ 对总的样本均值 $\overline{X}$ 的离差平方和

$$SS_A = \sum_{i=1}^{a}\sum_{j=1}^{b}(\overline{X}_{i\cdot}-\overline{X})^2 = b\sum_{i=1}^{a}(\overline{X}_{i\cdot}-\overline{X})^2$$

称为**因素 A 的离差平方和**. 它反映了因素 A 的不同水平所引起的系统误差.

定义　因素 B 各组的样本均值 $\overline{X}_{\cdot j}$ 对总的样本均值 $\overline{X}$ 的离差平方和

$$SS_B = \sum_{i=1}^{a}\sum_{j=1}^{b}(\overline{X}_{\cdot j}-\overline{X})^2 = a\sum_{j=1}^{b}(\overline{X}_{\cdot j}-\overline{X})^2$$

称为**因素 B 的离差平方和**. 它反映了因素 B 的不同水平所引起的系统误差.

定义
$$SS_E = \sum_{i=1}^{a}\sum_{j=1}^{b}(X_{ij}-\overline{X}_{i\cdot}-\overline{X}_{\cdot j}+\overline{X})^2$$

称为**误差平方和**，它反映了试验过程中各种随机因素所引起的随机误差.

定理　$SS_T = SS_A + SS_B + SS_E$

证明　将 SS_T 分解如下：

$$SS_T = \sum_{i=1}^{a}\sum_{j=1}^{b}\left[(\overline{X}_{i\cdot}-\overline{X})+(\overline{X}_{\cdot j}-\overline{X})+(X_{ij}-\overline{X}_{i\cdot}-\overline{X}_{\cdot j}+\overline{X})\right]^2$$

$$= \sum_{i=1}^{a}\sum_{j=1}^{b}(\overline{X}_{i\cdot}-\overline{X})^2 + \sum_{i=1}^{a}\sum_{j=1}^{b}(\overline{X}_{\cdot j}-\overline{X})^2 + \sum_{i=1}^{a}\sum_{j=1}^{b}(X_{ij}-\overline{X}_{i\cdot}-\overline{X}_{\cdot j}+\overline{X})^2$$

$$+ 2\sum_{i=1}^{a}\sum_{j=1}^{b}(\overline{X}_{i\cdot}-\overline{X})(\overline{X}_{\cdot j}-\overline{X}) + 2\sum_{i=1}^{a}\sum_{j=1}^{b}(\overline{X}_{i\cdot}-\overline{X})(X_{ij}-\overline{X}_{i\cdot}-\overline{X}_{\cdot j}+\overline{X})$$

$$+ 2\sum_{i=1}^{a}\sum_{j=1}^{b}(\overline{X}_{\cdot j}-\overline{X})(X_{ij}-\overline{X}_{i\cdot}-\overline{X}_{\cdot j}+\overline{X})$$

容易证明上式最后三项都等于零，所以我们有

$$SS_T = \sum_{i=1}^{a} \sum_{j=1}^{b} (\overline{X}_{i\cdot} - \overline{X})^2 + \sum_{i=1}^{a} \sum_{j=1}^{b} (\overline{X}_{\cdot j} - \overline{X})^2 + \sum_{i=1}^{a} \sum_{j=1}^{b} (X_{ij} - \overline{X}_{i\cdot} - \overline{X}_{\cdot j} + \overline{X})^2$$

$$SS_T = SS_A + SS_B + SS_E$$

（三）方差分析

定理 若假设 H_{0A} 及 H_{0B} 都成立，则

$$F_A = \frac{SS_A/(a-1)}{SS_E/((a-1)(b-1))} \sim F(a-1,(a-1)(b-1))$$

$$F_B = \frac{SS_B/(b-1)}{SS_E/((a-1)(b-1))} \sim F(b-1,(a-1)(b-1))$$

证明 如果原假设 H_{0A} 及 H_{0B} 都成立，则 ab 个 X_{ij} 可以看作来自同一个总体 $N(\mu,\sigma^2)$ 的样本. 于是有

$$SS_T = \sum_{i=1}^{a} \sum_{j=1}^{b} (X_{ij} - \overline{X})^2 = (ab-1)S^2$$

其中 S^2 是所有容量为 ab 的样本方差，由此可知

$$\frac{SS_T}{\sigma^2} = \frac{(ab-1)S^2}{\sigma^2} \sim \chi^2(ab-1)$$

如果原假设 H_{0A} 及 H_{0B} 都成立，则 $\overline{X}_{i\cdot} \sim N\left(\mu,\frac{\sigma^2}{b}\right)$；注意到 $\overline{X} = \frac{1}{a}\sum_{i=1}^{a} \overline{X}_{i\cdot}$，从而有

$$\sum_{i=1}^{a} (\overline{X}_{i\cdot} - \overline{X})^2 = (a-1)S_A^2$$

其中 S_A^2 是 a 个数据 $\overline{X}_{1\cdot},\overline{X}_{2\cdot},\cdots,\overline{X}_{a\cdot}$ 的样本方差，由此可知

$$\frac{SS_A}{\sigma^2} = \frac{b(a-1)S_A^2}{\sigma^2} = \frac{(a-1)S_A^2}{\sigma^2/b} \sim \chi^2(a-1)$$

如果原假设 H_{0A} 及 H_{0B} 都成立，则 $\overline{X}_{\cdot j} \sim N\left(\mu,\frac{\sigma^2}{a}\right)$；注意到 $\overline{X} = \frac{1}{b}\sum_{j=1}^{b} \overline{X}_{\cdot j}$，从而有

$$\sum_{j=1}^{b} (\overline{X}_{\cdot j} - \overline{X})^2 = (b-1)S_B^2$$

其中 S_B^2 是 b 个数据 $\overline{X}_{\cdot 1},\overline{X}_{\cdot 2},\cdots,\overline{X}_{\cdot b}$ 的样本方差，由此可知

$$\frac{SS_B}{\sigma^2} = \frac{a(b-1)S_B^2}{\sigma^2} = \frac{(b-1)S_B^2}{\sigma^2/a} \sim \chi^2(b-1)$$

又因为 $\frac{SS_T}{\sigma^2} = \frac{SS_A}{\sigma^2} + \frac{SS_B}{\sigma^2} + \frac{SS_E}{\sigma^2}$，且 $f_T = ab-1$，$f_A = a-1$，$f_B = b-1$，$f_E = (a-1)(b-1)$，所以，由柯赫伦分解定理可知，SS_A，SS_B，SS_E 是相互独立的，且

$$\frac{SS_E}{\sigma^2} \sim \chi^2((a-1)(b-1))$$

于是有

$$F_A = \frac{\dfrac{SS_A}{\sigma^2}/(a-1)}{\dfrac{SS_E}{\sigma^2}/((a-1)(b-1))} = \frac{SS_A/(a-1)}{SS_E/((a-1)(b-1))} \sim F(a-1,(a-1)(b-1))$$

$$F_B = \frac{\dfrac{SS_B}{\sigma^2}/(b-1)}{\dfrac{SS_E}{\sigma^2}/((a-1)(b-1))} = \frac{SS_B/(b-1)}{SS_E/((a-1)(b-1))} \sim F(b-1,(a-1)(b-1))$$

不加证明地给出更进一步的结论：

定理　（1）若假设 H_{0A} 成立，则 $F_A = \dfrac{SS_A/(a-1)}{SS_E/((a-1)(b-1))} \sim F(a-1,(a-1)(b-1))$；

（2）若假设 H_{0B} 成立，则 $F_B = \dfrac{SS_B/(b-1)}{SS_E/((a-1)(b-1))} \sim F(b-1,(a-1)(b-1))$.

如果因素 A 的各水平 $A_1,A_2,\cdots,A_a$ 对考察指标的影响不显著，则组间平方和 SS_A 应较小，因而统计量 F_A 的观测值也应较小．相反，如果因素 A 的各水平 A_1，$A_2,\cdots,A_a$ 对考察指标的影响显著不同，则组间平方和 SS_A 应较大，因而统计量 F_A 的观测值也应较大．由此可见，可以根据统计量 F_A 的观测值的大小来检验原假设 H_{0A}．若 $F_A > F_{A\alpha} = F_\alpha(a-1,(a-1)(b-1))$，则因素 A 对试验结果有显著影响；否则，因素 A 对试验结果无显著影响．

类似地，可以根据统计量 F_B 的观测值的大小来检验原假设 H_{0B}．若 $F_B > F_{B\alpha} = F_\alpha(b-1,(a-1)(b-1))$，则因素 B 对试验结果有显著影响；否则，因素 B 对试验结果无显著影响．

若在无交互作用双因素试验中，得到样本观测值 x_{ij}，为了计算 F_A 和 F_B 的观测值，可先计算得到表 $9-8$ 的计算表．

表 9 - 8　　　　　　　　双因素试验样本数据计算表

因素 B ＼ 因素 A	B_1	B_2	$\cdots$	B_b	行和 $T_i.$
A_1	x_{11}	x_{12}	$\cdots$	x_{1b}	$T_1. = \sum\limits_{j=1}^{b} x_{1j}$
A_2	x_{21}	x_{22}	$\cdots$	x_{2b}	$T_2. = \sum\limits_{j=1}^{b} x_{2j}$
$\vdots$	$\vdots$	$\vdots$	$\vdots$	$\vdots$	$\vdots$
A_a	x_{a1}	x_{a2}	$\cdots$	x_{ab}	$T_a. = \sum\limits_{j=1}^{b} x_{aj}$
列和 $T_{.j}$	$T_{.1} = \sum\limits_{i=1}^{a} x_{i1}$	$T_{.2} = \sum\limits_{i=1}^{a} x_{i2}$	$\cdots$	$T_{.b} = \sum\limits_{i=1}^{a} x_{ib}$	总和 $T = \sum\limits_{i=1}^{a}\sum\limits_{j=1}^{b} x_{ij}$

记 $C = \dfrac{T^2}{n} = \dfrac{T^2}{ab}$，从定义出发，不难证明 SS_T，SS_A，SS_B，SS_E 有如下的计算

公式：

$$SS_T = \sum_{i=1}^{a}\sum_{j=1}^{n_i} x_{ij}^2 - C, \quad SS_A = \sum_{i=1}^{a}\frac{T_{i\cdot}^2}{b} - C, \quad SS_B = \sum_{j=1}^{b}\frac{T_{\cdot j}^2}{a} - C, \quad SS_E = SS_T - SS_A - SS_B$$

最后，根据计算结果，列出无交互作用双因素方差分析表，见表 9-9.

表 9-9　　　　　　　　无交互作用双因素方差分析表

方差来源	平方和	自由度	均方 MS	F 值	临界值
因素 A	SS_A	$a-1$	$MSA = \dfrac{SS_A}{a-1}$	$F_A = \dfrac{MSA}{MSE}$	$F_{A0.05}$, $F_{A0.01}$
因素 B	SS_B	$b-1$	$MSB = \dfrac{SS_B}{b-1}$	$F_B = \dfrac{MSB}{MSE}$	$F_{B0.05}$, $F_{B0.01}$
误差	SS_E	$(a-1)(b-1)$	$MSE = \dfrac{SS_E}{(a-1)(b-1)}$	—	—
总和	SS_T	$ab-1$	—	—	—

【例 9-2】 四个工人分别操作三台机器生产某产品各一天，产品日产量见表 9-10，试检验不同工人生产的产品日产量是否有显著差异，不同机器生产的产品日产量是否有显著差异.

表 9-10　　　　　　　　产 品 日 产 量 数 据 表

机器 B ＼ 工人 A	B_1	B_2	B_3
A_1	50	60	55
A_2	47	55	42
A_3	48	52	44
A_4	53	57	49

解　设不同工人不同机器生产的产品日产量 $Y_{ij} \sim N(\mu + \alpha_i + \beta_j, \sigma^2)$，$i = 1, 2, 3, 4$；$j = 1, 2, 3$. 则需检验的问题为

$$H_{0A}: \alpha_1 = \alpha_2 = \alpha_3 = \alpha_4 = 0, \quad H_{1A}: \alpha_1, \alpha_2, \alpha_3, \alpha_4 \text{ 不全为零}$$

$$H_{0B}: \beta_1 = \beta_2 = \beta_3 = 0, \quad H_{1B}: \beta_1, \beta_2, \beta_3 \text{ 不全为零}$$

为了计算各平方和，列出表 9-11.

表 9-11　　　　　　　　产 品 日 产 量 计 算 表

机器 B ＼ 工人 A	B_1	B_2	B_3	行和 $T_{i\cdot}$
A_1	50	60	55	165
A_2	47	55	42	144
A_3	48	52	44	144
A_4	53	57	49	159
列和 $T_{\cdot j}$	198	224	190	总和 $T = 612$

本题中 $a = 4$，$b = 3$，$n = ab = 12$

$$C = \frac{T^2}{n} = \frac{612^2}{12} = 31212$$

$$SS_T = \sum_{i=1}^{4} \sum_{j=1}^{3} x_{ij}^2 - C = 31526 - 312312 = 314$$

$$SS_A = \sum_{i=1}^{4} \frac{T_{i\cdot}^2}{3} - C = \frac{1}{3}(165^2 + 144^2 + 144^2 + 159^2) - 31212 = 114$$

$$SS_B = \sum_{j=1}^{3} \frac{T_{\cdot j}^2}{4} - C = \frac{1}{4}(198^2 + 224^2 + 190^2) - 31212 = 158$$

$$SS_E = SS_T - SS_A - SS_B = 314 - 114 - 158 = 42$$

得到相应的无交互作用双因素方差分析表，见表 9 - 12.

表 9 - 12 　　　　　　　　产品日产量双因素方差分析表

方差来源	平方和	自由度	均方 MS	F 值	临界值
因素 A（工人）	114	3	38	5.43	$F_{0.05}(3,6) = 4.76$ $F_{0.01}(3,6) = 9.78$
因素 B（机器）	158	2	79	11.29	$F_{0.05}(2,6) = 5.14$ $F_{0.01}(2,6) = 10.92$
误差 E	42	6	7		
总和	314	11			

因为 $F_A = 5.43 > F_{0.05}(3,6)$，认为工人对产量有显著影响；$F_B = 11.29 > F_{0.01}(2,6)$，认为机器对产量有极显著影响. 由此可知，工人的操作技术对产量有显著影响，而机器对产量有极显著的影响.

二、有交互作用双因素方差分析

设因素 A 有 a 个水平 $A_1, A_2, \cdots, A_a$，因素 B 有 b 个水平 $B_1, B_2, \cdots, B_b$，在因素 A 与因素 B 的各个水平的每一种搭配 $A_i B_j$ 下的总体 $Y_{ij} \sim N(\mu_{ij}, \sigma^2)$，$i = 1, 2, \cdots, a$；$j = 1, 2, \cdots, b$. 在实际问题中，有时候除了两因素的效应外，还有反映水平搭配 $A_i B_j$ 本身的效应，称之为交互效应.

定义 若 $\mu_{ij} \neq \mu + \alpha_i + \beta_j$，则此种情况下的双因素试验的方差分析，称为**有交互作用双因素方差分析**. $\gamma_{ij} = \mu_{ij} - \mu - \alpha_i - \beta_j$ 称为因素 A 的第 i 水平与因素 B 的第 j 水平的**交互效应**.

γ_{ij} 满足如下关系式

$$\sum_{i=1}^{a} \gamma_{ij} = 0, j = 1, 2, \cdots, b; \quad \sum_{j=1}^{b} \gamma_{ij} = 0, i = 1, 2, \cdots, a$$

由此可见，总体 $Y_{ij} \sim N(\mu + \alpha_i + \beta_j + \gamma_{ij}, \sigma^2)$，$i = 1, 2, \cdots, a$；$j = 1, 2, \cdots, b$，与无交互作用的双因素方差分析比较，增加了未知参数 γ_{ij}，如果仍用无交互作用的双因素方差分析的方法去做试验，在方差分析时就会遇到困难. 解决的办法是，每一种水平搭配均做 $t(t \geq 2)$ 次的重复试验.

设因素 A 有 a 个水平，因素 B 有 b 个水平，每一种水平搭配下均作 t 次重复试验，设因素 A 第 i 个水平与因素 B 第 j 个水平组合的第 k 个试验结果为 X_{ijk}，得到样本见表9 - 13.则有交互作用双因素方差分析模型为

$$\begin{cases} X_{ijk} = \mu + \alpha_i + \beta_j + \gamma_{ij} + \varepsilon_{ijk} \\ \varepsilon_{ijk} \sim N(0,\sigma^2), \text{对所有的 } i,j,k \text{ 互相独立} \\ \sum_{i=1}^{a}\alpha_i = \sum_{j=1}^{b}\beta_j = 0 \\ \sum_{j=1}^{b}\gamma_{ij} = 0, i=1,2,\cdots,a \\ \sum_{i=1}^{a}\gamma_{ij} = 0, j=1,2,\cdots,b \\ k=1,2,\cdots,t \end{cases}$$

表 9 - 13　　　　　　　　　　　有交互作用双因素试验样本表

因素 A ＼ 因素 B	B_1	B_2	$\cdots$	B_b
A_1	$X_{111}, \cdots, X_{11t}$	$X_{121}, \cdots, X_{12t}$	$\cdots$	$X_{1b1}, \cdots, X_{1bt}$
A_2	$X_{211}, \cdots, X_{21t}$	$X_{221}, \cdots, X_{22t}$	$\cdots$	$X_{2b1}, \cdots, X_{2bt}$
$\vdots$	$\vdots$	$\vdots$	$\vdots$	$\vdots$
A_a	$X_{a11}, \cdots, X_{a1t}$	$X_{a21}, \cdots, X_{a2t}$	$\cdots$	$X_{ab1}, \cdots, X_{abt}$

这里要检验的原假设为

$$H_{0A\times B}: \gamma_{ij}=0, i=1,2,\cdots,a; j=1,2,\cdots,b$$
$$H_{0A}: \alpha_1=\alpha_2=\cdots=\alpha_a=0$$
$$H_{0B}: \beta_1=\beta_2=\cdots=\beta_b=0$$

为了对总的离差平方和进行分解，引入记号

$$\overline{X}_{ij.} = \frac{1}{t}\sum_{k=1}^{t}X_{ijk}, i=1,2,\cdots,a; j=1,2,\cdots,b$$
$$\overline{X}_{i..} = \frac{1}{bt}\sum_{j=1}^{b}\sum_{k=1}^{t}X_{ijk}, i=1,2,\cdots,a$$
$$\overline{X}_{.j.} = \frac{1}{at}\sum_{i=1}^{a}\sum_{k=1}^{t}X_{ijk}, j=1,2,\cdots,b$$
$$\overline{X} = \frac{1}{abt}\sum_{i=1}^{a}\sum_{j=1}^{b}\sum_{k=1}^{t}X_{ijk}$$

可以证明，总的离差平方和可分解为

$$SS_T = \sum_{i=1}^{a}\sum_{j=1}^{b}\sum_{k=1}^{t}(X_{ijk}-\overline{X})^2 = SS_A + SS_B + SS_{A\times B} + SS_E$$

式中 $SS_A = bt\sum_{i=1}^{a}(\overline{X}_{i..}-\overline{X})^2$ 称为因素 A 的平方和，它的大小反映了因素 A 各水平间的差异的大小；$SS_B = at\sum_{j=1}^{b}(\overline{X}_{.j.}-\overline{X})^2$ 称为因素 B 的平方和，它的大小反映了因素 B 各水平间的差异的大小；$SS_{A\times B} = t\sum_{i=1}^{a}\sum_{j=1}^{b}(\overline{X}_{ij.}-\overline{X}_{i..}-\overline{X}_{.j.}+\overline{X})^2$ 称为交

互效应平方和，它的大小反映了不同水平组合交互效应的差异的大小. $SS_E = \sum\limits_{i=1}^{a}\sum\limits_{j=1}^{b}\sum\limits_{k=1}^{t}(X_{ijk} - \overline{X}_{ij}.)^2$ 称为误差平方和，它的大小反映了试验误差的大小.

如果得到表 9-14 的试验结果，与无交互作用双因素方差分析相似，可按如下公式和步骤计算，得到双因素有交互效应的方差分析表见表 9-15.

表 9-14　　　　　　　有交互作用双因素方差分析数据结构表

因素 A ＼ 因素 B	B_1	B_2	$\cdots$	B_b
A_1	$x_{111}, \cdots, x_{11t}$	$x_{121}, \cdots, x_{12t}$	$\cdots$	$x_{1b1}, \cdots, x_{1bt}$
A_2	$x_{211}, \cdots, x_{21t}$	$x_{221}, \cdots, x_{22t}$	$\cdots$	$x_{2b1}, \cdots, x_{2bt}$
$\vdots$	$\vdots$	$\vdots$	$\vdots$	$\vdots$
A_a	$x_{a11}, \cdots, x_{a1t}$	$x_{a21}, \cdots, x_{a2t}$	$\cdots$	$x_{ab1}, \cdots, x_{abt}$

$$
\begin{cases}
SS_T = \sum\limits_{i=1}^{a}\sum\limits_{j=1}^{b}\sum\limits_{k=1}^{t} x_{ijk}^2 - n\overline{x}^2 \\[2mm]
SS_A = \dfrac{1}{bt}\sum\limits_{i=1}^{a} x_{i..}^2 - n\overline{x}^2 \\[2mm]
SS_B = \dfrac{1}{at}\sum\limits_{j=1}^{b} X_{.j.}^2 - n\overline{x}^2 \\[2mm]
SS_{A\times B} = \dfrac{1}{t}\sum\limits_{i=1}^{a}\sum\limits_{j=1}^{b} x_{ij.}^2 - n\overline{x}^2 - SS_A - SS_B \\[2mm]
SS_E = SS_T - SS_A - SS_B - SS_{A\times B}
\end{cases}
$$

表 9-15　　　　　　　有交互作用双因素方差分析表

方差来源	平方和	自由度	均方和	F 值
因素 A	SS_A	$a-1$	$MSA = SS_A/(a-1)$	$F_A = MSA/MSE$
因素 B	SS_B	$b-1$	$MSB = SS_B/(b-1)$	$F_B = MSB/MSE$
交互效应 $A\times B$	$SS_{A\times B}$	$(a-1)(b-1)$	$MS(A\times B) = \dfrac{SS_{A\times B}}{(a-1)(b-1)}$	$F_{A\times B} = \dfrac{MS(A\times B)}{MSE}$
误差	SS_E	$ab(t-1)$	$MSE = SS_E/ab(t-1)$	—
总和	SS_T	$abt-1$	—	—

如果 $F_{A\times B} > F_a((a-1)(b-1), ab(t-1))$，则拒绝 $H_{0A\times B}$：$\gamma_{ij} = 0$，$i = 1, 2, \cdots, a$，$j = 1, 2, \cdots, b$；否则接受 $H_{0A\times B}$.

如果 $F_A > F_a(a-1, ab(t-1))$，则拒绝 H_{0A}：$\alpha_1 = \alpha_2 = \cdots = \alpha_a = 0$；否则接受 H_{0A}.

如果 $F_B > F_a(b-1, ab(t-1))$，则拒绝 H_{0B}：$\beta_1 = \beta_2 = \cdots = \beta_b = 0$；否则接受 H_{0B}.

【例 9-3】　某医院进行急性菌痢治疗的研究，拟分析临床类型和疗法对治疗急性菌痢的影响. 临床类型有两个水平: 典型与非典型; 疗法也有两个水平: 特异疗法＋辅助疗法与特异疗法. 病人治愈天数如下表所示. 试在 $\alpha=0.05$ 的显著性水平下, 检验: (1) 临床类型和疗法对治愈天数是否有交互作用; (2) 典型与非典型病人的治愈天数的平均值是否相等; (3) 两种疗法治愈天数的平均值是否相等.

临床类型	疗 法	
	B_1 (特异＋辅疗)	B_2 (特异)
A_1 (典型)	5, 6, 4, 3, 5, 6, 4, 3	7, 4, 5, 5, 8, 7, 7, 5
A_2 (非典型)	4, 2, 2, 3, 3, 3, 4, 5	6, 4, 5, 5, 7, 6, 6, 5

解 设不同临床类型不同疗法病人治愈天数 $Y_{ij} \sim N(\mu+\alpha_i+\beta_j+\gamma_{ij}, \sigma^2)$, $i=1, 2$; $j=1, 2$. 则需检验的问题为

$$H_{0A \times B}: \gamma_{11}=\gamma_{12}=\gamma_{21}=\gamma_{22}=0, \quad H_{1A \times B}: \gamma_{11}, \gamma_{12}, \gamma_{21}, \gamma_{22} 不全为零$$

$$H_{0A}: \alpha_1=\alpha_2=0, \quad H_{1A}: \alpha_1, \alpha_2 不全为零$$

$$H_{0B}: \beta_1=\beta_2=0, \quad H_{1B}: \beta_1, \beta_2 不全为零$$

本题计算过程见表 9-16.

表 9-16　　　　　　　　治愈天数方差分析计算表

临床类型 ＼ 疗法	B_1	B_2	行和 $x_i..$	$x_i^2..$
A_1	5, 6, 4, 3, 5, 6, 4, 3 (36)	7, 4, 5, 5, 8, 7, 7, 5 (48)	84	7056
A_2	4, 2, 2, 3, 3, 3, 4, 5 (26)	6, 4, 5, 5, 7, 6, 6, 5 (44)	70	4900
列和 $x._{j}.$	62	92	154	11956
$x^2._{j}.$	3844	8464	12308	

$$\sum_{i=1}^{2} \sum_{j=1}^{2} \sum_{k=1}^{8} x_{ijk}^2 = 814$$

$$\frac{1}{32} \left(\sum_{i=1}^{2} \sum_{j=1}^{2} \sum_{k=1}^{8} x_{ijk} \right)^2 = 741.125$$

$$\sum_{i=1}^{2} \sum_{j=1}^{2} x_{ij.}^2 = 6212$$

$$SS_T = 814 - 741.125 = 72.875$$

$$SS_A = \frac{1}{16} \times 11956 - 741.125 = 6.125$$

$$SS_B = \frac{1}{16} \times 12308 - 741.125 = 28.125$$

$$SS_{A \times B} = \frac{1}{8} \times 6212 - 741.125 - 6.125 - 28.125 = 1.125$$

得如下方差分析表（表 9 - 17）：

表 9 - 17　　　　　治愈天数双因素方差分析表

方差来源	平方和	自由度	均方和	F 值
临床类型 A	6.125	1	6.125	4.574
疗法 B	28.125	1	28.125	21
交互效应 A×B	1.125	1	1.125	0.84
误差	37.5	28	1.339	
总和	72.875	31		

查表得 $F_{0.05}(1,28)=4.20$，因此，典型与非典型病人的治愈天数的平均值存在差异；两种疗法治愈天数的平均值有显著差异；临床类型和疗法对治愈天数没有交互作用.

【例 9 - 4】 在某材料的配方中可添加 A 和 B 两种元素，为考察这两种元素对材料强度的影响，分别取元素 A 的 5 个水平和元素 B 的 4 个水平进行实验，在 $\alpha=0.05$ 时，取得数据见下表. 根据实验结果，考察这两种元素对材料强度的影响.

差异源	SS	df	MS	F	P - value	F crit
元素 A	164	4	41	20.5	3.22776E-05	3.259167
元素 B	135	3	45	22.5	3.09128E-05	3.490295
误差	24	12	2			
总计	323	19				

解 （1）由于元素 A 的 P - 值 $=3.22776\times10^{-5}<0.05$（或者 $F_A=20.5>F_{0.05}(4,12)=3.259167$），所以元素 A 对材料强度的影响显著.

（2）由于元素 B 的 P - 值 $=3.09128\times10^{-5}<0.05$（或者 $F_B=22.5>F_{0.05}(3,12)=3.490295$），所以元素 B 对材料强度的影响显著.

在生产和生活实践中，影响某一指标的因素往往很多. 每一因素的改变，都可能引起这个指标的改变，有些因素影响大一些，有些因素影响小一些，有些因素的影响可以忽略不计. 方差分析的目的就是要找出那些对指标影响大的因素，以便找到最佳的生产条件或最佳的水平组合. 本章介绍的方差分析，是最基本的方差分析模型和方法. 在实际中，影响某一指标的可能因素往往多于二个，此种情况下的试验方法和分析方法，可参考与试验设计有关的参考资料.

第三节　方 差 分 析 实 验

一、实验目的

（1）掌握【方差分析：单因素方差分析】的使用方法.

（2）掌握【方差分析：无重复双因素分析】的使用方法.

9 - 5 Ⓔ
方差分析实验

9 - 6 Ⓦ
方差分析实验报告模板

（3）掌握【方差分析：可重复双因素分析】的使用方法.

（4）掌握方差分析的基本方法，并能对统计结果进行正确的分析.

二、单因素方差分析

打开【Excel】→单击【数据】→【数据分析】→在【数据分析】对话框中，选

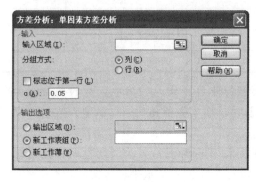

图 9-1 【方差分析：单因素方差分析】对话框

择【方差分析：单因素方差分析】→单击【确定】. 即可进入【方差分析：单因素方差分析】对话框，如图 9-1 所示.

关于【方差分析：单因素方差分析】对话框：

◆ 输入区域：在此输入待分析数据区域的单元格引用. 该引用必须由两个或两个以上按列或行排列的相邻数据区域组成.

◆ 分组方式：若要指示输入区域中的数据是按行还是按列排列，单击"行"或"列".

◆ 标志位于第一行/标志位于第一列：如果输入区域的第一行中包含标志项，选中"标志位于第一行"复选框. 如果输入区域的第一列中包含标志项，选中"标志位于第一列"复选框. 如果输入区域没有标志项，该复选框将被清除，Microsoft Excel 将在输出表中生成适宜的数据标志.

◆ α：在此输入检验的显著性水平 $0<\alpha<1$.

◆ 输出选项与前相同，不再介绍.

【例 9-5】 为了对几个行业的服务质量进行评价，消费者协会分别抽取了四个行业不同企业作为样本，统计出最近一年消费者对企业投诉的次数见表 9-18，试分析这几个服务行业的服务质量是否有显著差异.（$\alpha=0.05$）

操作过程及结果 在 Excel 表中进行方差分析的步骤如下：

第 1 步：进入 Excel 表→将原始数据输入 Excel 表中，如图 9-2 所示.

表 9-18　　　　　　　　　　消费者对四个行业的投诉次数

观测值	行 业			
	零售业	旅游业	航空公司	家电制造业
1	57	68	31	44
2	66	39	49	51
3	49	29	21	65
4	40	45	34	77
5	34	56	40	58
6	53	51		
7	44			

第2步：单击【数据】→【数据分析】→在【数据分析】对话框中，选择【方差分析：单因素方差分析】→单击【确定】.

第3步：在出现的对话框中，如图9-3所示输入相关内容→单击【确定】.

得到如图9-2所示的方差分析结果. 由图9-2可知 P - 值 $= 0.038765 < 0.05$，所以认为这几个服务行业的服务质量有显著差异.

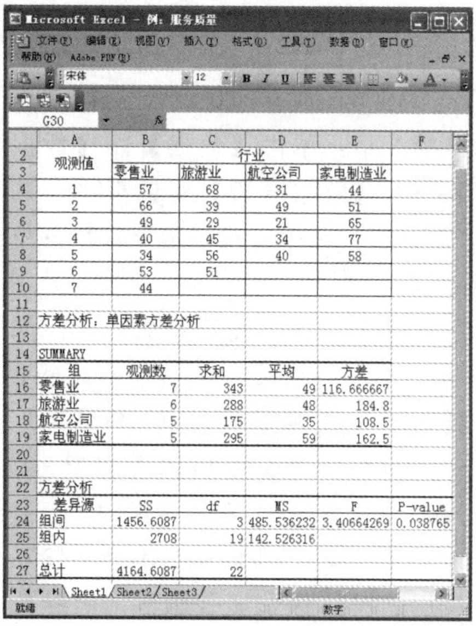

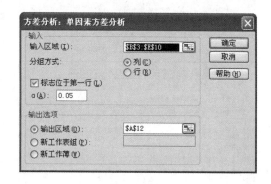

图9-2 ［例9-5］的方差分析结果

图9-3 ［例9-5］的【方差分析：单因素方差分析】对话框

三、无重复双因素方差分析

打开【Excel】→单击【数据】→【数据分析】→在【数据分析】对话框中，选择【方差分析：无重复双因素分析】→单击【确定】. 即可进入【方差分析：无重复双因素分析】对话框，如图9-4所示.

9-8

无重复双因素
方差分析实验

【方差分析：无重复双因素分析】对话框与【方差分析：单因素方差分析】对话框的相关内容相似，不再重复介绍.

【例9-6】 有四个品牌的彩色电视机在五个地区销售量数据见表9-19，试分析品牌和销售地区对彩色电视机的销售量是否有显著影响.（$\alpha = 0.05$）

图9-4 【方差分析：无重复双因素分析】对话框

操作过程及结果 在Excel表中进行方差分析的步骤如下：

第1步：进入Excel表→将原始数据输入Excel表中，如图9-5所示.

表 9 - 19　　　　　　　不同品牌彩色电视机在各地区销售数据

		地 区 因 素				
		地区 1	地区 2	地区 3	地区 4	地区 5
品牌因素	品牌 1	365	350	343	340	323
	品牌 2	345	368	363	330	333
	品牌 3	358	323	353	343	308
	品牌 4	288	280	298	260	298

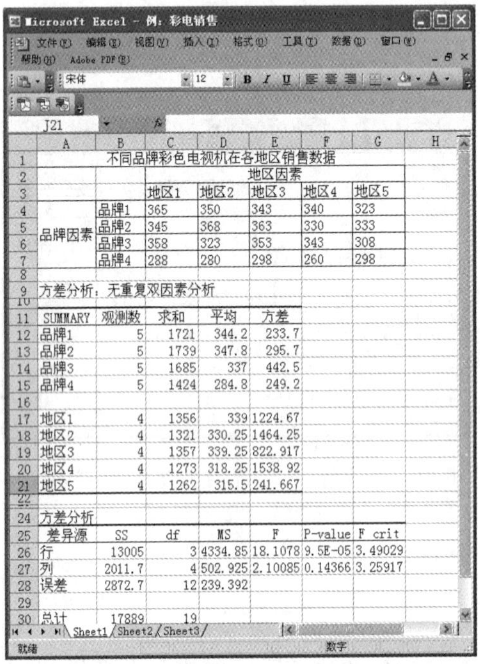

图 9-5　[例 9-6]方差分析结果

第 2 步：单击【数据】→【数据分析】→在【数据分析】对话框中，选择【方差分析：无重复双因素分析】→单击【确定】.

第 3 步：在出现的对话框中，如图 9-6 所示输入相关内容→单击【确定】. 得到如图 9-5 所示的方差分析结果.

由图 9-5 可知品牌因素的 P-值 $= 0.0000095 < 0.05$，地区因素的 P-值 $= 0.14366 > 0.05$，所以认为不同品牌彩色电视机的销售量有显著影响，但彩色电视机在不同地区的销售量无显著差异.

四、可重复双因素方差分析

打开【Excel】→单击【数据】→【数据分析】→在【数据分析】对话框中，选择【方差分析：可重复双因素分析】→单击【确定】. 即可进入【方差分析：可重复双因素分析】对话框，如图 9-7 所示.

图 9-6　[例 9-6]的【方差分析：无重复双因素分析】对话框

图 9-7　【方差分析：可重复双因素分析】对话框

关于【方差分析：可重复双因素分析】对话框：

◆ 每一样本的行数：在此输入包含在每个样本中的行数. 每个样本必须包含同样的行数，因为每一行代表数据的一个副本.

【方差分析：可重复双因素分析】对话框中其他内容与【方差分析：单因素方差分析】对话框与相关内容相似，不再重复介绍.

【例 9 - 7】 某市一名交通警察分别在两个路段和高峰期与非高峰期驾车试验，共获得 20 个行车时间数据如图 9 - 8 所示. 试分析路段、时段以及路段与时段的交互作用对行车时间的影响. ($\alpha =$ 0.05)

操作过程及结果 在 Excel 表中进行方差分析的步骤如下：

第 1 步：打开【例：行车时间】Excel 表→单击【数据】→【数据分析】→在【数据分析】对话框中，选择【方差分析：可重复双因素分析】→单击【确定】.

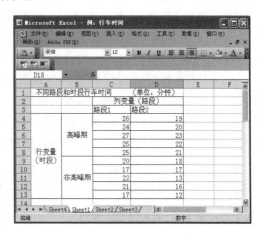

图 9 - 8 ［例 9 - 7］数据

第 2 步：在出现的对话框中，如图 9 - 9 所示输入相关内容→单击【确定】.

得到如图 9 - 10 所示的方差分析结果. 由图 9 - 10 可知路段因素的 $P -$ 值 = 0.000182<0.05，时段因素的 $P -$ 值 = 0.00000057<0.05，交互作用的 $P -$ 值 = 0.911819>0.05，所以认为路段与时段因素对行车时间有显著影响，但无交互作用.

图 9 - 9 ［例 9 - 7］的【方差分析：可重复双因素分析】对话框

图 9 - 10 ［例 9 - 7］方差分析结果

*案例：全国各地区农村居民恩格尔系数差异分析

恩格尔系数（Engel's Coefficient）是食品支出总额占个人消费支出总额的比重. 它反映的是一个家庭、地区或者国家的富裕程度，国际上常用恩格尔系数来衡量一个国家或地区人民生活水平的状况. 根据联合国粮农组织提出的标准，恩格尔系数在 59％以上为贫困，50％～59％为温饱，40％～50％为小康，30％～40％为富裕，低于 30％为最富裕.

考察全国各地区农村居民恩格尔系数在各城市之间、年度之间是否存在显著差异，实质是考察"地区"和"年度"这两个分类变量对数值型变量恩格尔系数的影响是否显著. 解决此类问题的方法无疑是方差分析. 本例以地区和年度为自变量，以恩格尔系数为因变量，对表 9 - 20 中的数据进行方差分析，得到表 9 - 21 所示的结果.

表 9 - 20　　　　全国各地区农村居民近年来的恩格尔系数

地 区	2007 年	2008 年	2009 年	2010 年	2011 年	2012 年
北 京	33.3	33.90	31.60	32.4	32.4	33.2
天 津	38.7	41.00	43.20	41.7	35.3	36.2
河 北	36.8	38.20	35.70	35.1	33.5	33.9
山 西	38.5	39.00	37.10	37.5	37.7	33.4
内蒙古	39.3	41.00	39.80	37.5	37.5	37.3
辽 宁	39.6	40.60	36.70	38.2	39.1	38.3
吉 林	40.5	39.60	35.10	36.7	35.3	36.7
黑龙江	34.6	33.00	31.40	33.8	38.9	37.9
上 海	36.9	40.90	37.10	37.3	40.9	40.5
江 苏	41.1	41.30	39.20	38.1	35.1	33.4
浙 江	35.7	36.90	36.40	34.2	37.3	37.1
安 徽	43.3	44.30	40.90	40.7	41.5	39.3
福 建	46.1	46.40	45.90	46.1	46.4	46
江 西	49.8	49.40	45.60	46.3	45.2	43.5
山 东	37.8	38.10	36.60	37.5	35.7	34.3
河 南	38.0	38.30	36.00	37.2	36.1	33.8
湖 北	47.9	46.90	44.80	43.1	39	37.6
湖 南	49.6	51.20	48.90	48.4	45.2	43.9
广 东	49.7	49.00	48.30	47.7	49.1	49.1
广 西	50.2	53.40	48.70	48.5	43.8	42.3
海 南	55.9	53.30	53.10	50	51.3	50.5
重 庆	54.5	53.30	49.10	48.3	46.8	44.2
四 川	52.3	52.00	42.00	48.3	46.2	46.8

地　区	2007 年	2008 年	2009 年	2010 年	2011 年	2012 年
贵　州	52.2	51.70	45.20	46.3	47.6	44.6
云　南	46.5	49.60	48.20	47.2	47.1	45.6
西　藏	48.7	52.40	49.60	49.7	50.5	53.6
陕　西	36.8	37.40	35.10	34.2	29.9	29.7
甘　肃	46.8	47.20	41.30	44.7	42.2	39.8
青　海	43.7	42.10	36.30	38.2	37.8	34.8
宁　夏	40.3	41.60	41.70	38.4	37.3	35.3
新　疆	39.9	42.60	41.50	40.3	36.1	35.7

数据来源：中国统计年鉴 2008—2013.

表 9 - 21　　　　　　　　　全国各地区农村居民恩格尔系数的方差分析

差异源	SS	df	MS	F	P - value	F crit
地区	5701.953	30	190.0651	48.23933	1.76E - 62	1.535367
年度	438.8333	5	87.76667	22.27555	1.17E - 16	2.274491
误差	591.0067	150	3.940044			
总计	6731.793	185				

　　该分析的假设是："地区"和"年度"对恩格尔系数没有显著影响. 表 9 - 21 的结果显示，由于"地区"的 P -值为 1.76×10^{-62}，"年度"的 P -值为 1.17×10^{-16}，所以，在显著性水平为 0.05 的前提下，"地区"和"年度"对恩格尔系数的影响是显著的. 即农村居民的恩格尔系数在各地区和各年度之间均存在显著差异.

　　为了从整体上横向分析全国各地区农村居民的恩格尔系数，根据表9 - 20中 2012 年的数据，得到如图 9 - 11 所示的条形图.

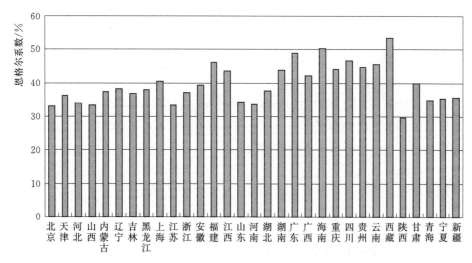

图 9 - 11　2012 年全国各地区农村居民的恩格尔系数

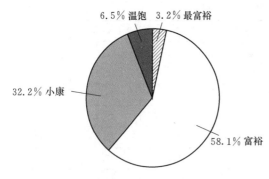

图 9 - 12　全国各地区农村居民生活水平

根据联合国粮农组织提出的标准，从上面的条形图可以看出，全国各地区农村居民的恩格尔系数均未超过 59%，即全国农村居民生活水平均达到了温饱，且除了海南与西藏自治区之外的其他地区农村居民的生活水平均处于小康及以上水平. 如图 9 - 12 所示，全国 93.5% 的地区农村居民生活均处于小康及以上水平.

为考察全国各地区农村居民恩格尔系数的年度差异，此处采用 2000 年以来全国农村居民的恩格尔系数数据，图 9 - 13 直观地反映了 2000 年以来我国农村居民的生活水平变化情况.

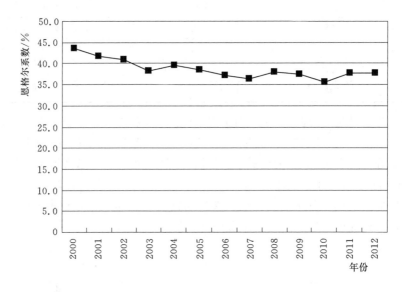

图 9 - 13　2000 年以来全国农村居民恩格尔系数年度变化图

9 - 10
重要知识点
与典型例题

9 - 11
习题九答案

图 9 - 13 显示，2000 年以来，全国农村居民的恩格尔系数均未超过 45%，我国农村居民的生活水平均在小康以上，恩格尔系数虽在 2004 年、2008 年、2011 年有所上升，但是从总体上看有逐年下降的趋势.

➤　习题

一、选择题

1. 下列关于方差分析的说法不正确的是（　　　）.

A. 方差分析是一种检验若干个正态分布的均值和方差是否相等的一种统计方法

B. 方差分析是一种检验若干个独立正态总体均值是否相等的一种统计方法

C. 方差分析实际上是一种 F 检验

D. 方差分析基于偏差平方和的分解和比较

2. 设 $X_{ij} = \mu_i + \varepsilon_{ij}$，$i=1,2,\cdots,a$；$j=1,2,\cdots,n_i$，$\varepsilon_{ij} \sim N(0,\sigma_i^2)$，且 ε_{ij} 相互独立，进行单因子方差分析是（　　）.

A. 对假设 $H_0: \mu_1 = \mu_2 = \cdots = \mu_a$ 做检验

B. 对假设 $H_0: \sigma_1^2 = \sigma_2^2 = \cdots = \sigma_a^2$ 做检验

C. 假定 $\varepsilon_{ij} \sim N(0,\sigma^2)$，$\sigma^2$ 为未知，对假设 $H_0: \mu_1 = \mu_2 = \cdots = \mu_a$ 做检验

D. 假定 $\varepsilon_{ij} \sim N(0,\sigma^2)$ $\mu_1 = \mu_2 = \cdots = \mu_a = \mu$，$\mu$ 为未知，对假设 $H_0: \sigma_1^2 = \sigma_2^2 = \cdots = \sigma_a^2$ 做检验.

3. 对因子 A 取 r 个不同的水平进行试验，每个水平观测 t 次，结果 y_{ij}，$i=1, 2, \cdots, r$，$j=1, 2, \cdots, t$. 对 $(y_{ij})_{r \times t}$ 的偏差有分解：

$$SS_T = \sum_{i=1}^{r} \sum_{j=1}^{t} (y_{ij} - \overline{y}) = \sum_{i=1}^{r} \sum_{j=1}^{t} (y_{ij} - \overline{y}_{i \cdot})^2 + \sum_{i=1}^{r} t(\overline{y}_{i \cdot} - \overline{y})^2 \triangleq SS_E + SS_A$$

其中 $\overline{y} = \dfrac{1}{rt} \sum_{i=1}^{r} \sum_{j=1}^{t} y_{i \cdot}$，$\overline{y}_i = \dfrac{1}{t} \sum_{j=1}^{t} y_{ij}$. 对假设 $H_0: \mu_1 = \mu_2 = \cdots = \mu_r$ 进行检验时，如下说法错误的是（　　）.

A. SS_E 表示 H_0 为真时，由随机性引起的 y_{ij} 的波动

B. SS_A 表示 H_0 为真时，所引起的由各水平间 y_{ij} 波动

C. SS_E 表示各水平上随机性误差的总和

D. SS_A 表示各水平之间系统误差的总和

4. 对某因素进行方差分析，由所得试验数据算得下表：

方差来源	平方和	自由度	F 值
组间	4623.7	4	
组内	4837.25	15	
总和	9460.95	19	

采用 F 检验法检验，且知在 $\alpha = 0.05$ 时 F 的临界值 $F_{0.05}(4, 15) = 3.06$，则可以认为因素的不同水平对试验结果（　　）.

A. 没有影响　　　　　　　　　　B. 有显著影响

C. 没有显著影响　　　　　　　　D. 不能作出是否有显著影响的判断

5. 设在双因子 A 和 B 的方差分析模型：$X_{ij} = \mu + \alpha_i + \beta_j + \varepsilon_{ij}$，$\sum_{i=1}^{a} \alpha_i = 0$，$\sum_{j=1}^{b} \beta_j = 0$，$\varepsilon_{ij} \sim N(0, \sigma^2)$，且 ε_{ij} 相互独立，检验假设：$H_{01}: \alpha_1 = \alpha_2 = \cdots = \alpha_r = 0$ 和 $H_{02}: \beta_1 = \beta_2 = \cdots = \beta_s = 0$ 检验时，下列结论中错误的是（　　）.

A. 若拒绝域 H_{01}，则认为因子 A 的不同水平对结果有显著影响

B. 若拒绝域 H_{02}，则认为因子 B 的不同水平对结果有显著影响

C. 若不拒绝 H_{01} 和 H_{02}，则认为因子 A 与 B 的不同水平的组合对结果无显著影响

D. 若不拒绝 H_{01} 或 H_{02}，则认为因子 A 与 B 的不同水平组合对结果无显著影响

6. 某结果可能受因素 A 及 B 的影响. 现对 A 取 4 个不同的水平，B 取 3 个不同水平，对 A 与 B 每一种水平组合重复二次试验，对观测结果的双因子有交互作用的方差分析模型计算得：$SS_A = 44.3$，$SS_B = 11.5$，$SS_{A \times B} = 27.0$，$SS_E = 65.0$ 且 $F_{0.05}(2,12) = 3.89$，$F_{0.05}(3,12) = 3.49$，$F_{0.05}(6,12) = 3.00$，则在显著性水平 $\alpha = 0.05$ 时，检验的结果是（　　　）.

A. 只有 A 因素对结果有显著性影响

B. 只有 B 因素对结果有显著性影响

C. 只有交互作用对结果有显著性影响

D. A、B 及 A 和 B 的交互作用都对结果无显著性影响

7. 设某结果可能受因素 A 及 B 的影响，现对 A 取 4 个不同的水平，B 取 3 个不同的水平配对做试验，按双因子方差分析模型的计算结果：$SS_A = 5.29$，$SS_B = 2.22$，$SS_T = 7.77$. 且 $F_{0.05}(3,6) = 4.76$，$F_{0.05}(2,6) = 5.14$，则在显著性水平 $\alpha = 0.05$ 时，检验的结果是（　　　）.

A. 只有 A 因素的不同水平对结果有显著影响

B. 只有 B 因素的不同水平对结果有显著影响

C. A 的不同水平及 B 的不同水平都对结果有显著影响

D. A、B 因素不同水平组合对结果没有显著影响

8. 对因子 A 取 r 个不同水平，因子 B 取 s 个不同水平，A 与 B 的每种水平组合重复 t 次试验后，对结果进行双因子有重复试验的方差分析，则以下关于各偏差平方和自由度的结论错误的是（　　　）.

A. A 因子的偏差平方和 SS_A 的自由度为 $r-1$

B. B 因子的偏差平方和 SS_B 的自由度为 $s-1$

C. 交互作用的偏差平方和 $SS_{A \times B}$ 的自由度为 $(r-1)(s-1)$

D. 误差平方和 SS_E 的自由度为 $(r-1)(s-1)(t-1)$

二、填空题

9. 进行单因素方差分析的前提之一是要求表示 r 个水平的 r 个总体的方差 _____.

10. 进行方差分析时，将离差平方和 $SS_T = \sum\limits_{i=1}^{r} \sum\limits_{j=1}^{n_i} (X_{ij} - \overline{X})^2$ 表示为 $SS_T = SS_A + SS_E$，其中 $SS_A = $ _____，$SS_E = $ _____.

11. 进行方差分析时，将离差平方和 $SS_T = \sum\limits_{i=1}^{r} \sum\limits_{j=1}^{n_i} (X_{ij} - \overline{X})^2$ 表示为 $SS_T = SS_A + SS_E$，则 $\dfrac{SS_E}{\sigma^2} \sim$ _____.

12. 进行方差分析时，如果所有 $X_{ij} \sim N(\mu, \sigma^2)$，则 $\dfrac{SS_T}{\sigma^2} = \dfrac{1}{\sigma^2} \sum\limits_{i=1}^{r} \sum\limits_{j=1}^{n_i} (X_{ij} - \overline{X})^2 \sim$ _____.

13. 进行方差分析时，选取统计量 $F = \dfrac{\dfrac{SS_A}{r-1}}{\dfrac{SS_E}{n-r}} = \dfrac{(n-r)\sum\limits_{i=1}^{r} n_i \, (\overline{X}_i - \overline{X})^2}{(r-1)\sum\limits_{i=1}^{r}\sum\limits_{j=1}^{n_i} (X_{ij} - \overline{X}_i)^2}$，则

$F \sim$ _____.

14. 在单因素方差分析中，如果因素 A 有 a 个水平，其中在第 i 个水平下作了 n_i 次试验，$n_1 + n_2 + \cdots + n_a = n$，总的偏差平方和 SS_T 分解为 SS_A 和 SS_E，则 SS_A 的自由度为_____，SS_E 的自由度为_____，检验统计量 $F_A =$ _____，若 F_A 大于给定的临界值水平，则说明_____.

15. 某企业准备用三种方法组装一种新的产品，为确定哪种方法每小时生产的产品数量最多，随机抽取了 30 名工人，并指定每个人使用其中一种方法. 在显著水平 $\alpha = 0.05$ 下，通过对每个工人生产的产品数量进行方差分析得到下面的部分结果. 请完成方差分析表，由于_____，可判断不同的组装方法对产品数量的影响_____（显著，不显著）.

差异源	SS	df	MS	F	$P - \text{value}$	F crit
组　间			210		0.245946	3.354131
组　内	3836		—	—	—	—
总　计		29	—	—	—	—

16. 在双因素方差分析中，因素 A 有三个水平，因素 B 有四个水平，每个水平搭配各做一次试验. 请完成下列方差分析表，在显著水平 $\alpha = 0.05$ 下，由于_____，可判断因素 A 的影响_____（显著，不显著）；由于_____，可判断因素 B 的影响_____（显著，不显著）.

来　源	平方和	自由度	均方	F 值
因素 A	54			
因素 B	82			
误差 e				—
总和	164		—	—

17. 在某种化工产品的生产过程中，选择 3 种不同的浓度：$A_1 = 2\%$，$A_2 = 4\%$，$A_3 = 6\%$；4 种不同的温度：$B_1 = 10℃$，$B_2 = 24℃$，$B_3 = 38℃$，$B_4 = 52℃$；在每种浓度与温度配合下各做两次试验，观测产品的收取率. 现由试验数据计算出如下结果：总偏差平方和 $SS_T = 147.8333$，因素 A（浓度）的偏差平方和 $SS_A = 44.3333$，因素 B（温度）的偏差平方和 $SS_B = 11.50$，交互作用 $A \times B$ 的偏差平方和 $SS_{A \times B} = 27.00$，则误差平方和 $SS_E =$ _____，检验统计量 $F_A =$ _____，$F_B =$ _____，$F_{A \times B} =$ _____，在显著性水平 $\alpha = 0.05$ 下. 由于_____，可判断因素 A 的影响_____（显著，不显著）；由于_____，可判断因素 B 的影响_____（显著，不显著）；由于_____，可判断因素 A 与因素 B 的交互作用的影响_____（显著，不显著）.

18. 为了分析不同操作方法生产某种产品节约原料是否相同，在其余条件尽可能相同的情况下，安排了五种不同的生产操作方法，测量原料节约额，得到实验结果见下表. 在显著水平 $\alpha = 0.05$ 下，由于 _____，可判断不同操作方法生产某种产品节约原料_____（有，无）显著差异.

差异源	SS	df	MS	F	P - value	F crit
操作方法	55.5370	4	13.8842	6.0590	0.0041	4.8932
组内	34.3725	15	2.2915			
总计	89.9095	19				

19. 腐乳的味道、口感等质量指标只能通过感观来确定. 为了检验专业评议员对腐乳评分标准是否存在显著差异，不同的腐乳质量是否存在显著差异，得到 4 位专业评议员对 4 种腐乳的评分结果，得到实验结果如下表所示. 在显著水平 $\alpha = 0.05$ 下，由于 _____，可判断专业评议员对腐乳评分标准_____（有，无）显著差异；由于 _____，可判断不同的腐乳质量_____（有，无）显著差异.

差异源	SS	df	MS	F	P - value	F crit
专业评议员	54	3	18.0000	16.2	0.000569	3.8625
腐乳	148	3	49.3333	44.4	1.02E－05	3.8625
误差	10	9	1.1111			
总计	212	15				

20. 为了分析时段、路段以及时段与路段的交互作用对行车时间的影响，某市一名交通警察分别在两个路段和高峰期与非高峰期驾车试验，共获得 20 个行车时间数据，得到实验结果如下表所示. 在显著水平 $\alpha = 0.05$ 下，由于 _____，可判断时段因素对行车时间的影响_____（显著，不显著）；由于 _____，可判断路段因素对行车时间的影响_____（显著，不显著）；由于 _____，可判断时段与路段因素对行车时间交互作用的影响_____（显著，不显著）.

差异源	SS	df	MS	F	P - value	F crit
时段	174.05	1	174.05	44.0632	5.7E－06	4.49399
路段	92.45	1	92.45	23.4050	0.00018	4.49399
交互	0.05	1	0.05	0.0126	0.91181	4.49399
内部	63.20	16	3.95			
总计	329.75	19				

三、判断题

21. 为了对几个行业的服务质量进行评价，消费者协会分别抽取了四个不同行业的企业作为样本，根据最近一年消费者对企业投诉的次数得到如下的方差分析表，试分析这几个服务行业的服务质量是否有显著差异.

方差分析						
差异源	SS	df	MS	F	$P - value$	F crit
组间	1456.6087	3	485.536232	3.40664269	0.038765	3.12735
组内	2708	19	142.526316			
总计	4164.6087	22				

由表可知分析这几个服务行业的服务质量是否有显著差异的 P -值为 0.038765.

22. 根据四个品牌的彩色电视机在五个地区销售量数据得到如下的方差分析表:

方差分析						
差异源	SS	df	MS	F	$P - value$	F crit
品牌	13004.55	3	4334.85	18.10777318	9.45615E - 05	3.490294821
地区	2011.7	4	502.925	2.100845894	0.143664887	3.259166727
误差	2872.7	12	239.3916667			
总计	17888.95	19				

由表可知品牌因素对彩色电视机的销售量是否有显著影响的 P -值为 0.945615×10^{-5},可认为不同的品牌彩色电视机的销售量有显著影响.

23. 根据四个品牌的彩色电视机在五个地区销售量数据,在显著性水平 0.05 下得到如下的方差分析表:

方差分析						
差异源	SS	df	MS	F	$P - value$	F crit
品牌	13004.55	3	4334.85	18.10777318	9.45615E - 05	3.490294821
地区	2011.7	4	502.925	2.100845894	0.143664887	3.259166727
误差	2872.7	12	239.3916667			
总计	17888.95	19				

由表可知地区因素的临界值 $F_{0.05}(4,12) = 3.259166727$.

24. 根据四个品牌的彩色电视机在五个地区销售量数据,在显著性水平 0.05 下得到如下的方差分析表:

方差分析						
差异源	SS	df	MS	F	$P - value$	F crit
品牌	13004.55	3	4334.85	18.10777318	9.45615E - 05	3.490294821
地区	2011.7	4	502.925	2.100845894	0.143664887	3.259166727
误差	2872.7	12	239.3916667			
总计	17888.95	19				

由表可知地区因素 F -值＝2.100845894 小于临界值，可认为彩色电视机在不同地区的销售量无显著差异．

四、应用计算题

25. 比较四种肥料 A_1，A_2，A_3，A_4 对作物产量的影响，每一种肥料做 5 次试验，得产量（kg/小区）见下表．试检验四种肥料对产量的影响有无显著差异？

肥料	A_1	A_2	A_3	A_4
	5.5	6.5	8.0	5.5
	5.0	6.0	6.5	6.5
样本观测值	6.0	7.0	7.5	6.0
	4.5	6.5	7.0	5.0
	7.0	5.5	6.0	5.5

26. 取四个种系未成年雌性大白鼠各三只，每只按一种剂量注射雌激素，一月后，解剖称其子宫重量，结果如下表．试检验不同剂量和不同白鼠种系对子宫重量有无显著影响？

剂量 ＼ 种系	0.2	0.4	0.8
A_1	106	116	145
A_2	42	68	115
A_3	70	111	133
A_4	42	63	87

27. 为检验广告媒体和广告方案对产品销售量的影响，一家营销公司做了一项试验，考察三种广告方案和两种广告媒体，获得的销售量数据如下表．试检验广告方案、广告媒体或其交互作用对销售量的影响是否显著．

广告方案	广告 媒 体	
	报纸	电视
A	8, 12	12, 8
B	22, 14	26, 30
C	10, 18	18, 14

五、实验题

28. 用 5 种不同的施肥方案分别得到某种农作物的收获量（单位：kg）如下：

施肥方案	1	2	3	4	5
	67	98	60	79	90
收获量	67	96	69	64	70
	55	91	50	81	79
	42	66	35	70	88

在显著性水平 $\alpha=0.05$ 下，检验施肥方案对农作物的收获量是否有显著影响.

29. 某粮食加工厂试验三种储藏方法对粮食含水率有无显著影响，现取一批粮食分成若干份，分别用三种不同的方法储藏，过段时间后测得的含水率（％）如下：

储藏方法	含 水 率 数 据				
A_1	7.3	8.3	7.6	8.4	8.3
A_2	5.4	7.4	7.1	6.8	5.3
A_3	7.9	9.5	10	9.8	8.4

在显著性水平 $\alpha=0.05$ 下，检验储藏方法对含水率有无显著的影响.

30. 进行农业实验，选择四个不同品种的小麦其三块试验田，每块试验田分成四块面积相等的小块，各种植一个品种的小麦，收获产量（单位：kg）如下：

品　种	试 验 田		
	B_1	B_2	B_3
A_1	26	25	24
A_2	30	23	25
A_3	22	21	20
A_4	20	21	19

在显著性水平 $\alpha=0.05$ 下，检验小麦品种及实验田对收获量是否有显著影响.

31. 考察合成纤维中对纤维弹性有影响的两个因素：收缩率及总的拉伸倍数，各取四个水平，重复试验两次，得到如下试验结果：

收缩率	拉 伸 倍 数			
	B_1	B_2	B_3	B_4
A_1	71, 73	72, 73	73, 75	75, 77
A_2	73, 75	74, 76	77, 78	74, 74
A_3	73, 76	77, 79	74, 75	73, 74
A_4	73, 75	72, 73	70, 71	69, 69

在显著性水平 $\alpha=0.05$ 下，检验收缩率、总的拉伸倍数以及它们的交互作用对纤维弹性是否有显著影响.

第十章　回　归　分　析

回归分析是研究变量间函数关系的最常用的统计方法. 这一统计方法被用于几乎所有的研究领域, 包括社会科学、物理、生物、人文科学. 本章主要介绍线性回归方程参数的估计、显著性检验和应用, 以及可线性化的一元非线性回归.

第一节　一元线性回归方程

一、相关分析与回归分析

无论是自然现象之间还是社会经济现象之间, 大多存在着不同程度的联系.

数理统计研究的问题之一就是要探寻各种变量之间的相互联系方式、联系程度及其变化规律. 各种变量之间的关系可分为两类: 一类是确定的函数关系, 另一类是不确定的统计相关关系.

确定性现象间的关系常常表现为函数关系. 例如, 圆面积 S 与圆半径 r 间的关系, 只要半径值 r 给定, 与之对应的圆面积 S 也就随之确定: $S = \pi r^2$.

非确定现象间的关系常常表现为统计相关关系. 例如, 农作物产量 Y 与施肥量 X 间的关系, 其特点是: 农作物产量 Y 随着施肥量 X 的变化呈现某种规律性的变化, 在适当的范围内, 随着 X 的增加, Y 也增加. 但与上述函数关系不同的是, 给定施肥量 X, 与之对应的农作物产量 Y 并不能完全确定. 主要原因在于, 除了施肥量, 还有诸如阳光、气温等其他许多因素都在影响着农作物的产量. 这时无法确定农作物产量与施肥量间确定的函数关系, 但却能通过统计推断的方法研究它们间的统计相关关系.

当然, 变量间的函数关系与相关关系并不是绝对的, 在一定条件下两者可以相互转化. 例如, 在对确定性现象的观测中, 往往存在测量误差, 这时函数关系常会通过相关关系表现出来; 反之, 如果对非确定性现象的影响因素能够一一辨认出来, 并全部纳入变量间的依存关系式中, 则变量间的相关关系就会向函数关系转化. 相关分析与回归分析主要研究非确定性现象间的统计相关关系.

变量间的统计相关关系可以通过相关分析与回归分析来研究. 相关分析主要研究随机变量间的相关形式和相关程度.

从变量间相关的表现形式看, 有线性相关与非线性相关之分, 前者往往表现为变量的散点图接近于一条直线. 变量间线性相关程度的大小可通过相关系数来度量, 即两个变量 X 与 Y 的相关系数 ρ_{XY}. 具有相关关系的变量间如果存在因果关系, 这时我们可以通过回归分析来研究他们之间具体的依存关系.

回归分析是研究一个变量关于另一个（些）变量依赖关系的分析方法和理论. 其

主要作用在于通过后者的已知或设定值，去估计或预测前者的均值即 $E(Y|X)$. 前一个变量称为被解释变量或因变量，后一个变量称为解释变量或自变量.

相关分析与回归分析既有联系又有区别. 首先，两者都是研究非确定性变量间的统计依赖关系，并能测度线性依赖程度的大小. 其次，两者间又有明显的区别，相关分析仅仅是从统计数据上测度变量间的相关程度，而无须考察两者间是否有因果关系，因此，变量的地位在相关关系中是对称的，而且都是随机变量；回归分析则更关注具有统计相关关系的变量间的因果关系分析，变量的地位是不对称的，有解释变量和被解释变量之分. 而且解释变量也往往被假设为非随机变量. 再次，相关分析只关注变量间的依赖程度，不关注具体的依赖关系；而回归分析则更加关注变量间的具体依赖关系，因此可以进一步通过解释变量的变化来估计或预测被解释变量的变化，达到深入分析变量间的依存关系，掌握被解释变量的变化规律.

二、总体回归函数

由于统计相关的随机性，回归分析关心的是：当解释变量的值已知或给定时，考察被解释变量的总体均值. 即当解释变量取某个确定值时，与之统计相关的被解释变量所有可能出现的对应值的平均值，即 $E(Y|X=x_0)$.

10-2 ▶
总体回归函数

定义 在给定解释变量 $X=x$ 的条件下，被解释变量 Y 的期望轨迹称为总体回归曲线. 相应的函数

$$E(Y|X=x)=f(x)$$

称为**总体回归函数**（population regression function）.

（1）在总体回归函数中，当 $f(x)$ 为线性函数时，称为**线性回归**（Linear regression）；

（2）当 $f(x)$ 为非线性函数时，称为**非线性回归**（Nonlinear regression）；

（3）当 $f(x)$ 中的自变量只有一个时，称为**一元回归**；

（4）当 $f(x)$ 中的自变量多于一个时，称为**多元回归**.

定义 若一元线性回归函数为

$$E(Y|X=x)=\beta_0+\beta_1 x$$

则未知参数 β_0 与 β_1 称为**回归系数**.

【**例 10-1**】 若 $(X, Y)\sim N(\mu_1, \mu_2, \sigma_1^2, \sigma_2^2, \rho)$，则有条件分布（图 10-1）

$$Y|X=x\sim N\left(\mu_2+\frac{\rho\sigma_2(x-\mu_1)}{\sigma_1},\sigma_2^2(1-\rho^2)\right)$$

从而有总体回归函数

$$E(Y|X=x)=\mu_2+\frac{\rho\sigma_2(x-\mu_1)}{\sigma_1}$$

如图 10-1 所示，线性函数形式最为简单，其中参数的估计与检验也相对容易，而且很多非线性函数可转换为线性形式，因此，为了研究方便，总体回归函数常设定成线性

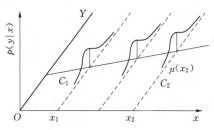

图 10-1 Y 与 x 之间关系示意图

形式.

【例 10-2】 一个社区由 100 户家庭组成,研究该社区每月家庭消费支出 Y 与每月家庭可支配收入 X 的关系,即根据家庭的每月可支配收入,考察该社区家庭每月消费支出的平均水平. 为研究方便,将该 100 户家庭组成的总体按可支配收入水平划分为 10 组,并分别分析每一组的家庭消费支出 (表 10-1).

表 10-1　　　　　　某社区家庭每月可支配收入与消费支出统计表　　　　　　单位:元

X	800	1100	1400	1700	2000	2300	2600	2900	3200	3500
Y	561	638	869	1023	1254	1408	1650	1969	2090	2299
	594	748	913	1100	1309	1452	1738	1991	2134	2321
	627	814	924	1144	1364	1551	1749	2046	2178	2530
	638	847	979	1155	1397	1595	1804	2068	2266	2629
		935	1012	1210	1408	1650	1848	2101	2354	2860
		968	1045	1243	1474	1672	1881	2189	2486	2871
			1078	1254	1496	1683	1925	2233	2552	
			1122	1298	1496	1712	1969	2244	2585	
			1155	1331	1562	1749	2013	2299	2640	
			1188	1364	1573	1771	2035	2310		
			1210	1408	1606	1804	2101			
				1430	1650	1870	2112			
				1485	1716	1947	2200			
					1485	2002				
y 平均值	605	825	1045	1265	1485	1705	1925	2145	2365	2585

由于不确定因素的影响,对同一可支配收入水平 X,不同家庭的消费支出不完全相同. 但由于调查的完备性,给定可支配收入水平 X 的消费支出 Y 的分布是确定的. 如 $P(Y=594|X=800)=1/4$,因此,给定收入 X 的值,可得消费支出 Y 的条件均值. 如 $E(Y|X=800)=605$.

由表 10-1 中的数据绘出可支配收入 X 与家庭消费支出 Y 的散点图 (图 10-2). 从该散点图可以看出,虽然不同的家庭消费支出存在差异,但平均来说,随着可支配收入的增加,家庭消费支出也在增加. 进一步,这个例子中 Y 的条件均值恰好落在一条正斜率的直线上,这条直线称为总体回归线.

总体回归函数描述了被解释变量 Y 的平均值随解释变量变化的规律. 但对于某个样本,被解释变量 Y_i 不一定恰好是给定解释变量 x_i 下的平均值 $E(Y|X=x_i)$,对于每一个样本,Y_i 聚集在给定解释变量 x_i 下的平均值 $E(Y|X=x_i)$ 周围.

定义 $\varepsilon_i=Y_i-E(Y|X=x_i)$,称为观测值 Y_i 与它的期望值 $E(Y|X=x_i)$ 的**离差**,也称为**随机干扰项**或**随机误差项** (Random error term).

随机误差项是一个不可观测的随机变量. 为了研究方便,假定 $\varepsilon_i \sim N(0, \sigma^2)$,$i=1,2,\cdots,n$. 因此总体一元线性回归函数的随机设定形式 (又称为总体回归模型) 为

$$\begin{cases} Y_i = E(Y \mid X = x_i) + \varepsilon_i = \beta_0 + \beta_1 x_i + \varepsilon_i \\ \varepsilon_i \sim N(0, \sigma^2), \quad i = 1, 2, \cdots, n \end{cases}$$

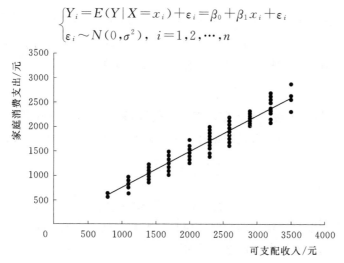

图 10 - 2　不同可支配收入水平组家庭消费支出的条件分布图

三、样本回归函数

　　尽管总体回归函数揭示了所考察总体被解释变量与解释变量间的平均变化规律，但总体的信息往往无法全部获得，因此，总体回归函数实际上是未知的. 现实的情况往往是，通过抽样得到总体的样本，再通过样本的信息来估计总体回归函数.

　　【**例 10 - 3**】　为研究某社区家庭可支配收入与消费支出的关系，从该社区家庭中随机抽取十个家庭进行观测，得到观测数据如下表（单位：元）.

可支配收入 x	800	1100	1400	1700	2000	2300	2600	2900	3200	3500
家庭消费支出 Y	594	638	1122	1155	1408	1595	1969	2078	2585	2530

　　该样本的散点图如图 10 - 3 所示，可以看出，该样本散点图近似于一条直线，可画一条直线尽可能地拟合该散点图. 由于样本取自总体，可用该线近似地代表总体回归线，该线称为样本回归线，**样本回归函数**形式为

$$\hat{y} = f(x) = \hat{\beta}_0 + \hat{\beta}_1 x$$

图 10 - 3　家庭可支配收入与消费支出的样本散点图

$\hat{y} = f(x) = \hat{\beta}_0 + \hat{\beta}_1 x$ 可以看成 $E(Y \mid X = x) = \beta_0 + \beta_1 x$ 式的近似代替，则 $\hat{y}_i = \hat{\beta}_0 + \hat{\beta}_1 x_i$ 就为 $E(Y \mid X = x_i)$ 的估计量，$\hat{\beta}_0$ 为 β_0 估计量，$\hat{\beta}_1$ 为 β_1 的估计量. 同样的，样本回归函数也有如下随机形式（又称为样本回归模型）：

$$\hat{y}_i + \hat{\varepsilon}_i = \hat{\beta}_0 + \hat{\beta}_1 x_i + e_i$$

其中 e_i 称为残差项，代表了其他影响 Y_i 的随机因素的集合，可看成 ε_i 的估计量 $\hat{\varepsilon}_i$.

回归分析的主要目的，就是根据样本回归函数，估计总体回归函数. 也就是根据

$$\hat{y}_i + \hat{\varepsilon}_i = \hat{\beta}_0 + \hat{\beta}_1 x_i + e_i$$

估计

$$Y_i = E(Y \mid X = x_i) + \varepsilon_i = \beta_0 + \beta_1 x_i + \varepsilon_i$$

即设计一种"方法"构造样本回归线，使其尽可能"接近"总体回归线. 图 10 - 4 给出了总体回归线与样本回归线的基本关系.

四、回归系数的最小二乘估计

10 - 3 ▶
回归系数的最小二乘估计

德国数学家高斯（Carl Friedrich Gauss）对最小二乘估计法的广泛应用作出了重要贡献. 在一定的假定下，最小二乘法有一些非常令人向往的统计性质，从而使它成为回归分析中最有效的和最为流行的方法之一.

已知一组样本观测值 $(x_i, y_i)(i = 1, 2, \cdots, n)$，要求样本回归函数尽可能好地拟合这组值，即样本回归线上的点 $\hat{y}_i$ 与真实观测点 y_i 的"总体误差"尽可能地小. 如图 10 - 5 所示，最小二乘法（Least squares estimated）给出的评判标准是：对给定的样本观测值，选择出 $\hat{\beta}_0$，$\hat{\beta}_1$ 使 y_i 与 $\hat{y}_i$ 之差的平方和最小. 即使得 $Q(\hat{\beta}_0, \hat{\beta}_1) = \sum_{i=1}^{n} (y_i - \hat{y}_i)^2 = \sum_{i=1}^{n} (y_i - \hat{\beta}_0 - \hat{\beta}_1 x_i)^2$ 最小.

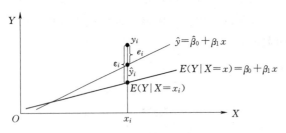

图 10 - 4　总体回归线与样本回归线的基本关系

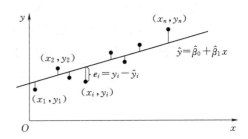

图 10 - 5　观测值与回归值的关系

根据微积分知识，当 Q 对 $\hat{\beta}_0$，$\hat{\beta}_1$ 的一阶偏导数为 0 时，Q 达到最小，即

$$\begin{cases} \dfrac{\partial Q}{\partial \hat{\beta}_0} = -2 \sum_{i=1}^{n} (y_i - \hat{\beta}_0 - \hat{\beta}_1 x_i) = 0 \\ \dfrac{\partial Q}{\partial \hat{\beta}_1} = -2 \sum_{i=1}^{n} (y_i - \hat{\beta}_0 - \hat{\beta}_1 x_i) x_i = 0 \end{cases}$$

整理得：

$$\begin{cases} n\hat{\beta}_0 + n\hat{\beta}_1\overline{x} = n\overline{y} \\ n\hat{\beta}_0\overline{x} + \hat{\beta}_1\sum_{i=1}^{n}x_i^2 = \sum_{i=1}^{n}x_iy_i \end{cases}$$

方程组称为**正规方程组**（Normal equations）. 其中，$\overline{x} = \dfrac{1}{n}\sum_{i=1}^{n}x_i$，$\overline{y} = \dfrac{1}{n}\sum_{i=1}^{n}y_i$.

解得

$$\begin{cases} \hat{\beta}_1 = \dfrac{\sum_{i=1}^{n}x_iy_i - n\overline{x}\,\overline{y}}{\sum_{i=1}^{n}x_i^2 - n\overline{x}^2} \\[2em] \hat{\beta}_0 = \overline{y} - \hat{\beta}_1\overline{x} \end{cases}$$

为了计算上的方便，引入下述记号：

$$S_{xx} = \sum_{i=1}^{n}(x_i - \overline{x})^2 = \sum_{i=1}^{n}x_i^2 - n\overline{x}^2$$

$$S_{yy} = \sum_{i=1}^{n}(y_i - \overline{y})^2 = \sum_{i=1}^{n}y_i^2 - n\overline{y}^2$$

$$S_{xy} = \sum_{i=1}^{n}(x_i - \overline{x})(y_i - \overline{y}) = \sum_{i=1}^{n}x_iy_i - n\overline{x}\,\overline{y}$$

这样

$$\begin{cases} \hat{\beta}_1 = \dfrac{S_{xy}}{S_{xx}} \\[1.5em] \hat{\beta}_0 = \overline{y} - \hat{\beta}_1\overline{x} \end{cases}$$

【**例 10 - 4**】 测定某水稻品种在 5 月 5 日到 8 月 5 日播种中（每隔 10 天播一期），播种至齐穗的天数 $x(\mathrm{d})$ 和播种至齐穗的总积温 $Y(\mathrm{d} \cdot \text{℃})$ 的关系如下表：

x	70	67	55	52	51	52	51	60	64
Y	1616.3	1610.9	1440.0	1440.7	1423.3	1471.2	1421.8	1547.1	1533.0

试求 Y 关于 x 的线性回归方程.

解 参数估计的计算可通过表 10 - 2 进行.

计算可得：

$$S_{yy} = \sum y_i^2 - n\overline{y}^2 = 49073.92$$

$$S_{xx} = \sum x_i^2 - n\overline{x}^2 = 444$$

$$S_{xy} = \sum x_iy_i - n\overline{x}\,\overline{y} = 4478.8$$

由此计算得

$$\hat{\beta}_1 = \frac{S_{xy}}{S_{xy}} = 10.08739$$

表 10-2　　　　　　　　　　　参 数 估 计 的 计 算 表

序号	x_i	y_i	x_i^2	y_i^2	$x_i y_i$
1	70	1616.3	4900	2612426	113141
2	67	1610.9	4489	2594999	107930.3
3	55	1440	3025	2073600	79200
4	52	1440.7	2704	2075616	74916.4
5	51	1423.3	2601	2025783	72588.3
6	52	1471.2	2704	2164429	76502.4
7	51	1421.8	2601	2021515	72511.8
8	60	1547.1	3600	2393518	92826
9	64	1533	4096	2350089	98112
列和	522	13504.3	30720	20311976	787728.2

$$\hat{\beta}_0 = \overline{y} - \hat{\beta}_1 \overline{x} = 915.4093$$

因此，由该样本估计的回归方程为 $\hat{y} = 915.4093 + 10.08739x$.

五、一元线性回归方程的显著性检验

一元线性回
归方程的显
著性检验

得到一个实际问题的回归方程 $\hat{y} = \hat{\beta}_0 + \hat{\beta}_1 x$ 后，还不能马上就用它去作分析和预测，因为只有当变量 $E(Y|X=x)$ 与 x 存在线性关系时，$\hat{y} = \hat{\beta}_0 + \hat{\beta}_1 x$ 才有意义. 因此，需要运用统计方法，检验变量 Y 与 x 是否存在线性相关关系.

关于回归方程的显著性检验，下面介绍三种检验方法：F-检验、t-检验和相关系数（r）检验.

（一）平方和分解

定理　设 $\hat{y}_i = \hat{\beta}_0 + \hat{\beta}_1 x_i$，则

(1) $\dfrac{1}{n} \sum\limits_{i=1}^{n} \hat{y}_i = \overline{y}$；

(2) $\sum\limits_{i=1}^{n} (\hat{y}_i - \overline{y})^2 = \hat{\beta}_1^2 \sum\limits_{i=1}^{n} (x_i - \overline{x})^2$.

证明　(1) $\dfrac{1}{n} \sum\limits_{i=1}^{n} \hat{y}_i = \dfrac{1}{n} \sum\limits_{i=1}^{n} (\hat{\beta}_0 + \hat{\beta}_1 x_i) = \hat{\beta}_0 + \hat{\beta}_1 \dfrac{1}{n} \sum\limits_{i=1}^{n} x_i = \hat{\beta}_0 + \hat{\beta}_1 \overline{x} = \overline{y}$

(2) $\sum\limits_{i=1}^{n} (\hat{y}_i - \overline{y})^2 = \sum\limits_{i=1}^{n} \left[(\hat{\beta}_0 + \hat{\beta}_1 x_i) - (\hat{\beta}_0 + \hat{\beta}_1 \overline{x}) \right]^2$

$$= \sum\limits_{i=1}^{n} \hat{\beta}_1^2 (x_t - \overline{x})^2 = \hat{\beta}_1^2 \sum\limits_{i=1}^{n} (x_i - \overline{x})^2$$

定义　$SS_T = \sum\limits_{i=1}^{n} (y_i - \overline{y})^2$ 称为**总偏差平方和**；$SS_E = \sum\limits_{i=1}^{n} (y_i - \hat{y}_i)^2$ 称为**残差平方和**或**剩余平方和**；$SS_R = \sum\limits_{i=1}^{n} (\hat{y}_i - \overline{y})^2$ 称为**回归平方和**.

$SS_T = \sum_{i=1}^{n} (y_i - \overline{y})^2$ 反映了数据 $y_1, y_2, \cdots, y_n$ 波动性的大小；$SS_E = \sum_{i=1}^{n} (y_i - \hat{y}_i)^2$ 反映了 Y 与 x 之间的线性相关关系以外的因素引起数据 $y_1, y_2, \cdots, y_n$ 波动的大小. 若 $SS_E = 0$，则每个观测值可由线性相关关系精确拟合，SS_E 越大，观测值和线性拟合值间的偏差也越大；因为 $SS_R = \sum_{i=1}^{n} (\hat{y}_i - \overline{y})^2$ 就是 $\hat{y}_1, \hat{y}_2, \cdots, \hat{y}_n$ 的偏差平方和，且 $\sum_{i=1}^{n} (\hat{y}_i - \overline{y})^2 = \hat{\beta}_1^2 \sum_{i=1}^{n} (x_i - \overline{x})^2$，由此可见 $\hat{y}_1, \hat{y}_2, \cdots, \hat{y}_n$ 的分散性来源于 $x_1, x_2, \cdots, x_n$ 的分散性，且是通过 x 对 Y 的线性相关关系引起的，特别，若 $SS_R = 0$，则每个拟合值均相等，即 $\hat{y}$ 不随 x 的变化而变化，这实质上反映了 Y 与 x 不存在线性相关关系.

定理 $SS_T = SS_R + SS_E$

证明 $SS_T = \sum_{i=1}^{n} (y_i - \overline{y})^2 = \sum_{i=1}^{n} (y_i - \hat{y}_i + \hat{y}_i - \overline{y})^2$

$$= \sum_{i=1}^{n} (y_i - \hat{y}_i)^2 + \sum_{i=1}^{n} (\hat{y}_i - \overline{y})^2 + 2 \sum_{i=1}^{n} (y_i - \hat{y}_i)(\hat{y}_i - \overline{y})$$

又因为

$$\sum_{i=1}^{n} (y_i - \hat{y}_i)(\hat{y}_i - \overline{y}) = \sum_{i=1}^{n} (y_i - \hat{y}_i)[\hat{\beta}_0 + \hat{\beta}_1 x_i - \overline{y}]$$

$$\underline{\hat{\beta}_0 = \overline{y} - \hat{\beta}_1 \overline{x}} \sum_{i=1}^{n} (y_i - \hat{y}_i)[\hat{\beta}_1 (x_i - \overline{x})]$$

$$= \hat{\beta}_1 \Big[\sum_{i=1}^{n} (y_i - \hat{y}) x_i - \sum_{i=1}^{n} (y_i - \hat{y}) \overline{x} \Big] = 0$$

所以

$$SS_T = \sum_{i=1}^{n} (y_i - \overline{y})^2 = \sum_{i=1}^{n} (y_i - \hat{y}_i)^2 + \sum_{i=1}^{n} (\hat{y}_i - \overline{y})^2 = SS_E + SS_R$$

（二）F - 检验

因为当 $\beta_1 = 0$ 时，意味着被解释变量 Y 与解释变量 x 之间不存在线性相关关系. 所以为了检验被解释变量 Y 与解释变量 x 之间的线性相关关系的显著性，应当检验以下假设是否成立.

$$H_0 : \beta_1 = 0, \quad H_1 : \beta_1 \neq 0$$

分析引起观测值 $y_1, y_2, \cdots, y_n$ 之间差异的两个原因：①当 Y 与 x 之间有显著的线性相关关系时，由于 x 取值不同，而引起 y_i 值得变化；②除去 Y 与 x 的线性相关关系以外的因素. 以此来构造适当的检验统计量.

不加证明地给出以下结论：

定理 设 $Y_i \sim N(\beta_0 + \beta_1 x_i, \sigma^2)$，$i = 1, 2, \cdots, n$，且相互独立，如果原假设 $H_0 : \beta_1 = 0$ 成立，则有

（1）$\dfrac{SS_E}{\sigma^2} \sim \chi^2(n-2)$；

(2) $\dfrac{SS_R}{\sigma^2} \sim \chi^2(1)$;

(3) SS_R 与 SS_E 相互独立;

(4) $F = \dfrac{SS_R}{SS_E/(n-2)} \sim F(1, n-2)$.

由此可知,为了检验 H_0: $\beta_1 = 0$,可构造检验统计量

$$F = \frac{SS_R}{SS_E/(n-2)} \sim F(1, n-2)$$

如果变量 Y 与 x 的线性相关关系显著,则 SS_R 较大,SS_E 较小,因而统计量 F 的观测值也较大;相反,如果变量 Y 与 x 的线性相关关系不显著,则 F 的观测值较小.因此对于给定的显著性水平 α,当 $F > F_\alpha(1, n-2)$ 时,拒绝 H_0,说明回归方程显著,即 Y 与 x 有显著的线性相关关系;如果 $F \leqslant F_\alpha(1, n-2)$,接受 H_0,即 Y 与 x 之间的线性相关关系不显著.

在具体检验过程中,可以利用下面的计算公式:

$$SS_T = \sum_{i=1}^{n}(y_i - \overline{y})^2 = \sum_{i=1}^{n} y_i^2 - n\overline{y}^2 = S_{yy}$$

$$SS_R = \sum_{i=1}^{n}(\hat{y}_i - \overline{y})^2 = \hat{\beta}_1^2 \sum_{i=1}^{n}(x_i - \overline{x})^2 = \frac{S_{xy}^2}{S_{xx}}$$

$$SS_E = SS_T - SS_R = S_{yy} - \frac{S_{xy}^2}{S_{xx}}$$

将相关的计算结果放在方差分析表(表 10 - 3)中.

表 10 - 3   方 差 分 析 表

方差来源	平方和	自由度	F 值	临界值
回归	SS_R	1	$F = \dfrac{SS_R}{SS_E/(n-2)}$	$F_{0.05}(1, n-2)$
残差	SS_E	$n-2$		$F_{0.01}(1, n-2)$
总计	SS_T	$n-1$		

一般地,给定两个显著性水平 $\alpha = 0.05$ 和 $\alpha = 0.01$,如果:

(1) 当 $F \leqslant F_{0.05}(1, n-2)$ 时,则认为 Y 与 x 之间的线性相关关系不显著;

(2) 当 $F_{0.05}(1, n-2) < F \leqslant F_{0.01}(1, n-2)$ 时,则认为 Y 与 x 之间的线性相关关系显著;

(3) 当 $F > F_{0.01}(1, n-2)$ 时,则认为 Y 与 x 之间的线性相关关系特别显著.

【例 10 - 5】 测定某水稻品种在 5 月 5 日至 8 月 5 日播种中(每隔 10 天播一期),播种至齐穗的天数 $x(d)$ 和播种至齐穗的总积温 $Y(d \cdot ℃)$ 的关系如下表:

x	70	67	55	52	51	52	51	60	64
Y	1616.3	1610.9	1440.0	1440.7	1423.3	1471.2	1421.8	1547.1	1533.0

检验播种至齐穗的总积温 $Y(d \cdot ℃)$ 关于播种至齐穗的天数 x 线性相关关系是否显著.

解 H_0：$\beta_1 = 0$，H_1：$\beta_1 \neq 0$

计算可得

$$SS_T = S_{yy} = 4973.92$$

$$SS_R = \frac{S_{xy}^2}{S_{xx}} = 45179.39$$

$$SS_E = SS_T - SS_R = 3894.525$$

其中 $n=9$，查表可知临界值 $F_{0.05}(1,7) = 5.59$ 和 $F_{0.01}(1,7) = 12.25$. 因此得方差分析表 10-4.

表 10-4   [例 10-5] 方差分析表

方差来源	平方和	自由度	F 值	临界值
回归	45179.39	1		$F_{0.05}(1, 7) = 5.59$
残差	3894.525	7	81.20522	$F_{0.01}(1, 7) = 12.25$
总计	49073.92	8		

由表可知 $F = 81.20522 > F_{0.01}(1,7) = 12.25$，拒绝 H_0. 可认为播种至齐穗的总积温 $Y(\mathrm{d} \cdot ℃)$ 关于播种至齐穗的天数 x 线性相关关系非常显著.

（三）t-检验

不加证明地给出以下结论：

定理 设 $Y_i \sim N(\beta_0 + \beta_1 x_i, \sigma^2)$，$i = 1, 2, \cdots, n$，且相互独立，如果原假设 H_0：$\beta_1 = 0$ 成立，则有

(1) $\dfrac{SS_E}{\sigma^2} \sim \chi^2(n-2)$；

(2) $\hat{\beta}_1 \sim N\left(\beta_1, \dfrac{\sigma^2}{S_{xx}}\right)$；

(3) $\hat{\beta}_1$ 与 SS_E 相互独立；

(4) $T = \dfrac{\hat{\beta}_1}{\hat{\sigma}/\sqrt{S_{xx}}} \sim t(n-2)$，其中 $\hat{\sigma} = \sqrt{SS_E/(n-2)}$，$S_{xx} = \sum\limits_{i=1}^{n}(x_i - \overline{x})^2$.

由此可知，为了检验 H_0：$\beta_1 = 0$，可构造检验统计量

$$T = \frac{\hat{\beta}_1}{\hat{\sigma}/\sqrt{S_{xx}}} \sim t(n-2)$$

对于给定的显著性水平 α，当 $|t| > t_{\alpha/2}(n-2)$ 时，拒绝 H_0，说明回归方程显著，即 Y 与 x 有显著的线性相关关系；如果 $|t| \leqslant t_{\alpha/2}(n-2)$，接受 H_0，即 Y 与 x 之间的线性相关关系不显著.

注意到 $T^2 = F$，因此，t-检验与 F-检验是等同的.

（四）相关系数检验

由于一元线性回归方程讨论的是变量 X 与 Y 之间的线性相关关系，因此可以用变量 X 与 Y 之间的相关系数来检验回归方程的显著性.

定义 设 (x_i, y_i)，$i = 1, 2, \cdots, n$，是 (X, Y) 的一个容量为 n 的样本观测值，则

$$r = \frac{\sum\limits_{i=1}^{n}(x_i - \overline{x})(y_i - \overline{y})}{\sqrt{\sum\limits_{i=1}^{n}(x_i - \overline{x})^2 \sum\limits_{i=1}^{n}(y_i - \overline{y})^2}} = \frac{S_{xy}}{\sqrt{S_{xx}S_{yy}}}$$

称为**样本相关系数**.

样本相关系数作为变量 X 与 Y 之间相关系数 ρ_{XY} 的估计值, 其取值范围为 $|r| \leqslant 1$. 当 $r > 0$ 时, 称变量 X 与 Y 为正相关; 当 $r < 0$ 时, 称变量 X 与 Y 为负相关. $|r|$ 越接近 1, 变量 X 与 Y 之间的线性相关关系越显著; $|r|$ 越接近 0, 变量 X 与 Y 之间的线性相关关系越不显著.

然而, 样本相关系数 r 的绝对值究竟应当多大, 才能认为变量 X 与 Y 之间的线性相关关系显著呢? 这个问题可以根据上述 F -检验的结果得到解决. 由于

$$F = \frac{SS_R}{SS_E/(n-2)} = \frac{(n-2)\dfrac{S_{xy}^2}{S_{xx}}}{S_{yy} - \dfrac{S_{xy}^2}{S_{xx}}} = \frac{(n-2)\dfrac{S_{xy}^2}{S_{xx}S_{yy}}}{1 - \dfrac{S_{xy}^2}{S_{xx}S_{yy}}} = \frac{(n-2)r^2}{1-r^2}$$

由此得 $|r| = \sqrt{\dfrac{F}{F+n-2}}$, 可知用样本相关系数 r 和统计量 F 来检验变量 X 与 Y 之间的线性相关关系是否显著是完全一致的.

因此当变量 X 与 Y 之间的线性相关关系显著时, 有

$$P(F \geqslant F_\alpha(1, n-2)) = P(|r| \geqslant r_\alpha) = \alpha$$

其中 r_α 为样本相关系数 r 的临界值.

对于给定的显著性水平 α, 由 F 的临界值 $F_\alpha(1, n-2)$ 可以计算得到样本相关系数 r 的临界值 $r_\alpha = \sqrt{\dfrac{F_\alpha(1, n-2)}{F_\alpha(1, n-2) + n-2}}$. 因为 F 分布的第一自由度恒为 1, F 的临界值 $F_\alpha(1, n-2)$ 即由第二自由度 $n-2$ 来确定, 所以样本相关系数 r 的临界值 r_α 依赖于自由度 $n-2$, 记作 $r_\alpha(n-2)$.

一般地, 给定两个显著性水平 $\alpha = 0.05$ 和 $\alpha = 0.01$. 如果:

(1) 当 $|r| \leqslant r_{0.05}(n-2)$ 时, 则认为变量 X 与 Y 之间的线性相关关系不显著;

(2) 当 $r_{0.05}(n-2) < |r| \leqslant r_{0.01}(n-2)$ 时, 则认为变量 X 与 Y 之间的线性相关关系显著;

(3) 当 $|r| > r_{0.01}(n-2)$ 时, 则认为变量 X 与 Y 之间的线性相关关系非常显著.

【例 10-6】 测定某水稻品种在 5 月 5 日至 8 月 5 日播种中 (每隔 10 天播一期), 播种至齐穗的天数 x(d) 和播种至齐穗的总积温 Y(d·℃) 的关系见下表:

x	70	67	55	52	51	52	51	60	64
Y	1616.3	1610.9	1440.0	1440.7	1423.3	1471.2	1421.8	1547.1	1533.0

利用相关系数 r 检验播种至齐穗的总积温 Y(d·℃) 关于播种至齐穗的天数 x 线性相关关系是否显著.

解　可算得

$$r = \frac{S_{xy}}{\sqrt{S_{xx}S_{yy}}} = 0.9595$$

并且 $n=9$，查表可得临界值 $r_{0.05}(7)=0.666, r_{0.01}(7)=0.798$. 所以

$$r_{0.01}(7) = 0.798 < 0.9595$$

因此播种至齐穗的总积温 $Y(\text{d} \cdot \text{℃})$ 关于播种至齐穗的天数 x 线性相关关系非常显著.

在一元线性回归场合，三种检验方法是等价的：在相同的显著性水平下，要么都拒绝原假设，要么都接受原假设，不会产生矛盾.

F 检验可以很容易推广到多元回归分析场合，而另外两种检验方法不能直接推广到多元回归分析场合，所以，F 检验是检验回归方程显著性的最常用方法.

第二节　一元回归方程的应用

当回归方程 $\hat{y}_i = \hat{\beta}_0 + \hat{\beta}_1 x_i$ 经过检验是显著的后，可用来做估计和预测.

所谓预测，就是对给定的自变量的值，预测对应的因变量所可能取的值. 这是回归分析最重要的应用之一. 在线性回归模型中，自变量往往代表一组试验条件或生产条件或社会经济条件，在有了回归模型之后，可对一些感兴趣的试验、生产条件，不必真正去做试验，就能够对相应的因变量的取值做出预测和分析，因此，预测就常常显得十分必要.

一、均值 $E(Y_0)$ 的点估计

因为 β_0，β_1 未知，从而当取定 $x=x_0$ 时，$E(Y \mid X=x_0)=E(Y_0)=\beta_0+\beta_1 x_0$ 未知，因此可将 $E(Y_0)$ 看着未知参数处理，寻求 $E(Y_0)$ 的点估计和区间估计.

如果 Y 关于 x 的线性相关关系显著，根据样本观测值 $(x_i, y_i), i=1,2,\cdots,n$，建立回归方程

$$\hat{y} = \hat{\beta}_0 + \hat{\beta}_1 x$$

当取定 $x=x_0$ 时，直观地得到 $E(Y_0)$ 的一个估计 $\widehat{E(Y_0)} = \hat{\beta}_0 + \hat{\beta}_1 x_0$，可以证明 $\widehat{E(Y_0)} = \hat{\beta}_0 + \hat{\beta}_1 x_0$ 是 $E(Y_0)=\beta_0+\beta_1 x_0$ 的一个无偏估计. 这个估计常简记为

$$\hat{y}_0 = \hat{\beta}_0 + \hat{\beta}_1 x_0$$

二、均值 $E(Y_0)$ 的区间估计

不加证明地给出以下结论：

定理　设 Y 关于 x 的线性回归方程式 $\hat{y}=\hat{\beta}_0+\hat{\beta}_1 x$ 显著，则

(1) $\hat{Y}_0 = \hat{\beta}_0 + \hat{\beta}_1 x_0 \sim N\left(\beta_0+\beta_1 x_0, \left[\frac{1}{n} + \frac{(x_0-\bar{x})^2}{S_{xx}}\right]\sigma^2\right)$;

（2）SS_E 与 $\hat{Y}_0$ 相互独立；

（3）$\dfrac{(\hat{Y}_0-E(Y_0))\Big/\sqrt{\dfrac{1}{n}+\dfrac{(x_0-\overline{x})^2}{S_{xx}}}\sigma}{\sqrt{\dfrac{SS_E}{\sigma^2}\Big/(n-2)}}=\dfrac{\hat{Y}_0-E(Y_0)}{\hat{\sigma}\sqrt{\dfrac{1}{n}+\dfrac{(x_0-\overline{x})^2}{S_{xx}}}}\sim t(n-2).$

记 $\delta_0=t_{\alpha/2}(n-2)\hat{\sigma}\sqrt{\dfrac{1}{n}+\dfrac{(x_0-\overline{x})^2}{S_{xx}}}$，则由此定理可知 $E(Y_0)$ 的 $1-\alpha$ 置信区间为：

$$(\hat{y}_0-\delta_0,\hat{y}_0+\delta_0)$$

可以证明：当 n 充分大时，对于 x 的任一值 x_0，

$$\hat{Y}_0=\hat{\beta}_0+\hat{\beta}_1x_0\sim AN(\beta_0+\beta_1x_0,\hat{\sigma}^2)$$

其中 $\hat{\sigma}^2=\dfrac{SS_E}{n-2}$. 于是，对于 x 的任一值 x_0，$E(Y_0)$ 的 $1-\alpha$ 近似置信区间为：

$$(\hat{y}_0-z_{\alpha/2}\hat{\sigma},\hat{y}_0+z_{\alpha/2}\hat{\sigma})$$

【例 10-7】 测定某水稻品种在 5 月 5 日至 8 月 5 日播种中（每隔 10 天播一期），播种至齐穗的天数 x(d) 和播种至齐穗的总积温 Y(d·℃) 的关系见下表：

x	70	67	55	52	51	52	51	60	64
Y	1616.3	1610.9	1440.0	1440.7	1423.3	1471.2	1421.8	1547.1	1533.0

如果播种至齐穗的天数 $x_0=65$，求播种至齐穗的总积温 Y 的置信水平为 0.95 的置信区间.

解 在前面已经求得了播种至齐穗的总积温 Y 关于播种至齐穗的天数 x 的线性回归方程为：$\hat{y}=915.4093+10.08739x$.

当 $x_0=65$ 时，有 $\hat{y}_0=915.4093+10.08739\times65=1571.089.$

又 $SS_E=3894.525$，可得 $\hat{\sigma}=\sqrt{\dfrac{3894.525}{9-2}}=23.5873.$

$$\begin{aligned}\delta_0&=t_{\alpha/2}(n-2)\hat{\sigma}\sqrt{\dfrac{1}{n}+\dfrac{(x_0-\overline{x})^2}{S_{xx}}}\\&=2.3646\times23.5873\times\sqrt{\dfrac{1}{9}+\dfrac{(65-58)^2}{444}}=26.24792\end{aligned}$$

因此，所求置信水平为 0.95 的置信区间为
$(1571.089-26.24792,1571.089+26.24792)$，也就是 $(1544.842,1597.337)$.

三、随机变量 Y_0 的预测区间

因为

$$Y_0=E(Y_0)+\varepsilon=\beta_0+\beta_1x_0+\varepsilon\sim N(\beta_0+\beta_1x_0,\sigma^2)$$

$$\hat{Y}_0=\hat{\beta}_0+\hat{\beta}_1x_0\sim N\left(\beta_0+\beta_1x_0,\left[\dfrac{1}{n}+\dfrac{(x_0-\overline{x})^2}{S_{xx}}\right]\sigma^2\right)$$

所以

$$Y_0 - \hat{Y}_0 \sim N\left(0, \left[1 + \frac{1}{n} + \frac{(x_0 - \overline{x})^2}{S_{xx}}\right]\sigma^2\right)$$

因此有

$$\frac{Y_0 - \hat{Y}_0}{\hat{\sigma}\sqrt{1 + \frac{1}{n} + \frac{(x_0 - \overline{x})^2}{S_{xx}}}} \sim t(n-2)$$

记 $\delta = t_{\alpha/2}(n-2)\,\hat{\sigma}\sqrt{1 + \frac{1}{n} + \frac{(x_0 - \overline{x})^2}{S_{xx}}}$，从而得到随机变量 Y_0 的 $1-\alpha$ 预测区间为：

$$(\hat{y}_0 - \delta, \hat{y}_0 + \delta)$$

【**例 10 - 8**】 某大洲圈养了 9 种哺乳动物，其怀孕期 x(d) 与平均寿命 Y(a) 的实验数据见下表：

x	225	122	284	250	52	201	330	240	154
Y	25	5	15	15	7	8	20	12	12

(1) 作平均寿命 Y 关于怀孕期 x 的散点图；

(2) 拟合回归直线方程 $\hat{y} = \hat{\beta}_0 + \hat{\beta}_1 x$；

(3) 对怀孕期 x 与平均寿命 Y 之间的线性相关关系进行显著性检验；

(4) 求相关系数；

(5) 当 $x_0 = 300$ 时，求相应的 $E(Y_0)$ 的点估计；

(6) 当 $x_0 = 300$ 时，求相应的 $E(Y_0)$ 的 0.95 的置信区间；

(7) 当 $x_0 = 300$ 时，求相应的 Y_0 的 0.95 的预测区间.

解 (1) 平均寿命 Y 关于怀孕期 x 的散点图如图 10 - 6 所示. 从散点图可发现 12 个点基本在一条直线附近，这说明两个变量之间为线性相关.

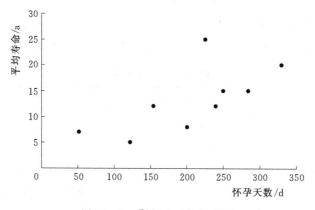

图 10 - 6 [例 10 - 8] 散点图

为了方便后续计算，先做以下内容的计算：

$$S_{xx} = \sum_{i=1}^{9} x_i^2 - \frac{1}{9} \left(\sum_{i=1}^{9} x_i \right)^2 = 441986 - \frac{1}{9} \times 1858^2 = 58412.22$$

$$S_{yy} = \sum_{i=1}^{9} y_i^2 - \frac{1}{9} \left(\sum_{i=1}^{9} y_i \right)^2 = 1901 - \frac{1}{9} \times 119^2 = 327.5556$$

$$S_{xy} = \sum_{i=1}^{9} x_i y_i - \frac{1}{9} \left(\sum_{i=1}^{9} x_i \right) \left(\sum_{i=1}^{9} y_i \right) = 27545 - \frac{1}{9} \times 1858 \times 119 = 2978.111$$

（2）列回归方程计算表（表 10-5）如下：

$$\hat{\beta}_1 = \frac{S_{xy}}{S_{xx}} = 0.050984, \quad \hat{\beta}_0 = \overline{y} - \hat{\beta}_1 \overline{x} = 2.69678$$

由此给出回归方程为： $\hat{y} = 2.69678 + 0.050984x$

表 10-5   [例 10-8] 回归分析计算表

序号	x_i	y_i	x_i^2	y_i^2	$x_i y_i$
1	225	25	50625	625	5625
2	122	5	14884	25	610
3	284	15	80656	225	4260
4	250	15	62500	225	3750
5	52	7	2704	49	364
6	201	8	40401	64	1608
7	330	20	108900	400	6600
8	240	12	57600	144	2880
9	154	12	23716	144	1848
和	1858	119	441986	1901	27545

（3）列方差分析表（表 10-6）如下：

$$SS_T = S_{yy} = 327.5556$$

$$SS_R = \hat{\beta}_1^2 S_{xx} = = 0.050984^2 \times 58412.22 = 151.8349$$

$$SS_E = SS_T - SS_R = 327.5556 - 151.8372 = 175.7207$$

表 10-6   [例 10-8] 方差分析表

方差来源	平方和	自由度	F 值	临界值
回归	151.8349	1		$F_{0.05}(1,\ 7) = 5.59$
残差	175.7207	7	6.048487	$F_{0.01}(1,\ 7) = 12.25$
总计	327.5556	8		

由于 $F = 6.048656 > F_{0.05}(1,7) = 5.59$，所以，怀孕期 x 与平均寿命 Y 之间的线性相关关系显著.

（4）$r = \dfrac{S_{xy}}{\sqrt{S_{xx}S_{yy}}} = \dfrac{2978.111}{\sqrt{58412.22 \times 327.5556}} = 0.680842 > 0.666 = r_{0.05}(7)$

(5) 当 $x_0 = 300$ 时，$E(\hat{Y}_0) = \hat{y}_0 = 2.69678 + 0.050984 \times 300 = 17.99198$

(6)
$$\hat{\sigma} = \sqrt{\frac{SS_E}{n-2}} = \sqrt{175.7184/(9-2)} = 5.010285$$

$$\delta_0 = t_{\alpha/2}(n-2)\hat{\sigma}\sqrt{\frac{1}{n} + \frac{(x_0 - \overline{x})^2}{S_{xx}}}$$

$$= 2.3646 \times 5.010252 \times \sqrt{\frac{1}{9} + \frac{(280-206.4444)^2}{58412.22}} = 5.347518$$

故 $x_0 = 300$ 对应的均值 $E(Y_0)$ 的 0.95 置信区间为

$(17.99198 - 5.347518, 17.99198 + 5.347518)$，也就是 $(12.64446, 23.3395)$.

(7)
$$\delta = t_{\alpha/2}(n-2)\hat{\sigma}\sqrt{1 + \frac{1}{n} + \frac{(x_0 - \overline{x})^2}{S_{xx}}}$$

$$= 2.3646 \times 5.010252 \times \sqrt{1 + \frac{1}{9} + \frac{(280-206.4444)^2}{58412.22}} = 12.99828$$

从而 $x_0 = 300$ 对应的 Y_0 的概率为 0.95 的预测区间为

$$(17.99198 - 12.99828, 17.99198 + 12.99828) = (4.9937, 30.99026)$$

$E(Y_0)$ 的 0.95 置信区间比 Y_0 的概率为 0.95 的预测区间窄很多.

【例 10-9】 为了研究某商品的需求量 Y 与价格 x 之间的关系，收集到 10 对数据，得到如下表的回归分析表.（1）求商品的需求量 Y 与价格 x 之间的线性回归方程；（2）根据检验的 P-value，在显著性水平 $\alpha = 0.05$ 下，确定线性回归关系是否显著；（3）当 $x = 2$ 时，需求量 Y 的平均值估计为多少.

	Coefficients	标准误差	t Stat	P-value	Lower 95%	Upper 95%
Intercept	12.195	0.752854	16.19832	2.12E-07	10.45888	13.93105
价格	-2.063	0.224958	-9.17012	1.61E-05	-2.58165	-1.54414

解 （1）商品的需求量 Y 与价格 x 之间的线性回归方程为 $\hat{y} = 12.195 - 2.063x$.

（2）根据检验的 P-value $= \hat{y} = 1.61 \times 10^{-5}$，故在显著性水平 $\alpha = 0.05$ 下，线性回归关系显著.

（3）当 $x = 2$ 时，需求量 Y 的平均值估计为 $\hat{y} = 12.195 - 2.063 \times 2 = 8.069$.

四、可线性化的一元非线性回归

在许多实际问题中，变量之间的关系并不都是线性的. 通常会碰到被解释变量与解释变量之间呈现某种曲线关系. 对于曲线形式的回归问题，显然不能照搬前面线性回归的统计方法. 如果还是用线性回归分析方法来处理，往往会发现回归关系不显著. 那么如何确定变量 Y 与 x 之间的曲线关系呢？直观而又简便的办法是用 n 组样本数据 (x_i, y_i)，$i = 1, 2, \cdots, n$，在平面上标出 n 个点，根据这 n 个点所呈现出的形状，与常见的已知函数图形作比较，选择一条曲线拟合这 n 个点. 表 10-7 列出了一些常见的，可以通过变量作变换而化成线性回归方程的函数图形及其数学表达式. 在化成线性回归方程之后，就可按

10-7 ▶

可线性化的一元非线性回归

表 10 - 7　　　　　**几种常用曲线回归方程及其图形**

曲线名称	曲线方程	曲 线 图 形	
双曲线	$\dfrac{1}{y}=a+\dfrac{b}{x}$	$b>0$	$b<0$
幂函数	$y=ax^b \ (a>0)$	$b>1$　$b=1$　$0<b<1$	$b<0$
指数曲线	$y=ae^{bx} \ (a>0)$	$b>0$	$b<0$
	$y=ae^{b/x} \ (a>0)$	$b>0$	$b<0$
对数曲线	$y=a+b\ln x$	$b>0$	$b<0$
S 型曲线	$y=\dfrac{1}{a+be^{-x}}$		

　　最小二乘法估计其参数，从而给出原曲线方程中参数的估计.

　　常用的曲线方程及其相应的化为线性方程的变量置换公式见表 10 - 8.

表 10 - 8   几种常用曲线方程变量置换

曲线方程	变换公式	变换后的线性方程
$\dfrac{1}{y}=a+\dfrac{b}{x}$	$u=\dfrac{1}{x},v=\dfrac{1}{y}$	$v=a+bu$
$y=ax^b(a>0)$	$u=\ln x,v=\ln y$	$v=a_1+bu(a_1=\ln a)$
$y=a+b\ln x$	$u=\ln x,v=y$	$v=a+bu$
$y=a\,\mathrm{e}^{bx}(a>0)$	$u=x,v=\ln y$	$v=a_1+bu(a_1=\ln a)$
$y=a\,\mathrm{e}^{b/x}(a>0)$	$u=\dfrac{1}{x},v=\ln y$	$v=a_1+bu(a_1=\ln a)$
$y=\dfrac{1}{a+b\mathrm{e}^{-x}}$	$u=\mathrm{e}^{-x},v=\dfrac{1}{y}$	$v=a+bu$

【例 10 - 10】 在研究河南斗鸡与肉鸡杂交改良效果的试验中，对杂交鸡的生产发育结果用数学模型进行拟合，寻求最佳生长模型，以便求出速生区间及最速点（生长拐点），用以指导今后的育种研究和商品肉鸡生产，现取一组数据进行拟合（表 10 - 9）.

表 10 - 9   ［例 10 - 10］数据表

周龄 x	初生	1	2	3	4	5	6
体重 Y/g	43.65	109.86	187.21	312.67	496.58	707.65	960.25

周龄 x	7	8	9	10	11	12
体重 Y/g	1238.75	1560.00	1824.29	2199.00	2438.89	2737.71

解 画出散点图（图 10 - 7）．根据图形形状拟合回归方程 $\hat{Y}=\hat{a}\,\mathrm{e}^{\hat{b}x}$.

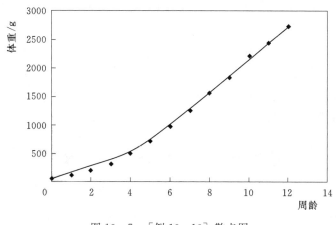

图 10 - 7   ［例 10 - 10］散点图

两边取自然对数，得

$$\ln\hat{Y}=\ln\hat{a}+\hat{b}x$$

置换变量，设 $Y^*=\ln Y$，并设 $A=\ln a$，得

$$\hat{Y}^*=\hat{A}+\hat{b}x$$

为了检验 Y^* 与 x 的线性相关关系的显著性，并确定系数 A 及 b，利用已给的数

据 (x, Y) 写出对应的数据 (x, Y^*) 见表 10 - 10.

表 10 - 10　　　　　　　　　　　[例 10 - 10] 变换后数据

周龄 x	初生	1	2	3	4	5	6
体重 Y^*/g	3.7762	4.6992	5.2322	6.207745	6.2077	6.5619	6.8672

周龄 x	7	8	9	10	11	12
体重 Y^*/g	7.1218	7.3524	7.5117	7.6958	7.7993	7.9149

于是计算可得 $\sum x_i = 78$，$\sum Y_i^* = 84.48559$，$\sum x_i^2 = 650$，$\sum Y_i^{*2} = 569.3825$，$\sum x_i Y_i^* = 565.2491$，且 $S_{y^*y^*} = 20.31979$，$S_{xx} = 182$，$S_{xy^*} = 58.33551$.

又可得 $SS_T = 20.31979$，$SS_R = \dfrac{S_{xy^*}^2}{S_{xx}} = 18.69798$，$SS_E = SS_T - SS_R = 1.62181$.

因此可得方差分析表（表 10 - 11）.

表 10 - 11　　　　　　　　　　　[例 10 - 10] 方差分析表

方差来源	平方和	自由度	F 值	临界值
回归	18.69798	1	126.8199	$F_{0.05}(1, 11) = 4.84$
残差	1.62181	11		$F_{0.01}(1, 11) = 9.65$
总计	20.31979	12		

因为 $F > 9.65$，所以 Y^* 与 x 之间的线性相关关系特别显著. 计算可得：
$$\hat{b} = 0.320525, \quad \hat{A} = 4.575743$$

Y^* 关于 x 的线性回归方程为
$$Y^* = 4.575743 + 0.320525x$$

再换回原变量，得
$$\ln Y = 4.575743 + 0.320525x$$

即
$$\hat{Y} = e^{4.575743 + 0.320525x} = 97.10016 e^{0.320525x}$$

这就是所求的曲线回归方程.

第三节　回归分析实验

一、实验目的

（1）掌握统计工具【回归】的使用方法.

（2）掌握线性回归分析的方法，并能对统计结果进行正确的分析.

（3）学会非线性回归方程的构建方法，并能进行有关的分析.

二、【回归】与实验方法

打开【Excel】→单击【数据】→【数据分析】→在【数据分析】对话框中，选

10 - 8 Ⓔ
回归分析实验

10 - 9 Ⓦ
回归分析实
验报告模板

10 - 10 ▶
一元回归实验

择【回归】→单击【确定】,进入【回归】对话框,如图 10-8 所示.

关于【回归】对话框:

◆ Y 值输入区域:在此输入对因变量数据区域的引用. 该区域必须由单列数据组成.

◆ X 值输入区域:在此输入对自变量数据区域的引用. Microsoft Excel 将对此区域中的自变量从左到右进行升序排列. 自变量的个数最多为 16.

◆ 标志:如果输入区域的第一行或第一列包含标志,选中此复选框. 如果在输入区域中没有标志,清除此复选框,Microsoft Excel 将在输出表中生成适宜的数据标志.

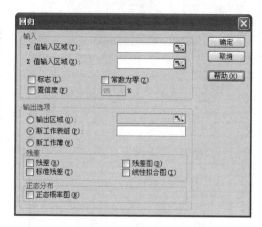

图 10-8 【回归】对话框

◆ 置信度:如果需要在汇总输出表中包含附加的置信度信息,选中此复选框. 在右侧的框中,输入所要使用的置信度. 默认值为 95%.

◆ 常数为零:如果要强制回归线经过原点,选中此复选框.

◆ 残差:如果需要在残差输出表中包含残差,选中此复选框.

◆ 标准残差:如果需要在残差输出表中包含标准残差,选中此复选框.

◆ 残差图:如果需要为每个自变量及其残差生成一张图表,选中此复选框.

◆ 线性拟合图:如果需要为预测值和观察值生成一张图表,选中此复选框.

◆ 正态概率图:如果需要生成一张图表来绘制正态概率,选中此复选框.

【例 10-11】 16 只公益股票某年的每股账面价值和当年红利如图 10-9 所示.

(1) 建立当年红利和每股账面价值的回归方程.

(2) 根据操作过程及结果解释回归系数的经济意义.

(3) 若序号为 6 的公司的股票每股账面价值增加 1 元,估计当年红利可能为多少.

操作过程及结果 在 Excel 表中进行方差分析的步骤如下:

第 1 步:如图 10-9 所示,打开【例:公益股票】Excel 表→单击【数据】→【数据分析】→在【数据分析】对话框中,选择【回归】→单击【确定】.

第 2 步:在出现的对话框中,如图 10-10 所示输入相关内容→单击【确定】.

从得到的回归分析结果可知常数项 P-值=0.188962>0.05,所以可认为常数项为零.

第 3 步:重新分析,在【回归】对话框中输入如图 10-11 所示内容→单击【确定】. 得到如图 10-12 所示的回归分析结果.

设当年红利为 y 和每股账面价值为 x,则由回归分析结果可知:

(1) 当年红利和每股账面价值的回归方程为:

$$y = 0.097409x$$

(2) 回归方程中 x 的系数的经济意义为股票账面价值每元可获红利 0.097409 元.

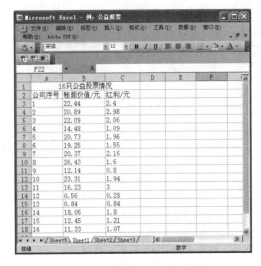

图 10-9　［例 10-11］数据

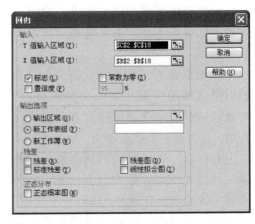

图 10-10　［例 10-11］的【回归】对话框 1

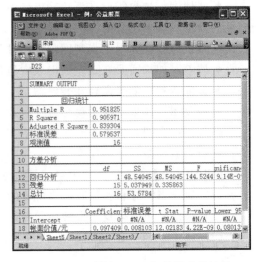

图 10-11　［例 10-11］的【回归】对话框 2

图 10-12　［例 10-11］统计分析结果

（3）若序号为 6 的公司的股票每股账面价值增加 1 元，估计当年每股红利可能为：

$$y = 0.097409 \times 20.25 = 1.97253225 (元)$$

【例 10-12】　图 10-13 是 1992 年亚洲各国和地区平均寿命、按购买力平价计算的人均 GDP、成人识字率、一岁儿童疫苗接种率的数据.

（1）用多元回归的方法分析亚洲各国和地区平均寿命与按购买力平价计算的人均 GDP、成人识字率、一岁儿童疫苗接种率的关系.

（2）对所建立的回归方程进行检验.

操作过程及结果　在 Excel 表中进行方差分析的步骤如下：

第 1 步：如图 10-13 所示，打开【例：亚洲人口现状】Excel 表→单击【数据】→【数据分析】→在【数据分析】对话框中，选择【回归】→单击【确定】.

10-11　▶

多元回归实验

第 2 步：在出现的对话框中，如图 10－14 所示输入相关内容→单击【确定】. 得到如图10－15所示的回归分析结果.

设平均寿命为 y 和人均 GDP 为 x_1，成人识字率为 x_2，一岁儿童疫苗接种率为 x_3，则由回归分析结果可知：

（1）亚洲各国和地区平均寿命与按购买力平价计算的人均 GDP、成人识字率、一岁儿童疫苗接种率的回归方程为

$$y=32.9931+0.0716x_1+0.1687x_2+0.1790x_3$$

	A	B	C	D	E	F
1	1992年亚洲各国和地区人口现状					
2	序号	国家和地区	平均寿命	人均GDP/100美元	成人识字率%	一岁儿童疫苗接种率%
3	1	日本	79	194	99	99
4	2	中国香港	77	185	90	79
5	3	韩国	70	83	97	83
6	4	新加坡	74	147	92	90
7	5	泰国	69	53	94	86
8	6	马来西亚	70	74	80	90
9	7	斯里兰卡	71	27	89	88
10	8	中国大陆	70	29	80	94
11	9	菲律宾	65	24	90	92
12	10	朝鲜	71	18	95	96
13	11	蒙古	63	23	95	85
14	12	印度尼西亚	62	27	84	92
15	13	越南	63	13	89	90
16	14	缅甸	57	7	81	74
17	15	巴基斯坦	58	20	36	81
18	16	老挝	50	18	55	36
19	17	印度	60	12	50	90
20	18	孟加拉国	52	12	37	69
21	19	柬埔寨	50	13	38	37
22	20	尼泊尔	53	11	27	73
23	21	不丹	48	6	41	85
24	22	阿富汗	43	7	32	35

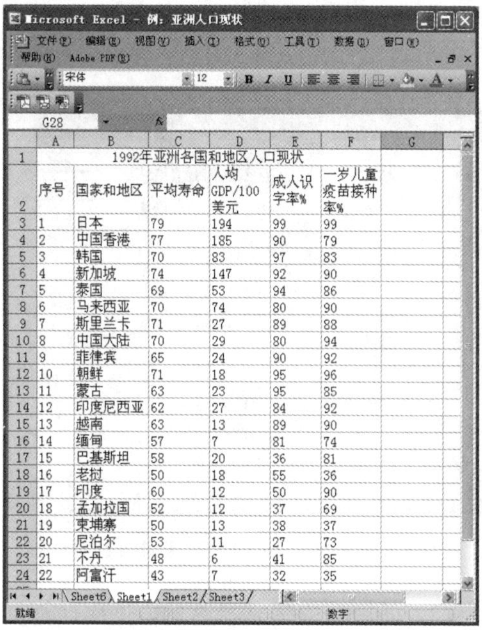

图 10－13 ［例 10－12］数据

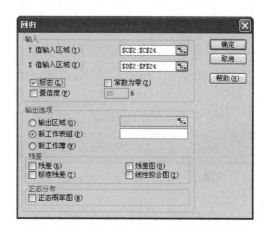

图 10－14 ［例 10－12］的【回归】对话框

（2）由于各项检验的 P－值均小于 0.05，所以所得回归方程是显著的.

【例 10－13】 图 10－16 是某市 1980—1996 年国内生产总值（亿元）与资金（固定资产原值和定额流动资金平均余额/亿元）及从业人员人数（万人）的统计资料，试运用柯柏-道格拉斯生产函数建立理论回归方程：

$$Y=AK^{\alpha}L^{\beta}$$

式中：Y 是产出量（GDP）；K 是资金投入量（取固定资产原值和定额流动资金平均余额之和）；L 是从业人员人数.

	A	B	C	D	E	F
1	SUMMARY OUTPUT					
2						
3	回归统计					
4	Multiple R	0.95212868				
5	R Square	0.906549024				
6	Adjusted R Square	0.890973861				
7	标准误差	3.331261537				
8	观测值	22				
9						
10	方差分析					
11		df	SS	MS	F	Signif
12	回归分析	3	1937.7485	645.91618	58.204787	1.8
13	残差	18	199.75146	11.097303		
14	总计	21	2137.5			
15						
16		Coefficients	标准误差	t Stat	P-value	Low
17	Intercept	32.99308846	3.1385954	10.512055	4.119E-09	26.
18	人均GDP/100美元	0.071618668	0.014755	4.8538708	0.0001275	0.0
19	成人识字率%	0.168726719	0.039956	4.2228109	0.0005116	0.0
20	一岁儿童疫苗接种率%	0.179041775	0.0488687	3.6637311	0.0017765	0.0

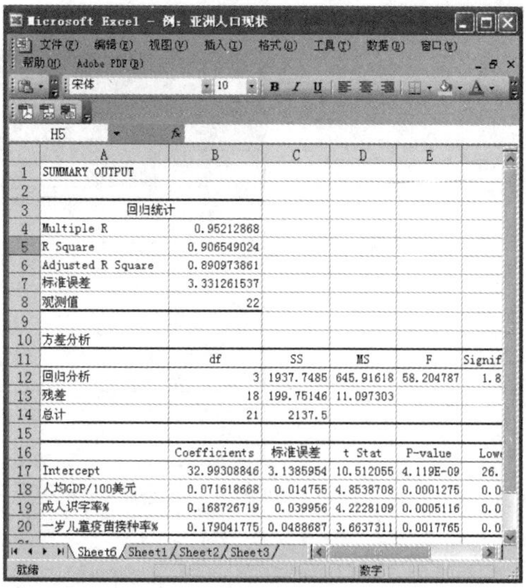

图 10－15 ［例 10－12］统计分析结果

概率统计应用与实验

操作过程及结果 在 Excel 表中进行方差分析的步骤如下：

第 1 步：如图 10-16 所示，打开【例：生产函数】Excel 表．

第 2 步：由 Y 产生 $Y^* = \ln Y$，由 K 产生 $K^* = \ln K$，由 L 产生 $L^* = \ln L$．

第 3 步：单击【数据】→【数据分析】→在【数据分析】对话框中，选择【回归】→单击【确定】．

第 4 步：在出现的对话框中，如图 10-17 所示输入相关内容→单击【确定】．得到如图 10-18 所示的回归分析结果．

图 10-16 ［例 10-13］数据

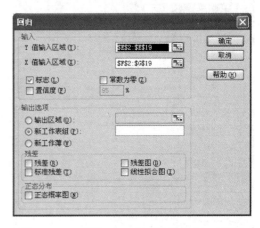

图 10-17 ［例 10-13］的【回归】对话框

由回归分析结果可知，得到的 Y^* 关于 K^* 和 L^* 的回归方程是显著的，进而计算得 $A = EXP(-10.4639) = 2.85487 \times 10^{-5}$，所以得到柯柏-道格拉斯生产函数回归方程为：

$$Y = 2.85487 \times 10^{-5} K^{1.021124} L^{1.471943}$$

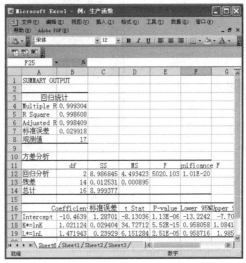

图 10-18 ［例 10-13］的统计分析结果

*案例：用工业品出厂价格指数（PPI）预测居民消费价格指数（CPI）

国家统计局定期公布各类价格指数，其中，消费者比较关心的主要是消费者价格指数（CPI），我国称之为居民消费价格指数. 而生产者则比较关心生产者价格指数（PPI），我国称之为工业品出厂价格指数.

CPI 是反映一定时期城乡居民所购买的生活消费品价格和服务项目价格变动趋势和程度的相对数，是对城市居民消费价格指数和农村居民消费价格指数进行综合汇总计算的结果. 该指数可以观察和分析消费品的零售价格和服务项目价格变动对城乡居民实际生活费支出的影响程度. 此外，CPI 还具有以下几个方面的作用.

（1）用于反映通货膨胀状况. 通货膨胀的严重程度是用通货膨胀率来反映的，它说明了一定时期内商品价格持续上升的幅度. 通货膨胀率一般以消费价格指数来表示，即

$$通货膨胀率 = \frac{报告期消费价格指数 - 基期消费价格指数}{基期消费价格指数} \times 100\%$$

（2）用于反映货币购买力变动. 货币购买力是指单位货币能够购买到的消费品和服务的数量. 消费价格指数上涨，货币购买力下降，反之则上升，因此，消费价格指数的倒数就是货币购买力指数，即

$$货币购买力指数 = \frac{1}{消费价格指数} \times 100\%$$

（3）用于反映对职工实际工资的影响. 消费价格指数的提高意味着实际工资的减少，消费价格指数下降则意味着实际工资的提高. 因此，利用消费价格指数可以将名义工资转化为实际工资. 具体做法是：

$$实际工资 = \frac{名义工资}{消费价格指数}$$

（4）用于缩减经济序列. 通过缩减经济序列可以消除价格变动的影响，其方法是将经济序列除以消费价格指数.

PPI 是反映一定时期全部工业产品出厂价格总水平的变动趋势和程度的相对数，包括工业企业售给本企业以外所有单位的各种产品和直接售给居民用于生活消费的产品. 该指数可以观察出厂价格变动对工业总产值及增加值的影响.

合理预测 CPI 和 PPI 未来的走势，无论是对消费者还是生产者都具有重要的参考价值.

表 10-12 是 1991—2013 年我国的居民消费价格指数（CPI）和工业品出厂价格指数（PPI）的数据，且这些指数都是以上年为 100 而计算的百分比数字.

一、CPI 和 PPI 的相关性分析

为了了解 CPI 和 PPI 的走势，绘制 CPI 和 PPI 的走势图，从图 10-19 可知，1997 年前的 CPI 和 PPI 有上升的趋势，1997 年后比较平稳，且两者变化方向一致.

表 10 - 12　　　　1991—2013 年居民消费价格指数（CPI）和工业品出厂价格指数（PPI）

年份	居民消费价格指数/%	工业品出厂价格指数/%
1991	103.4	106.2
1992	106.4	106.8
1993	114.7	124.0
1994	124.1	119.5
1995	117.1	114.9
1996	108.3	102.9
1997	102.8	99.7
1998	99.2	95.9
1999	98.6	97.6
2000	100.4	102.8
2001	100.7	98.7
2002	99.2	97.8
2003	101.2	102.3
2004	103.9	106.1
2005	101.8	104.9
2006	101.5	103.0
2007	104.8	103.1
2008	105.9	106.9
2009	99.3	94.6
2010	103.3	105.5
2011	105.4	106
2012	102.6	98.3
2013	102.6	98.1

数据来源：中国统计年鉴 2013.

进一步绘制 CPI 和 PPI 数据散点图，从图 10 - 20 的散点图可以看出，CPI 与 PPI 之间具有一定的线性相关关系，且随着 PPI 的上涨，CPI 也随之上涨. 二者之间的相关系数及其显著性检验结果见表 10 - 13. 检验结果表明，CPI 与 PPI 之间的线性相关关系显著.

为了从数量上了解 CPI 与 PPI 之间的线性相关关系的强度，用 SPSS 得到 CPI 和 PPI 之间的相关性检验结果见表 10 - 13. 由于 CPI 和 PPI 相关性检验的 P - 值接近于零，所以，它们之间的线性相关关系显著.

表 10 - 13　　　　　　　　CPI 和 PPI 之间的相关性检验

		居民消费价格指数/%	工业品出厂价格指数/%
居民消费价格指数/%	Pearson Correlation	1	0.877 * *
	Sig. (2 - tailed)		0.000
工业品出厂价格指数/%	Pearson Correlation	0.877 * *	1
	Sig. (2 - tailed)	0.000	

* *　Correlation is significant at the 0.01 level (2 - tailed).

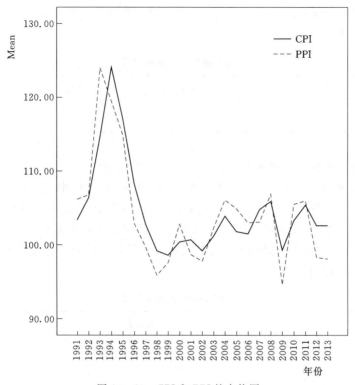

图 10 - 19　CPI 和 PPI 的走势图

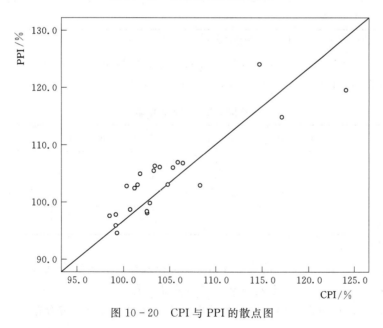

图 10 - 20　CPI 与 PPI 的散点图

二、PPI 预测 CPI 模型的建立

由于 CPI 与 PPI 之间具有显著的线性相关关系，因此，可建立一元线性回归模

型，用 PPI 来预测 CPI. 将 CPI 作为因变量，PPI 作为自变量，由 SPSS 得到的回归结果见表 10 - 14.

表 10 - 14　　　　　　　　回归模型的主要统计量

R	R Square	Adjusted R Square	Std. Error of the Estimate	Durbin - Watson
0.877[a]	0.769	0.758	3.0703	1.476

　a　Predictors：(Constant)，工业品出厂价格指数（％）.

从回归方程的拟合优度来看，在 CPI 取值的总波动中，有 76.9％是由 CPI 与 PPI 之间的线性相关关系引起的，而用 PPI 来预测 CPI 的平均预测误差为 3.0703％. 残差自相关检验（D - W 检验）的统计量为 1.476，临界值的上限为 $d_U = 1.45$，由于 1.476＞1.45，没有证据表明 CPI 与 PPI 序列之间存在自相关关系.

由表 10 - 15 的模型检验的方差分析表可知，F 检验的 P - 值接近于 0，表明二者之间有显著的线性相关关系.

表 10 - 15　　　　　　　　回归模型的方差分析表

Model	Sum of Squares	df	Mean Square	F	Sig.
Regression	658.895	1	658.895	69.897	0.000[a]
Residual	197.960	21	9.427		
Total	856.855	22			

　a　Predictors：(Constant)，工业品出厂价格指数（％）.

由表 10 - 16 可知，CPI 与 PPI 之间的一元线性回归方程为：$\hat{y} = 25.672 + 0.758x$. 这表明，PPI 每上涨 1％，CPI 平均上涨 0.758％.

表 10 - 16　　　　　　　　模型参数的估计和检验

Model	Unstandardized Coefficients		Standardized Coefficients	t	Sig.
	B	Std. Error	Beta		
Constant	25.672	9.470		2.711	0.013
工业品出厂价格指数/％	0.758	0.091	0.877	8.360	0.000

　a. Dependent Variable：居民消费价格指数（％）.

从图 10 - 21 可以看出，残差的分布并非完全随机，有少数个别残差的取值较大，这可能意味着存在一定的异方差现象，但不是很严重.

从图 10 - 22 中可以看出，模型的随机误差项基本上符合正态分布.

三、用 PPI 预测 CPI 的结果

前面的分析表明，所建立的 CPI 与 PPI 之间的一元线性回归模型基本上是合理的，可用于预测. 表 10 - 17 是用该回归方程得到的 CPI 的预测值、残差以及 95％的

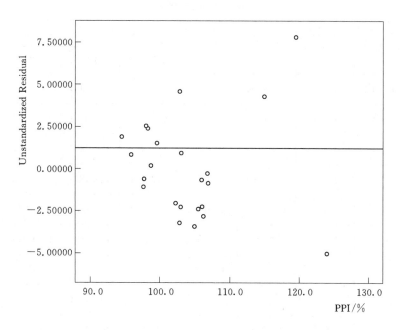

图 10 - 21　CPI 与 PPI 回归的残差图

Normal P – P Plot of Regression Standardized Residual
Dependent Variable：CPI/%

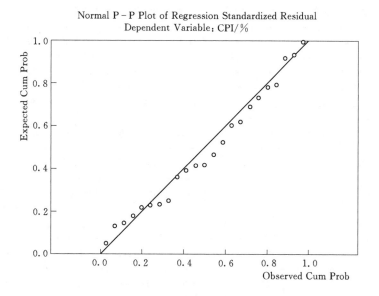

图 10 - 22　CPI 与 PPI 回归标准化残差的正态概率图

置信区间和预测区间. 图 10 - 23 是预测的效果图.

　　由表 10 - 17 可知，在 CPI 的 23 个 95％的置信区间中仅有 9 个没有包含 CPI 的观测值，在 CPI 的 23 个 95％的预测区间中只有一个没有包含 CPI 的观测值，结合图 10 - 23 可知，用 PPI 来预测 CPI 效果较好.

表 10-17   **CPI 的 预 测 结 果**

年份	居民消费价格指数/%	工业品出厂价格指数/%	预测值/%	残差/%	置信区间/%		预测区间/%	
					LMCI_1	UMCI_1	LICI_1	UICI_1
1991	103.4	106.2	106.2106	−2.81058	104.8245	107.5966	99.67686	112.7443
1992	106.4	106.8	106.6656	−0.2656	105.2439	108.0873	100.1242	113.207
1993	114.7	124.0	119.7096	−5.00956	115.7366	123.6826	112.1894	127.2297
1994	124.1	119.5	116.2969	7.803106	113.111	119.4828	109.1612	123.4326
1995	117.1	114.9	112.8084	4.291605	110.3836	115.2332	105.9784	119.6383
1996	108.3	102.9	103.708	4.592038	102.3557	105.0603	97.18132	110.2346
1997	102.8	99.7	101.2812	1.51882	99.70661	102.8558	94.70488	107.8575
1998	99.2	95.9	98.39938	0.800624	96.35038	100.4484	91.69365	105.1051
1999	98.6	97.6	99.6886	−1.0886	97.87139	101.5058	93.05003	106.3272
2000	100.4	102.8	103.6321	−3.23213	102.2764	104.9879	97.10477	110.1595
2001	100.7	98.7	100.5228	0.17719	98.83994	102.2057	93.91975	107.1259
2002	99.2	97.8	99.84028	−0.64028	98.04853	101.632	93.20863	106.4719
2003	101.2	102.3	103.2529	−2.05294	101.8763	104.6296	96.7212	109.7847
2004	103.9	106.1	106.1347	−2.23474	104.7538	107.5157	99.60211	112.6674
2005	101.8	104.9	105.2247	−3.4247	103.886	106.5634	98.70085	111.7485
2006	101.5	103.0	103.7838	−2.2838	102.4347	105.1329	97.25781	110.3098
2007	104.8	103.1	103.8596	0.940364	102.5134	105.2058	97.33425	110.385
2008	105.9	106.9	106.7414	−0.84144	105.313	108.1699	100.1986	113.2843
2009	99.3	94.6	97.4135	1.886504	95.17242	99.65457	90.6466	104.1804
2010	103.3	105.5	105.6797	−2.37972	104.3244	107.035	99.15246	112.207
2011	105.4	106.0	106.0589	−0.65891	104.6829	107.4349	99.5273	112.5905
2012	102.6	98.3	100.2195	2.380537	98.48941	101.9495	93.60422	106.8347
2013	102.6	98.1	100.0678	2.532211	98.31341	101.8222	93.44614	106.6894

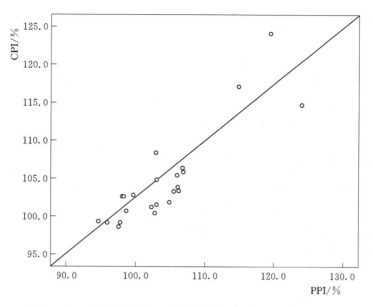

图 10 - 23　用 PPI 预测 CPI 效果的标准化残差的正态概率图

10 - 12

重要知识点
与典型例题

10 - 13

习题十答案

➢ 习题

一、选择题

1. 变量之间的关系可以分为两大类，它们是（　　）.

A. 函数关系与相关关系　　　　　B. 线性相关关系和非线性相关关系

C. 正相关关系和负相关关系　　　D. 简单相关关系和复杂相关关系

2. 进行相关分析时的两个变量（　　）.

A. 都是随机变量　　　　　　　　B. 随机的或非随机都可以

C. 都不是随机变量　　　　　　　D. 一个是随机变量，一个不是随机变量

3. 进行回归分析时的两个变量（　　）.

A. 都是随机变量　　　　　　　　B. 随机的或非随机都可以

C. 都不是随机变量　　　　　　　D. 一个是随机变量，一个不是随机变量

4. 回归分析中使用的距离是点到直线的垂直坐标距离. 最小二乘准则是指（　　）.

A. 使 $\left| \sum_{t=i}^{n} (Y_t - \hat{Y}_t) \right|$ 达到最小值　　B. 使 $\sum_{t=1}^{n} |Y_t - \hat{Y}_t|$ 达到最小值

C. 使 $\max |Y_t - \hat{Y}_t|$ 达到最小值　　D. 使 $\sum_{t=1}^{n} (Y_t - \hat{Y}_t)^2$ 达到最小值

5. 在一元线性回归模型 $\begin{cases} y_i = \beta_0 + \beta_1 x_i + \varepsilon_i \\ \varepsilon_i \sim N(0, \sigma^2) \end{cases}$ 中，若记 $x = x_0$ 时相应的因变量 Y 的值为 y_0，则 y_0 为（　　）.

A. 是一个尚不知晓的确定的数

B. 是随机变量，且有 $y_0 \sim N(\beta_0 + \beta_1 x_0, \sigma^2)$

C. 当 β_0，β_1 确知时等于 $\beta_0 + \beta_1 x_0$

D. 等于 $\hat{\beta}_0 + \hat{\beta}_1 x_0$

6. 在回归分析中，检验线性相关显著性常用的三种检验方法，不包含（　　）.

A. 相关系数显著性检验法　　　　B. t 检验法

C. F 检验法（即方差分析法）　　D. χ^2 检验法

7. 在线性模型 $Y = \beta_0 + \beta_1 x + \varepsilon$ 的相关性检验中，如果原假设 $H_0: \beta_1 = 0$ 被否定，则表明两个变量之间（　　）.

A. 不存在任何相关关系

B. 不存在显著的线性相关关系

C. 不存在一条曲线 $\hat{Y} = f(x)$ 能近似描述其关系

D. 存在显著的线性相关关系

8. 在线性模型 $Y = \beta_0 + \beta_1 x + \varepsilon$ 的相关性检验中，如果原假设 $H_0: \beta_1 = 0$ 没有被否定，则表明（　　）.

A. 两个变量之间没有任何相关关系

B. 两个变量之间存在显著的线性相关关系

C. 两个变量之间不存在显著的线性相关关系

D. 不存在一条曲线 $\hat{Y} = f(x)$ 能近似地描述两个变量间的关系

9. 对一元线性回归模型 $y_i = \beta_0 + \beta_1 x + e_i$，$i = 1, 2, \cdots, n$；诸 e_i 相互独立，且服从 $N(0, \sigma^2)$，作分解 $SS_T = \sum_{i=1}^{n}(y_i - \overline{y})^2 = \sum_{i=1}^{n}(y_i - \hat{y}_i)^2 + \sum_{i=1}^{n}(\hat{y}_i - \overline{y})^2 = SS_E + SS_R$，对检验假设 $H_0: \beta_1 = 0$，取显著性水平 α，用 F 检验的拒绝域为（　　）.

A. $\left\{ \dfrac{SS_R}{SS_E} > \dfrac{1}{n-2} F_\alpha(1, n-2) \right\}$

B. $\left\{ \dfrac{SS_R}{SS_E} > \dfrac{1}{n-2} F_{\alpha/2}(1, n-2) \right\}$ 或 $\left\{ \dfrac{SS_R}{SS_E} < \dfrac{1}{n-2} F_\alpha(1, n-2) \right\}$

C. $\left\{ \dfrac{SS_R}{SS_T} > \dfrac{1}{n-2} F_\alpha(1, n-2) \right\}$

D. $\left\{ \dfrac{SS_R}{SS_E} < \dfrac{1}{n-2} F_\alpha(1, n-2) \right\}$

10. 对一元线性回归模型：$Y = \beta_0 + \beta_1 x + e$，$e \sim N(0, \sigma^2)$，用 7 次观测数据算得 $SS_T = \sum_{i=1}^{7}(y_i - \overline{y})^2 = 8.5$，$SS_R = \sum_{i=1}^{7}(\hat{y}_i - \overline{y})^2 = 7.82$. 现对检验假设 $H_0: \beta_1 = 0$ 进行 F-检验，下列的推测正确的是（　　）（其中 $F_{0.05}(1,5) = 6.61$，$F_{0.05}(1,7) = 5.59$）.

A. 由 $F = \dfrac{5SS_R}{SS_E} = 57.5 > 6.61$，可以认为 Y 与 x 有显著的线性相关关系

B. 由 $F = \dfrac{5SS_R}{SS_T} = 4.6 < 6.61$，不可以认为 Y 与 x 有显著的线性相关关系

C. 由 $F=\dfrac{7SS_R}{SS_T}=6.44>5.59$，可认为 Y 与 x 有显著的线性相关关系

D. 由 $F=\dfrac{7SS_R}{SS_E}=80.5>5.59$，可以为 Y 与 x 有显著的线性相关关系

二、填空题

11. 设 $(x_1，y_1)，\cdots，(x_n，y_n)$ 是 $(X，Y)$ 的一个样本，样本平均值记为 $(\bar{x}，\bar{y})$，y 对 x 的回归方程为 $\hat{y}=\hat{\beta}_0+\hat{\beta}_1 x$，则可用样本表示出数 β_0 与 β_1 的估计为 $\hat{\beta}_0=$ _____ ，$\hat{\beta}_1=$ _____ ．

12. 平方和分解公式是 $SS_T=SS_R+SS_E$，其中 $SS_T=\displaystyle\sum_{i=1}^n (y_i-\bar{y})^2$，$SS_E=\displaystyle\sum_{i=1}^n (y_i-\hat{y}_i)^2$，而 $SS_R=$ _____ 被称为 _____ 平方和．

13. 设总体 X 的样本为 $(x_1，x_2，\cdots，x_n)$ 对应总体 Y 有样本 $(y_1，\cdots，y_n)$，则 X 和 Y 的样本相关系数为 $r=\dfrac{S_{xy}}{\sqrt{S_{xx}S_{yy}}}$，其中 $S_{xy}=$ _____ ；$S_{xx}=$ _____ ；$S_{yy}=$ _____ ；若 $|r|$ 接近于 1 就表示 X 与 Y 之间 _____ ．

14. 测得 $(x，Y)$ 的观测值为

x	-2	-1	0	1	2
y	1	0	2	3	4

则 y 对 x 的回归方程是 _____ ；x 和 y 的样本值相关系数 $r=$ _____ ；算得统计量 $T=\dfrac{(n-2)r}{\sqrt{1-r^2}}$ 的观测值 $t\approx$ _____ ；有 $t_{\alpha/2}(3)=3.18$，检验得 y 对 x 的线性相关关系 _____ ．

15. 一家保险公司十分关心其总公司营业部加班的程度，决定认真调查一下现状．经过 10 周时间，收集了每周加班工作时间的数据和签发的新保单数目，x 为每周签发的新保单数目，Y 为每周加班工作时间（h）．利用 Excel 的数据分析功能得到统计分析如下表．

	Coefficients	标准误差	t Stat	$P-$value
Intercept	0.118129	0.355148	0.33262	0.74797
X Variable 1	0.003585	0.000421	8.508575	2.79E-05

由此可见，回归方程为 _____ ；在显著性水平 $\alpha=0.05$ 下，由于对 x 的系数的检验 $P-$ 值 _____ ，所以，y 对 x 的线性相关关系 _____ ；若新保单数 $x_0=1000$，给出 Y 的估计值为 _____ ．

16. 下表是 16 只公益股票某年的每股账面价值 x 和当年红利 y，利用 Excel 的数据分析功能得到的统计分析结果如下：

方差分析					
	df	SS	MS	F	Significance F
回归分析	1	48.54045	48.54045	144.5244	9.14E−09
残差	15	5.037949	0.335863		
总计	16	53.5784			

	Coefficients	标准误差	t Stat	P−value
Intercept	0	#N/A	#N/A	#N/A
X Variable 1	0.097409	0.008103	12.02183	4.22E−09

由此可见，当年红利关于股票账面价值的回归方程为＿＿＿＿＿＿＿；在显著性水平 $\alpha=0.05$ 下，对方程的显著性的 F 检验的 P - 值＿＿＿＿＿＿＿＿＿，所以，可以认为公益股票某年的每股账面价值和当年红利的线性相关关系＿＿＿＿＿＿；回归系数的经济意义为＿＿＿＿＿＿＿＿＿＿＿＿＿；若公司序号为 6 的股票每股账面价值 20.25 元，估计当年红利可能为＿＿＿＿＿＿＿＿＿＿．

三、判断题

17. 为了研究变量 z 与 x 和 y 之间的关系，收集数据，得到如下表的回归分析表：

	Coefficients	标准误差	t Stat	P−value
Intercept	−10.4639	1.28701	−8.13036	1.13E−06
x	1.021124	0.029404	34.72712	5.52E−15
y	1.471943	0.23929	6.151284	2.51E−05

由表可知各回归系数的 P -值均小于 0.05，因此在在显著性水平 0.05 下，可认为所有回归系数均显著不为 0.

18. 为了研究变量 z 与 x 和 y 之间的关系，收集数据，得到如下表的回归分析表：

	Coefficients	标准误差	t Stat	P−value
Intercept	−10.4639	1.28701	−8.13036	1.13E−06
x	1.021124	0.029404	34.72712	5.52E−15
y	1.471943	0.23929	6.151284	2.51E−05

由表可得线性回归方程 $\hat{z}=-10.4639+1.021124x+1.471943y$.

19. 为了研究变量 z 与 x 和 y 之间的关系，收集数据，得到如下表的回归分析表：

	Coefficients	标准误差	t Stat	P – value
Intercept	-10.4639	1.28701	-8.13036	$1.13E-06$
x	1.021124	0.029404	34.72712	$5.52E-15$
y	1.471943	0.23929	6.151284	$2.51E-05$

当 $(x, y)=(2, 5)$ 时，由表可得 z 的平均值估计计算式为 $\hat{z}_0 = -10.4639 + 1.021124 \times 2 + 1.471943 \times 5$.

四、应用计算题

20. 在动物学研究中，有时需要找出某种动物的体积与重量的关系，因为重量相对容易测量，而测量体积比较困难，可以利用重量预测体积的值. 下表是某种动物的体重 $x(\text{kg})$ 与体积 $Y(10^{-3}\text{m}^3)$ 的 18 个随机样本数据：

x	17.1	10.5	13.8	15.7	11.9	10.4	15.0	16.0	17.8	15.8
Y	16.7	10.4	13.5	15.7	11.6	10.2	14.5	15.8	17.6	15.2
x	15.1	12.1	18.4	17.1	16.7	16.5	15.1	15.1		
Y	14.8	11.9	18.3	16.7	16.6	15.9	15.1	14.5		

（1）拟合回归直线方程 $\hat{y} = \hat{\beta}_0 + \hat{\beta}_1 x$；

（2）对体重 x 与体积 Y 之间的线性相关关系的显著性检验；

（3）求相关系数；

（4）对体重 $x = 15.3$ 的这种动物，试估计它的体积 y_0.

21. 已知变量 x 与 Y 的样本数据如下表：

x	Y	x	Y	x	Y
2	6.42	7	10.00	12	10.60
3	8.20	8	9.93	13	10.80
4	9.58	9	9.99	14	10.60
5	9.50	10	10.49	15	10.90
6	9.70	11	10.59	16	10.76

（1）画出散点图；

（2）拟合回归模型 $y = \dfrac{x}{ax + b}$.

五、实验题

22. 为了研究某商品的需求量 Y 与价格 x 之间的关系，收集到下列 10 对数据：

价格 x_i	1	1.5	2	2.5	3	3.5	4	4	4.5	5
需求量 y_i	10	8	7.5	8	7	6	4.5	4	2	1

（1）求需求量 Y 与价格 x 之间的线性回归方程.

（2）在显著性水平 $\alpha = 0.05$ 下，对线性回归关系显著性检验.

23. 随机调查 10 个城市居民的家庭平均收入 x(元) 与电器用电支出 Y(元) 情况，数据如下：

收入 x_i	18000	20000	22000	24000	26000	28000	30000	30000	34000	38000
支出 y_i	900	1100	1100	1400	1700	2000	2300	2500	2900	3100

（1）求电器用电支出 Y 与家庭平均收入 x 之间的线性回归方程．

（2）计算样本相关系数．

（3）在显著性水平 $\alpha=0.05$ 下，作线性回归关系显著性检验．

（4）若线性回归关系显著，求 $x=25000$ 时，电器用电支出的点估计值．

附　　录

附录一　模　拟　试　题

模拟试题一

一、选择题（每小题 3 分，共 24 分）

1. 设 A，B 为事件，且 $A \subset B$，则下列式子一定正确的是（　　）.

A. $P(A \cup B) = P(A)$ B. $P(BA) = P(A)$

C. $P(AB) = P(B)$ D. $P(A-B) = P(A) - P(B)$

2. 设 A，B 为对立事件，$0 < P(B) < 1$，则下列概率值为 1 的是（　　）.

A. $P(\bar{A} \mid \bar{B})$ B. $P(B \mid A)$ C. $P(\bar{A} \mid B)$ D. $P(AB)$

3. 设 $f(x)$ 是随机变量 X 的概率密度，则一定成立的是（　　）.

A. $f(x)$ 定义域为 $[0, 1]$ B. $f(x)$ 非负

C. $f(x)$ 的值域为 $[0, 1]$ D. $f(x)$ 连续

4. 设 $P\{X \leqslant 1, Y \leqslant 1\} = \dfrac{4}{9}$，$P\{X \leqslant 1\} = P\{Y \leqslant 1\} = \dfrac{5}{9}$，则 $P\{\min\{X, Y\} \leqslant 1\} = ($　　$)$.

A. $\dfrac{2}{3}$ B. $\dfrac{4}{9}$ C. $\dfrac{20}{81}$ D. $\dfrac{1}{3}$

5. 设随机变量 (X, Y) 满足方差 $D(X+Y) = D(X-Y)$，则必有（　　）.

A. X 与 Y 独立   B. X 与 Y 不相关

C. X 与 Y 不独立   D. $D(X) = 0$ 或 $D(Y) = 0$

6. 设 $X \sim N(\mu, 1)$，则满足 $P\{X > 2\} = P\{X \leqslant 2\}$ 的参数 $\mu = ($　　$)$.

A. 0   B. 1   C. 2   D. 3

7. 容量为 $n = 1$ 的样本 X_1 来自总体 $X \sim B(1, p)$，其中参数 $0 < p < 1$，则（　　）.

A. X_1 是 p 的无偏估计量   B. X_1 是 p 的有偏估计量

C. X_1^2 是 p^2 的无偏估计量   D. X_1^2 是 p 的有偏估计量

8. 在假设检验中，显著性水平 α 用来控制（　　）.

A. 犯"弃真"错误的概率   B. 犯"纳伪"错误的概率

C. 不犯"弃真"错误的概率   D. 不犯"纳伪"错误的概率

二、填空题（每小题 3 分，共 18 分）

1. 设 X 的概率密度为 $p(x)$，则 $Y = 2X + 1$ 的概率密度 $p_Y(y) = $ _____.

2. 设 A，B 是两个随机事件，$P(A) = 0.7$，$P(A-B) = 0.3$，则事件"A，B 同时发生"的对立事件的概率为 _____.

3. 设随机变量 X 的期望 $E(X)=3$，方差 $D(X)=5$，则期望 $E[(X+4)^2]=$_____.

4. 设随机变量 X 与 Y 相互独立，$X\sim N(1,2)$，$Y\sim N(0,1)$，则随机变量 $Z=2X-4Y+3$ 的方差为_____.

5. 设随机变量 X 的数学期望 $E(X)=75$，方差 $D(X)=5$，用切比雪夫不等式估计得 $P\{|X-75|\geqslant\varepsilon\}\leqslant 0.05$，则 $\varepsilon=$_____.

6. 设 X_1，X_2 是来自总体 $X\sim N(\mu,\sigma^2)$ 的样本，若 CX_1-2X_2 是 μ 的一个无偏估计，则常数 $C=$_____.

三、实验解读应用题（每空 2 分，共 24 分）

1. 用一个仪表测量某一物理量 9 次，为了求测量方差 σ^2 的 0.95 的单侧置信上限，由所得数据得到下表的实验结果. 本实验用到的样本函数为_____，由实验结果知 σ^2 的置信水平为 0.95 的单侧置信上限为_____.

单个正态总体方差卡方估计活动表

置信水平	0.95
样本容量	9
样本均值	56.32
样本方差	0.0484
单侧置信下限	0.024968865
单侧置信上限	0.141694645
区间估计	
估计下限	0.022082123
估计上限	0.177636618

2. 设机床加工的轴直径服从正态分布，现从甲、乙两台机床加工的轴中分别抽取若干个测其直径，在显著性水平 $\alpha=0.05$ 下，检验两台机床加工的轴直径的精度是否有明显差异. 检验的原假设为 H_0：_____，得到如右表的实验结果. 由于检验的 P-value=_____，因此，_____.

F-检验　双样本方差分析		
	甲	乙
平均	19.925	20.14285714
方差	0.21642857	0.272857143
观测值	8	7
df	7	6
F	0.79319372	
$P(F<=f)$ 单尾	0.38039466	
F 单尾临界	0.25866737	

3. 进行农业实验，选择四个不同品种的小麦其三块试验田，每块试验田分成四块面积相等的小块，各种植一个品种的小麦，在显著性水平 $\alpha=0.05$ 下，检验小麦品种及实验田对收获量是否有显著影响. 由试验得到如下的方差分析表，表中空缺的 $F_A=$ _____，由于检验的 $P-value=$ _____，所以，小麦品种对收获量的影响 _____（是否显著）.

方差分析						
差异源	SS	df	MS	F	$P-value$	F crit
品种 A	78	3	26		0.013364	4.757063
试验田 B	14	2	7	2.333333	0.177979	5.143253
误差	18	6	3			
总计	110	11				

4. 随机调查 10 个城市居民的家庭平均收入 x 与电器用电支出 Y 情况得数据，得到如下表的回归分析表，由此可知求电器用电支出 Y 与家庭平均收入 x 之间的线性回归方程为_____，由于检验的 $P-value=$ _____，所以，在显著性水平 $\alpha=0.05$ 下，线性回归关系_____（是否显著），当 $x=25$ 时，电器用电支出的点估计值_____.

	Coefficients	标准误差	t Stat	$P-value$	Lower 95%	Upper 95%
Intercept	-1.425424	0.2142448	-6.653247	0.0001603	-1.919473	-0.931374
收入	0.1231638	0.0077491	15.894001	2.458E-07	0.1052944	0.1410332

四、应用题（每小题 5 分，共 10 分）

1. 两个箱子中都有 10 个球，其中第一箱中 4 个白球，6 个红球，第二箱中 6 个白球，4 个红球，现从第一箱中任取 2 个球放入第二箱中，再从第二箱中任取 1 个球，求从第二箱中取的球为白球的概率.

2. 某车间用一台包装机包装葡萄糖，每包的重量 $X \sim N(\mu, 0.015^2)$，在包装机正常工作情况下，其均值为 0.5kg. 某天开工后为检验包装机是否正常，随机地抽取它所包装的 9 袋葡萄糖，得样本均值 $\bar{x}=0.5112$ 在显著性水平 0.05 下，问包装机工作是否正常（查表 $Z_{0.05}=1.645$，$Z_{0.025}=1.96$）？

五、综合计算题（每问 3 分，共 24 分）

1. 设二维随机变量 (X, Y) 的联合密度函数为

$$p(x,y)=\begin{cases} A, & 0<x<2, |y|<x \\ 0, & 其他 \end{cases}$$

(1) 验证常数 $A=1/4$；(2) 求概率 $P\{X>1/2\}$；(3) 求 X 的边缘概率密度 $p_X(x)$；(4) $E(X^3)$.

2. 总体 X 的概率密度函数为 $p(x)=\begin{cases} \sqrt{\theta}x^{\sqrt{\theta}-1}, & 0<x<1 \\ 0, & 其他 \end{cases}$，$\theta>0$ 未知，$X_1, X_2, \cdots$，X_n 是来自该总体的一个样本. (1) 求 X 的数学期望 $E(X)$；(2) 求参数 θ 的矩估计；

（3）求关于参数 θ 的似然函数；（4）求参数 θ 最大似然估计.

模拟试题二

一、选择题（每小题 3 分，共 24 分）

1. 随机事件 A 或 B 发生时，C 一定发生，则 A，B，C 的关系是（　　）.

A. $A \cup B \supset C$ 　　　　　　　　B. $A \cup B \subset C$

C. $AB \supset C$ 　　　　　　　　D. $AB \subset C$

2. 设 $X \sim B(25, 0.2)$，$Y \sim N(a, \sigma^2)$，且 $E(X) = E(Y)$，$D(X) = D(Y)$，则 Y 的密度函数 $p(y) = $（　　）.

A. $\dfrac{1}{\sqrt{2\pi}} e^{-\frac{y^2}{2}}$ 　B. $\dfrac{1}{2\sqrt{2\pi}} e^{-\frac{y^2}{8}}$ 　C. $\dfrac{1}{2\sqrt{2\pi}} e^{-\frac{(y-5)^2}{8}}$ 　D. $\dfrac{1}{4\sqrt{2\pi}} e^{-\frac{(y-5)^2}{32}}$

3. 随机变量 X 服从指数分布，参数 $\lambda = $（　　）时，$E(X^2) = 18$.

A. 3 　　　　B. 6 　　　　C. $\dfrac{1}{6}$ 　　　　D. $\dfrac{1}{3}$

4. 设 $P\{X \leqslant 1, Y \leqslant 1\} = \dfrac{4}{9}$，$P\{X \leqslant 1\} = P\{Y \leqslant 1\} = \dfrac{5}{9}$，则 $P\{\min\{X, Y\} \leqslant 1\} = $（　　）.

A. $\dfrac{2}{3}$ 　　　　B. $\dfrac{20}{81}$ 　　　　C. $\dfrac{4}{9}$ 　　　　D. $\dfrac{1}{3}$

5. 设 $p_1(x)$，$p_2(x)$ 都是密度函数，为使 $ap_1(x) + bp_2(x)$ 也是密度函数，则常数 a，b 满足（　　）.

A. $a + b = 1$ 　　　　　　　　B. $a + b = 1$. $a \geqslant 0$，$b \geqslant 0$

C. $a > 0$，$b > 0$ 　　　　　　　　D. a，b 为任意实数

6. 对于假设 $H_0: \sigma^2 = \sigma_0^2$，$H_1: \sigma^2 \neq \sigma_0^2$，采用 χ^2 统计量，显著性水平为 α，则 H_0 的拒绝域为（　　）.

A. $(0, \chi_\alpha^2) \bigcup (\chi_{1-\alpha}^2, +\infty)$ 　　　　B. $(0, \chi_{\frac{\alpha}{2}}^2) \bigcup (\chi_{1-\frac{\alpha}{2}}^2, +\infty)$

C. $(0, \chi_{1-\frac{\alpha}{2}}^2) \bigcup (\chi_{\frac{\alpha}{2}}^2, +\infty)$ 　　　　D. $(\chi_{1-\frac{\alpha}{2}}^2, \chi_{\frac{\alpha}{2}}^2)$

7. 随机变量 X 与 Y 相互独立，其分布律为：

X	-1	1
P	0.5	0.5

Y	-1	1
P	0.5	0.5

则下列各式正确的是（　　）.

A. $P\{X = Y\} = 1$ 　　　　　　　　B. $P\{X = Y\} = \dfrac{1}{4}$

C. $P\{X = Y\} = \dfrac{1}{2}$ 　　　　　　　　D. $P\{X = Y\} = 0$

8. 假设检验中一般情况下（　　）.

A. 只犯第一类错误 　　　　B. 只犯第二类错误

C. 两类错误都可能犯 　　　　D. 两类错误都不犯

二、填空题 (每小题 3 分,共 18 分)

1. 设 A,B 是两个互不相容的随机事件,且知 $P(A) = \dfrac{1}{4}$,$P(B) = \dfrac{1}{2}$ 则 $P(A \cup \bar{B}) =$ _____.

2. 若随机变量 X 的分布函数 $F(x) = \begin{cases} 0, & x < 0 \\ Ax^2, & 0 \leqslant x < 6, \\ 1, & x \geqslant 6 \end{cases}$ 则必有 $A =$ _____.

3. 设 (X,Y) 的联合分布函数为 $F(x,y) = \begin{cases} 1 - e^{-x^2} - e^{-2y^2} + e^{-x^2 - 2y^2}, & x \geqslant 0, y \geqslant 0 \\ 0, & \text{其他} \end{cases}$,

则 $P\{X > \sqrt{2}\} =$ _____.

4. 若随机变量 X 与 Y 相互独立,且方差 $D(X) = 0.5$,$D(Y) = 1$,则 $D(2X - 3Y) =$ _____.

5. 设随机变量 X_1,X_2,X_3,X_4 相互独立,且都服从正态分布 $N(\mu, \sigma^2)$ $(\sigma > 0)$ 则 $\dfrac{1}{4}(X_1 + X_2 + X_3 + X_4)$ 服从的分布是 _____.

6. 要使假设检验两类错误的概率同时减少,只有 _____ 的方法.

三、实验解读应用题 (每空 2 分,共 24 分)

1. 如果要求估计一标准袋薯片的平均总脂肪量(单位:g). 现抽取了 11 袋,进行分析,结果见下表. 假定总脂肪量服从正态分布,试给出总体 μ 的 90% 置信区间. 本实验用到的样本函数为 _____,由实验结果知 μ 的置信水平为 0.9 的置信区间为 _____.

单个正态总体均值 t 估计活动表	
置信水平	0.9
样本容量	11
样本均值	18.2
样本标准差	0.748331477
标准误差	0.22563043
t 分位数(单)	1.372183641
t 分位数(双)	1.812461102
单侧置信下限	17.89039362
单侧置信上限	18.50960638
区间估计	
估计下限	17.79105362
估计上限	18.60894638

2. 原有一台仪器测量电阻值时,相应的误差 $X \sim N(\mu, 0.06)$,现有一台新仪器,对一个电阻测量了 10 次,所得数据的分析结果见下表. 在显著性水平 $\alpha = 0.10$

下，问新仪器的精度是否比原有的好？检验的原假设为 H_0：_____，得到下表的实验结果. 由于检验的 $P-value=$ _____，因此，_____.

正态总体方差的卡方检验活动表

期望方差	0.06
样本容量	10
样本方差	8.71111E-06
统计量观测值	0.001306667
双侧检验 P 值	2.22045E-16
或	2
左侧检验 P 值	0
右侧检验 P 值	1

3. 某企业准备用三种方法组装一种新的产品，为确定哪种方法每小时生产的产品数量最多，随机抽取了 30 名工人，并指定每个人使用其中一种方法. 在显著水平 $\alpha=0.05$ 下，通过对每个工人生产的产品数量进行方差分析得到下表. 在方差分析表中，缺失的组内自由度为_____；由于_____，可判断不同的组装方法对产品数量的影响_____（显著，不显著）.

差异源	SS	df	MS	F	P-value	F crit
组　间	420	2	210	1.70	0.245946	3.354131
组　内	3836		142.07	—	—	—
总　计	4256		—	—	—	—

4. 我们知道税收总额 Y 与社会商品零售总额 x 有关. 现收集了 9 组数据（单位：亿元）计算结果如下. 某税收总额 Y 关于社会商品零售总额 x 的线性回归方程为_____，由于检验的 $P-value=$_____，所以，在显著性水平 $\alpha=0.05$ 下，线性回归关系_____（是否显著），若已知社会商品零售总额为 $x_0=300$ 亿元时，估计税收总额为_____.

	Coefficients	标准误差	t Stat	P-value
Intercept	-2.25822	1.107518	-2.03899	0.080833
X	0.048672	0.003631	13.40338	3.02E-06

四、应用题（每小题 5 分，共 10 分）

1. 设供电网站有 10000 盏灯，夜间每一盏灯开灯的概率都为 0.7，而假设电灯开关时彼此独立，用中心极限定理计算同时开着的灯数在 $6800\sim7200$ 盏的概率. ($\Phi(4.36)\approx1$)

2. 某苗圃规定平均苗高 60cm 以上方能出圃. 今从某苗床中随机抽取 9 株测得高度（单位：cm），计算可得：$\bar{x}=61.111$，$s=1.7638$. 已知苗高服从正态分布，试问在显著性水平 $\alpha=0.05$ 下，这些苗是否可以出圃？（$t_{0.05}(8)=1.8595$，$t_{0.025}(8)=2.3060$）

五、综合计算题（每问 3 分，共 24 分）

1. 设 (X, Y) 的联合密度函数

$$p(x, y)=\begin{cases}k(x+y), & 0<x<2, 0<y<2 \\ 0, & \text{其他}\end{cases}$$

（1）验证 $k=1/8$；（2）求关于 X 及关于 Y 的边缘密度函数；

（3）X 与 Y 是否独立？说明理由；（4）求 $P(X<1, Y<1)$.

2. 设总体 X 的概率密度为 $p(x)=\begin{cases}\beta x^{-\beta-1}, & x>1 \\ 0, & x\leqslant1\end{cases}$，其中未知参数 $\beta>1$，$X_1, X_2, \cdots$，X_n 为来自总体 X 的简单随机样本，求：（1）求 X 的数学期望 $E(X)$；（2）β 的矩估计量；（3）求关于参数 β 的似然函数；（4）求参数 β 最大似然估计值.

附录二 检验表

1 标准正态分布函数表

$$\Phi(x) = \int_{-\infty}^{x} \frac{1}{\sqrt{2\pi}} e^{\frac{-t^2}{2}} dt$$

x	0.00	0.01	0.02	0.03	0.04	0.05	0.06	0.07	0.08	0.09
0.0	0.5000	0.5040	0.5080	0.5120	0.5160	0.5199	0.5239	0.5279	0.5319	0.5359
0.1	0.5398	0.5438	0.5478	0.5517	0.5557	0.5596	0.5636	0.5675	0.5714	0.5753
0.2	0.5793	0.5832	0.5871	0.5910	0.5948	0.5987	0.6026	0.6064	0.6103	0.6141
0.3	0.6179	0.6217	0.6255	0.6293	0.6331	0.6368	0.6406	0.6443	0.6480	0.6517
0.4	0.6554	0.6591	0.6628	0.6664	0.6700	0.6736	0.6772	0.6808	0.6844	0.6879
0.5	0.6915	0.6950	0.6985	0.7019	0.7054	0.7088	0.7123	0.7157	0.7190	0.7224
0.6	0.7257	0.7291	0.7324	0.7357	0.7389	0.7422	0.7454	0.7486	0.7517	0.7549
0.7	0.7580	0.7611	0.7642	0.7673	0.7703	0.7734	0.7764	0.7794	0.7823	0.7853
0.8	0.7881	0.7910	0.7939	0.7967	0.7995	0.8023	0.8051	0.8078	0.8106	0.8133
0.9	0.8159	0.8186	0.8212	0.8238	0.8264	0.8289	0.8315	0.8340	0.8365	0.8389
1.0	0.8413	0.8438	0.8461	0.8485	0.8508	0.8531	0.8554	0.8577	0.8599	0.8621
1.1	0.8643	0.8665	0.8686	0.8708	0.8729	0.8749	0.8770	0.8790	0.8810	0.8830
1.2	0.8849	0.8869	0.8888	0.8907	0.8925	0.8944	0.8962	0.8980	0.8997	0.9015
1.3	0.9032	0.9049	0.9066	0.9082	0.9099	0.9115	0.9131	0.9147	0.9162	0.9177
1.4	0.9192	0.9207	0.9222	0.9236	0.9251	0.9265	0.9279	0.9292	0.9306	0.9319
1.5	0.9332	0.9345	0.9357	0.9370	0.9382	0.9394	0.9406	0.9418	0.9429	0.9441
1.6	0.9452	0.9463	0.9474	0.9484	0.9495	0.9505	0.9515	0.9525	0.9535	0.9545
1.7	0.9554	0.9564	0.9573	0.9582	0.9591	0.9599	0.9608	0.9616	0.9625	0.9633
1.8	0.9641	0.9649	0.9656	0.9664	0.9671	0.9678	0.9686	0.9693	0.9699	0.9706
1.9	0.9713	0.9719	0.9726	0.9732	0.9738	0.9744	0.9750	0.9756	0.9761	0.9767
2.0	0.9772	0.9778	0.9783	0.9788	0.9793	0.9798	0.9803	0.9808	0.9812	0.9817
2.1	0.9821	0.9826	0.9830	0.9834	0.9838	0.9842	0.9846	0.9850	0.9854	0.9857
2.2	0.9861	0.9864	0.9868	0.9871	0.9875	0.9878	0.9881	0.9884	0.9887	0.9890
2.3	0.9893	0.9896	0.9898	0.9901	0.9904	0.9906	0.9909	0.9911	0.9913	0.9916
2.4	0.9918	0.9920	0.9922	0.9925	0.9927	0.9929	0.9931	0.9932	0.9934	0.9936
2.5	0.9938	0.9940	0.9941	0.9943	0.9945	0.9946	0.9948	0.9949	0.9951	0.9952
2.6	0.9953	0.9955	0.9956	0.9957	0.9959	0.9960	0.9961	0.9962	0.9963	0.9964
2.7	0.9965	0.9966	0.9967	0.9968	0.9969	0.9970	0.9971	09972	0.9973	0.9974
2.8	0.9974	0.9975	0.9976	0.9977	0.9977	0.9978	0.9979	0.9979	0.9980	0.9981
2.9	0.9981	0.9982	0.9982	0.9983	0.9984	0.9984	0.9985	0.9985	0.9986	0.9986
x	0.0	0.1	0.2	0.3	0.4	0.5	0.6	0.7	0.8	0.9
3	0.9987	0.9990	0.9993	0.9995	0.9997	0.9998	0.9998	0.9999	0.9999	1.0000

2　*T* 分布表

$P\{t(n) > t_\alpha(n)\} = \alpha$

n	α						n	α					
	0.25	0.10	0.05	0.025	0.01	0.005		0.25	0.10	0.05	0.025	0.01	0.005
1	1.0000	3.0777	6.3138	12.7062	31.8207	63.6574	24	0.6848	1.3178	1.7109	2.0639	2.4922	2.7969
2	0.8165	1.8866	2.9200	4.3027	6.9646	9.9248	25	0.6844	1.3163	1.7081	2.0595	2.4851	2.7874
3	0.7649	1.6377	2.3534	3.1824	4.5407	5.8409	26	0.6840	1.3150	1.7056	2.0555	2.4786	2.7787
4	0.7407	1.5332	2.1318	2.7764	3.7469	4.6041	27	0.6837	1.3137	1.7033	2.0518	2.4727	2.7707
5	0.7267	1.4759	2.0150	2.5706	3.3649	4.0322	28	0.6834	1.3125	1.7011	2.0484	2.4671	2.7633
6	0.7176	1.4398	1.9432	2.4469	3.1427	3.7074	29	0.6830	1.3114	1.6991	2.0452	2.4620	2.7564
7	0.7111	1.4149	1.8946	2.3646	2.9980	3.4495	30	0.6828	1.3104	1.6973	2.0423	2.4573	2.7500
8	0.7064	1.3968	1.8595	2.3060	2.8965	3.3554	31	0.6825	1.3095	1.6955	2.0395	2.4528	2.7440
9	0.7027	1.3830	1.8331	2.2622	2.8214	3.2498	32	0.6822	1.3086	1.6939	2.0369	2.4487	2.7385
10	0.6998	1.3722	1.8125	2.2281	2.7638	3.1698	33	0.6820	1.3077	1.6924	2.0345	2.4448	2.7333
11	0.6974	1.3634	1.7959	2.2010	2.7181	3.1058	34	0.6818	1.3070	1.6909	2.0322	2.4411	2.7284
12	0.6955	1.3562	1.7823	2.1788	2.6810	3.0545	35	0.6818	1.3062	1.6896	2.0301	2.4377	2.7238
13	0.6938	1.3502	1.7709	2.1604	2.6503	3.0123	36	0.6814	1.3055	1.6883	2.0281	2.4345	2.7195
14	0.6924	1.3450	1.7613	2.1448	2.6245	2.9768	37	0.6812	1.3049	1.6871	2.0262	2.4314	2.7154
15	0.6912	1.3406	1.7531	2.1315	2.6025	2.9467	38	0.6810	1.3042	1.6860	2.0244	2.4286	2.7116
16	0.6901	1.3368	1.7459	2.1199	2.5835	2.9208	39	0.6808	1.3036	1.6849	2.0227	2.4258	2.7079
17	0.6892	1.3334	1.7396	2.1098	2.5669	2.8982	40	0.6807	1.3031	1.6839	2.0211	2.4233	2.7045
18	0.6884	1.3304	1.7341	2.1009	2.5524	2.8784	41	0.6805	1.3025	1.6829	2.0195	2.4208	2.7012
19	0.6876	1.3277	1.7291	2.0930	2.5395	2.8609	42	0.6804	1.3020	1.6820	2.0181	2.4185	2.6981
20	0.6870	1.3253	1.7247	2.0360	2.5280	2.8453	43	0.6802	1.3016	1.6811	2.0167	2.4163	2.6951
21	0.6864	1.3232	1.7207	2.0796	2.5177	2.8314	44	0.6801	1.3011	1.6802	2.0154	2.4141	2.6923
22	0.6858	1.3212	1.7171	2.0739	2.5083	2.3188	45	0.6800	1.3006	1.6794	2.0141	2.4121	2.6896
23	0.6853	1.3195	1.7139	2.0687	2.4999	2.8073							

3 χ^2 分布表

$P\{\chi^2(n) > \chi^2_\alpha(n)\} = \alpha$

n	α =0.995	0.99	0.975	0.95	0.90	0.75
1	—	—	0.001	0.004	0.016	0.102
2	0.010	0.020	0.051	0.103	0.211	0.575
3	0.072	0.115	0.216	0.352	0.584	1.213
4	0.207	0.297	0.484	0.711	1.064	1.923
5	0.412	0.554	0.831	1.145	1.610	2.675
6	0.676	0.872	1.237	1.635	2.204	3.455
7	0.989	1.239	1.690	2.167	2.833	4.255
8	1.344	1.646	2.180	2.733	3.490	5.071
9	1.735	2.088	2.700	3.325	4.168	5.899
10	2.156	2.558	3.247	3.940	4.865	6.737
11	2.603	3.053	3.816	4.575	5.578	7.584
12	3.074	3.571	4.404	5.226	6.304	8.438
13	3.565	4.107	5.009	5.892	7.042	9.299
14	4.075	4.660	5.629	6.571	7.790	10.165
15	4.601	5.229	6.262	7.261	8.547	11.037
16	5.142	5.812	6.908	7.962	9.312	11.912
17	5.697	6.408	7.564	8.672	10.085	12.792
18	6.265	7.015	8.231	9.390	10.865	13.675
19	6.844	7.633	8.907	10.117	11.651	14.562
20	7.434	8.260	9.591	10.851	12.443	15.452
21	8.034	8.897	10.283	11.591	13.240	16.344
22	8.643	9.542	10.982	12.338	14.042	17.240
23	9.260	10.196	11.689	13.091	14.848	18.137
24	9.886	10.856	12.401	13.848	15.659	19.037
25	10.520	11.524	13.120	14.611	16.473	19.939
26	11.160	12.198	13.844	15.379	17.292	20.843
27	11.308	12.879	14.573	16.151	18.114	21.749
28	12.461	13.565	15.308	16.928	18.939	22.657
29	13.121	14.257	16.047	17.708	19.768	23.367
30	13.787	14.954	16.791	18.493	20.599	24.478
31	14.458	15.655	17.539	19.281	21.434	25.390
32	15.134	16.362	18.291	20.072	22.271	26.304
33	15.815	17.074	19.047	20.807	23.110	27.219
34	16.501	17.789	19.806	21.664	23.952	28.136
35	17.192	18.509	20.569	22.465	24.797	29.054
36	17.887	19.233	21.336	23.269	25.613	29.973
37	18.586	19.960	22.106	24.075	26.492	30.893
38	19.289	20.691	22.878	24.884	27.343	31.815
39	19.996	21.426	23.654	25.695	28.196	32.737
40	20.707	22.164	24.433	26.509	29.051	33.660
41	21.421	22.906	25.215	27.326	29.907	34.585
42	22.138	23.650	25.999	28.144	30.765	35.510
43	22.859	24.398	26.785	28.965	31.625	36.430
44	23.584	25.143	27.575	29.787	32.487	37.363
45	24.311	25.901	28.366	30.612	33.350	38.291

续表

n	$\alpha = 0.25$	0.10	0.05	0.025	0.01	0.005
1	1.323	2.706	3.841	5.024	6.635	7.879
2	2.773	4.605	5.991	7.378	9.210	10.597
3	4.108	6.251	7.815	9.348	11.345	12.838
4	5.385	7.779	9.488	11.143	13.277	14.860
5	6.626	9.236	11.071	12.833	15.086	16.750
6	7.841	10.645	12.592	14.449	16.812	18.548
7	9.037	12.017	14.067	16.013	18.475	20.278
8	10.219	13.362	15.507	17.535	20.090	21.955
9	11.389	14.684	16.919	19.023	21.666	23.589
10	12.549	15.987	18.307	20.483	23.209	25.188
11	13.701	17.275	19.675	21.920	24.725	26.757
12	14.845	18.549	21.026	23.337	26.217	28.299
13	15.984	19.812	22.262	24.736	27.688	29.819
14	17.117	21.064	23.685	26.119	29.141	21.319
15	18.245	22.307	24.996	27.488	30.578	32.801
16	19.369	23.542	26.296	28.845	32.000	34.267
17	20.489	24.769	27.587	30.191	33.409	35.718
18	21.605	25.989	28.869	31.526	34.805	37.156
19	22.718	27.204	30.144	32.852	36.191	38.582
20	23.828	28.412	31.410	34.170	37.566	39.997
21	24.935	29.615	32.671	35.479	38.932	41.401
22	26.039	30.813	33.924	36.781	40.289	42.796
23	27.141	32.007	35.172	38.076	41.638	44.181
24	28.241	33.196	36.415	39.364	42.980	45.559
25	29.339	34.382	37.652	40.646	44.314	46.928
26	30.435	35.563	38.885	41.923	45.642	48.290
27	31.528	36.741	40.113	43.194	46.963	49.645
28	32.620	37.916	41.337	44.461	48.278	50.993
29	33.711	39.087	42.557	45.722	49.588	52.336
30	34.800	40.256	43.773	46.979	50.892	53.672
31	35.887	41.422	44.985	48.232	52.191	55.003
32	36.973	42.585	46.194	49.480	53.486	56.328
33	38.053	43.745	47.400	50.725	54.776	57.648
34	39.141	44.903	48.602	51.966	56.061	58.964
35	40.223	46.059	49.802	53.203	57.342	60.275
36	41.304	47.212	50.998	54.437	58.619	61.581
37	42.383	48.363	52.192	55.668	59.892	62.883
38	43.462	49.513	53.384	56.896	61.162	64.181
39	44.539	50.660	54.572	58.120	62.428	65.476
40	45.616	51.805	55.758	59.342	63.691	66.766
41	46.692	52.949	53.942	60.561	64.950	68.053
42	47.766	54.090	58.124	61.777	66.206	69.336
43	18.840	55.230	59.304	62.990	67.459	70.606
44	49.913	56.369	60.481	64.201	68.710	71.893
45	50.985	57.505	61.656	65.410	69.957	73.166

4 F 分布表

$$P\{F>F_\alpha(n_1,n_2)\}=\alpha$$

$\alpha=0.10$

n_2＼n_1	1	2	3	4	5	6	7	8	9	10	12	15	20	24	30	40	60	120	∞
1	39.86	49.50	53.59	55.83	57.24	58.20	58.91	59.44	59.86	60.19	60.71	61.22	61.74	62.00	62.26	62.53	62.79	63.06	63.33
2	8.53	9.00	9.16	9.24	9.29	9.33	9.35	9.37	9.38	9.39	9.41	9.42	9.44	9.45	9.46	9.47	9.47	9.48	9.49
3	5.54	5.46	5.39	5.34	5.31	5.28	5.27	5.25	5.24	5.23	5.22	5.20	5.18	5.18	5.17	5.16	5.15	5.14	5.13
4	4.54	4.32	4.19	4.11	4.05	4.01	3.98	3.95	3.94	3.92	3.90	3.87	3.84	3.83	3.82	3.80	3.79	3.78	4.76
5	4.06	3.78	3.62	3.52	3.45	3.40	3.37	3.34	3.32	3.30	3.27	3.24	3.21	3.19	3.17	3.16	3.14	3.12	3.10
6	3.78	3.46	3.29	3.18	3.11	3.05	3.01	2.98	2.96	2.94	2.90	2.87	2.84	2.82	2.80	2.78	2.76	2.74	2.72
7	3.59	3.26	3.07	2.96	3.88	2.83	2.78	2.75	2.72	2.70	2.67	2.63	2.59	2.58	2.56	2.54	2.51	2.49	2.47
8	3.46	3.11	2.92	2.81	2.73	2.67	2.62	2.59	2.56	2.54	2.50	2.46	2.42	2.40	2.38	2.36	2.34	2.32	2.29
9	3.36	3.01	2.81	2.69	2.61	2.55	2.51	2.47	2.44	2.42	2.38	2.34	2.30	2.28	2.25	2.23	2.21	2.18	2.16
10	3.29	2.92	2.73	2.61	2.52	2.46	2.41	2.38	2.35	2.32	2.28	2.24	2.20	2.18	2.16	2.13	2.11	2.08	2.06
11	3.23	2.86	2.66	2.54	2.45	2.39	2.34	2.30	2.27	2.25	2.21	2.17	2.12	2.10	2.08	2.05	2.03	2.00	1.97
12	3.18	2.81	2.61	2.48	2.39	2.33	2.28	2.24	2.21	2.19	2.15	2.10	2.06	2.04	2.01	1.99	1.96	1.93	1.90
13	3.14	2.76	2.56	2.43	2.35	2.28	2.23	2.20	2.16	2.14	2.10	2.05	2.01	1.98	1.96	1.93	1.90	1.88	1.85
14	3.10	2.73	2.52	2.39	2.31	2.24	2.19	2.15	2.12	2.10	2.05	2.01	1.96	1.94	1.91	1.89	1.86	1.83	1.80
15	3.07	2.70	2.49	2.36	2.27	2.21	2.16	2.12	2.09	2.06	2.02	1.97	1.92	1.90	1.87	1.85	1.82	1.79	1.76
16	3.05	2.67	2.46	2.33	2.24	2.18	2.13	2.09	2.06	2.03	1.99	1.94	1.89	1.87	1.84	1.81	1.78	1.75	1.72
17	3.03	2.64	2.44	2.31	2.22	2.15	2.10	2.06	2.03	2.00	1.96	1.91	1.86	1.84	1.81	1.78	1.75	1.72	1.69
18	3.01	2.62	2.42	2.29	2.20	2.13	2.08	2.04	2.00	1.98	1.93	1.89	1.84	1.81	1.78	1.75	1.72	1.69	1.66
19	2.99	2.61	2.40	2.27	2.18	2.11	2.06	2.02	1.98	1.96	1.91	1.86	1.81	1.79	1.76	1.73	1.70	1.67	1.63
20	2.97	2.59	2.38	2.25	2.16	2.09	2.04	2.00	1.96	1.94	1.89	1.84	1.79	1.77	1.74	1.71	1.68	1.64	1.61
21	2.96	2.57	2.36	2.23	2.14	2.08	2.02	1.98	1.95	1.92	1.87	1.83	1.78	1.75	1.72	1.69	1.66	1.62	1.59
22	2.95	2.56	2.35	2.22	2.13	2.06	2.01	1.97	1.93	1.90	1.86	1.81	1.76	1.73	1.70	1.67	1.64	1.60	1.57
23	2.94	2.55	2.34	2.21	2.11	2.05	1.99	1.95	1.92	1.89	1.84	1.80	1.74	1.72	1.69	1.66	1.62	1.59	1.55
24	2.93	2.54	2.33	2.19	2.10	2.04	2.98	1.94	1.91	1.88	1.83	1.78	1.73	1.70	1.67	1.64	1.61	1.57	1.53
25	2.92	2.53	2.32	2.18	2.09	2.02	1.97	1.93	1.89	1.87	1.82	1.77	1.72	1.69	1.66	1.63	1.59	1.56	1.52
26	2.91	2.52	2.31	2.17	2.08	2.01	1.96	1.92	1.88	1.86	1.81	1.76	1.71	1.68	1.65	1.61	1.58	1.54	1.50
27	2.90	2.51	2.30	2.17	2.07	2.00	1.95	1.91	1.87	1.85	1.80	1.75	1.70	1.67	1.64	1.60	1.57	1.53	1.49
28	2.89	2.50	2.29	2.16	2.06	2.00	1.94	1.90	1.87	1.84	1.79	1.74	1.69	1.66	1.63	1.59	1.56	1.52	1.48
29	2.89	2.50	2.28	2.15	2.06	1.99	1.93	1.89	1.86	1.83	1.78	1.73	1.68	1.65	1.62	1.58	1.55	1.51	1.47
30	2.88	2.49	2.28	2.14	2.05	1.98	1.93	1.88	1.85	1.82	1.77	1.72	1.67	1.64	1.61	1.57	1.54	1.50	1.46
40	2.84	2.44	2.23	2.09	2.00	1.93	1.87	1.83	1.79	1.76	1.71	1.66	1.61	1.57	1.54	1.51	1.47	1.42	1.38
60	2.79	2.39	2.18	2.04	1.95	1.87	1.82	1.77	1.74	1.71	1.66	1.60	1.54	1.51	1.48	1.44	1.40	1.35	1.29
120	2.75	2.35	2.13	1.99	1.90	1.82	1.77	1.72	1.68	1.65	1.60	1.55	1.48	1.45	1.41	1.37	1.32	1.26	1.19
∞	2.71	2.30	2.08	1.94	1.85	1.77	1.72	1.67	1.63	1.60	1.55	1.49	1.42	1.38	1.34	1.30	1.24	1.17	1.00

续表

$\alpha = 0.05$

n_2 \ n_1	1	2	3	4	5	6	7	8	9	10	12	15	20	24	30	40	60	120	∞
1	161.4	199.5	215.7	224.6	230.2	234.0	236.8	238.9	240.5	241.9	243.9	245.9	248.0	249.1	250.1	251.1	252.2	253.3	254.3
2	18.51	19.00	19.16	19.25	19.30	19.33	19.35	19.37	19.38	19.40	19.41	19.43	19.45	19.45	19.46	19.47	19.48	19.49	19.50
3	10.13	9.55	9.28	9.12	9.01	8.94	8.89	8.85	8.81	8.79	8.74	8.70	8.66	8.64	8.62	8.59	8.57	8.55	8.53
4	7.71	6.94	6.59	6.39	6.26	6.16	6.09	6.04	6.00	5.96	5.91	5.86	5.80	5.77	5.75	5.72	5.69	5.66	5.63
5	6.61	5.79	5.41	5.19	5.05	4.95	4.88	4.82	4.77	4.74	4.68	4.62	4.56	4.53	4.50	4.46	4.43	4.40	4.36
6	5.99	5.14	4.76	4.53	4.39	4.28	4.21	4.15	4.10	4.06	4.00	3.94	3.87	3.84	3.81	3.77	3.74	3.70	3.67
7	5.59	4.74	4.35	4.12	3.97	3.87	3.79	3.73	3.68	3.64	3.57	3.51	3.44	3.41	3.38	3.34	3.30	3.27	3.23
8	5.32	4.46	4.07	3.84	3.69	3.58	3.50	3.44	3.39	3.35	3.28	3.22	3.15	3.12	3.08	3.04	3.01	2.97	2.93
9	5.12	4.26	3.86	3.63	3.48	3.37	3.29	3.23	3.18	3.14	3.07	3.01	2.94	2.90	2.86	2.83	2.79	2.75	2.71
10	4.96	4.10	3.71	3.48	3.33	3.22	3.14	3.07	3.02	2.98	2.91	2.85	2.77	2.74	2.70	2.66	2.62	2.58	2.54
11	4.84	3.98	3.59	3.36	3.20	3.09	3.01	2.95	2.90	2.85	2.79	2.72	2.65	2.61	2.57	2.53	2.49	2.45	2.40
12	4.75	3.89	3.49	3.26	3.11	3.00	2.91	2.85	2.80	2.75	2.69	2.62	2.54	2.51	2.47	2.43	2.38	2.34	2.30
13	4.67	3.81	3.41	3.18	3.03	2.92	2.83	2.77	2.71	2.67	2.60	2.53	2.46	2.42	2.38	2.34	2.30	2.25	2.21
14	4.60	3.74	3.34	3.11	2.96	2.85	2.76	2.70	2.65	2.60	2.53	2.46	2.39	2.35	2.31	2.27	2.22	2.18	2.13
15	4.54	3.68	3.29	3.06	2.90	2.79	2.71	2.64	2.59	2.54	2.48	2.40	2.33	2.29	2.25	2.20	2.16	2.11	2.07
16	4.49	3.63	3.24	3.01	2.85	2.74	2.66	2.59	2.54	2.49	2.42	2.35	2.28	2.24	2.19	2.15	2.11	2.06	2.01
17	4.45	3.59	3.20	2.96	2.81	2.70	2.61	2.55	2.49	2.45	2.38	2.31	2.23	2.19	2.15	2.10	2.06	2.01	1.96
18	4.41	3.55	3.16	2.93	2.77	2.66	2.58	2.51	2.46	2.41	2.34	2.27	2.19	2.15	2.11	2.06	2.02	1.97	1.92
19	4.38	3.52	3.13	2.90	2.74	2.63	2.54	2.48	2.42	2.38	2.31	2.23	2.16	2.11	2.07	2.03	1.98	1.93	1.88
20	4.35	3.49	3.10	2.87	2.71	2.60	2.51	2.45	2.39	2.35	2.28	2.20	2.12	2.08	2.04	1.99	1.95	1.90	1.84
21	4.32	3.47	3.07	2.84	2.68	2.57	2.49	2.42	2.37	2.32	2.25	2.18	2.10	2.05	2.01	1.96	1.92	1.87	1.81
22	4.30	3.44	3.05	2.82	2.66	2.55	2.46	2.40	2.34	2.30	2.23	2.15	2.07	2.03	1.98	1.94	1.89	1.84	1.78
23	4.28	3.42	3.03	2.80	2.64	2.53	2.44	2.37	2.32	2.27	2.20	2.13	2.05	2.01	1.96	1.91	1.86	1.81	1.76
24	4.26	3.40	3.01	2.78	2.62	2.51	2.42	2.36	2.30	2.25	2.18	2.11	2.03	1.98	1.94	1.89	1.84	1.79	1.73
25	4.24	3.39	2.99	2.76	2.60	2.49	2.40	2.34	2.28	2.24	2.16	2.09	2.01	1.96	1.92	1.87	1.82	1.77	1.71
26	4.23	3.37	2.98	2.74	2.59	2.47	2.39	2.32	2.27	2.22	2.15	2.07	1.99	1.95	1.90	1.85	1.80	1.75	1.69
27	4.21	3.35	2.96	2.73	2.57	2.46	2.37	2.31	2.25	2.20	2.13	2.06	1.97	1.93	1.88	1.84	1.79	1.73	1.67
28	4.20	3.34	2.95	2.71	2.56	2.45	2.36	2.29	2.24	2.19	2.12	2.04	1.96	1.91	1.87	1.82	1.77	1.71	1.65
29	4.18	3.33	2.93	2.70	2.55	2.43	2.35	2.28	2.22	2.18	2.10	2.03	1.94	1.90	1.85	1.81	1.75	1.70	1.64
30	4.17	3.32	2.92	2.69	2.53	2.42	2.33	2.27	2.21	2.16	2.09	2.01	1.93	1.89	1.84	1.79	1.74	1.68	1.62
40	4.08	3.23	2.84	2.61	2.45	2.34	2.25	2.18	2.12	2.08	2.00	1.92	1.84	1.79	1.74	1.69	1.64	1.58	1.51
60	4.00	3.15	2.76	2.53	2.37	2.25	2.17	2.10	2.04	1.99	1.92	1.84	1.75	1.70	1.65	1.59	1.53	1.47	1.39
120	3.92	3.07	2.68	2.45	2.29	2.17	2.09	2.02	1.96	1.91	1.83	1.75	1.66	1.61	1.55	1.50	1.43	1.35	1.25
∞	3.84	3.00	2.60	2.37	2.21	2.10	2.01	1.94	1.88	1.83	1.75	1.67	1.57	1.52	1.46	1.39	1.32	1.22	1.00

续表

$\alpha = 0.025$

n_2 \ n_1	1	2	3	4	5	6	7	8	9	10	12	15	20	24	30	40	60	120	∞
1	647.8	799.5	864.2	899.6	921.8	937.1	948.2	956.7	963.3	368.6	976.7	984.9	993.1	997.2	1001	1006	1010	1014	1018
2	38.51	39.00	39.17	39.25	39.30	39.33	39.36	39.37	39.39	39.40	39.41	39.43	39.45	39.46	39.46	39.47	39.48	39.49	39.50
3	17.44	16.04	15.44	15.10	14.88	14.73	14.62	14.54	14.47	14.42	14.34	14.25	14.17	14.12	14.08	14.04	13.99	13.95	13.90
4	12.22	10.65	9.98	9.60	9.36	9.20	9.07	8.98	8.90	8.84	8.75	8.66	8.56	8.51	8.46	8.41	8.36	8.31	8.26
5	10.01	8.43	7.76	7.39	7.15	6.98	6.85	6.76	6.68	6.62	6.52	6.43	6.33	6.28	6.23	6.18	6.12	6.07	6.02
6	8.81	7.26	6.60	6.23	5.99	5.82	5.70	5.60	5.52	5.46	5.37	5.27	5.17	5.12	5.07	5.01	4.96	4.90	4.85
7	8.07	6.54	5.89	5.52	5.29	5.12	4.99	4.90	4.82	4.76	4.57	4.57	4.47	4.42	4.36	4.31	4.25	4.20	4.14
8	7.57	6.06	5.42	5.05	4.82	4.65	4.53	4.43	4.36	4.30	4.20	4.10	4.00	3.95	3.89	3.84	3.78	3.73	3.67
9	7.21	5.71	5.08	4.72	4.48	4.23	4.20	4.10	4.03	3.96	3.87	3.77	3.67	3.61	3.56	3.51	3.45	3.39	3.33
10	6.94	5.46	4.83	4.47	4.24	4.07	3.95	3.85	3.78	3.72	3.62	3.52	3.42	3.37	3.31	3.26	3.20	3.14	3.08
11	6.72	5.26	4.63	4.28	4.04	3.88	3.76	3.66	3.59	3.53	3.43	3.33	3.23	3.17	3.12	3.06	3.00	2.94	2.88
12	6.55	5.10	4.47	4.12	3.89	3.73	3.61	3.51	3.44	3.37	3.28	3.18	3.07	3.02	2.96	2.91	2.85	2.79	2.72
13	6.41	4.97	4.35	4.00	3.77	3.60	3.48	3.39	3.31	3.25	3.15	3.05	2.95	2.89	2.84	2.78	2.72	2.66	2.60
14	6.30	4.86	4.24	3.89	3.66	3.50	3.38	3.29	3.21	3.15	3.05	2.95	2.84	2.79	2.73	2.67	2.61	2.55	2.49
15	6.20	4.77	4.15	3.80	3.58	3.41	3.29	3.20	3.12	3.06	2.96	2.86	2.76	2.70	2.64	2.59	2.52	2.46	2.40
16	6.12	4.69	4.08	3.73	3.50	3.34	3.22	3.12	3.05	2.99	2.89	2.79	2.68	2.63	2.57	2.51	2.45	2.38	2.32
17	6.04	4.62	4.01	3.66	3.44	3.28	3.16	3.06	2.98	2.92	2.82	2.72	2.62	2.56	2.50	2.44	2.38	2.32	2.25
18	5.98	4.56	3.95	3.61	3.38	3.22	3.10	3.01	2.93	2.87	2.77	2.67	2.56	2.50	2.44	2.38	2.32	2.26	2.19
19	5.92	4.51	3.90	3.56	3.33	3.17	3.05	2.96	2.88	2.82	2.72	2.62	2.51	2.45	2.39	2.33	2.27	2.20	2.13
20	5.87	4.46	3.86	3.51	3.29	3.13	3.01	2.91	2.84	2.77	2.68	2.57	2.46	2.41	2.35	2.29	2.22	2.16	2.09
21	5.83	4.42	3.82	3.48	3.25	3.09	2.97	2.87	2.80	2.73	2.64	2.53	2.42	2.37	2.31	2.25	2.18	2.11	2.04
22	5.79	4.38	3.78	3.44	3.22	3.05	2.93	2.84	2.76	2.70	2.60	2.50	2.39	2.33	2.27	2.21	2.14	2.08	2.00
23	5.75	4.35	3.75	3.41	3.18	3.02	2.90	2.81	2.73	2.67	2.57	2.47	2.36	2.30	2.24	2.18	2.11	2.04	1.97
24	5.72	4.32	3.72	3.38	3.15	2.99	2.87	2.78	2.70	2.64	2.54	2.44	2.33	2.27	2.21	2.15	2.08	2.01	1.94
25	5.69	4.29	3.69	3.35	3.13	2.97	2.85	2.75	2.68	2.61	2.51	2.41	2.30	2.24	2.18	2.12	2.05	1.98	1.91
26	5.66	4.27	3.67	3.33	3.10	2.94	2.82	2.73	2.65	2.59	2.49	2.39	2.28	2.22	2.16	2.09	2.03	1.95	1.88
27	5.63	4.24	3.65	3.31	3.08	2.92	2.80	2.71	2.63	2.57	2.47	2.36	2.25	2.19	2.13	2.07	2.00	1.93	1.85
28	5.61	4.22	3.63	3.29	3.06	2.90	2.78	2.69	2.61	2.55	2.45	2.34	2.23	2.17	2.11	2.05	1.98	1.91	1.83
29	5.59	4.20	3.61	3.27	3.04	2.88	2.76	2.67	2.59	2.53	2.43	2.32	2.21	2.15	2.09	2.03	1.96	1.89	1.81
30	5.57	4.18	3.59	3.25	3.03	2.87	2.75	2.65	2.57	2.51	2.41	2.31	2.20	2.14	2.07	2.01	1.94	1.87	1.79
40	5.42	4.05	3.46	3.13	2.90	2.74	2.62	2.53	2.45	2.39	2.29	2.18	2.07	2.01	1.94	1.88	1.80	1.72	1.64
60	5.29	3.93	3.34	3.01	2.79	2.63	2.51	2.41	2.33	2.27	2.17	2.06	1.94	1.88	1.82	1.74	1.67	1.58	1.48
120	5.15	3.80	3.23	2.89	2.67	2.52	2.39	2.30	2.22	2.16	2.05	1.94	1.82	1.76	1.69	1.61	1.53	1.43	1.31
∞	5.02	3.69	3.12	2.79	2.57	2.41	2.29	2.19	2.11	2.05	1.94	1.83	1.71	1.64	1.57	1.48	1.39	1.27	1.00

续表

$\alpha = 0.01$

n_2 \ n_1	1	2	3	4	5	6	7	8	9	10	12	15	20	24	30	40	60	120	∞
1	4052	4999.5	5403	5625	5764	5859	5928	5982	6022	6056	6106	6157	6209	6235	6261	6287	6313	6339	6366
2	98.50	99.00	99.17	99.25	99.30	99.33	99.36	99.37	99.39	99.40	99.42	99.43	99.45	99.46	99.47	99.47	99.48	99.49	99.50
3	34.12	30.82	29.46	28.71	28.24	27.91	27.67	27.49	27.35	27.23	27.05	26.87	26.69	26.60	26.50	26.41	26.32	26.22	26.13
4	21.20	18.00	16.69	15.98	15.52	15.21	14.98	14.80	14.66	14.55	14.37	14.20	14.02	13.93	13.84	13.75	13.65	13.56	13.46
5	16.26	13.27	12.06	11.39	10.97	10.67	10.46	10.29	10.16	10.05	9.89	9.72	9.55	9.47	9.38	9.29	9.20	9.11	9.02
6	13.75	10.92	9.78	9.15	8.75	8.47	8.26	8.10	7.98	7.87	7.72	7.56	7.40	7.31	7.23	7.14	7.06	6.97	6.88
7	12.25	9.55	8.45	7.85	7.46	7.19	6.99	6.84	6.72	6.62	6.47	6.31	6.16	6.07	5.99	5.91	5.82	5.74	5.65
8	11.26	8.65	7.59	7.01	6.63	6.37	6.18	6.03	5.91	5.81	5.67	5.52	5.36	5.28	5.20	5.12	5.03	4.95	4.86
9	10.56	8.02	6.99	6.42	6.06	5.80	5.61	5.47	5.35	5.26	5.11	4.96	4.81	4.73	4.65	4.57	4.48	4.40	4.31
10	10.04	7.56	6.55	5.99	5.64	5.39	5.20	5.06	4.94	4.85	4.71	4.56	4.41	4.33	4.25	4.17	4.08	4.00	3.91
11	9.65	7.21	6.22	5.67	5.32	5.07	4.89	4.74	4.63	4.54	4.40	4.25	4.10	4.02	3.94	3.86	3.78	3.69	3.60
12	9.33	6.93	5.95	5.41	5.06	4.82	4.64	4.50	4.39	4.30	4.16	4.01	3.86	3.78	3.70	3.62	3.54	3.45	3.36
13	9.07	6.70	5.74	5.21	4.86	4.62	4.44	4.30	4.19	4.10	3.96	3.82	3.66	3.59	3.51	3.43	3.34	3.25	3.17
14	8.86	6.51	5.56	5.04	4.69	4.46	4.28	4.14	4.03	3.94	3.80	3.66	3.51	3.43	3.35	3.27	3.18	3.09	3.00
15	8.68	6.36	5.42	4.89	4.56	4.32	4.14	4.00	3.89	3.80	3.67	3.52	3.37	3.29	3.21	3.13	3.05	2.96	2.87
16	8.53	6.23	5.29	4.77	4.44	4.20	4.03	3.89	3.78	3.69	3.55	3.41	3.26	3.18	3.10	3.02	2.93	2.84	2.75
17	8.40	6.11	5.18	4.67	4.34	4.10	3.93	3.79	3.68	3.59	3.46	3.31	3.16	3.08	3.00	2.92	2.83	2.75	2.65
18	8.29	6.01	5.09	4.58	4.25	4.01	3.84	3.71	3.60	3.51	3.37	3.23	3.08	3.00	2.92	2.84	2.75	2.66	2.57
19	8.18	5.93	5.01	4.50	4.17	3.94	3.77	3.63	3.52	3.43	3.30	3.15	3.00	2.92	2.84	2.76	2.67	2.58	2.49
20	8.10	5.85	4.94	4.43	4.10	3.87	3.70	3.56	3.46	3.37	3.23	3.09	2.94	2.86	2.78	2.69	2.61	2.52	2.42
21	8.02	5.78	4.87	4.37	4.04	3.81	3.64	3.51	3.40	3.31	3.17	3.03	2.88	2.80	2.72	2.64	2.55	2.46	2.36
22	7.95	5.72	4.82	4.31	3.99	3.76	3.59	3.45	3.35	3.26	3.12	2.98	2.83	2.75	2.67	2.58	2.50	2.40	2.31
23	7.88	5.66	4.76	4.26	3.94	3.71	3.54	3.41	3.30	3.21	3.07	2.93	2.78	2.70	2.62	2.54	2.45	2.35	2.26
24	7.82	5.61	4.72	4.22	3.90	3.67	3.50	3.36	3.26	3.17	3.03	2.89	2.74	2.66	2.58	2.49	2.40	2.31	2.21
25	7.77	5.57	4.68	4.18	3.85	3.63	3.46	3.32	3.22	3.13	2.99	2.85	2.70	2.62	2.54	2.45	2.36	2.27	2.17
26	7.72	5.53	4.64	4.14	3.82	3.59	3.42	3.29	3.18	3.09	2.96	2.81	2.66	2.58	2.50	2.42	2.33	2.23	2.13
27	7.68	5.49	4.60	4.11	3.78	3.56	3.39	3.26	3.15	3.06	2.93	2.78	2.63	2.55	2.47	2.38	2.29	2.20	2.10
28	7.64	5.45	4.57	4.07	3.75	3.53	3.36	3.23	3.12	3.03	2.90	2.75	2.60	2.52	2.44	2.35	2.26	2.17	2.06
29	7.60	5.42	4.54	4.04	3.73	3.50	3.33	3.20	3.09	3.00	2.87	2.73	2.57	2.49	2.41	2.33	2.23	2.14	2.03
30	7.56	5.39	4.51	4.02	3.70	3.47	3.30	3.17	3.07	2.98	2.84	2.70	2.55	2.47	2.39	2.30	2.21	2.11	2.01
40	7.31	5.18	4.31	3.83	3.51	3.29	3.12	2.99	2.89	2.80	2.66	2.52	2.37	2.29	2.20	2.11	2.02	1.92	1.80
60	7.08	4.98	4.13	3.65	3.34	3.12	2.95	2.82	2.72	2.63	2.50	2.35	2.20	2.12	2.03	1.94	1.84	1.73	1.60
120	6.85	4.79	3.95	3.48	3.17	2.96	2.79	2.66	2.56	2.47	2.34	2.19	2.03	1.95	1.86	1.76	1.66	1.53	1.38
∞	6.63	4.61	3.78	3.32	3.02	2.80	2.64	2.51	2.41	2.32	2.18	2.04	1.88	1.79	1.70	1.59	1.47	1.32	1.00

续表

$\alpha=0.005$

n_2＼n_1	1	2	3	4	5	6	7	8	9	10	12	15	20	24	30	40	60	120	∞
1	16211	20000	21615	22500	23056	23437	23715	23925	24091	24224	24426	24630	24836	24940	25044	25148	25253	25359	25465
2	198.5	199.0	199.2	199.2	199.3	199.3	199.4	199.4	199.4	199.4	199.4	199.4	199.4	199.5	199.5	199.5	199.5	199.5	199.5
3	55.55	49.80	47.47	46.19	45.39	44.84	44.43	44.13	43.88	43.69	43.39	43.08	42.78	42.62	42.47	42.31	42.15	41.99	41.83
4	31.33	26.28	24.26	23.15	22.46	21.97	21.62	21.35	21.14	20.97	20.70	20.44	20.17	20.03	19.89	19.75	19.61	19.47	19.32
5	22.78	18.31	16.53	15.56	14.94	14.51	14.20	13.96	13.77	13.62	13.38	13.15	12.90	12.78	12.66	12.53	12.40	12.27	12.14
6	18.63	14.54	12.92	12.03	11.46	11.07	10.79	10.57	10.39	10.25	10.03	9.81	9.59	9.47	9.36	9.24	9.12	9.00	8.88
7	16.24	12.40	10.88	10.05	9.52	9.16	8.89	8.68	8.51	8.38	8.18	7.97	7.75	7.65	7.53	7.42	7.31	7.19	7.08
8	14.69	11.04	9.60	8.81	8.30	7.95	7.69	7.50	7.34	7.21	7.01	6.81	6.61	6.50	6.40	6.29	6.18	6.06	5.95
9	13.61	10.11	8.72	7.96	7.47	7.13	6.88	5.69	6.54	6.42	6.23	6.03	5.83	5.73	5.62	5.52	5.41	5.30	5.19
10	12.83	9.43	8.08	7.34	6.87	6.54	6.30	6.12	5.97	5.85	5.66	5.47	5.27	5.17	5.07	4.97	4.86	4.75	4.64
11	12.23	8.91	7.60	6.88	6.42	6.10	5.86	5.68	5.54	5.42	5.24	5.05	4.86	4.76	4.65	4.55	4.44	4.34	4.23
12	11.75	8.51	7.23	6.52	6.07	5.76	5.52	5.35	5.20	5.09	4.91	4.72	4.53	4.43	4.33	4.23	4.12	4.01	3.90
13	11.37	8.19	6.93	6.23	5.79	5.48	5.25	5.08	4.94	4.82	4.64	4.46	4.27	4.17	4.07	3.97	3.87	3.76	3.65
14	11.06	7.92	6.68	6.00	5.56	5.26	5.03	4.86	4.72	4.60	4.43	4.25	4.06	3.96	3.86	3.76	3.66	3.55	3.44
15	10.80	7.70	6.48	5.80	5.37	5.07	4.85	4.67	4.54	4.42	4.25	4.07	3.88	3.79	3.69	3.58	3.48	3.37	3.26
16	10.58	7.51	6.30	5.64	5.21	4.91	4.69	4.52	4.38	4.27	4.10	3.92	3.73	3.64	3.54	3.44	3.33	3.22	3.11
17	10.38	7.35	6.16	5.50	5.07	4.78	4.56	4.39	4.25	4.14	3.97	3.79	3.61	3.51	3.41	3.31	3.21	3.10	2.98
18	10.22	7.21	6.03	5.37	4.96	4.66	4.44	4.28	4.14	4.03	3.86	3.68	3.50	3.40	3.30	3.20	3.10	2.99	2.87
19	10.07	7.09	5.92	5.27	4.85	4.56	4.34	4.18	4.04	3.93	3.76	3.59	3.40	3.31	3.21	3.11	3.00	2.89	2.78
20	9.94	6.99	5.82	5.17	4.76	4.47	4.26	4.09	3.96	3.85	3.68	3.50	3.32	3.22	3.12	3.02	2.92	2.81	2.69
21	9.83	6.89	5.73	5.09	4.68	4.39	4.18	4.01	3.88	3.77	3.60	3.43	3.24	3.15	3.05	2.95	2.84	2.73	2.61
22	9.73	6.81	5.65	5.02	4.61	4.32	4.11	3.94	3.81	3.70	3.54	3.36	3.18	3.08	2.98	2.88	2.77	2.66	2.55
23	9.63	6.73	5.58	4.95	4.54	4.26	4.05	3.88	3.75	3.64	3.47	3.30	3.12	3.02	3.92	2.82	2.71	2.60	2.48
24	9.55	6.66	5.52	4.89	4.49	4.20	3.99	3.83	3.69	3.59	3.42	3.25	3.06	2.97	2.87	2.77	2.66	2.55	2.43
25	9.48	6.60	5.46	4.84	4.43	4.15	3.94	3.78	3.64	3.54	3.37	3.20	3.01	2.92	2.82	2.72	2.61	2.50	2.38
26	9.41	6.54	5.41	4.79	4.38	4.10	3.89	3.73	3.60	3.49	3.33	3.15	2.97	2.87	2.77	2.67	2.56	2.45	2.33
27	9.34	6.49	5.36	4.74	4.34	4.06	3.85	3.69	3.56	3.45	3.28	3.11	2.93	2.83	2.73	2.63	2.52	2.41	2.29
28	9.28	6.44	5.32	4.70	4.30	4.02	3.81	3.65	3.52	3.41	3.25	3.07	2.89	2.79	2.69	2.59	2.48	2.37	2.25
29	9.23	6.40	5.28	4.66	4.26	3.98	3.77	3.61	3.48	3.38	3.21	3.04	2.86	2.76	2.66	2.56	2.45	2.33	2.21
30	9.18	6.35	5.24	4.62	4.23	3.95	3.74	3.58	3.45	3.34	3.18	3.01	2.82	2.73	2.63	2.52	2.42	2.30	2.18
40	8.83	6.07	4.98	4.37	3.99	3.71	3.51	3.35	3.22	3.12	2.95	2.78	2.60	2.50	2.40	2.30	2.18	2.06	1.93
60	8.49	5.79	4.73	4.14	3.76	3.49	3.29	3.13	3.01	2.90	2.74	2.57	2.39	2.29	2.19	2.08	1.96	1.83	1.69
120	8.18	5.54	4.50	3.92	3.55	3.28	3.09	2.93	2.81	2.71	2.54	2.37	2.19	2.09	1.98	1.87	1.75	1.61	1.43
∞	7.88	5.30	4.28	3.72	3.35	3.09	2.90	2.74	2.62	2.52	2.36	2.19	2.00	1.90	1.79	1.67	1.53	1.36	1.00

5　相关系数检验表

$P\{\,|\,r\,|\geqslant r_\alpha\,\}=\alpha$

$n-2$	$\alpha=5\%$	$\alpha=1\%$	$n-2$	$\alpha=5\%$	$\alpha=1\%$	$n-2$	$\alpha=5\%$	$\alpha=1\%$
1	0.997	1.000	16	0.468	0.590	35	0.325	0.418
2	0.950	0.990	17	0.456	0.575	40	0.304	0.393
3	0.878	0.959	18	0.444	0.561	45	0.288	0.372
4	0.811	0.917	19	0.443	0.549	50	0.273	0.354
5	0.754	0.874	20	0.423	0.537	60	0.250	0.325
6	0.707	0.834	21	0.413	0.526	70	0.232	0.302
7	0.666	0.798	22	0.404	0.515	80	0.217	0.283
8	0.632	0.765	23	0.396	0.505	90	0.205	0.267
9	0.602	0.735	24	0.388	0.496	100	0.195	0.254
10	0.576	0.708	25	0.381	0.487	125	0.174	0.228
11	0.553	0.684	26	0.374	0.478	150	0.159	0.208
12	0.532	0.661	27	0.367	0.470	200	0.138	0.181
13	0.514	0.641	28	0.361	0.463	300	0.113	0.143
14	0.497	0.623	29	0.355	0.456	400	0.098	0.123
15	0.482	0.606	30	0.349	0.449	1000	0.062	0.081

参 考 文 献

［1］ 黄龙生. 概率统计应用与实验［M］. 北京：中国水利水电出版社，2018.

［2］ 黄龙生. 应用概率统计［M］. 北京：中国水利水电出版社，2015.

［3］ 黄龙生. 概率论与数理统计实验指导与实验报告［M］. 杭州：浙江大学出版社，2014.

［4］ 黄龙生. 概率论与数理统计（附实验）［M］. 北京：中国人民大学出版社，2012.

［5］ 黄龙生，吴志松. 概率论与数理统计［M］. 杭州：浙江大学出版社，2012.

［6］ 李炜，吴志松. 概率论与数理统计［M］. 北京：中国农业出版社，2011.

［7］ 李炜，吴志松. 概率论与数理统计学习指导［M］. 北京：中国农业出版社，2011.

［8］ 苏德矿，张继昌. 概率论与数理统计［M］. 北京：高等教育出版社，2006.

［9］ 苏德矿，章迪平. 概率论与数理统计学习释疑解难［M］. 杭州：浙江大学出版社，2007.

［10］ 茆诗松，程依明，濮晓龙. 概率论与数理统计教程［M］. 北京：高等教育出版社，2004.

［11］ 贾俊平，何晓群，金勇进. 统计学［M］. 4 版. 北京：中国人民大学出版社，2010.

［12］ 何晓群，刘文卿. 应用回归分析［M］. 北京：中国人民大学出版社，2007.

［13］ S. Bernstein，R. Bernstein. Elements of Statistics Ⅱ：Inferential Statistics［M］. New York：McGraw Hill Companies，inc，1999.

［14］ JAY L. DEVORE. Probability and Statistics［M］. 北京：高等教育出版社，2004.

［15］ 贾俊平，郝静. 统计学案例与分析［M］. 北京：中国人民大学出版社，2010.